ESV
ERICH
SCHMIDT
VERLAG

Bilanzierung und Jahresabschluss in der Kommunalverwaltung

Grundsätze für das „Neue Kommunale Finanzmanagement" (NKF)

Von

Prof. Dr. Mark Fudalla

WP/StB Martin Tölle

Christian Wöste

5., neu bearbeitete Auflage

ERICH SCHMIDT VERLAG

Bibliografische Information der Deutschen Nationalbibliothek
Die Deutsche Nationalbibliothek verzeichnet diese Publikation in der Deutschen Nationalbibliografie; detaillierte bibliografische Daten sind im Internet über http://dnb.d-nb.de abrufbar.

Weitere Informationen zu diesem Titel finden Sie im Internet unter ESV.info/978-3-503-21299-6

1. Auflage 2007
2. Auflage 2008
3. Auflage 2011
4. Auflage 2017
5. Auflage 2023

ISBN 978-3-503-21299-6

www.ESV.info

Druck und buchbinderische Weiterverarbeitung: docupoint, Barleben

Vorwort zur 5. Auflage

Nach nunmehr über fünf Jahren seit Erscheinen der 4. Auflage war es notwendig und in gewisser Hinsicht schon überfällig, das Werk erneut einer gründlichen Überarbeitung zu unterziehen. Kurz nach dem Erscheinen der 4. Auflage haben sich nämlich – bezogen auf unser Lehrbuch muss man sagen: leider – die Rechtsvorschriften zur kommunalen Doppik in Nordrhein-Westfalen geändert. 2018 wurde die Gemeindeordnung verändert, und im Zuge dessen wurde auch die hergebrachte Gemeindehaushaltsverordnung (GemHVO NRW) durch die Verordnung über das Haushaltswesen der Kommunen im Land Nordrhein-Westfalen (Kommunalhaushaltsverordung Nordrhein-Westfalen – KomHVO NRW) ersetzt.

Den Veränderungen soll nun mit der vorliegenden Neuauflage Rechnung getragen werden. Die Arbeit an der Neuauflage hat gezeigt, dass der Anpassungsbedarf doch ganz erheblich war. Alle Bezüge zu den Rechtsvorschriften mussten aktualisiert und einige wesentliche materielle Veränderungen berücksichtigt werden (etwa zum Vorsichtsprinzip, dem Komponentenansatz und den Sonderregelungen des NKF-COVID-19-Isolierungsgesetzes). Im Zuge dessen wurde auch versucht, andere Fehler und Unschärfen zu beseitigen und gebotene Kürzungen vorzunehmen. Dabei wurden Aufbau und didaktischer Ansatz des Buches – in der hoffentlich bewährten Form – beibehalten.

Unser herzlicher Dank gilt wieder Frau Elke Franke für die Unterstützung bei der Erstellung und Endredaktion des Manuskripts.

Köln, im Oktober 2022

Mark Fudalla

Vorwort zur 1. Auflage

Der Reformprozess zur Einführung der kaufmännischen doppelten Buchführung in den Kommunalverwaltungen schreitet bundesweit voran: Die ersten Eröffnungsbilanzen und Jahresabschlüsse von Gemeinden liegen bereits vor; viele Gemeinden befinden sich in der „heißen“ Phase der Umstellung von der Kameralistik auf die Doppik.

Vor diesem Hintergrund gewinnen Fragen der Bilanzierung und des Jahresabschlusses immer mehr an Bedeutung: Gesetze und Verordnungen bedürfen der Auslegung, teils auch der Ergänzung und Konkretisierung durch die handelsrechtlichen Grundsätze ordnungsmäßiger Buchführung. Der Rückgriff auf handelsrechtliche Literatur ist indes nicht immer hilfreich. Er kann sogar Fallstricke bergen, wenn die Besonderheiten des Gemeindehaushaltsrechts nicht berücksichtigt werden.

Nordrhein-Westfalen hat 2004 mit der Verabschiedung des Gesetzes zum Neuen Kommunalen Finanzmanagement (NKF) eine Vorreiterrolle unter den Bundesländern bei der Einführung der Doppik übernommen. Das vorliegende Lehrbuch greift diese Regelungen auf und verbindet sie mit dem handelsrechtlichen Referenzmodell zu einer geschlossenen Gesamtdarstellung der Bilanzierung und des Jahresabschlusses für Kommunen. Zusätzlich werden der Gesamtabschluss und Fragen der Jahresabschlussanalyse behandelt. Die Autoren hoffen so, einem breiten Leserkreis aus Verwaltungspraktikern, Politikern und anderen Jahresabschlussadressaten den Umgang mit dem neuen Gemeindehaushaltsrecht zu erleichtern.

Unser besonderer Dank gilt unserer Kollegin, Frau Julia Nowacki, für ihre kritischen Hinweise und ihre unermüdliche Unterstützung bei der Endredaktion des Manuskripts. Außerdem bedanken wir uns bei Frau Birte Schumann, die als Lektorin die Entstehung des Buches hilfreich begleitet hat. Ferner gilt unser Dank den Kolleginnen und Kollegen, die das Manuskript einer kritischen Durchsicht unterzogen haben.

Köln, im Juni 2007

Mark Fudalla
Martin Tölle
Christian Wöste
Manfred zur Mühlen

Inhaltsübersicht

Inhaltsverzeichnis

Abbildungsverzeichnis

Tabellenverzeichnis

Abkürzungsverzeichnis

A	Aktiva
Abb.	Abbildung
Abs.	Absatz
AfA	Absetzung für Abnutzung
AG	Aktiengesellschaft
AK/HK	Anschaffungs- / Herstellungskosten
AK	Anschaffungskosten
AktG	Aktiengesetz
AO	Abgabenordnung
AöR	Anstalt öffentlichen Rechts
Aufl.	Auflage
ARAP	Aktiver Rechnungsabgrenzungsposten
AV	Anlagevermögen
Az.	Aktenzeichen
BauGB	Baugesetzbuch
BeamtVG	Beamtenversorgungsgesetz
BewG	Bewertungsgesetz
BFH	Bundesfinanzhof
BGA	Betriebs- und Geschäftsausstattung
BGB	Bürgerliches Gesetzbuch
BGH	Bundesgerichtshof
BilMoG	Bilanzrechtsmodernisierungsgesetz
BilRUG	Bilanzrichtlinie-Umsetzungsgesetz
BMF	Bundesministerium der Finanzen
bzw.	beziehungsweise
d. h.	das heißt
DRS	Deutsche Rechnungslegungs Standards
EDV	Elektronische Datenverarbeitung
EFoG NRW	Gesetz zur Errichtung von Fonds für die Versorgung in Nordrhein-Westfalen (Versorgungsfondsgesetz)
EG NKF	Neues Kommunales Finanzmanagement Einführungsgesetz
EGHGB	Einführungsgesetz zum Handelsgesetzbuch
EigVO	Eigenbetriebsverordnung
EK	Eigenkapital
EStG	Einkommensteuergesetz

etc.	et cetera
EUR	Euro
EWB	Einzelwertberichtigung
f./ff.	folgende
FAS	Financial Accounting Standards
FRA	Forward-Rate-Agreements
GemHVO	Gemeindehaushaltsverordnung (soweit nicht ausdrücklich anders angegeben handelt es sich um die GemHVO NRW)
ggf.	gegebenenfalls
GmbH	Gesellschaft mit beschränkter Haftung
GmbHG	GmbH-Gesetz
GO	Gemeindeordnung (soweit nicht ausdrücklich anders angegeben handelt es sich um die GO für NRW)
GoB	Grundsätze ordnungsmäßiger Buchführung
GoI	Grundsätze ordnungsmäßiger Inventur
grds.	grundsätzlich
GuV	Gewinn- und Verlustrechnung
GWG	geringwertiges Wirtschaftsgut
H	Haben
ha	Hektar
HGB	Handelsgesetzbuch
HFA	Hauptfachausschuss des Instituts der Wirtschaftsprüfer (IDW)
HK	Herstellungskosten
Hrsg.	Herausgeber
hrsg.	herausgegeben
Hs.	Halbsatz
IAS	International Accounting Standards
i. d. F.	in der Fassung
i. F. v.	in der Fassung vom
i. d. R.	in der Regel
i. H. v.	in Höhe von
i. S. d.	im Sinne des
i. V. m.	in Verbindung mit
IDW	Institut der Wirtschaftsprüfer in Deutschland e.V.
IFRS	International Financial Reporting Standards
IPSAS	International Public Sector Accounting Standards
KAG	Kommunalabgabengesetz für das Land Nordrhein-Westfalen
KG	Kammergericht

KGSt	Kommunale Gemeinschaftsstelle
KLR	Kosten- und Leistungsrechnung
KomHVO	Kommunalhaushaltsverordnung (soweit nicht ausdrücklich anders angegeben handelt es sich um die KomHVO NRW)
KUV	Kommunalunternehmensverordnung
lt.	laut
LuL	Lieferungen und Leistungen
LV NRW	Landesverfassung Nordrhein-Westfalen
ND	Nutzungsdauer
NHK	Normalherstellungskosten
NKF	Neues Kommunales Finanzmanagement
NKF-CIG	NKF-COVID-19-Isolierungsgesetz
Nr.	Nummer
NRW	Nordrhein-Westfalen
OVG	Oberverwaltungsgericht
P	Passiva
PB	Produktbereich
PPP	Public Private Partnership
PRAP	Passiver Rechnungsabgrenzungsposten
PWB	Pauschalwertberichtigung
R	Richtlinie
RAP	Rechnungsabgrenzungsposten
RH	Rechnungslegungshinweise
S	Soll
S.	Seite/Satz
s.	siehe
s. o.	siehe oben
sog.	so genannte
SpkG	Sparkassengesetz
t	Tonne
TEUR	Tausend Euro
Tz.	Textziffer
u. a.	und andere/unter anderem
u. Ä.	und Ähnliches
u.	und
USt	Umsatzsteuer
UStG	Umsatzsteuergesetz
usw.	und so weiter

u. U	unter Umständen
UV	Umlaufvermögen
v.	von/vom
VG	Vermögensgegenstand
vgl.	vergleiche
v. H.	vom Hundert
Vj.	Vorjahr
WBZ	Wiederbeschaffungszeitwert
WertV	Wertermittlungsverordnung
WPG	Wirtschaftsprüfungsgesellschaft
z. B.	zum Beispiel
Ztr.	Zentner
zzgl.	zuzüglich

1 Einführung

1.1 Inhalte und Zwecke Jahresabschlusses

Der Jahresabschluss der Gemeinde fasst umfangreiche Informationen zur Haushaltswirtschaft und zur wirtschaftlichen Lage der Gemeinde zusammen. Er dient nach § 95 (1) GO dazu, unter Beachtung der Grundsätze ordnungsmäßiger Buchführung ein den tatsächlichen Verhältnissen entsprechendes Bild der Vermögens-, Schulden-, Ertrags- und Finanzlage der Gemeinde zu vermitteln. Der Jahresabschluss ist zum Schluss eines jeden Haushaltsjahres, also zum 31. Dezember, aufzustellen. Er besteht aus **fünf Bestandteilen**: der Ergebnisrechnung, der Finanzrechnung, den Teilrechnungen, der Bilanz und dem Anhang. Dem Jahresabschluss ist ein Lagebericht beizufügen. Der Lagebericht ist damit formal nicht Bestandteil des Jahresabschlusses; gleichwohl steht er aber in engem sachlichem Zusammenhang mit dem Jahresabschluss.

Aus dem Gesamtzusammenhang des Gemeindehaushaltsrechts lassen sich unterschiedliche Zwecke ableiten, denen der Jahresabschluss dient. Gemeinsam ist diesen Zwecken der **Gedanke der Rechenschaft**. Das heißt: Es sollen Informationen offengelegt werden, die es einem Rechenschaftsberechtigten erlauben, sich ein Urteil darüber zu bilden, inwieweit ein Rechenschaftspflichtiger angemessenen mit ihm anvertrauten Mitteln umgegangen ist.

Zum Kreis der Rechenschaftspflichtigen gehören die Vertretungsorgane der Gemeinde (Bürgermeister und Rat). Sie sind zum einen untereinander und sich selbst gegenüber rechenschaftspflichtig (**Rechenschaft im Innenverhältnis**); zum anderen stehen sie auch gegenüber rechenschaftsberechtigten Dritten in der Pflicht zur Offenlegung von Informationen (**Rechenschaft im Außenverhältnis**). Zum Kreis der rechenschaftsberechtigten Dritten zählen die Aufsichtsbehörde, die Bürger und weitere Anspruchsgruppen wie etwa Kreditinstitute und andere Geschäftspartner der Gemeinde (siehe Abbildung 1).

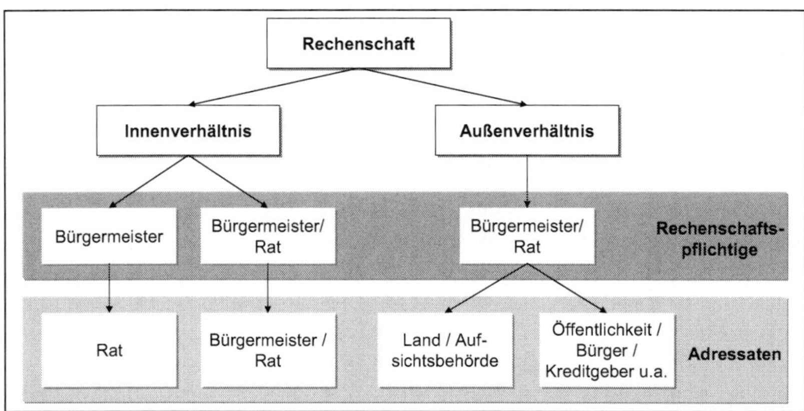

Abbildung 1: Rechenschaftsbeziehungen

Im **Innenverhältnis** ist der Jahresabschluss sowohl ein Instrument der Rechenschaft des Bürgermeisters gegenüber dem Rat als auch ein Instrument der Rechenschaft der Vertretungsorgane gegenüber sich selbst (Selbstinformation). Der Bürgermeister als Spitze der Verwaltung legt mit dem Jahresabschluss gegenüber dem Rat Rechenschaft über die Haushaltsführung im abgelaufenen Haushaltsjahr ab. Dies ergibt sich aus dem folgenden Begründungszusammenhang: Der Rat beschließt die Haushaltssatzung (§ 80 (4) GO). Diese enthält die Festsetzung des Haushaltsplans (§ 78 (2) GO). Der Haushaltsplan wiederum ist die Grundlage der Haushaltswirtschaft; er ist für die Haushaltsführung verbindlich (§ 79 (3) GO). Die Haushaltsführung gehört indes zu den Geschäften der laufenden Verwaltung. Diese gelten im Namen des Rates als auf den Bürgermeister übertragen (§ 41 (3 GO). Der Bürgermeister hat daher nach Ablauf des auf ein Jahr begrenzten Auftrages zur Haushaltsführung dem Rat gegenüber Rechenschaft darüber abzulegen, dass die Vorgaben des Haushaltsplanes bezüglich der Ermächtigungen und produktorientierten Ziele eingehalten wurden. Hierzu leitet er den von ihm bestätigten Entwurf des Jahresabschlusses dem Rat zur Feststellung zu (§ 95 (5) GO). Die Ratsmitglieder entscheiden dann über die Entlastung des Bürgermeisters (§ 96 (1) GO). Der Jahresabschluss der Gemeinde dient also in dieser Hinsicht der „Abrechnung" des Haushaltsplanes. In der Ergebnis- und Finanzrechnung sowie in den Teilrechnungen werden deshalb die fortgeschriebenen Planansätze den Ist- Zahlen vorangestellt und Plan-/Ist-Vergleiche durchgeführt (§§ 39 (2), 40, 41 (1) KomHVO NRW (nachfolgend kurz: KomHVO). Ferner sind die Teilrechnungen „jeweils um Ist-Zahlen zu den in den Teilplänen ausgewiesenen Leistungsmengen und Kennzahlen zu ergänzen" (§ 41 (2) KomHVO).

Zur Rechenschaft im Innenverhältnis zählt auch die Rechenschaft der Vertretungsorgane gegenüber sich selbst. Der Jahresabschluss soll ihnen einen so vollständigen, klaren und zutreffenden Einblick in die Haushaltswirtschaft und deren Auswirkungen auf die Vermögens-, Schulden-, Ertrags- und Finanzlage geben, dass der Bürgermeister/die Verwaltung und der Rat in die Lage versetzt werden, das Ergebnis ihrer Haushaltswirtschaft zu beurteilen und daraus sachgerechte, mit der dauerhaften Leistungsfähigkeit der Gemeinde vereinbare Folgerungen für künftige Dispositionen zu ziehen. Diese **Selbstinformation** von Bürgermeister und Rat als Entscheidungsvoraussetzung für eine nachhaltige Haushaltswirtschaft ist – neben der „Abrechnung" des Haushaltsplans - ein gleichsam wichtiger Zweck des Jahresabschlusses im Innenverhältnis.

Nicht minder bedeutsam ist der Jahresabschluss als Rechenschaftsinstrument im **Außenverhältnis**. Im Kommunalrecht explizit begründet ist die Rechenschaftspflicht der Gemeinde gegenüber der Aufsichtsbehörde und ihren Bürgern. Faktisch ist der Kreis der Rechenschaftsberechtigten aber viel größer und lässt sich prinzipiell kaum begrenzen. Der vom Rat festgestellte Jahresabschluss ist daher nach § 96 (2) GO nicht nur unverzüglich der Aufsichtsbehörde anzuzeigen, sondern auch öffentlich bekannt zu machen und danach bis zur Feststellung des folgenden Jahresabschlusses zur Einsichtnahme verfügbar zu halten.

Rat und Bürgermeister vertreten die Bürgerschaft (§ 40 (2) GO), nach deren Willen die Verwaltung ausschließlich bestimmt wird (§ 40 (1) GO). Als gewählte Vertretungsorgane der Bürgerschaft sind sie daher der Bürgerschaft gegenüber rechenschaftspflichtig. Diese Rechenschaftspflicht ist als umfassend anzusehen. Sie bezieht sich auf die Ausführung des Haushaltsplans, die wirtschaftliche Lage der Gemeinde und deren Veränderungen, die nicht zuletzt durch haushaltspolitische Entscheidungen der Vertretungsorgane herbeigeführt wurden.

Zusätzlich unterliegt die Gemeinde im Rahmen der Bestimmungen zur **kommunalen Selbstverwaltung** (als einem Rechtsinstitut der mittelbaren Landesverwaltung) der **Aufsicht des Landes** (Art. 20 (3) GG, § 78 LV NRW). Dem Land obliegt es danach, die Gesetzmäßigkeit der Verwaltung der Gemeinde zu überwachen (§ 78 (4) LV NRW). Von besonderer Bedeutung sind hier die Bestimmungen zum **Haushaltsausgleich**. Nach § 75 (2) GO muss der Haushalt „in jedem Jahr in Planung und Rechnung ausgeglichen sein. Er ist ausgeglichen, wenn der Gesamtbetrag der Erträge die Höhe des Gesamtbetrages der Aufwendungen erreicht oder übersteigt." Diese Verpflichtung „gilt als erfüllt, wenn der Fehlbetrag im Ergebnisplan und der Fehlbetrag in der Ergebnisrechnung durch Inanspruchnahme der Ausgleichsrücklage gedeckt werden können."

Der Haushaltsausgleich steht im Dienste des **haushaltswirtschaftlichen Oberziels** der Sicherung der stetigen Aufgabenerfüllung nach § 75 (1) GO. Die stetige Aufgabenerfüllung gilt solange als nicht gefährdet, wie es der Gemeinde gelingt, den Haushaltsausgleich herzustellen. Verstöße gegen den Haushaltsausgleich können indes begründen, dass die Gemeinde ein **Haushaltssicherungskonzept** aufzustellen hat. „Das Haushaltssicherungskonzept dient dem Ziel, im Rahmen einer geordneten Haushaltswirtschaft die künftige, dauernde Leistungsfähigkeit der Gemeinde zu erreichen" (§ 76 (2) GO). Im Haushaltssicherungskonzept hat die Gemeinde „den nächstmöglichen Zeitpunkt zu bestimmen, bis zu dem der Haushaltsausgleich wiederhergestellt ist" (§ 76 (1) GO).

Dem Zweck der Rechenschaft entspricht auch, dass die Rechenwerke des Jahresabschlusses (Bilanz, Ergebnisrechnung, Finanzrechnung und Teilrechnungen) durch weitere, auch verbale Ausführungen im Anhang zu ergänzen sind. Der Anhang soll Informationen enthalten, die den Zahlenwerken nicht zu entnehmen sind, zu ihrem Verständnis aber notwendig sind, und Angaben machen, die zur weitergehenden Rechenschaft erforderlich sind. Hierzu dient auch der geforderte Lagebericht, der dem Jahresabschluss beizufügen ist.

1.2 Rechenwerke des Jahresabschlusses im Überblick

Im Jahresabschluss der Gemeinde werden drei unterschiedliche, gleichwohl aber miteinander verzahnte Rechenwerke zusammengefasst: die Bilanz als stichtagsbezogene Beständerechnung, die (Teil-)Ergebnisrechnungen als zeitraumbezogene Veränderungsrechnungen für das Eigenkapital und die (Teil-) Finanzrechnungen als ebenfalls zeitraumbezogene Veränderungsrechnungen bezogen auf die liquiden Mittel. Die kommunale Doppik lässt sich daher als ein „**Drei-Komponenten-System**" charakterisieren.

1.2.1 Bilanz

Die Bilanz ist im Wesentlichen eine wertmäßige Gegenüberstellung des **Vermögens** und der **Schulden** der Gemeinde zu einem Stichtag – dem 31.12. eines jeden Jahres. (Dass die Bilanz auch Rechnungsabgrenzungsposten enthält, soll für einen Augenblick vernachlässigt werden.) Die Bilanz wird als Konto dargestellt: Die Posten des Vermögens werden auf der Aktivseite der Bilanz (linke Seite) und die Posten der Schulden auf der Passivseite (rechte Seite) ausgewiesen. Ist der Betrag des Vermögens größer als der Betrag der Schulden, so wird auf der Passivseite der Bilanz der Saldo aus Vermögen abzüglich Schulden als „**Eigenkapital**" ausgewiesen. Übersteigt der Betrag der Schulden den des Vermögens, wird der entsprechende Saldo als **„Nicht durch Eigenkapital gedeckter Fehlbetrag"** auf der Aktivseite ausgewiesen. Die Bilanz ist damit stets im Gleichgewicht. Die Summe der Aktiva ist immer gleich der Summe der Passiva.

Die Bilanz gibt so Auskunft über die Höhe und Zusammensetzung des Vermögens und des Kapitals (Eigen- und Fremdkapital) der Gemeinde. Dabei ist zu jedem Posten der Bilanz auch der Betrag des Vorjahres anzugeben (§ 42 (5) KomHVO NRW).

Die vollständige Bilanzstruktur findet sich als Anlage 8. Verdichtet stellt sich die Bilanz wie folgt dar:

Bilanz

Aktiva	**Passiva**
Anlagevermögen - Immaterielle Vermögensgegenstände - Sachanlagevermögen - Finanzanlagen	Eigenkapital - allgemeine Rücklage - Sonderrücklage - Ausgleichsrücklage - Jahresergebnis
Umlaufvermögen	Sonderposten Rückstellungen Verbindlichkeiten
Aktive Rechnungsabgrenzung	Passive Rechnungsabgrenzung

Abbildung 2: Bilanzaufbau

Als **Anlagevermögen** werden die Vermögensgegenstände der Gemeinde ausgewiesen, die dazu bestimmt sind, dauernd (i. d. R. länger als 1 Jahr) der Aufgabenerfüllung zu dienen (§ 34 (1) KomHVO). Die übrigen Vermögensgegenstände werden als **Umlaufvermögen** ausgewiesen.

Als **aktive Rechnungsabgrenzungsposten** (§ 43 (1) KomHVO) werden vor dem Abschlussstichtag geleistete Ausgaben, die Aufwand für eine **bestimmte** Zeit nach diesem Tag darstellen, angesetzt (z. B. von der Gemeinde im Voraus bezahlte Miete für den Januar des nächsten Jahres).

Das **Eigenkapital** ist in die folgenden Posten gegliedert:

- allgemeine Rücklage,
- Sonderrücklage,
- Ausgleichsrücklage,
- Jahresüberschuss / Jahresfehlbetrag.

Die **allgemeine Rücklage** der Gemeinde ist das Eigenkapital der Gemeinde abzüglich der separat auszuweisenden Sonderrücklage, Ausgleichsrücklage und des Jahresergebnisses.

In der **Sonderrücklage** werden erhaltene Zuwendungen für die Anschaffung oder Herstellung von Vermögensgegenständen passiviert, sofern der Zuwendungsgeber eine ertragswirksame Auflösung ausgeschlossen hat. Ferner können hier auch Beträge passiviert werden, um die vom Rat beschlossene Anschaffung oder Herstellung von Vermögensgegenständen zu sichern (§ 44 (4) KomHVO).

Der **Ausgleichsrücklage** können Jahresüberschüsse zugeführt werden, soweit die allgemeine Rücklage einen Bestand in Höhe von mindestens 3 Prozent der Bilanzsumme aufweist (§ 75 (3) S. 2 GO). Die Ausgleichsrücklage steht im Zusammenhang mit dem Haushaltsausgleich: Der Haushalt gilt auch dann als ausgeglichen, wenn ein Fehlbedarf im Ergebnisplan bzw. ein Fehlbetrag in der Ergebnisrechnung durch die Inanspruchnahme der Ausgleichsrücklage gedeckt werden kann (§ 75 (2) S. 3 GO).

Das **Jahresergebnis** (Jahresüberschuss oder -fehlbetrag) ergibt sich am Jahresende aus der Ergebnisrechnung. Es ist der Saldo aus dem Gesamtbetrag der Erträge und dem Gesamtbetrag der Aufwendungen. Jahresüberschüsse werden der allgemeinen Rücklage zugeführt oder können dazu verwendet werden, die Ausgleichsrücklage aufzustocken (s. o.).

Sonderposten werden auf der Passivseite zwischen dem Eigenkapital und den Rückstellungen ausgewiesen. Sie werden für erhaltene zweckgebundene Zuwendungen und Beiträge für Investitionen gebildet und sind entsprechend den Nutzungsdauern der bezuschussten Vermögensgegenstände aufzulösen (§ 44 (5) KomHVO). Ebenfalls werden Kostenüberdeckungen der kostenrechnenden Einheiten, die nach § 6 Kommunalabgabengesetz in den folgenden drei Jahren auszugleichen sind, als Sonderposten für den Gebührenausgleich angesetzt (§ 44 (6) KomHVO).

Rückstellungen sind für **ungewisse Verbindlichkeiten** (insbesondere Pensionsverpflichtungen) oder für bestimmte **Aufwendungen** (Nachholung unterlassener Instandhaltungsmaßnahmen) zu bilden, wenn die Verpflichtung wirtschaftlich vor dem Abschlussstichtag verursacht wurde und eine finanzielle Inanspruchnahme voraussichtlich erfolgen wird. Außerdem sind Rückstellungen für **drohende Verluste** aus schwebenden Geschäften oder laufenden Verfahren zu bilden (§ 88 GO; § 37 KomHVO).

Verbindlichkeiten sind Schulden, die dem Grunde, der Höhe und Fälligkeit nach genau bestimmt sind (Rückzahlungsverpflichtungen aus Anleihen, Krediten oder ähnlichen Vorgängen). Sie werden nach den Vorschriften des HGB zu ihrem Erfüllungsbetrag (§ 253 (1) S. 2 HGB).

Passive Rechnungsabgrenzungsposten werden für vor dem Abschlussstichtag erhaltene Einnahmen gebildet, soweit diese Erträge für eine **bestimmte** Zeit nach diesem Tag darstellen (z. B. im Voraus erhaltene Miete für den Januar des nächsten Jahres).

Ist die Summe aus Sonderposten, Rückstellungen, Verbindlichkeiten und passiven Rechnungsabgrenzungsposten höher als der Betrag des Vermögens und der aktiven Rechnungsabgrenzungsposten, so ist der Saldo auf der Aktivseite der Bilanz unter der Bezeichnung **„Nicht durch Eigenkapital gedeckter Fehlbetrag“** auszuweisen (§ 44 (7) KomHVO). Die Kommune verstößt dann gegen das Überschuldungsverbot des § 75 (7) GO.

1.2.2 Ergebnisrechnung

Die Gemeinde hat für den Gesamthaushalt eine Ergebnisrechnung sowie für jeden Produktbereich des Haushalts eine **Teil**ergebnisrechnung zu erstellen. In der Ergebnisrechnung/den Teilergebnisrechnungen werden die **Erträge** und **Aufwendungen** des Haushaltsjahres in Staffelform, beginnend mit den Erträgen, ausgewiesen. Erträge erhöhen, Aufwendungen vermindern das Eigenkapital der Gemeinde. Ergebnisrechnung und Teilergebnisrechnungen zeigen zu jedem Posten die Vergleichszahlen des Vorjahres, die fortgeschriebenen Ansätze des Rechnungsjahres, die Ist-Ergebnisse des Rechnungsjahres sowie einen Ansatz-Ist-Vergleich (§§ 39 und 41 KomHVO).

Die nachfolgende Tabelle zeigt den Aufbau der Ergebnisrechnung/Teilergebnisrechnungen. Die Posten 1-9 und 11-16 wurden ausgeblendet. Die vollständigen Muster für die Ergebnisrechnung und die Teilergebnisrechnungen finden sich als Anlagen 4 und 5.

Ergebnisrechnung / Teilergebnisrechnung		
10		Ordentliche Erträge
17	-	Ordentliche Aufwendungen
18	**=**	**Ordentliches Ergebnis (= Summe der Zeilen 10 und 17)**
19	+	Finanzerträge
20	-	Zinsen und sonstige Finanzaufwendungen
21	=	Finanzergebnis (=Summe der Zeilen 19 und 20)
22	**=**	**Ergebnis der laufenden Verwaltungstätigkeit (= Summe der Zeilen 18 und 21)**
23	+	Außerordentliche Erträge
24	-	Außerordentliche Aufwendungen
25	**=**	**Außerordentliches Ergebnis (= Summe der Zeilen 23 und 24)**
26	**=**	**Jahresergebnis (= Summe der Zeilen 22 und 25)**

Tabelle 1: Aufbau der Ergebnisrechnung

Das **Jahresergebnis** (Zeile 26) setzt sich aus dem „Ergebnis der laufenden Verwaltungstätigkeit" (Zeile 22) und dem „außerordentlichen Ergebnis" (Zeile 25) zusammen.

Das **ordentliche Ergebnis** beinhaltet alle Erträge oder Aufwendungen soweit sie nicht Finanzerträge oder Zinsen und sonstige Finanzaufwendungen darstellen (**Finanzergebnis**) oder als außerordentliche Erträge oder außerordentliche Aufwendungen einzustufen sind. Das ordentliche Ergebnis und das Finanzergebnis ergeben zusammengefasst das **Ergebnis der laufenden Verwaltungstätigkeit**.

Das **außerordentliche Ergebnis** (Zeile 25) beinhaltet nach § 277 (4) S. 1 HGB alt (dieser Paragraf ist mittlerweile wegefallen) Erträge und Aufwendungen, die außerhalb der gewöhnlichen Geschäftstätigkeit liegen, d. h., sie stehen im Zusammenhang mit unregelmäßigen, seltenen **und zugleich** für die Verwaltungstätigkeit untypischen Ereignissen (etwa Vermögensschäden durch Naturkatastrophen u. Ä.).

Die Teilergebnisrechnungen weisen zusätzlich noch die Erträge und Aufwendungen aus internen Leistungsbeziehungen aus.

Teilergebnisrechnung		
26		Ergebnis vor Berücksichtigung interner Leistungsbeziehungen (Summe der Zeilen 22 und 26)
27	+	Erträge aus internen Leistungsbeziehungen
28	-	Aufwendungen aus internen Leistungsbeziehungen
29	**=**	**Ergebnis (= Summe der Zeilen 26,27,28)**

Tabelle 2: Zusätzliche Posten der Teilergebnisrechnung

Ausgehend von den Teilergebnisrechnungen lässt sich die Ergebnisrechnung durch horizontale Summation der Zeilen der Teilergebnisrechnungen ermitteln. Die Zeilen 27 und 28 heben sich dabei gegenseitig auf, da jedem Ertrag aus internen Leistungsbeziehungen ein entsprechender Aufwand aus internen Leistungsbeziehungen gegenübersteht.

1.2.3 Finanzrechnung

Die Finanzrechnung (§ 40 KomHVO) bildet die **Einzahlungen** und **Auszahlungen** im Haushaltsjahr ab. Einzahlungen sind Finanzmittelzuflüsse, Auszahlungen Finanzmittelabflüsse. Ein- und Auszahlungen stellen also **kassenwirksame Vorgänge** dar. Die Finanzrechnung wird – wie die Ergebnisrechnung – in **Staffelform** aufgestellt. Zu jedem Posten werden auch hier die Vergleichszahlen des Vorjahres, die fortgeschriebenen Ansätze des Rechnungsjahres, die Ist-Ergebnisse des Rechnungsjahres sowie die Ansatz-Ist-Differenzen ausgewiesen. Zusätzlich zur (Gesamt-)Finanzrechnung sind auch hier Teilrechnungen für jeden Produktbereich zu erstellen (§ 41 KomHVO). Die Teilfinanzrechnungen unterscheiden sich aber wesentlich von der Finanzrechnung: Sie weisen nur die Ein- und Auszahlungen für Investitionsmaßnahmen aus.

Die folgende Tabelle zeigt den Aufbau der Finanzrechnung. Die Posten 2-8, 10-15, 18-22, 24-29 wurden ausgeblendet. Die vollständigen Muster für die Finanzrechnung und die Teilfinanzrechnungen finden sich als Anlagen 6 und 7.

Finanzrechnung		
9		Einzahlungen aus laufender Verwaltungstätigkeit
16	-	Auszahlungen aus laufender Verwaltungstätigkeit

17	**=**	**Saldo aus laufender Verwaltungstätigkeit (= Summe der Zeilen 9 und 16)**
23	+	Einzahlungen aus Investitionstätigkeit
30	-	Auszahlungen aus Investitionstätigkeit
31	**=**	**Saldo aus Investitionstätigkeit (= Summe der Zeilen 23 und 30)**
32	**=**	**Finanzmittelüberschuss/-fehlbetrag (= Summe der Zeilen 17 und 31)**
33	+	Aufnahme und Rückflüsse von Darlehen
34	-	Tilgung und Gewährung von Darlehen
35	**=**	**Saldo aus Finanzierungstätigkeit**
36	**=**	**Änderung des Bestandes an eigenen Finanzmitteln (= Summe der Zeilen 32 und 35)**
37	+	Anfangsbestand an Finanzmitteln
38	**=**	**Liquide Mittel (= Summe der Zeilen 36 und 37**

Tabelle 3: Aufbau der Finanzrechnung

Der Bereich der laufenden Verwaltungstätigkeit entspricht nach kameraler Gruppierung im Wesentlichen dem **Verwaltungshaushalt**. In den übrigen Bereichen der Finanzrechnung werden die Ein- und Auszahlungen aus Investitions- und Finanzierungstätigkeit abgebildet, also Vorgänge, die dem kameralen **Vermögenshaushalt** zugeordnet waren.

1.2.4 Systemzusammenhänge im Drei-Komponenten-System

Die Konten der drei weiter oben skizzierten Rechenwerke – Bilanz, Ergebnis- und Finanzrechnung – werden in der kommunalen Doppik im Buchungsverbund geführt. So ergibt sich ein Drei-Komponenten-System. Die folgende Abbildung verdeutlicht die Systemzusammenhänge:

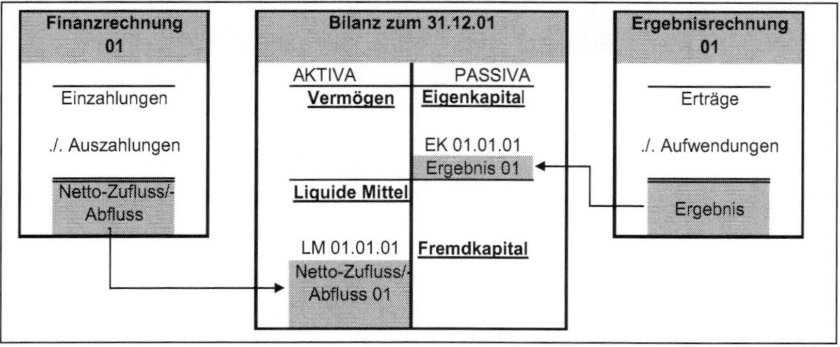

Abbildung 3: Drei-Komponenten-System

Der in der **Finanzrechnung** ermittelte Saldo aus Einzahlungen und Auszahlungen stellt den Netto-Zufluss bzw. -Abfluss an liquiden Mitteln innerhalb des Haushaltsjahres dar (im Beispiel: die Periode 01). Die Summe aus dem Netto-Zufluss/-Abfluss und dem Anfangsbestand an liquiden Mitteln (LM zum 01.01.01) ergibt den in der Bilanz ausgewiesenen Bestand an liquiden Mitteln zum 31.12.01.

Entsprechend verhält es sich mit der **Ergebnisrechnung:** Das dort ermittelte Jahresergebnis gibt die Veränderung des Eigenkapitals im Haushaltsjahr wieder. Das Jahresergebnis ergibt daher addiert mit dem Wert des Eigenkapitals zu Beginn des Haushaltsjahres (zum 01.01.01) das in der Bilanz zum 31.12.01 ausgewiesene Eigenkapital der Kommune.

Die **Bilanz** als Stichtagsrechnung enthält damit die Resultate der beiden zeitraumbezogenen Rechnungen – Finanz- und Ergebnisrechnung. Die Finanzrechnung zeigt – geordnet nach Ein- und Auszahlungsarten – die unterjährigen Bewegungen auf den Finanzmittelkonten, während die Ergebnisrechnung die unterjährigen Bewegungen auf dem Eigenkapitalkonto der Bilanz verzeichnet und geordnet nach Ertrags- und Aufwandsarten ausweist.

Das **Drei-Komponenten-System** ist eine wesentliche Besonderheit des Neuen Kommunalen Rechnungswesens gegenüber der kaufmännischen Buchführung und dem Handelsrecht. Zwar sind die drei Rechenwerke auch im kaufmännischen Rechnungswesen geläufig. Der Ergebnisrechnung entspricht in kaufmännischer Terminologie die „**Gewinn- und Verlustrechnung**“, während die Finanzrechnung im HGB als „**Kapitalflussrechnung**“ (§ 297 (1) HGB) bezeichnet wird. Die Besonderheit des kommunalen Drei-Komponenten-Systems liegt darin, dass die Finanzrechnung im Buchungsbetrieb **laufend mitgeführt** wird. Bei jeder Ein- oder Auszahlung wird also neben den Finanzmittelkonten der Bilanz und den entsprechenden Gegenkonten der Bilanz oder Ergebnisrechnung immer zusätzlich ein Finanzrechnungskonto angesprochen.

Im kaufmännischen Buchungsbetrieb wird indes **nicht** in der Kapitalflussrechnung gebucht. Kaufmännische Kontenrahmen weisen keine Konten der Kapitalflussrechnung aus. Im laufenden Buchungsbetrieb werden nur die Bestands- und Erfolgskonten (von Bilanz und Gewinn- und Verlustrechnung) bebucht. Sofern eine Kapitalflussrechnung erstellt wird, wird sie im Rahmen der Jahresabschlussarbeiten aus den Konten der Bilanz und der Gewinn- und Verlustrechnung ermittelt. Die Kapitalflussrechnung gehört nach dem Handelsrecht auch nicht zum Jahresabschluss und ist diesem auch nicht – wie der Lagebericht einer Kapitalgesellschaft – zwingend beizufügen. Wohl aber ist die Kapitalflussrechnung Pflichtbestandteil des Konzernabschlusses (§ 297 (1) HGB).

Zusammenfassend lässt sich also feststellen: Der kaufmännische Buchungsbetrieb basiert auf einem zweigliedrigen Rechnungssystem (Bilanz und Gewinn- und Verlustrechnung), während es sich bei der kommunalen Doppik – durch die Erweiterung um eine im Rechnungsverbund geführte Finanzrechnung – um ein Drei-Komponenten-System handelt.

Verständnisfragen zu Kapitel 1

1. Aus welchen Bestandteilen besteht der kommunale Jahresabschluss?
2. Was bedeutet Rechenschaft? Unterscheiden Sie zwischen Rechenschaft im Innenverhältnis und Rechenschaft im Außenverhältnis.
3. Welches Rechenwerk steht für die Frage des Haushaltsausgleichs im Mittelpunkt der Betrachtung? Wann ist der Haushalt ausgeglichen?
4. Erläutern Sie den Zusammenhang zwischen Ergebnisrechnung und Bilanz.
5. Welche Vermögensgegenstände zählen zum Anlagevermögen?
6. Wann verstößt die Gemeinde gegen das Überschuldungsverbot des § 75 (7) GO?
7. Erläutern Sie den Zusammenhang zwischen Finanzrechnung und Bilanz.
8. In welche drei Bereiche ist die Finanzrechnung unterteilt? In welchem Verhältnis stehen diese Bereiche zum kameralen Vermögenshaushalt und zum kameralen Verwaltungshaushalt?

2 Grundlagen der Bilanzierung im NKF

2.1 Das Handelsrecht als Referenzsystem

Die Rechnungslegungskonzeption des Neuen Kommunalen Finanzmanagements (NKF) wurde unter der Maßgabe entwickelt, das kaufmännische Rechnungswesen als „Referenzmodell" zu verwenden: Das NKF orientiert sich – soweit die spezifischen Ziele und Aufgaben des Rechnungswesens der Kommunen dem nicht entgegenstehen – am Handelsgesetzbuch (HGB) und den (kaufmännischen) Grundsätzen ordnungsmäßiger Buchführung (vgl. Innenministerium des Landes Nordrhein-Westfalen (Hrsg.): Neues kommunales Finanzmanagement in Nordrhein-Westfalen, Handreichung für Kommunen, 7. Aufl., Düsseldorf, 2016, S. 204f.; **diese Publikation wird im Folgenden kurz als „Handreichung" zitiert**).

Abgesehen von der im Buchungsverbund geführten Finanzrechnung als Pflichtbestandteil des kommunalen Jahresabschlusses orientieren sich die Regelungstexte des Haushaltsrechts bezogen auf die Bilanzierungsvorschriften in weiten Teilen an den Bestimmungen des Handelsgesetzbuchs (für große Kapitalgesellschaften). Zwar verweist das Haushaltsrecht – mit Ausnahme der Vorschriften zum Gesamtabschluss in der Kommunalhaushaltsverordnung (KomHVO) – nicht direkt auf einzelne Paragraphen des Handelsgesetzbuchs, viele Bestimmungen sind jedoch augenfällig denen des Handelsgesetzbuchs nachgebildet. Dies gilt vor allem für die **Ansatz- und Bewertungsvorschriften**. Diese sind nahezu gleichlautend wie im HGB formuliert. Wahlrechte wurden allerdings eingeschränkt. Dies ist – mit dem Bilanzrechtsmodernisierungsgesetz (BilMoG) – mittlerweile auch im Handelsgesetzbuch geschehen. Demgegenüber berücksichtigen die **Gliederungsvorschriften** des Gemeindehaushaltsrechts stärker kommunale Besonderheiten; die Vorschriften entsprechen aber in der vorgegebenen Grobgliederung dem Handelsrecht.

Die Stellung des Handelsrechts als Referenzmodell kommt am deutlichsten in der Vorschrift des § 95 (1) GO zum Ausdruck, die als „Generalnorm" für den kommunalen Jahresabschluss angesehen werden kann. Dort wird festgelegt: Der Jahresabschluss hat „unter Beachtung der **Grundsätze ordnungsmäßiger Buchführung** ein den tatsächlichen Verhältnissen entsprechendes Bild der Vermögens-, Schulden-, Ertrags- und Finanzlage der Gemeinde zu vermitteln". Diese Vorschrift ist der handelsrechtlichen Vorschrift des § 264 (2) HGB nachgebildet, die ihrerseits als Generalnorm für den Jahresabschluss von Kapitalgesellschaften gilt.

Die „Grundsätze ordnungsmäßiger Buchführung" (GoB) sind gewissermaßen das Rückgrat der kaufmännischen, handelsrechtlichen Buchführung und Bilanzierung. Als Bestandteil der handelsrechtlichen Generalnorm zum Jahresabschluss sind sie bei der Auslegung aller anderen, spezielleren Vorschriften und immer dann (subsidiär) zu beachten, wenn keine speziellere Vorschrift existiert. Vermittels der Vorschrift des § 95 (1) GO übernehmen sie diese Funktion nunmehr auch im Neuen Kommunalen Finanzmanagement. Das heißt: Die handelsrechtlichen Grundsätze ordnungsmäßiger Buchführung sind auch im Haushaltsrecht immer dann hinzuzuziehen, wenn es gilt, die haushaltsrechtlichen Einzelvorschriften zu konkretisieren oder diese zu ergänzen.

Die Grundsätze ordnungsmäßiger Buchführung werden im übernächsten Abschnitt noch eingehender behandelt. Zunächst wird das Handelsgesetzbuch zum besseren Vorverständnis kurz im Überblick dargestellt.

2.2 Exkurs: Kleiner Wegweiser durch das Handelsrecht

Das Handelsgesetzbuch (HGB) ist in fünf „Bücher" eingeteilt. Die Vorschriften zur Buchführung und zum Jahresabschluss finden sich im Dritten Buch. Es trägt die Bezeichnung „Handelsbücher". Das Dritte Buch ist seinerseits unterteilt in sechs Abschnitte. Relevant im Zusammenhang mit dem Neuen Kommunalen Finanzmanagement sind der Erste Abschnitt mit den Vorschriften für alle Kaufleute (§§ 238-263 HGB) sowie die ergänzenden Vorschriften für Kapitalgesellschaften (Aktiengesellschaften, Kommanditgesellschaften auf Aktien und Gesellschaften mit beschränkter Haftung) sowie bestimmte Personenhandelsgesellschaften des Zweiten Abschnitts (§§ 264-335 HGB).

Abbildung 4: Aufbau des Handelsgesetzbuchs

Die im „Ersten Abschnitt" des „Dritten Buches" in den §§ 238-263 HGB kodifizierten „**Vorschriften für alle Kaufleute**" sollten nach der gesetzgeberischen Absicht für **Einzelkaufleute** und bestimmte **Personenhandelsgesellschaften** alle Rechtsnormen der handelsrechtlichen Rechnungslegung **abschließend** (mit geringen Ausnahmen, z. B. Publizitätsgesetz) behandeln. Dagegen haben **Kapitalgesellschaften** (GmbH, AG, KGaA) zusätzlich die Vorschriften des Zweiten Abschnitts zu beachten. Durch diese ergänzenden Vorschriften werden die Rechnungslegungspflichten für Kapitalgesellschaften weiter konkretisiert, sachlich ausgedehnt oder gegenüber den allgemeinen Vorschriften des Ersten Abschnitts restriktiver gefasst. Allerdings orientieren sich auch zahlreiche Nicht-Kapitalgesellschaften an den ergänzenden Vorschriften der §§ 264-335 HGB (insbesondere beim Ausweis, weniger bei der Bewertung). Die vom Gesetzgeber angestrebte Trennung der Vorschriften in zwei Anwendungsbereiche hat sich damit in der Praxis nur zum Teil durchgesetzt.

2.3 Grundsätze ordnungsmäßiger Buchführung

Die Beachtung der „Grundsätze ordnungsmäßiger Buchführung" (GoB) ist – wie bereits angesprochen – Bestandteil der handelsrechtlichen **Generalnormen** für Buchführung und Jahresabschluss (§§ 238 (1), 243 (1) und 264 (2) S.1 HGB). Was im Einzelnen unter „GoB" zu verstehen ist, wird aber im Handelsrecht nicht ausgeführt. Die GoB sind damit rechtswissenschaftlich betrachtet ein **unbestimmter Rechtsbegriff**. Der Gesetzgeber benutzt diesen unbestimmten Rechtsbegriff, um im Rahmen der Generalnormen seine Regelungsabsichten (zumindest) allgemein zu beschreiben. Er möchte damit den vielen Einzelvorschriften des HGB allgemeine Leitlinien zur Seite stellen, die geeignet sind, die Einzelvorschriften in der Rechtsanwendung zu konkretisieren und ggf. zu ergänzen.

Dieses Vorgehen folgt einerseits der Grundeinsicht, dass auch noch so zahlreiche und ausgefeilte Einzelvorschriften niemals ausreichen könnten, die gesamte Vielfalt möglicher Einzelsachverhalte zu erfassen und zu regeln. Andererseits liegt dem Vorgehen aber auch die Annahme zugrunde, dass sich der Begriff „GoB" so hinreichend konkret ausfüllen lässt, dass er zur Rechtsfindung herangezogen werden kann. In dieser Erwartung überlässt der Gesetzgeber die Konkretisierung der GoB dem Zusammenwirken von Rechtsprechung, Wissenschaft und fachkundigen Praktikern und verzichtet insoweit auf starre gesetzliche Formulierungen.

Auf der einen Seite entsteht so Raum für die sachgerechte Anpassung der Rechnungslegungsvorschriften an neue Sachverhalte und Erkenntnisse oder veränderte praktische Übung. Auf der anderen Seite bedingt die Unbestimmtheit des Begriffs „GoB" aber, dass immer wieder gewisse Unsicherheiten über die Interpretation der GoB und eine ihnen entsprechende Bilanzierung auftreten können. Für die notwendige Konkretisierung hat dann nicht selten die höchstrichterliche Rechtsprechung zu sorgen. Maßgeblich sind in dieser Hinsicht vor allem die Urteile des Bundesfinanzhofs (BFH), sofern er über das Maßgeblichkeitsprinzip auf das Handelsrecht zurückgreift und dieses auslegt – in seltenen Fällen auch die Urteile des Bundesgerichtshofs (BGH) zum Bilanzrecht.

Die Grundsätze, die als GoB erachtet werden konnten, waren ursprünglich ganz überwiegend nicht im HGB kodifiziert. Sie wurden vielmehr aus den angenommenen Zwecken des handelsrechtlichen Jahresabschlusses abgeleitet – deduziert. Eine wesentliche Schwierigkeit dabei bestand und besteht weiterhin darin, dass dem handelsrechtlichen Jahresabschluss kein dominanter Jahresabschlusszweck unterstellt werden kann. Vielmehr können mit den Jahresabschlusszwecken der **Rechenschaft** und der **Kapitalerhaltung** zwei konkurrierende Jahresabschlusszwecke angenommen werden. Rechenschaft bezweckt, dem Jahresabschlussadressaten einen möglichst klaren und zutreffenden Einblick in die tatsächliche wirtschaftliche Lage des Unternehmens, die Verwendung des anvertrauten Kapitals und die damit erzielten Erfolge zu geben. Kapitalerhaltung hingegen bezweckt, dass **im Zweifel** die **Aktiva eher zu niedrig** und die **Schulden eher zu hoch** bewertet werden, um zu verhindern, dass Gewinne ausgewiesen und ausgeschüttet werden, die zur Abdeckung von künftigen Verlusten benötigt werden könnten. Bei der Hinzuziehung der GoB in konkreten Bilanzierungsentscheidungen stellt sich also die Frage, wie diese Grundsätze im Konfliktfall zu gewichten sind.

Mittlerweile wurden zwar viele als GoB erachtete Bestimmungen durch das **Bilanzrichtlinien-Gesetz von 1985** mehr oder weniger konkretisiert und im HGB kodifiziert. Damit sind indes keineswegs alle Unsicherheiten bezüglich der GoB beseitigt. Vielmehr verlagert sich nur der Schwerpunkt Auslegungsschwierigkeiten: Dieser liegt nunmehr auf der **Interpretation der bestehenden gesetzlichen GoB**. Dies kann freilich, insbesondere bei konkurrierenden GoB, kaum ohne Rückgriff auf die angenommenen Jahresabschlusszwecke und deren relative Gewichtung erfolgen. Die (reine) Deduktion hingegen nimmt nur noch die ergänzende Aufgabe der Begründung und Gewinnung von zusätzlich erforderlichen (noch) nicht kodifizierten Grundsätzen wahr. Diese im HGB noch nicht ausdrücklich erwähnten Grundsätze, zu nennen sind hier vor allem der Aktivierungs- und der Passivierungsgrundsatz, gelten aber weiterhin neben den kodifizierten Grundsätzen.

Als **kodifizierte GoB** gelten nur bestimmte Vorschriften des Ersten Abschnitts des Dritten Buchs des HGB, die unabhängig von der Rechtsform **für alle Kaufleute** gelten. Rechtsformspezifische und branchenspezifische Vorschriften der übrigen Abschnitte des Dritten Buchs zählen mithin nicht zu den GoB. Für den Jahresabschluss sind die folgenden Grundsätze zu nennen, die ganz überwiegend auch im Gemeindehaushaltsrecht kodifiziert wurden:

- Grundsatz der Klarheit und Übersichtlichkeit (§ 243 (2) HGB; § 95 (1) S. 2 GO),
- Saldierungsverbot (§ 246 (2) HGB; §§ 39 (1) S. 2, 40 S. 2, 42 (2) KomHVO),

- Grundsatz der Einzelbewertung (§ 252 (1) Nr. 3 HGB; § 91 (4) Nr. 2, § 33 (1) Nr. 2 KomHVO),
- Grundsatz der Richtigkeit und Willkürfreiheit (§ 239 (2) HGB; § 28 (2) S. 1 KomHVO),
- Grundsatz der Vollständigkeit (§§ 239 (2), 246 (1) HGB; §§ 28 (2) S. 1, 42 (1) KomHVO, § 95 (1) S. 3 GO),
- Grundsatz der Bilanzidentität (§ 252 (1) Nr. 1 HGB; § 33 (1) Nr. 1 GemVO),
- Grundsatz der Vorsicht (§ 252 (1) Nr. 4 HGB),
- Realisationsprinzip (§ 252 (1) Nr. 4 HGB; § 33 (1) Nr. 3 KomHVO),
- Imparitätsprinzip (§ 252 (1) Nr. 4 HGB; § 33 (1) Nr. 3 KomHVO),
- Grundsatz der Periodenabgrenzung (§ 252 (1) Nr. 5 HGB; § 33 (1) Nr. 4 KomHVO),
- Grundsatz der Fortführung der Unternehmenstätigkeit (252 (1) Nr. 2 HGB),
- Grundsatz der Stetigkeit der Bewertungsmethoden (§ 252 (1) Nr. 6 HGB; § 33 (1) Nr. 5 KomHVO).

Die GoB für den Jahresabschluss werden in den nächsten Abschnitten teils noch näher erläutert. Zum handelsrechtlichen Vorsichtsprinzip sei an dieser Stelle angemerkt: Nach dem Gemeindehaushaltsrecht gilt das Vorsichtsprinzip nur in seinen Ausprägungen als Imparitäts- und Realisationsprinzip. Diese Prinzipien werden in § 33 (1) Nr. KomHVO ausdrücklich genannt. Im Übrigen soll nach § 33 (1) Nr. 3 nicht – wie im HGB – „vorsichtig“, sondern „wirklichkeitsgetreu“ bewertet werden. Somit sollen sich die Bewertungen nach dem Gemeindehaushaltsrecht an den Erwartungswerten orientieren, während das Handelsgesetzbuch bei Vermögensgegenständen Risikoabschläge vom Erwartungswert und bei Verpflichtungen Risikozuschläge zum Erwartungswert vorsieht. Demnach wären Vermögensgegenstände im NKF regelmäßig höher und Verpflichtungen regelmäßig niedriger zu bewerten als nach dem Handelsgesetzbuch (siehe auch Abschnitt 2.8.3).

Neben den GoB für den Jahresabschluss existieren weitere GoB, die sich als **Dokumentationsgrundsätze** vornehmlich auf die Buchführung beziehen. Kodifiziert finden sich entsprechende Vorschriften vor allem in den §§ 238 und 239 HGB. Analoge Vorschriften finden sich auch im Gemeindehaushaltsrecht.

Die Buchführung muss so beschaffen sein, „dass sie einem sachverständigen Dritten in angemessener Zeit einen Überblick über die Geschäftsvorfälle und über die Lage des Unternehmens vermitteln kann“ (§ 238 (1) S. 2 HGB, vgl. auch § 93 (1) S. 2 GO). Diese Vorschrift könnte als Generalnorm der Dokumentationsgrundsätze aufgefasst werden. Als sachverständige Dritte können etwa Wirtschaftsprüfer, Steuerberater oder Betriebsprüfer des Finanzamtes gelten. Die übrigen und nachfolgend besprochenen Dokumentationsgrundsätze konkretisieren die Anforderungen an die Buchführung im Sinne dieser „Generalnorm“.

Die Eintragungen in den Büchern und die sonst erforderlichen Aufzeichnungen müssen vollständig, richtig, zeitgerecht und geordnet vorgenommen werden, so dass sich die Geschäftsvorfälle in ihrer Entstehung und Abwicklung nachvollziehen lassen (§§ 239 (2), 238 (1) S. 3 HGB; analog § 28 (2), (3) KomHVO). Die Geschäftsvorfälle sind also lückenlos aufzuzeichnen; es dürfen keine Geschäftsvorfälle weggelassen oder fingierte Vorfälle hinzugefügt werden (Vollständigkeit), Die Aufzeichnungen und Buchungen müssen dem Grund und der Höhe nach richtig und mit entsprechenden Grundaufzeichnungen belegbar sein (materielle Richtigkeit; „Keine Buchung ohne Beleg!“). Ferner müssen die Buchungen übersichtlich und klar sein, so dass sich ein Sachverständiger ohne große Schwierigkeiten zurechtfinden kann (formelle Richtigkeit oder Klarheit). Dies setzt u. a. einen hinreichend tiefen und systematisch gegliederten Kontenplan voraus. Die Grundsätze der zeitgerechten und geordneten Buchung besagen, dass die Geschäftsvorfälle grundsätzlich unverzüglich und ihrer zeitlichen Reihenfolge entsprechend zu buchen sind. Dabei kommt es auf die Umstände des Einzelfalls an, wann eine zeitgerechte Buchung noch vorliegt – vor allem auf die Art der Geschäftsvorfälle, auf den Buchungsumfang, auf die internen Kontrollen und auf die Sicherung der Unterlagen vor Verlust. Kasseneinnahmen und -ausgaben sind grundsätzlich noch am gleichen Tag zu buchen, wenn nicht zwingende geschäftliche Gründe dem entgegenstehen und sich der Sollbestand der Kasse sicher aus den Buchungsunterlagen entnehmen lässt.

Eine Eintragung in den Büchern oder eine Aufzeichnung darf nicht in einer Weise verändert werden, dass der ursprüngliche Inhalt nicht mehr feststellbar ist („Es darf nicht radiert werden!“). Auch solche Veränderungen dürfen nicht vorgenommen werden, deren Beschaffenheit es ungewiss lässt, ob sie ursprünglich oder erst später gemacht worden sind (§ 239 (3) HGB; analog § 28 (2) KomHVO). Alle Berichtigungen dürfen daher nur durch Umbuchungen und Stornierungsbuchungen vorgenommen werde. Die EDV-Organisation muss so ausgestaltet sein, dass Änderungen automatisch erfasst und dokumentiert werden.

Die Buchführung muss in einer lebenden Sprache gehalten werden. Bei der Verwendung von Abkürzungen, Ziffern, Buchstaben und Symbolen muss deren Bedeutung eindeutig festliegen (§ 239 (1) HGB).

2.4 Rahmengrundsätze der Bilanzierung

In Anlehnung an Leffson und Baetge werden hier bestimmte, weiter oben schon erwähnte GoB unter den Begriff „Rahmengrundsätze“ zusammengefasst. Zu diesen Rahmengrundsätzen sollen der Grundsatz der Richtigkeit und Willkürfreiheit, der Grundsatz der Klarheit und Übersichtlichkeit sowie der Grundsatz der Vollständigkeit gezählt werden. Gemeinsam ist den Rahmengrundsätzen, dass sie grundlegende Anforderungen an jede Vermittlung nützlicher Informationen formulieren.

Der **Grundsatz der Richtigkeit** verlangt, dass der Ausschnitt der Wirklichkeit, der Gegenstand des Jahresabschlusses ist, im Sinne der geltenden Normen objektiv (intersubjektiv nachprüfbar) abgebildet wird. Insofern erhält die Forderung nach Richtigkeit einen konkreteren Inhalt erst durch die übrigen zum Normensystem des Jahresabschlusses gehörenden Grundsätze und Detailvorschriften. „Richtigkeit" ist eine Grundvoraussetzung der Rechenschaft; widerspricht das Abbildungsmodell „Jahresabschluss" den zugrundeliegenden Normen, werden diejenigen, die die Normen kennen und deren Befolgung erwarten, über die realen Sachverhalte getäuscht.

Der Grundsatz der Richtigkeit findet allerdings dort eine Grenze, wo subjektive Schätzungen in den Jahresabschluss eingehen (müssen). Hier fehlen eindeutige Abbildungsvorschriften. In diesen Fällen ist aus dem Grundsatz der Richtigkeit zumindest zu folgern, dass die Schätzungen innerhalb objektiv bestimmbarer sachbezogener Grenzen liegen und die Annahmen der Abbildung dem Adressaten bekannt sind oder bekannt gemacht werden. Ergänzend ist in diesen Fällen auch der **Grundsatz der Willkürfreiheit** zu berücksichtigen. Er verlangt, dass der Bilanzierende nur solche Werte wählt, die er nach bestem Wissen für eine zutreffende Aussage über die realen Verhältnisse hält.

Der **Grundsatz der Klarheit und Übersichtlichkeit** ist in § 243 (2) HGB niedergelegt. Er wurde bereits weiter oben unter den Dokumentationsgrundsätzen angesprochen. Die Forderung nach Klarheit und Übersichtlichkeit betrifft insbesondere die Bezeichnungen der Posten und die Gliederungen der Rechenwerke. Die Posten sollen eindeutig bezeichnet und so angeordnet werden, dass sie eine verständliche, übersichtliche und aussagefähige Darstellung ergeben. Daraus lässt sich auch das **Saldierungsverbot** (§ 246 (2) HGB) ableiten: Aktiv- und Passivposten sowie Aufwendungen und Erträge dürfen nicht miteinander verrechnet werden. Mit dem Grundsatz der Klarheit und Übersichtlichkeit verbindet sich auch die Forderung nach einer angemessenen Gliederungstiefe.

Der **Grundsatz der Vollständigkeit** ist für den Jahresabschluss in § 246 (1) HGB kodifiziert. Danach hat der Jahresabschluss **sämtliche** Vermögensgegenstände, Schulden, Rechnungsabgrenzungsposten, Aufwendungen und Erträge zu enthalten, sofern kein konkretes Bilanzierungsverbot besteht. Es dürfen zumindest keine wesentlichen Informationen weggelassen und auch keine erfundenen Sachverhalte hinzugefügt werden.

2.5 Ansatzgrundsätze und -vorschriften

2.5.1 Einführung

Gemäß § 42 (1) KomHVO hat die Bilanz sämtliche Vermögensgegenstände und Schulden zu enthalten, soweit im Gemeindehaushaltsrecht (GO, KomHVO) nichts anderes bestimmt ist. Die Ansatzgrundsätze und -vorschriften regeln, was unter Vermögensgegenständen und Schulden im bilanziellen Sinne allgemein zu verstehen ist und unter welchen weiteren Voraussetzungen Vermögensgegenstände und Schulden in der Bilanz anzusetzen sind.

Die Kriterien für das Vorliegen von Vermögensgegenständen und Schulden ergeben sich ganz überwiegend nicht aus Legaldefinitionen, sie stützen sich vielmehr auf – nicht kodifizierte – GoB. Der Aktivierungsgrundsatz legt die Kriterien dafür fest, was grundsätzlich als Vermögensgegenstand unter den Aktiva der Bilanz anzusetzen – zu aktivieren – ist. Der Passivierungsgrundsatz bestimmt, was grundsätzlich als Schuld auf der Passivseite der Bilanz anzusetzen – zu passivieren – ist.

Aktivierungs- und Passivierungsgrundsatz können allerdings durch spezielle gesetzliche Vorschriften durchbrochen werden. Dies kommt im Wortlaut des § 42 (1) KomHVO durch den Zusatz „**soweit in der Gemeindeordnung oder in dieser Verordnung nichts anderes bestimmt ist**" zum Ausdruck. Abweichende Bestimmungen können vorsehen, dass aktivierungs- oder passivierungsfähige Sachverhalte tatsächlich nicht angesetzt werden dürfen (**Ansatzverbote**), **Ansatzwahlrechte** eingeräumt werden oder nach den Ansatzgrundsätzen nicht ansatzfähige Sachverhalte trotzdem angesetzt werden dürfen (**Bilanzierungshilfen**). Im Schrifttum wird deshalb gelegentlich auch zwischen abstrakter Aktivierungs- und Passivierungsfähigkeit einerseits und konkreter Aktivierungs- und Passivierungsfähigkeit andererseits unterschieden. Die abstrakte Ansatzfähigkeit richtet sich nach den Ansatzgrundsätzen. Die konkrete Ansatzfähigkeit berücksichtigt zusätzlich die besonderen abweichenden gesetzlichen Bestimmungen.

Schematisch lassen sich die Entscheidungen im Rahmen der Bilanzierung wie folgt darstellen:

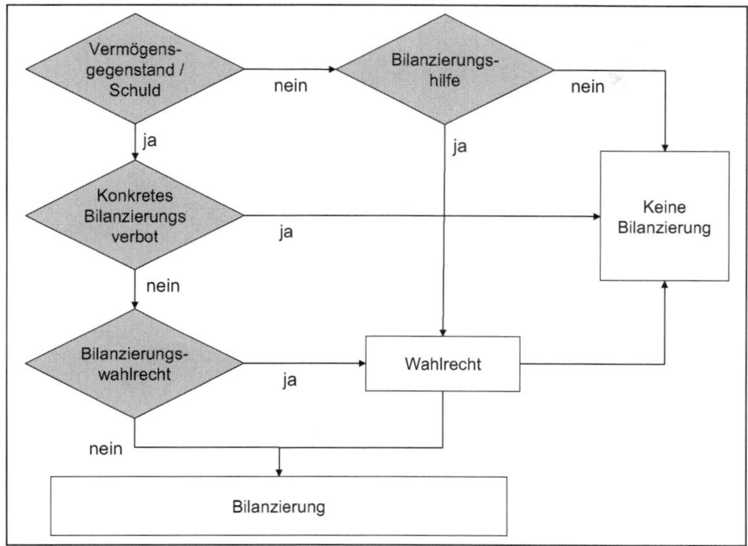

Abbildung 5: Ablauf von Bilanzierungsentscheidungen

2.5.2 Aktivierungsgrundsatz

Nach § 34 (1) KomHVO ist ein Vermögensgegenstand „in die Bilanz aufzunehmen, wenn die Kommune das **wirtschaftliche Eigentum** daran innehat und dieser **selbständig verwertbar** ist". Das Haushaltsrecht knüpft hier an die handelsrechtliche Aktivierungskonzeption an. Das Kriterium der selbständigen Verwertbarkeit ist dort allerdings nicht ausdrücklich kodifiziert (vgl. § 246 (1) HGB), es kann vielmehr als ein nicht kodifizierter Grundsatz ordnungsmäßiger Buchführung angesehen werden.

Der Aktivierungsgrundsatz stellt auf die Schuldendeckungsfähigkeit als Eigenschaft eines Vermögensgegenstandes ab: Die Bilanz soll aufzeigen, inwieweit das Unternehmen über Aktiva verfügt, die zur Deckung (Begleichung) der Schulden des Unternehmens beitragen können. Die Bilanz dient insoweit der Ermittlung des Haftungspotentials und damit dem Gläubigerschutz.

In diesem Zusammenhang fordert **selbständige Verwertbarkeit** als Kriterium eines Vermögensgegenstandes, dass das betreffende Gut einen **wirtschaftlichen Vorteil** gewährt, der sich **gegenüber Dritten** in der Weise **verwerten** lässt, dass er in Geld transformiert und so zur Begleichung von Schulden verwendet werden kann. Das Kriterium der selbständigen Verwertbarkeit ist sehr naheliegend dann erfüllt, wenn das betreffende Gut **einzeln veräußerbar** ist. Selbstständige Verwertbarkeit schließt aber auch andere Möglichkeiten ein, den wirtschaftlichen Vorteil, den eine Sache, ein Recht oder ein sonstiges Gut gewährt, gegenüber Dritten zu verwerten und in Geld umzuwandeln. So wird das Kriterium der selbständigen Verwertbarkeit im Schrifttum auch dann als erfüllt angesehen, wenn ein Gut sich zwar nicht durch Veräußerung, wohl aber durch die **Einräumung von Nutzungsrechten** oder durch **bedingten Verzicht** (etwa Konzessionen) in Geld umwandeln lässt.

Neben dem Ansatzkriterium der selbständigen Verwertbarkeit ist in § 34 (1) KomHVO zusätzlich niedergelegt, dass die Gemeinde den Vermögensgegenstand nur dann in die Bilanz aufnehmen darf (und muss), wenn sie auch das **wirtschaftliche Eigentum** daran innehat. Der Hinweis auf das wirtschaftliche Eigentum betrifft die **Zurechnung** des Vermögensgegenstandes zur Bilanz der Gemeinde. Wirtschaftlicher Eigentümer eines Vermögensgegenstandes ist derjenige, bei dem **Besitz, Gefahr, Nutzen und Lasten** einer Sache liegen. Der wirtschaftliche Eigentümer übt **faktisch** die **Sachherrschaft** über einen Vermögensgegenstand aus. Entsprechend ist er in der Lage, Dritte auf Dauer von der Nutzung dieses Vermögensgegenstandes auszuschließen. Der wirtschaftliche Eigentümer trägt aber auch die Gefahren und Lasten. Wirtschaftliches Eigentum fällt zwar in der Regel, aber nicht notwendigerweise mit dem **zivilrechtlichen Eigentum** zusammen.

Beispiele für das Auseinanderfallen von juristischem und wirtschaftlichem Eigentum sind:

- Unter Eigentumsvorbehalt gelieferte Gegenstände sind grundsätzlich beim Erwerber (wirtschaftlicher Eigentümer) zu bilanzieren.
- Bei Sicherungstreuhandschaften (Sicherungsübereignung und Sicherungsabtretung) ist das Sicherungsgut i. d. R. beim Sicherungsgeber (wirtschaftlicher Eigentümer) zu bilanzieren.
- Treuhandschaften sind grundsätzlich beim Treugeber (wirtschaftlicher Eigentümer) und nicht beim Treuhänder zu bilanzieren.
- Kommissionswaren werden grundsätzlich beim Kommittenten (Auftraggeber) bilanziert (weil dieser die mit den Waren verbundenen wirtschaftlichen Gefahren trägt), auch wenn der Kommissionär (Beauftragte) juristischer Eigentümer der Waren wird, weil er im eigenen Namen (aber im Auftrag und für Rechnung des Kommittenten) kauft.
- Leasinggegenstände sind unter bestimmten Voraussetzungen beim Leasingnehmer zu bilanzieren, auch wenn der Leasinggeber zivilrechtlicher Eigentümer ist (vgl. Abschnitt 7.5).

Sofern die Gemeinde das wirtschaftliche Eigentum an einem Vermögensgegenstand innehat und dieser selbständig verwertbar ist, besteht nach § 34 (1) KomHVO nicht nur Aktivierungsfähigkeit, sondern auch **Aktivierungspflicht.** § 42 (1) KomHVO verdeutlicht diese Aktivierungspflicht mit der Formulierung, dass die Bilanz **sämtliche** Vermögensgegenstände zu enthalten hat (**Vollständigkeitsgebot**, analog § 246 (1) S. 1 HGB). Daraus ist u. a. auch zu folgern, dass voll abgeschriebene, aber noch vorhandene Vermögensgegenstände (die sich wirtschaftlich verwerten lassen) mit einem Merkposten (1 Euro) erscheinen müssen.

Grundlage für die Aufnahme von Vermögensgegenständen (und Schulden) in die Bilanz ist das **Inventar**. Die Gemeinde ist nach § 91 (1) GO verpflichtet, zum Schluss eines jeden Haushaltsjahres eine Inventur durchzuführen und die im wirtschaftlichen Eigentum der Gemeinde stehenden Vermögensgegenstände vollständig aufzunehmen (vgl. auch § 240 (1), (2) HGB). Abweichende Aktivierungsvorschriften

Das Gemeindehaushaltsrecht enthält kaum spezielle Vorschriften, die von dem oben dargestellten Aktivierungsgrundsatz abweichen. Ausnahmen sind §§ 44 (1), 3 (4) und 36 (3) KomHVO.

- Nach § 44 (1) KomHVO gilt ein **Aktivierungsverbot** für immaterielle Vermögensgegenstände des Anlagevermögens, die unentgeltlich erworben wurden. Mit dem Erfordernis eines entgeltlichen Erwerbs soll sichergestellt werden, dass im Wege der Transaktion (Kauf, Tausch oder Einbringung) eine gewisse Wertobjektivierung stattgefunden hat. Bei entgeltlichem Erwerb besteht hingegen Aktivierungspflicht. Dies ergibt sich aus dem Vollständigkeitsgebot.
- Nach §§ 30 (4), 36 (3) KomHVO kann auf eine Erfassung/Aktivierung von (beweglichen) Gegenständen des Sachanlagevermögens, deren Anschaffungs- oder Herstellungskosten im Einzelnen wertmäßig den Betrag von 800 Euro ohne Umsatzsteuer nicht übersteigen, verzichtet werden (Aktivierungswahlrecht).

Ferner gilt im NKF ein Aktivierungsverbot für Sparkassen. Dies ergibt sich nicht direkt aus dem Gemeindehaushaltsrecht, sondern aus § 1 (1) S. 2 SpkG NRW, wo ausdrücklich festgelegt wird, dass Sparkassen nicht in der (Eröffnungs-)Bilanz angesetzt werden dürfen.

Zu der nach § 33a KomHVO eingeräumten Bilanzierungshilfe für „Aufwendungen für die Erhaltung der gemeindlichen Leistungsfähigkeit" siehe Abschnitt 7.1.

2.5.3 Passivierungsgrundsatz

Der Passivierungsgrundsatz nennt die Kriterien für das Vorliegen einer Schuld und legt damit fest, was grundsätzlich (als Schuld) zu passivieren ist. Auch der Passivierungsgrundsatz gehört (wie der Aktivierungsgrundsatz) zu den nicht kodifizierten Grundsätzen ordnungsmäßiger Buchführung. Weder im Handels- noch im Gemeindehaushaltsrecht findet sich eine Legaldefinition zum Begriff „Schulden". In § 246 (1) HGB resp. § 42 (1) KomHVO wird lediglich festgelegt, dass der Jahresabschluss/die Bilanz sämtliche Schulden zu enthalten habe. Der handelsrechtliche Passivierungsgrundsatz, der sich herausgebildet hat und nunmehr auch auf das Gemeindehaushaltsrecht zu übertragen ist, besagt nach herrschender Meinung, dass ein

Sachverhalt als Schuld zu passivieren ist, wenn die folgenden Kriterien **kumulativ** erfüllt sind:

- Es besteht mit einiger Wahrscheinlichkeit die Möglichkeit der Inanspruchnahme aus einer sicher oder wahrscheinlich be- oder entstehenden **Verpflichtung** zur Leistung gegenüber anderen (Außenverpflichtung).
- Die Inanspruchnahme bedeutet eine **wirtschaftliche Belastung** für den Schuldner.
- Die wirtschaftliche Belastung ist in der Höhe zumindest in einer Bandbreite **quantifizierbar.**

Sachverhalte, die diese Kriterien erfüllen, sind in der Bilanz als **Verbindlichkeiten** oder **Rückstellungen** aufzunehmen. Ob eine Schuld als Verbindlichkeit oder aber als Rückstellung zu passivieren ist, hängt von den Ausprägungen und Entstehungsursachen der genannten Kriterien ab.

Verbindlichkeiten beruhen stets auf **(sicheren) Verpflichtungen** der Gemeinde gegenüber Dritten, denen sie sich aus **rechtlichen Gründen** nicht entziehen kann (etwa Kreditverträge, Kaufverträge, Steuerschulden). Im Falle einer **Rückstellung** indes reicht es aus, wenn die Verpflichtung mit **hinreichender Wahrscheinlichkeit** be- oder entsteht. Die Verpflichtung muss auch nicht unbedingt rechtlich begründet sein; es kann sich auch um einen wirtschaftlich begründeten **faktischen Leistungszwang** handeln (etwa bei Kulanzleistungen für fehlerhafte Produkte).

Eine **wirtschaftliche Belastung** kann in unterschiedlicher Gestalt angenommen werden. Künftige Auszahlungsverpflichtungen, die bereits vor dem Stichtag rechtlich entstanden sind und aus Zugängen zu den Aktiva herrühren, sind stets als Verbindlichkeit zu passivieren (etwa Lieferantenverbindlichkeiten, Verbindlichkeiten aus Krediten). Bei Unsicherheit über die Höhe der Verbindlichkeit ist diese zu schätzen. Andere (nicht im Zusammenhang mit Aktivazugängen) vor dem Stichtag rechtlich entstandene (Auszahlungs-)Verpflichtungen, sind bei sicherer Höhe als Verbindlichkeit, bei unsicherer Höhe als Rückstellung (für ungewisse Verbindlichkeiten) zu passivieren.

Bei Verpflichtungen, die zum Bilanzstichtag (rechtlich) noch nicht entstanden sind, liegt insoweit eine zu passivierende wirtschaftliche Belastung vor, als den angenommenen künftig verpflichtend zu leistenden Aufwendungen keine künftigen Erträge zugerechnet werden können. In diesen Fällen ist eine Verbindlichkeit zu passivieren, sofern keine rechtlichen Zweifel am künftigen Leistungszwang und der Höhe der wirtschaftlichen Belastung (Aufwendungen) bestehen (etwa sonstige Verbindlichkeiten zur antizipativen Zinsabgrenzung). Besteht hingegen Unsicherheit über das Bestehen und/oder die Höhe der Verpflichtung ist eine Rückstellung (für ungewisse Verbindlichkeiten) anzusetzen (etwa für Garantieleistungen).

Eine wirtschaftliche Belastung kann auch im Rahmen von schwebenden (beiderseitig noch nicht erfüllten) Geschäften angenommen werden, insoweit als die künftigen Aufwendungen die künftigen Erträge übersteigen. Dem **Imparitätsprinzip** folgend sind dann in Höhe des Verpflichtungsüberschusses Rückstellungen für drohende Verluste aus schwebenden Geschäften (Drohverlustrückstellungen) zu bilden.

Neben den Rückstellungen für ungewisse Verbindlichkeiten und für drohende Verluste aus schwebenden Geschäften kennt das Gemeindehaushaltsrecht (wie auch das Handelsrecht) eine weitere Rückstellungsart: die (reinen) **Aufwandsrückstellungen**. Hier besteht keine Verpflichtung gegenüber Dritten. So hat die Gemeinde nach § 37 (4) KomHVO für unterlassene Instandhaltungen von Sachanlagen Rückstellungen anzusetzen, wenn die Nachholung der Instandhaltung hinreichend konkret beabsichtigt ist (im Handelsrecht sind Instandhaltungsrückstellungen nur dann zu bilden (und dürfen auch nur dann gebildet werden), wenn die unterlassene Instandhaltung im folgenden Geschäftsjahr innerhalb von drei Monaten nachgeholt wird, vgl. § 249 (1) Nr. 1 HGB).

Sofern der Passivierungsgrundsatz auf Außenverpflichtungen beschränkt wird (einer Auffassung, der man jedoch nicht zwingend folgen muss), handelt es sich bei den Aufwandsrückstellungen nicht um (echte) Schulden. Schließlich stellen Aufwandsrückstellungen **Innenverpflichtungen** der bilanzierenden Einheit dar. Der voraussichtliche Aufwand beabsichtigter künftiger innerbetrieblicher Maßnahmen wird sozusagen vorverrechnet, weil er bei wirtschaftlicher Betrachtung vergangenen Perioden und den in diesen Perioden realisierten Erträgen zuzurechnen ist. Aufwandsrückstellungen dienen damit vornehmlich der periodengerechten Erfolgsermittlung und weniger der zutreffenden stichtagsbezogenen Ermittlung des Reinvermögens als Indikator der vorhandenen Haftungsmasse.

Spezielle Passivierungsvorschriften, die von dem dargestellten Passivierungsgrundsatz abweichen sind im Gemeindehaushaltsrecht (mit Ausnahme der Aufwandsrückstellungen für die Nachholung unterlassener Instandhaltungen) nicht niedergelegt.

2.6 Ausweisgrundsätze und -vorschriften

Die Ausweisgrundsätze und -vorschriften regeln, wie die Posten in den Rechenwerken zu bezeichnen, inhaltlich voneinander abzugrenzen und zu gliedern sind. Zu den Ausweisgrundsätzen zählen der Grundsatz der Klarheit und Übersichtlichkeit (inkl. des Saldierungsverbots) und der Grundsatz der formellen Bilanzstetigkeit. Danach sollten – im Interesse der Vergleichbarkeit – die Postenbezeichnungen, die Kriterien der Zuordnung der Aktiva und Passiva zu den Posten sowie die Gliederungsschemata im Zeitablauf möglichst nicht verändert werden. Konkretisiert werden diese Grundsätze im Gemeindehaushaltsrecht (wie auch in Handelsrecht) durch eine Reihe von Spezialvorschriften.

Die einschlägigen Spezialvorschriften zum Bilanzausweis enthält § 42 KomHVO. Aus § 42 (3) und (4) KomHVO ergeben sich die verbindlichen Postenbezeichnungen und die Mindestgliederungen der Aktiv- und Passivseite der Bilanz. Damit ist zugleich festgelegt, dass die Bilanz in Kontenform aufzustellen ist. Die vorgeschriebene Mindestgliederung der Bilanz sieht demnach wie folgt aus:

Aktivseite

0 Aufwendungen zur Erhaltung der gemeindlichen Leistungsfähigkeit
1 Anlagevermögen,
  1.1 Immaterielle Vermögensgegenstände,
  1.2 Sachanlagen,
    1.2.1 Unbebaute Grundstücke und grundstücksgleiche Rechte,
      1.2.1.1 Grünflächen,
      1.2.1.2 Ackerland,
      1.2.1.3 Wald, Forsten,
      1.2.1.4 Sonstige unbebaute Grundstücke,
    1.2.2 Bebaute Grundstücke und grundstücksgleiche Rechte,
      1.2.2.1 Kinder- und Jugendeinrichtungen,
      1.2.2.2 Schulen,
      1.2.2.3 Wohnbauten,
      1.2.2.4 Sonstige Dienst-, Geschäfts- und Betriebsgebäude,
    1.2.3 Infrastrukturvermögen,
      1.2.3.1 Grund und Boden des Infrastrukturvermögens,
      1.2.3.2 Brücken und Tunnel,
      1.2.3.3 Gleisanlagen mit Streckenausrüstung und Sicherheitsanlagen,
      1.2.3.4 Entwässerungs- und Abwasserbeseitigungsanlagen,
      1.2.3.5 Straßennetz mit Wegen, Plätzen und Verkehrslenkungsanlagen,
      1.2.3.6 Sonstige Bauten des Infrastrukturvermögens,
    1.2.3 Bauten auf fremdem Grund und Boden,
    1.2.4 Kunstgegenstände, Kulturdenkmäler,
    1.2.5 Maschinen und technische Anlagen, Fahrzeuge,
    1.2.6 Betriebs- und Geschäftsausstattung,
    1.2.7 Geleistete Anzahlungen, Anlagen im Bau,
  1.3 Finanzanlagen,
    1.3.1 Anteile an verbundenen Unternehmen,
    1.3.2 Beteiligungen,
    1.3.3 Sondervermögen,
    1.3.4 Wertpapiere des Anlagevermögens,
    1.3.5 Ausleihungen,
      1.3.5.1 an verbundene Unternehmen,
      1.3.5.2 an Beteiligungen,
      1.3.5.3 an Sondervermögen,
      1.3.5.4 Sonstige Ausleihungen,
2 Umlaufvermögen,
  2.1 Vorräte,
    2.1.1 Roh-, Hilfs- und Betriebsstoffe, Waren,
    2.1.2 Geleistete Anzahlungen,
  2.2 Forderungen und sonstige Vermögensgegenstände,
    2.2.1 Öffentlich-rechtliche Forderungen und Forderungen aus Transferleistungen,
    2.2.2 Privatrechtliche Forderungen,
    2.2.3 Sonstige Vermögensgegenstände,
  2.3 Wertpapiere des Umlaufvermögens,
  2.4 Liquide Mittel,

3 Aktive Rechnungsabgrenzung
4 Nicht durch Eigenkapital gedeckter Fehlbetrag

Passivseite
1 Eigenkapital,
  1.1 Allgemeine Rücklage,
  1.2 Sonderrücklagen,
  1.3 Ausgleichsrücklage,
  1.4 Jahresüberschuss / Jahresfehlbetrag,
2 Sonderposten,
  2.1 für Zuwendungen,
  2.2 für Beiträge,
  2.3 für den Gebührenausgleich,
  2.4 Sonstige Sonderposten,
3 Rückstellungen,
  3.1 Pensionsrückstellungen,
  3.2 Rückstellungen für Deponien und Altlasten,
  3.3 Instandhaltungsrückstellungen,
  3.4 Sonstige Rückstellungen nach § 37 (5) und (6),
4 Verbindlichkeiten,
  4.1 Anleihen,
  4.2 Verbindlichkeiten aus Krediten für Investitionen,
    4.2.1 von verbundenen Unternehmen,
    4.2.2 von Beteiligungen,
    4.2.3 von Sondervermögen,
    4.2.4 vom öffentlichen Bereich,
    4.2.5 von Kreditinstituten,
  4.3 Verbindlichkeiten aus Krediten zur Liquiditätssicherung,
  4.4 Verbindlichkeiten aus Vorgängen, die Kreditaufnahmen wirtschaftlich gleichkommen,
  4.5 Verbindlichkeiten aus Lieferungen und Leistungen,
  4.6 Verbindlichkeiten aus Transferleistungen,
  4.7 Sonstige Verbindlichkeiten,
  4.8 Erhaltene Anzahlungen
5 Passive Rechnungsabgrenzung

Die Bilanzgliederung nach § 42 (3) und (4) KomHVO orientiert sich grundlegend am Gliederungsschema des § 266 (2), (3) HGB für Kapitalgesellschaften. Im Vergleich dazu wird das Sachanlagevermögen der Gemeinde aber wesentlich stärker untergliedert. Abweichend ist auch die Gliederung des Eigenkapitals, da die Gemeinde naturgemäß über kein „gezeichnetes Kapital" verfügt.

Zu jedem Posten der Bilanz sind die Vorjahreswerte anzugeben, und Posten dürfen nur weggelassen werden, wenn sie keinen Wert ausweisen und bereits im Vorjahr keinen Wert ausgewiesen haben (§ 42 (5) KomHVO). Neue Posten dürfen hinzugefügt werden, wenn ihr Inhalt von den vorgegebenen Posten nicht erfasst wird (§ 42 (6) KomHVO). Posten dürfen zusammengefasst werden, wenn die Beträge unerheblich sind oder dadurch eine klarere Darstellung erreicht werden kann (§ 42 (7) KomHVO).

Grundlegend für die Gliederung der Aktivseite ist die Unterteilung in Anlage- und Umlaufvermögen. Als Anlagevermögen sind nach § 34 (1) S. 2 KomHVO nur die Vermögensgegenstände auszuweisen, die dazu bestimmt sind, der Aufgabenerfüllung der Gemeinde dauernd zu dienen (analog § 247 (2) HGB). Andernfalls sind die Vermögensgegenstände als Umlaufvermögen auszuweisen. Die Frage der Zuordnung eines Vermögensgegenstandes zum Anlage- oder Umlaufvermögen ist nicht unbedeutend. Schließlich gelten im Anlage- und Umlaufvermögen unterschiedliche Bewertungsregeln und die relative Höhe des Anlage- und Umlaufvermögens hat Einfluss auf zahlreiche Bilanzkennzahlen.

Das ausgewiesene Kapital unterteilt sich in das Eigenkapital, die Sonderposten und die Schulden, die ihrerseits in Rückstellungen und Verbindlichkeiten unterteilt werden. Schulden werden auch als Fremdkapital bezeichnet. Das Fremdkapital steht der Gemeinde nur zeitlich begrenzt zur Verfügung; es ist mit Rückzahlungsverpflichtungen verbunden. Das Eigenkapital dagegen steht der Gemeinde ohne zeitliche Begrenzung zur Verfügung; es ist nicht mit Rückzahlungsverpflichtungen verbunden. Die Sonderposten nehmen eine Zwischenstellung ein. Für Zwecke der Bilanzanalyse werden sie daher häufig jeweils hälftig dem Eigen- und dem Fremdkapital zugeordnet.

2.7 Allgemeine Bewertungsanforderungen

Die Bewertung der Vermögensgegenstände und Schulden ist nach §§ 95 (1) S. 3 GO, 93 (1) S. 2 GO sowie § 33 (1) S. 1 KomHVO unter Beachtung der Grundsätze ordnungsmäßiger Buchführung vorzunehmen. Die Grundsätze, die in diesem Zusammenhang insbesondere zu beachten sind werden in § 33 (1) Nr. 1-5 KomHVO sowie § 91 (4) Nr. 1-5 fast wortgleich aufgeführt.

§ 33 (1) Nr. 1-5 KomHVO

1. Die Wertansätze in der Eröffnungsbilanz des Haushaltsjahres müssen mit denen in der Schlussbilanz des vorhergehenden Haushaltsjahres übereinstimmen.

2. Die Vermögensgegenstände und die Schulden sind zum Abschlussstichtag einzeln zu bewerten.

3. Es ist wirklichkeitsgetreu zu bewerten, namentlich sind alle vorhersehbaren Risiken und Verluste, die bis zum Abschlussstichtag entstanden sind, zu berücksichtigen, selbst wenn diese erst zwischen dem Abschlussstichtag und dem Tag der Aufstellung des Jahresabschlusses bekannt geworden sind; Risiken und Verluste, für deren Verwirklichung im Hinblick auf die besonderen Verhältnisse der öffentlichen Haushaltswirtschaft nur eine geringe Wahrscheinlichkeit spricht, bleiben außer Betracht. Gewinne sind nur zu berücksichtigen, wenn sie am Abschlussstichtag realisiert sind.

4. Im Haushaltsjahr entstandene Aufwendungen und erzielte Erträge sind unabhängig von den Zeitpunkten der entsprechenden Zahlungen im Jahresabschluss zu berücksichtigen.

5. Die auf den vorhergehenden Jahresabschluss angewandten Bewertungsmetho-

Die hier aufgeführten Grundsätze decken sich weitgehend mit den im Handelsrecht niedergelegten „Allgemeinen Bewertungsgrundsätzen“ (§ 252 (1) HGB). Der wesentliche Unterschied besteht in der Formulierung des § 33 (1) Nr. 3 KomHVO, wonach „**wirklichkeitsgetreu**“ zu bewerten ist. § 252 (1) Nr. 4 HGB bestimmt hingegen, dass „**vorsichtig**“ zu bewerten sei. Auch wurde der im HGB niedergelegte Grundsatz der Unternehmensfortführung (§ 252 (1) Nr. 2 HGB) nicht ausdrücklich übernommen. Da es sich um einen anerkannten GoB handelt, ist aber davon auszugehen, dass er auch im Gemeindehaushaltsrecht gilt, selbst wenn er nicht ausdrücklich genannt wird. Nach dem Grundsatz der Unternehmensfortführung (auch sog. **Going Concern-Prinzip**) darf die Bewertung der Vermögensgegenstände und Schulden nicht ohne zwingenden Grund von einer Zerschlagungsfiktion ausgehen. Andernfalls könnten oder müssten die Vermögensgegenstände zum Bilanzstichtag einzeln mit ihren Liquidationswerten angesetzt werden. Aus dem Gesamtzusammenhang der Vorschriften des Gemeindehaushaltsrechts ergibt sich aber, dass dies offenbar nicht beabsichtigt ist.

Von den in § 33 (1) KomHVO genannten Grundsätzen darf nur abgewichen werden, soweit die Gemeindeordnung oder die Gemeindehaushaltsordnung etwas anderes vorsehen (§ 33 (2) KomHVO). In diesem Zusammenhang ist insbesondere auf die §§ 29, 30, 35 KomHVO und die dort enthaltenen Abweichungen vom Grundsatz der Einzelbewertung zu verweisen.

2.8 Die Bewertungsgrundsätze im Einzelnen

2.8.1 Grundsatz der Bilanzidentität

> „Die Wertansätze in der Eröffnungsbilanz des Haushaltsjahres müssen mit denen in der Schlussbilanz des vorhergehenden Haushaltsjahres übereinstimmen." (§ 33 (1) Nr. 1 KomHVO, § 91 (4) Nr. 1 GO, siehe auch § 252 (1) Nr. 1 HGB)

Der Grundsatz der Bilanzidentität (im älteren Schrifttum auch **formelle Bilanzkontinuität** genannt) dient der Vergleichbarkeit der Jahresabschlüsse der Gemeinde im Zeitablauf. Ansatz, Ausweis und Bewertung der Vermögensgegenstände und Schulden in der Eröffnungsbilanz müssen mit der Schlussbilanz des Vorjahres übereinstimmen. Dies beinhaltet u. a., dass die Bilanzgliederung beizubehalten ist. Werden neue Posten hinzugefügt oder Posten zusammengefasst, ist dies im Anhang anzugeben (§ 42 (6), (7) KomHVO).

Es handelt sich beim Grundsatz der Bilanzidentität nicht um einen materiellen Bewertungsgrundsatz. Bilanzidentität beschreibt eine formale Anforderung, um die Bilanzierung periodenübergreifend lückenlos nachvollziehbar zu gestalten.

2.8.2 Grundsatz der Einzelbewertung

> „Die Vermögensgegenstände und die Schulden sind zum Abschlussstichtag einzeln zu bewerten" (§ 33 (1) Nr. 2 KomHVO, § 91 (4) Nr. 2 GO, siehe auch § 252 (1) Nr. 3 HGB).

Die Einzelbewertung setzt voraus, dass die Vermögensgegenstände und Schulden zuvor einzeln erfasst werden (**Grundsatz der Einzelerfassung**). Die Einzelerfassung und -bewertung trägt zur Sorgfalt und Genauigkeit bei der Aufnahme von Vermögensgegenständen und Schulden und ihrer Bewertung bei und ermöglicht einen Einblick in die Zusammensetzung von Vermögen und Schulden. Einzelerfassung und -bewertung unterstützen so den Zweck einer aussagekräftigen und vertrauenswürdigen Rechenschaft im Rahmen des Jahresabschlusses.

Von dem Grundsatz der Einzelbewertung kann aus Gründen der Wirtschaftlichkeit abgewichen werden. So ermöglicht das Gemeindehaushaltsrecht unter bestimmten Voraussetzungen eine **Festbewertung** oder **Gruppenbewertung** von Vermögensgegenständen oder Schulden (§ 29 (1) KomHVO, ähnlich im Handelsrecht: § 240 (3) und (4) HGB).

2.8.3 Prinzip der wirklichkeitsgetreuen Bewertung, Realisations- und Imparitätsprinzip und Prinzip der Wertaufhellung

„Es ist wirklichkeitsgetreu zu bewerten, namentlich sind alle vorhersehbaren Risiken und Verluste, die bis zum Abschlussstichtag entstanden sind, zu berücksichtigen, selbst wenn diese erst zwischen dem Abschlussstichtag und dem Tag der Aufstellung des Jahresabschlusses bekannt geworden sind; Risiken und Verluste, für deren Verwirklichung im Hinblick auf die besonderen Verhältnisse der öffentlichen Haushaltswirtschaft nur eine geringe Wahrscheinlichkeit spricht, bleiben außer Betracht. Gewinne sind nur zu berücksichtigen, wenn sie am Abschlussstichtag realisiert sind." (§ 33 (1) Nr. 3 KomHVO, § 91 (4) Nr. 3 GO; siehe auch § 252 (1) Nr. 4 HGB).

Das Prinzip der wirklichkeitsgetreuen Bewertung

Das Prinzip der wirklichkeitsgetreuen Bewertung wurde mit dem 2. NKF-Weiterentwicklungsgesetz in der Gemeindeordnung etabliert und dann entsprechend in die neue KomHVO übertragen. Es ersetzt das handelsrechtliche Vorsichtsprinzip, welches noch bis dahin auch im Gemeindehaushaltsrecht verankert war.

Dem handelsrechtlichen Vorsichtsprinzip liegt die Vorstellung eines vorsichtigen (risikoaversen) Kaufmanns zugrunde, der sich angesichts von Unsicherheiten und Bandbreiten möglicher Werte der Vermögensgegenstände und Schulden nicht für die Erwartungswerte, sondern für etwas pessimistischeren Schätzgrößen entscheidet. Er wird also idealtypischerweise zunächst die Erwartungswerte der Vermögensgegenstände und der Schulden ermitteln und dem Vorsichtsgedanken dann durch Abschläge bei den Vermögenswerten und Zuschläge bei den Schulden Rechnung tragen.

Die Tendenz, sich **im Zweifel** eher ärmer als reicher zu rechnen, begünstigt den Aufbau „**stiller Reserven**" (indem Vermögensgegenstände unterbewertet bzw. Schulden überbewertet werden). Dies ist im Sinne der Kapitalerhaltung ein durchaus beabsichtigter Effekt. Allerdings beeinträchtigt das Legen (und Auflösen) stiller Reserven eine periodengerechte Erfolgsermittlung und führt zu Informationsverzerrungen in der Abbildung der Vermögens- und Schuldenlage. Werden also in nicht unerheblichem Umfang stille Reserven angesammelt, widerspricht dies der Informationsfunktion des Jahresabschlusses im Sinne der Rechenschaft.

Das Vorsichtsprinzip darf daher auch im Handelsrecht **nicht uneingeschränkt** zur Anwendung gelangen. Es käme in jedem Fall einer Überbetonung des Vorsichtsprinzips gleich, würde der Kaufmann angesichts von Bewertungsbandbreiten die Vermögensgegenstände stets mit den unteren und die Schulden stets mit den oberen Werten der Bandbreiten ansetzen. Eine solche Bilanzierungspraxis würde den Rechnungslegungszweck der Kapitalerhaltung gegenüber dem grundsätzlich gleichrangigen Rechenschaftszweck überbetonen. In der handelsrechtlichen Bilanzierungspraxis gilt es daher, zwischen den konkurrierenden Jahresabschlusszwecken der Kapitalerhaltung und der Rechenschaft zu vermitteln.

Demgegenüber lässt sich das Prinzip der wirklichkeitsgetreuen Bewertung so verstehen, dass angesichts von Bewertungsbandbreiten die Erwartungswerte anzusetzen sind. Bei Vermögensgegenständen sollen also Risikoabschläge von den Erwartungswerten und bei Schulden Risikozuschläge zu den Erwartungswerten unterbleiben. Damit wird der Jahresabschlusszweck der Kapitalerhaltung im Gemeindehaushaltsrecht weniger stark gewichtet als im Handelsrecht.

Das Handelsrecht verfolgt den Jahresabschlusszweck der Kapitalerhaltung nicht zuletzt im Dienste des Gläubigerschutzes. Gläubiger von Kommunen sind aber vermutlich weniger stark von (endgültigen) Forderungsausfällen bedroht als Gläubiger privater Unternehmen. Somit erscheint es konsequent, das Vorsichtsprinzip in der Rechnungslegung der Gemeinden weniger stark zu gewichten und stattdessen dem Rechenschaftsgedanken und der Funktion des Jahresabschlusses, ein den tatsächlichen Verhältnissen entsprechendes Bild der Vermögens-, Finanz- und Ertragslage der Gemeinde zu vermitteln, stärkeres Gewicht zu verleihen.

Zu berücksichtigen ist aber auch, dass sich der Jahresabschlusszweck der Kapitalerhaltung (in dessen Dienst das Vorsichtsprinzip steht) bei Kommunen unabhängig vom Gläubigerschutz rechtfertigen lässt. Schließlich wurde die Einführung des NKF nicht zuletzt damit begründet, die Haushaltswirtschaft stärker am Ziel der intergenerativen Gerechtigkeit ausrichten zu wollen: So sollen die Aufwendungen eines Haushaltsjahres grundsätzlich durch Erträge gedeckt sein. Dieses Prinzip des neuen Haushaltsausgleichs nach § 75 (2) GO verpflichtet die Gemeinde zur Kapitalerhaltung.

Der Jahresabschlusszweck der Kapitalerhaltung steht also für Kommunen weniger im Dienste des Gläubigerschutzes als vielmehr im Dienste der intergenerativen Gerechtigkeit (so auch: Handreichung, Erläuterungen zu § 32 (1) Nr. 3 Gemeindehaushaltsverordnung, S. 2930). Aus dieser Perspektive erscheint die Suspendierung des Vorsichtsprinzips und damit die Herabgewichtung des Jahresabschlusszwecks der Kapitalerhaltung weniger sachgerecht.

Das Realisationsprinzip

Das Realisationsprinzip bestimmt zu welchem Zeitpunkt Gewinne in Ansatz gebracht/realisiert werden dürfen. Gewinne gelten erst dann als realisiert, wenn Erlöse aus der Veräußerung von Gütern (Sachgüter oder Dienstleistungen) erzielt wurden. Das setzt voraus, dass die geschuldete Lieferung oder Leistung erbracht wurde und den Verfügungsbereich des liefernden oder leistenden Unternehmens verlassen hat (Gefahrenübergang). Wenn insoweit Abrechnungsfähigkeit gegeben ist, gilt der Erlös als realisiert und der entsprechende Anspruch auf Gegenleistung ist in der Bilanz auszuweisen (Forderungen aus Lieferungen und Leistungen). Der Realisationszeitpunkt bestimmt sich also nicht nach dem Zahlungszeitpunkt, sondern nach dem Leistungszeitpunkt, der in der Regel vor dem Zahlungszeitpunkt liegt.

Vor dem Leistungszeitpunkt dürfen Gewinne nicht ausgewiesen werde, gleichgültig, wie wahrscheinlich ihr Eintritt ist. Bis zum Realisationszeitpunkt sind Vermögensgegenstände daher höchstens mit ihren Anschaffungs- oder Herstellungskosten (gegebenenfalls vermindert um Abschreibungen) anzusetzen (Anschaffungs-/Herstellungskostenprinzip). Im Realisationszeitpunkt erfolgt dann der **Wertsprung** zum Verkaufspreis (sofern dieser über den Anschaffungs- oder Herstellungskosten liegt). Der realisierte Gewinn entspricht der Differenz aus dem Verkaufspreis abzüglich der Anschaffungs- oder Herstellungskosten (zum Begriff der Anschaffungs- und Herstellungskosten vgl. nächster Abschnitt).

Imparitätsprinzip

Das **Imparitätsprinzip** verlangt eine unterschiedliche Behandlung von Gewinnen und Verlusten. Während Gewinne nach dem Realisationsprinzip erst dann ausgewiesen werden, wenn die Lieferung oder Leistung abrechnungsfähig erbracht wurde, sind Verluste aus eingeleiteten Geschäften schon dann zu berücksichtigen, wenn sie mit einiger Sicherheit eintreten könnten, auch wenn die Lieferung oder Leistung noch nicht erbracht wurde (**Verlustantizipation**). Die Verlustantizipation erfolgt bei beidseitig noch nicht erfüllten Liefer- oder Beschaffungsverträgen (sog. schwebende Geschäfte) durch die Bildung von **Rückstellungen für drohende Verluste**.

Ausdruck des Imparitätsprinzips ist ferner das **Niederstwertprinzip** (vgl. Baetge (2011) S. 204 ff.). Danach können oder müssen unter bestimmten Voraussetzungen im Anlagevermögen **außerplanmäßige Abschreibungen** vorgenommen werden (§ 36 (6) KomHVO). Bei Vermögensgegenständen des Umlaufvermögens **sind** Abschreibungen vorzunehmen, um diese mit einem niedrigeren Wert anzusetzen, der sich aus einem beizulegenden Wert am Abschlussstichtag ergibt (§ 36 (8) KomHVO).

Wertaufhellungsprinzip

Die Bewertung hat nach den Verhältnissen des Abschlussstichtags zu erfolgen, d. h. alle Umstände, die am Bilanzstichtag gegeben sind (waren), sind zu berücksichtigen, auch wenn sie erst bei der Aufstellung der Bilanz erkannt oder bekannt werden (**„wertaufhellende Tatsachen“**). Dagegen dürfen Ereignisse, die ihre Ursache eindeutig in dem nach dem Abschlussstichtag liegenden Zeitraum haben, nicht berücksichtigt werden (spätere **„wertbeeinflussende bzw. wertbegründende Tatsachen“**). Soweit sie allerdings negativer Art sind und sich wesentlich auf die Vermögens-, Finanz- und Ertragslage eines Unternehmens auswirken, erscheint es richtig, ihnen durch eine besonders vorsichtige Bewertung Rechnung zu tragen. Ferner sind

Vorgänge von besonderer Bedeutung, die nach dem Schluss des Haushaltsjahres eingetreten sind, im Lagebericht darzustellen (§ 49 S. 3 KomHVO).

2.8.4 Prinzip der Periodenabgrenzung

„Im Haushaltsjahr entstandene Aufwendungen und erzielte Erträge sind unabhängig von den Zeitpunkten der entsprechenden Zahlungen im Jahresabschluss zu berücksichtigen" (§ 33 (1) Nr. 4 KomHVO, § 91 (4) Nr. 4 GO; siehe auch § 252 (1) Nr. 5 HGB).

Das Periodisierungsprinzip dient der **periodengerechten Erfolgsermittlung** (Ergebnisermittlung). Erfolgswirksame Vorgänge sollen unabhängig von den Zeitpunkten entsprechender Zahlungen dem Zeitraum der wirtschaftlichen Verursachung zugerechnet werden (Unmaßgeblichkeit des Zahlungszeitpunkts für die Erfolgsermittlung). Liegt also die wirtschaftliche Verursachung innerhalb des Haushaltsjahres oder – sofern noch nicht bilanziert – in einem früheren Haushaltsjahr, sind die entsprechenden Aufwendungen und Erträge im Jahresabschluss zu berücksichtigen.

Bei der Berücksichtigung von Erträgen ist das Realisationsprinzip zu beachten. Nach dem **Grundsatz der sachlichen Abgrenzung** sollen den realisierten Erträgen sämtliche ihnen zurechenbare Aufwendungen gegenübergestellt werden. Aufwendungen werden insoweit als Mittel zur Erzielung von Erträgen angesehen und sollen diesen verursachungsgerecht zugeordnet werden.

Streng zeitraumbezogene Aufwendungen und Erträge (Zinseinnahmen und -ausgaben, Mieteinnahmen und -ausgaben, zeitlich bedingte Abschreibungen u. a.) werden zunächst nach dem **Grundsatz der zeitlichen Abgrenzung** pro rata temporis, d. h. zeitproportional, periodisiert.

Außerordentliche Aufwendungen und Erträge werden nicht periodisiert, sondern in der Periode berücksichtigt, in der sie anfallen bzw. als solche erkannt werden.

Das Periodisierungsprinzip steht für das **Ressourcenverbrauchskonzept** und bedeutet die Abkehr vom kameralen **Kassenwirksamkeitsprinzip**. Bilanzierungstechnisch drückt sich das Periodisierungsprinzip in der Aktivierung von Investitionen (Auszahlung früher als Aufwand) und Forderungen (Einzahlung später als Ertrag) und der Passivierung von Schulden (Auszahlung später als Aufwand, z. B. Pensionsrückstellungen) sowie der Bildung von Rechnungsabgrenzungsposten aus (z. B. im Voraus erhaltene Mieten, Einzahlung vor Ertrag).

2.8.5 Grundsatz der Bewertungsstetigkeit

„Die auf den vorhergehenden Jahresabschluss angewandten Bewertungsmethoden sollen beibehalten werden" (§ 33 (1) Nr. 5 KomHVO, § 91 (4) Nr. 5 GO; siehe auch § 252 (1) Nr. 6 HGB, HFA 3 / 1997).

Die Forderung nach Bewertungsstetigkeit (nach **Beibehaltung der angewandten Bewertungsmethoden**) dient im Sinne der Rechenschaft der besseren Nachvollziehbarkeit der Wertermittlungen (Objektivierung) sowie der Verbesserung der Vergleichbarkeit des Jahresabschlusses mit dem des Vorjahres. Die angewandten Bilanzierungs- und Bewertungsmethoden sind im Anhang anzugeben und so zu erläutern, dass sachverständige Dritte sie beurteilen können (§ 45 (1) S. 1 KomHVO). Abweichungen von den bisher angewandten Bewertungs- und Bilanzierungsmethoden müssen im Anhang gesondert angeben und erläutert werden (§ 45 (2) Nr. 3).

Der Grundsatz der Bewertungsstetigkeit erstreckt sich auf sämtliche zu bewertende Vermögensgegenstände und Schulden. Die Bewertungsmethoden sind immer dann beizubehalten, wenn vergleichbare Sachverhalte zu beurteilen sind. Art- und funktionsgleiche Altbestände und Neuzugänge dürfen – zumindest nicht ohne sachlichen Grund – nach unterschiedlichen Methoden bewertet werden. Der Grundsatz der Bewertungsstetigkeit erfasst nicht zuletzt die **Abschreibungsmethoden**: Die einmal gewählte Abschreibungsmethode sollte beibehalten werden – sie darf nicht willkürlich gewechselt werden. Auch vom Postulat der Bewertungsstetigkeit erfasst werden die Wertansatzwahlrechte des § 34 (3) S. 3 KomHVO (Material- sowie Fertigungsgemeinkosten).

Bewertungsstetigkeit schließt indes keineswegs aus, dass die **Bewertung** geändert wird. Annahmen hinsichtlich der Ausprägung bestimmter wertbeeinflussender Faktoren dürfen begründet korrigiert werden (bzw. sind zu korrigieren, wenn sich die wirtschaftlichen Gegebenheiten verändern). Die Bewertungs**methode** sollte aber beibehalten werden. Stellt sich beispielsweise aufgrund objektiver Gegebenheiten heraus, dass die Nutzungsdauer eines Vermögensgegenstandes tatsächlich kürzer ist als zunächst angenommen, so ist fortan bei der Berechnung der Abschreibungen die kürzere Nutzungsdauer anzunehmen. Dies bedingt dann im Rahmen der beibehaltenen Bewertungsmethode (etwa lineare Abschreibung) eine Änderung der Bewertung (nicht aber der Bewertungsmethode).

2.9 Anschaffungs- und Herstellungskosten

Vermögensgegenstände werden (sofern die Gemeinde nicht vom Komponentenansatz nach § 36 KOMHVO Gebrauch macht, vgl. Abschnitt 7.2) in der Bilanz (höchstens) mit den Anschaffungskosten (AK) oder Herstellungskosten (HK) vermindert um planmäßige und außerplanmäßige Abschreibungen bewertet (siehe § 253 (1) S.

1 HGB; die entsprechende Bestimmung in § 91 (2) Nr. 1 Gemeindehaushaltsverordnung ist mit dem 2. NKF-Weiterentwicklungsgesetz weggefallen). Die AK/HK sind die **Zugangswerte**, mit denen angeschaffte oder hergestellte Vermögensgegenstände erstmals bilanziert werden.

Die Bewertungsmaßstäbe „Anschaffungskosten" und „Herstellungskosten" werden in § 34 (2) und (3) KomHVO definiert (zur handelsrechtlichen Abgrenzung siehe § 255 HGB).

2.9.1 Anschaffungskosten

Nach § 34 (2) KomHVO sind Anschaffungskosten die Aufwendungen, die geleistet werden, um einen Vermögensgegenstand zu **erwerben** und ihn in einen **betriebsbereiten Zustand** zu versetzen, soweit sie dem Vermögensgegenstand **einzeln zugeordnet** werden können. Zu den Anschaffungskosten gehören auch die **Nebenkosten** sowie die **nachträglichen Anschaffungskosten**. **Minderungen des Anschaffungspreises** sind abzusetzen.

Als „Anschaffungs**kosten**" werden nur aufwandsgleiche Kosten berücksichtigt. Insofern wäre der Begriff „Anschaffungs**aufwendungen**" zutreffender. Im Wege der Anschaffung wird ein bereits bestehender Vermögensgegenstand aus fremder in die eigene wirtschaftliche Verfügungsmacht überführt. Der Anschaffungsvorgang führt in der Regel zu einer ergebnisneutralen Vermögensumschichtung. Die zu aktivierenden Anschaffungskosten des erworbenen Vermögensgegenstandes werden bestimmt durch **den Wert der hingegebenen Gegenleistung**. Im Falle des entgeltlichen Erwerbs ist dies der Anschaffungspreis, der sich in der Regel relativ einfach aus der Eingangsrechnung ermitteln lässt. Sofern die im Bruttopreis enthaltene Umsatzsteuer für den Erwerber einen durchlaufenden Posten darstellt, da er sich die Umsatzsteuer als Vorsteuer vom Finanzamt erstatten lassen kann, ist als Anschaffungspreis der Bruttopreis abzüglich der Umsatzsteuer anzusehen. Für die Gemeinde trifft dies in der Regel nicht zu; hier entspricht der Anschaffungspreis demnach dem Bruttopreis.

Werden mehrere Vermögensgegenstände erworben und wird nur ein Gesamtanschaffungspreis vereinbart (z. B. Kauf eines bebauten Grundstücks), so ist dieser nach dem Verhältnis der Zeitwerte der angeschafften Vermögensgegenstände auf diese aufzuteilen. Dies folgt aus dem Grundsatz der Einzelbewertung (§ 33 (1) Nr. 2 KomHVO bzw. § 252 (1) Nr. 3 HGB).

Strittig ist die Ermittlung der Kosten des Erwerbs bei **Tauschgeschäften** und **unentgeltlichem Erwerb** (z. B. Schenkung, Stiftung). Bei Tauschgeschäften können die Buchwerte der hingegebenen Vermögensgegenstände als Wertuntergrenze der fiktiven Anschaffungspreise der erhaltenen Vermögensgegenstände angesehen werden. Auch die Bewertung mit den ggf. höheren Zeitwerten der hingegebenen Vermögensgegenstände wird aber als zulässig angesehen, sofern der Tausch nicht ausschließlich zu bilanzpolitischen Zwecken erfolgt.

Bei der bilanziellen Behandlung von unentgeltlich erworbenen Vermögensgegenständen reichen die Meinungen im Schrifttum indes vom Aktivierungsverbot über ein Aktivierungswahlrecht bis hin zu einem Aktivierungsgebot. Unstrittig ist aber, dass eine Aktivierung – wenn überhaupt – höchstens zu einem vorsichtig geschätzten Zeitwert erfolgen kann.

Ausgehend vom Anschaffungspreis lässt sich die weitere Ermittlung der Anschaffungskosten schematisch wie folg darstellen:

	Anschaffungspreis
-	Anschaffungspreisminderungen
+	Anschaffungsnebenkosten
+	nachträgliche Anschaffungskosten
=	**Anschaffungskosten**

Abbildung 6: Anschaffungskosten

Anschaffungspreisminderungen

Beim entgeltlichen Erwerb eines Vermögensgegenstandes darf **nur der tatsächlich gezahlte Betrag** aktiviert werden. Deshalb sind gewährte und in Anspruch genommene Preisnachlässe als Anschaffungspreisminderungen abzuziehen, sofern sie sich den angeschafften Vermögensgegenständen **einzeln zuordnen** lassen. Dies ist bei **Skonti** und **Rabatten** der Fall; entsprechend sind sie als Anschaffungspreisminderungen abzuziehen.

Hingegen werden Nachlässe in Form von **Boni** in der Regel **nicht** als Anschaffungspreisminderungen abgezogen. Boni werden meist nach Ablauf eines Jahres bei Erreichen von bestimmten Jahresabnahmemengen oder Jahresumsätzen gewährt. Dabei handelt es sich üblicherweise um Vermögensgegenstände des Umlaufvermögens. Boni dürfen nur dann anschaffungspreismindernd berücksichtigt werden, wenn sich die angeschafften Vermögensgegenstände – ausnahmsweise – nachweislich noch im Bestand befinden. Häufig werden Boni auch pauschal als Treueprämien gewährt. In diesen Fällen fehlt es regelmäßig an der vom Gesetz verlangten Voraussetzung einer Einzelzuordnung zu bestimmten Vermögensgegenständen.

Grundsätzlich zählen zu den Anschaffungspreisminderungen auch erhaltene Zuwendungen. Für erhaltene Zuwendungen gelten im Gemeindehaushaltsrecht aber spezielle Regelungen (§ 44 (4) und (5) KomHVO). Erhaltene Zuwendungen werden demnach durch die Bildung von Passivposten (Sonderrücklage, Sonderposten) berücksichtigt. Sie gehen nicht als Anschaffungspreisminderungen in die Ermittlung der Anschaffungskosten ein.

Anschaffungsnebenkosten

Als Anschaffungsnebenkosten sind diejenigen Aufwendungen zu aktivieren, die notwendig sind, um den Vermögensgegenstand in einen betriebsbereiten Zustand zu versetzen und an seinen Einsatzort zu verbringen. Hierzu zählen insbesondere Aufwendungen für den Transport, Transportversicherungsprämien, Provisionen, Vermittlungsgebühren, Zölle sowie Aufwendungen für Montage- und Fundamentierungsarbeiten, Sicherheitsüberprüfungen u. Ä. Voraussetzung für die Aktivierung ist jedoch, dass die entsprechenden Aufwendungen dem angeschafften Vermögensgegenstand einzeln zugerechnet werden können. Deshalb dürfen etwa Gemeinkosten der Montage nicht in die Anschaffungs-(neben)kosten einbezogen werden. Auch Kosten der Geldbeschaffung/Fremdfinanzierung dürfen grundsätzlich nicht in die Anschaffungskosten einbezogen werden.

Nachträgliche Anschaffungskosten

Nachträgliche Anschaffungskosten fallen an, nachdem der Anschaffungsvorgang bereits abgeschlossen und der Vermögensgegenstand in einen betriebsbereiten Zustand versetzt wurde. Sie stehen damit nicht in direktem zeitlichem Zusammenhang mit der Anschaffung, wohl aber können sie nach sachlichen Gesichtspunkten als Teil des Anschaffungspreises oder als Anschaffungsnebenkosten angesehen werden. Es handelt sich also um Kosten, die, wenn sie früher – im Zeitraum des Anschaffungsvorgangs – angefallen wären, als Anschaffungskosten berücksichtigt worden wären.

2.9.2 Herstellungskosten

Herstellungskosten sind nach § 34 (3) KomHVO die Aufwendungen, die durch den Verbrauch von Gütern und die Inanspruchnahme von Diensten für die **Herstellung** eines Vermögensgegenstands, seine **Erweiterung** oder für eine über seinen ursprünglichen Zustand hinausgehende **wesentliche Verbesserung** entstehen. Dazu gehören die Materialkosten, die Fertigungskosten und die Sonderkosten der Fertigung. Notwendige Teile der Materialgemeinkosten, Fertigungsgemeinkosten und des Werteverzehrs des Anlagevermögens, soweit dieser durch die Fertigung veranlasst ist, **dürfen** einbezogen werden (**Wahlrecht**). Kosten der allgemeinen Verwaltung sowie Aufwendungen für soziale Einrichtungen des Betriebs, für freiwillige soziale Leistungen und betriebliche Altersversorgung **brauchen nicht** eingerechnet werden (**Wahlrecht**). Ferner **dürfen** auch Zinsen für Fremdkapital, das zur Finanzierung der Herstellung eines Vermögensgegenstands verwendet wird, angesetzt werden, soweit sie auf den Zeitraum der Herstellung entfallen (**Wahlrecht**, § 34 (4) KomHVO).

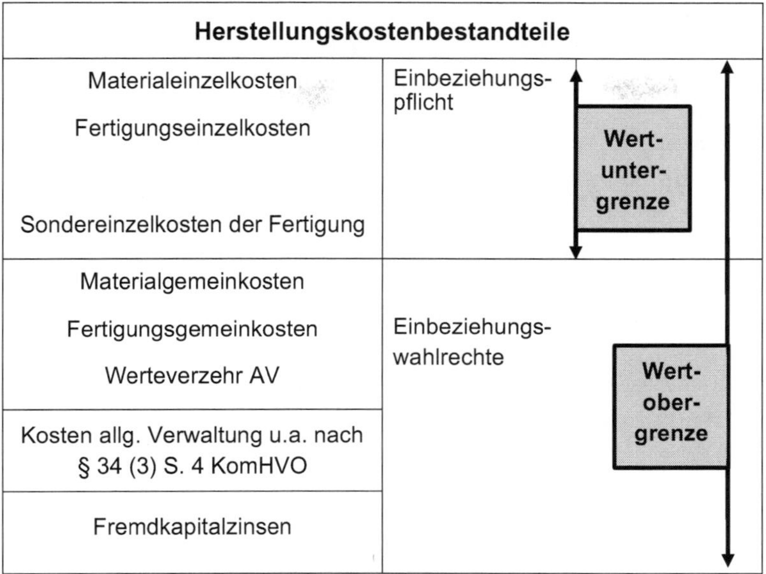

Abbildung 7: Pflicht- und Wahlbestandteile der Herstellungskosten nach § 34 (3) KomHVO

Der Herstellungsvorgang umfasst sowohl die **Eigenherstellung** im Wege des innerbetrieblichen Wertumschichtungsprozesses als auch die **Fremdherstellung** im Wege der Beschaffung externer Leistungen. In diesem Fall bestimmt – wie bei der Anschaffung – die vereinbarte Gegenleistung die Herstellungskosten. Die Abgrenzung zwischen Herstellung und Anschaffung ist danach vorzunehmen, wer das wirtschaftliche Risiko der Herstellung trägt.

Während es für Anschaffungskosten grundsätzlich nur einen Wertansatz gibt (Fixwertprinzip), bestehen bei den Herstellungskosten Bewertungswahlrechte (bezogen auf die Materialgemeinkosten und die Fertigungsgemeinkosten); damit existiert eine Bandbreite möglicher Bewertungen.

Bei den nach § 34 (3) KomHVO einzubeziehenden Material- und Fertigungskosten handelt es sich um Kosten, die dem hergestellten Vermögensgegenstand **einzeln zurechenbar** sind. **Materialeinzelkosten** umfassen den (mit Ausgaben) bewerteten Verbrauch an Roh- und Hilfsstoffen sowie an selbsterstellten und fremdbezogenen Fertigteilen. **Fertigungseinzelkosten** setzen sich im Wesentlichen aus Löhnen und Lohnnebenkosten zusammen, die sich dem Herstellungsvorgang direkt zurechnen lassen. Zu den ebenfalls einzubeziehenden **Sondereinzelkosten der Fertigung** zählen etwa die Ausgaben für Modelle, Spezialwerkzeuge, Vorrichtungen und Entwürfe. Sondereinzelkosten der Fertigung fallen üblicherweise bei langfristiger Auftragsfertigung vor Beginn der eigentlichen Herstellung an. Sie können zwar nicht einem einzelnen hergestellten Vermögensgegenstand zugeordnet werden, wohl aber dem Auftrag insgesamt direkt zugerechnet werden.

Material- und Fertigungsgemeinkosten können in die in die Herstellungskosten einbezogen werden (Wahlrecht). Hiermit sind Material- und Fertigungskosten gemeint, die den einzelnen Produkten (Kostenträgern) nicht direkt zugerechnet werden (können). Hierzu zählen etwa:

- Betriebsstoffe (Schmieröle, Kraftstoffe, Reinigungsmittel u. a.);
- Abschreibungen auf Maschinen, technische Anlagen und Werkzeuge, die bei der Herstellung unterschiedlicher Produkte verwendet werden;
- Lagerkosten (Personalkosten für die Mitarbeiter im Lager, Lagerbetriebskosten, Abschreibungen auf die Lagerhalle u. a.);
- Betriebskosten der Fertigungsstätten (Beleuchtung, Heizung u. a.).
- Meist werden auch bestimmte Hilfsstoffe als Gemeinkosten (unechte Gemeinkosten) behandelt (Verpackungsmaterial, Farben u. a.).

Nach § 255 (2) S. 2 HGB sind angemessene Teile der Materialgemeinkosten, der Fertigungsgemeinkosten und des durch die Fertigung veranlassten Werteverzehrs des Anlagevermögens in die Herstellungskosten einzubeziehen (**Pflichtbestandteile**).

2.10 Abschreibungen

Ausgehend von der Zugangsbewertung der Vermögensgegenstände mit ihren Anschaffungs- oder Herstellungskosten sind nachfolgend **planmäßige** oder **außerplanmäßige** Abschreibungen wertmindernd zu berücksichtigen. Planmäßige Abschreibungen sind nach § 36 (1) KomHVO bei Vermögensgegenständen des Anlagevermögens, deren Nutzung zeitlich begrenzt ist, vorzunehmen. Bei sämtlichen Vermögensgegenständen des Anlagevermögens – auch solchen, deren Nutzung zeitlich nicht begrenzt ist – sind ggf. außerplanmäßige Abschreibungen vorzunehmen (§ 36 (6) KomHVO). Vermögensgegenstände des Umlaufvermögens werden nicht planmäßig abgeschrieben, es sind aber Abschreibungen vorzunehmen, um diese mit einem niedrigeren Wert, der sich aus dem beizulegenden Wert am Abschlussstichtag ergibt, zu bewerten (§ 36 (8) KomHVO).

2.10.1 Planmäßige Abschreibungen

„Bei Vermögensgegenständen des Anlagevermögens, deren Nutzung zeitlich begrenzt ist, sind die Anschaffungs- oder Herstellungskosten um planmäßige Abschreibungen zu vermindern. Die Anschaffungs- oder Herstellungskosten sollen dazu linear auf die Haushaltsjahre verteilt werden, in denen der Vermögensgegenstand voraussichtlich genutzt wird. Die degressive Abschreibung oder die Leistungsabschreibung können dann angewandt werden, wenn dies dem tatsächlichen Ressourcenverbrauch besser entspricht" (§ 36 (1) KomHVO).

Zum **Anlagevermögen** der Gemeinde gehören die Vermögensgegenstände, „die dazu bestimmt sind, dauernd der Aufgabenerfüllung der Gemeinde zu dienen" (§ 34 (1) S. 2 KomHVO, entsprechend § 247 (2) HGB). Die Abgrenzung des Anlagevermögens richtet sich mithin nach der Zweckbestimmung der Vermögensgegenstände. Es muss beabsichtigt sein, die entsprechenden Vermögensgegenstände über einen längeren Zeitraum zu gebrauchen oder zu nutzen. Sie unterscheiden sich damit von den Vermögensgegenständen des Umlaufvermögens, die nur zur kurzfristigen Nutzung, zum Verbrauch oder zur Veräußerung vorgesehen sind (zur Abgrenzung von Anlage- und Umlaufvermögen vgl. Abschnitt 3.1).

Nicht alle Vermögensgegenstände des Anlagevermögens unterliegen der planmäßigen Abschreibung, sondern nur solche, deren **Nutzung zeitlich begrenzt** ist (sog. **abnutzbare Vermögensgegenstände**). Abnutzbare Vermögensgegenstände unterliegen während der Dauer der Nutzung einem Substanzverzehr, werden wirtschaftlich entwertet oder sind aus anderen Gründen (gesetzliche oder vertragliche Beschränkungen) nur befristet nutzbar. Auch immaterielle Vermögensgegenstände können abnutzbar sein, wenn davon auszugehen ist, dass sie sich wirtschaftlich nur für einen begrenzten Zeitraum verwerten lassen, selbst wenn sie formal weiter bestehen (z. B. Patente). Generell **nicht abnutzbar** sind im Sachanlagevermögen **Grundstücke**. Bei bebauten Grundstücken ist daher eine wertmäßige Trennung in den Grundstückswert und den Gebäudewert vorzunehmen, denn nur der Wert des abnutzbaren Gebäudes unterliegt der planmäßigen Abschreibung. Der Wert des Grund und Bodens wird hingegen unverändert fortgeführt, sofern nicht außerplanmäßige Abschreibungen vorzunehmen sind. Nicht abnutzbar sind im Anlagevermögen ferner **Kunstwerke anerkannter Künstler** sowie **Finanzanlagen**.

Die planmäßigen (und außerplanmäßigen) Abschreibungen während der Nutzungsdauer entsprechen (bei einem angenommenen Restwert von null) in der Summe den Anschaffungs- oder Herstellungskosten mit denen die Vermögensgegenstände aktiviert wurden. Die jährlichen Abschreibungen gehen als Aufwendungen in die Ergebnisrechnungen ein und mindern entsprechend den Buchwert des Vermögensgegenstandes. Die AK/HK werden so in den einzelnen Perioden der Nutzung jeweils anteilig aufwandswirksam berücksichtigt und über die gesamte Nutzungsdauer verteilt. Damit soll der Ressourcenverbrauch in den Haushaltsjahren, in denen der Vermögensgegenstand genutzt wird, verursachungsgerecht abgebildet werden.

„**Planmäßige Abschreibung**" bedeutet, dass die zukünftigen jährlichen Abschreibungsbeträge „im Voraus" ermittelt werden. Der entsprechende Abschreibungsplan basiert auf den Anschaffungs- oder Herstellungskosten, der angenommenen verwaltungsüblichen Nutzungsdauer sowie einem ausgewählten Abschreibungsverfahren.

Bei der Festlegung der **Nutzungsdauer** ist § 36 (4) KomHVO zu berücksichtigen: Danach ist für die Bestimmung der wirtschaftlichen Nutzungsdauer von abnutzbaren Vermögensgegenständen „die vom Innenministerium bekannt gegebene Abschreibungstabelle für Gemeinden zu Grunde zu legen. Innerhalb des dort vorgegebenen Rahmens ist unter Berücksichtigung der tatsächlichen örtlichen Verhältnisse die Bestimmung der jeweiligen Nutzungsdauer so vorzunehmen, dass eine Stetigkeit für zukünftige Festlegungen von Abschreibungen gewährleistet wird. Eine Übersicht über die örtlich festgelegten Nutzungsdauern der Vermögensgegenstände (Abschreibungstabelle) sowie ihre nachträglichen Änderungen sind der Aufsichtsbehörde auf Anforderung vorzulegen".

Im Gegensatz zum Handelsrecht, das bislang auf eine Normierung der Nutzungsdauern verzichtet, wird es also im Gemeindehaushaltsrecht – wohl im Interesse der interkommunalen Vergleichbarkeit – für geboten gehalten, die zulässigen Nutzungsdauern der Vermögensgegenstände zumindest in Bandbreiten vorzugeben. Die „NKF – Rahmentabelle der Gesamtnutzungsdauer für kommunale Vermögensgegenstände" ist für die Festlegung und Ausgestaltung der örtlichen Nutzungsdauern von Vermögensgegenständen verbindlich (vgl. VV Muster zur GO NRW und KomHVO NRW, Anlage 16). Die Berücksichtigung der tatsächlichen örtlichen Verhältnisse bei der Bestimmung der jeweiligen Nutzungsdauern durch die Gemeinde kann grundsätzlich nur innerhalb der vorgegebenen Bandbreiten erfolgen. Außerdem ist festgelegt, dass dem Grundsatz der Bewertungsstetigkeit zu folgen ist: Getroffene Festlegungen zu den Nutzungsdauern dürfen nicht ohne sachlichen Grund geändert werden. Damit soll nicht zuletzt verhindert werden, dass die Gemeinde „Abschreibungspolitik" betreibt: Schließlich wird die Höhe der jährlichen Abschreibungen nicht unwesentlich durch die unterstellte Nutzungsdauer der abnutzbaren Vermögensgegenstände beeinflusst. So könnte die Gemeinde versuchen, ihr Jahresergebnis positiv dadurch zu beeinflussen, dass sie die angenommenen Nutzungsdauern von Vermögensgegenständen verlängert.

Bei den zulässigen **Abschreibungsverfahren** lassen sich drei Verfahren unterscheiden:

- lineare (gleichbleibende) Abschreibung,
- degressive Abschreibung (Buchwert-Abschreibung) und
- Abschreibung nach Leistungseinheiten (Leistungs-Abschreibung).

§ 36 (1) S. 2 KomHVO legt fest, dass abnutzbare Anlagegüter grundsätzlich linear abzuschreiben sind. Nur in begründeten Ausnahmefällen (genauere Darstellung des tatsächlichen Ressourcenverbrauchs) ist eine degressive oder Leistungs-Abschreibung erlaubt (§ 36 (1) S. 3 KomHVO). Die Gründe für die Abweichung von der linearen Abschreibung sind im Anhang des Jahresabschlusses zu erläutern (§ 45 (2) Nr. 6 KomHVO).

Lineare Abschreibung

Bei der linearen Abschreibung wird in jedem Nutzungsjahr ein gleichbleibender Prozentsatz von den ursprünglichen Anschaffungs- oder Herstellungskosten des Vermögensgegenstandes abgeschrieben. Damit vermindert sich der Buchwert des Vermögensgegenstandes in jedem Jahr um den gleichen absoluten Betrag. Am Ende der Nutzungsdauer ist der Vermögensgegenstand dann „voll" abgeschrieben (Buchwert von EUR 0).

Es gelten die folgenden Formeln:

$$\text{Abschreibungsbetrag} = \frac{\text{AK / HK}}{\text{Nutzungsdauer}}$$

$$\text{Abschreibungssatz in Prozent} = \frac{100\ \%}{\text{Nutzungsdauer}}$$

Beispiel
Für den Bauhof wurde Ende Dezember des Jahres 00 ein LKW für EUR 50.000 angeschafft. Der LKW hat eine verwaltungsübliche Nutzungsdauer von 10 Jahren.

Im vorliegenden Fall ergeben sich ein jährlicher Abschreibungsbetrag von EUR 5.000 und ein Abschreibungssatz von 10 %. Der LKW ist somit nach zehn Jahren vollständig abgeschrieben.

Die planmäßige, lineare Abschreibung des LKW würde sich folgendermaßen gestalten:

Jahr	Abschreibungsbetrag in EUR	Restbuchwert in EUR
01	5.000	45.000
02	5.000	40.000
03	5.000	35.000
04	5.000	30.000
05	5.000	25.000
06	5.000	20.000
07	5.000	15.000
08	5.000	10.000
09	5.000	5.000
10	5.000	0

Tabelle 4: Lineare Abschreibung

Der Abschreibungszeitraum für einen Vermögensgegenstand beginnt mit dem Zeitpunkt seiner Lieferung (Anschaffung) bzw. seiner Fertigstellung (Herstellung). Der Abschreibungsbetrag im Jahr der Anschaffung oder Herstellung (Beginn der Abschreibung) richtet sich nach der Anzahl der Monate, die zur Nutzung des Vermögensgegenstandes in diesem Jahr noch verbleiben. Dabei darf nach § 35 (2) KomHVO im Jahr der Anschaffung oder Herstellung nur der Teil der auf ein Jahr anfallenden Abschreibungen angesetzt werden, der auf die vollen Monate im Zeitraum zwischen der Anschaffung oder Herstellung und dem Ende des Jahres entfällt. Im Jahr der Veräußerung kann nur der Teil der auf ein Jahr anfallenden Abschreibung angesetzt werden, der auf die vollen Monate im Zeitraum zwischen dem Anfang des Jahres und der Veräußerung entfällt.

Im Steuerrecht werden Abschreibungen als „Absetzung für Abnutzung" (AfA) bezeichnet. Nachfolgend wird hier „AfA" allgemein als Abkürzung für Abschreibungen verwendet.

Degressive Abschreibung

Bei der geometrisch-degressiven Abschreibung (nur diese soll hier betrachtet werden) wird die AfA nur im ersten abschreibungsrelevanten Jahr als Prozentsatz der AK/HK berechnet.

Abschreibungsbetrag (Jahr 1) = AK/HK x AfA-Satz

In den Folgejahren wird dann der AfA-Satz auf den jeweiligen Restbuchwert (AK / HK abzüglich bisher aufgelaufener Abschreibungen) angewendet (daher auch „Buchwert-AfA" genannt).

Abschreibungsbetrag (Folgejahre) = Restbuchwert x AfA-Satz

Die Abschreibungsbeträge nehmen so von Jahr zu Jahr ab, da zwar der gleiche Abschreibungssatz, aber ein immer geringerer Restbuchwert für die Berechnung der Abschreibungen herangezogen wird. Am Ende der Nutzungs- bzw. Abschreibungsdauer verbleibt notwendigerweise ein Restwert.

Mit der degressiven Abschreibung lassen sich relativ hohe Wertminderungen, die bei bestimmten Vermögensgegenständen, wie z. B. PKW und Computer, in den ersten Jahren der Nutzung entstehen, berücksichtigen.

Abschreibung nach Leistungseinheiten

Die Abschreibung nach Leistungseinheiten (Leistungs-AfA) ist im NKF ebenfalls nur in begründeten Ausnahmefällen erlaubt. Sie kann erwogen werden, wenn Anlagen während der Nutzungsdauer sehr unterschiedlich beansprucht werden. Die Abschreibungsbeträge richten sich nach der tatsächlichen Leistungsinanspruchnahme, die etwa in Kilometer, Betriebsstunden etc. gemessen werden kann. Diese Form der AfA eignet sich somit insbesondere dann, wenn für die Wertminderung von Fahrzeugen, Maschinen, technische Anlagen etc. weniger das Alter als vielmehr die tatsächliche Nutzung maßgeblich ist.

Beispiel
Doppik City erwirbt einen Schneepflug für EUR 50.000. Die voraussichtliche Gesamtleistung liegt bei 10.000 Betriebsstunden. Es ergibt sich ein Abschreibungsbetrag je Leistungseinheit von 50.000 / 10.000 = 5 EUR / Betriebsstunde.
Den Abschreibungsbetrag erhält man, indem die jährlichen Betriebsstunden mit dem Satz von EUR 5 pro Betriebsstunde multipliziert werden.

Jahr	Betriebsstunden x Stundensatz	Jahresabschreibungsbetrag in EUR
01	0 x 5	0
02	300 x 5	1.500
03	1.200 x 5	6.000
04	4.500 x 5	22.500
05	0 x 5	0
06	700 x 5	3.500
07	100 x 5	500
08	3.000 x 5	15.000
09	150 x 5	750
10	50 x 5	250
Summe		**50.000**

Tabelle 5: Abschreibung nach Leistungseinheiten

Die Ermittlung der Betriebsstunden pro Jahr muss durch Aufzeichnungen dokumentiert sein.

2.10.2 Außerplanmäßige Abschreibungen im Anlagevermögen und Zuschreibungen

„Außerplanmäßige Abschreibungen sind bei einer voraussichtlich dauernden Wertminderung eines Vermögensgegenstandes des Anlagevermögens vorzunehmen, um diesen mit dem niedrigeren Wert anzusetzen, der diesem am Abschlussstichtag beizulegen ist. Bei Finanzanlagen können außerplanmäßige Abschreibungen auch bei einer voraussichtlich nicht dauernden Wertminderung vorgenommen werden. Außerplanmäßige Abschreibungen sind im Anhang zu erläutern.“ (§ 36 (6) KomHVO)

Die Regelungen des Gemeindehaushaltsrechts zu außerplanmäßigen Abschreibungen auf Vermögensgegenstände des Anlagevermögens entsprechen den handelsrechtlichen Vorschriften des § 253 (3) HGB).

Außerplanmäßige Abschreibungen kommen bei allen Vermögensgegenständen des Anlagevermögens in Betracht – auch solchen, deren zeitliche Nutzung nicht begrenzt ist. Auch Grundstücke sind daher ggf. außerplanmäßig abzuschreiben.

Im Falle einer **voraussichtlich dauernden Wertminderung** besteht die **Pflicht** zur außerplanmäßigen Abschreibung auf den niedrigeren beizulegenden Wert. Bei einer voraussichtlich nur **vorübergehenden Wertminderung** besteht bei **Finanzanlagen** ein **Abschreibungswahlrecht**. Bei den übrigen Vermögensgegenständen des Anlagevermögens (immaterielle Vermögensgegenstände und Sachanlagen) darf bei einer voraussichtlich nur vorübergehenden Wertminderung **nicht** außerplanmäßig abgeschrieben werden. Auf Grund der Beschränkung der Abschreibungspflicht auf die Fälle, in denen eine voraussichtlich **dauernde** Wertminderung vorliegt, wird im Anlagevermögen vom **gemilderten Niederstwertprinzip** gesprochen. Im Umlaufvermögen gilt hingegen das **strenge Niederstwertprinzip** (siehe Abschnitt 2.10.3)

Die Höhe der außerplanmäßigen Abschreibung richtet sich nach dem niedrigeren beizulegenden Wert des betreffenden Vermögensgegenstandes am Bilanzstichtag. Bei Finanzanlagen ergibt sich der niedrigere beizulegende Wert regelmäßig aus Börsenkursen, Ertragswerten oder Sachzeitwerten. Für andere Vermögensgegenstände des Anlagevermögens sind Wiederbeschaffungs- oder Wiederherstellungszeitwerte heranzuziehen. Notwendige Schätzungen in Rahmen der Wertermittlungen sollten objektiv und willkürfrei erfolgen. Sie sind daher der besseren Rechenschaft wegen stets im Anhang zu erläutern (§ 36 (6) S. 3 KomHVO).

Sofern sich in einem späteren Haushaltsjahr herausstellt, dass die die Gründe für eine außerplanmäßige Abschreibung nicht mehr bestehen, besteht nach § 36 (9) KomHVO eine Zuschreibungspflicht. In diesen Fällen ist der Betrag der außerplanmäßigen Abschreibung im Umfang der Werterhöhung und unter Berücksichtigung der planmäßigen Abschreibungen, die inzwischen vorzunehmen gewesen wären, zuzuschreiben. Auch Zuschreibungen sind im Anhang zu erläutern.

Beispiel
Es stellt sich heraus, dass der Boden eines bebauten Grundstücks sehr wahrscheinlich kontaminiert ist. Der Buchwert des Grundstücks beträgt EUR 130.000; das Gebäude hat einen Buchwert von EUR 500.000 bei einer Restnutzungsdauer von

25 Jahren. Wegen voraussichtlich dauernder Wertminderung schreibt die Gemeinde den Grundstückswert um EUR 100.000 und den Gebäudewert vollständig außerplanmäßig ab.
Im übernächsten Haushaltsjahr stellt sich heraus, dass der Boden tatsächlich nicht kontaminiert ist. Die Gemeinde nimmt daraufhin beim Grundstückswert eine Zuschreibung in Höhe der vorangegangenen außerplanmäßigen Abschreibung von EUR 100.000 vor. Der Buchwert des Grundstücks beträgt nun wieder EUR 130.000. Beim Gebäudewert darf die Gemeinde dagegen nicht im Umfang der vorangegangenen außerplanmäßigen Abschreibung von EUR 500.000 zuschreiben; sie muss die planmäßigen linearen Abschreibungen in Höhe von EUR 40.000 berücksichtigen, die zwischenzeitlich angefallen wären. Der Betrag der Zuschreibung auf den Gebäudewert ist daher begrenzt auf EUR 460.000. Dieser Restbuchwert ist dann über die nächsten 23 Jahre weiter planmäßig abzuschreiben.

2.10.3 Abschreibungen im Umlaufvermögen

Bei Vermögensgegenständen des Umlaufvermögens sind nach § 36 (8) KomHVO Abschreibungen vorzunehmen, um diese mit einem niedrigeren Wert anzusetzen, der sich aus einem beizulegenden Wert am Abschlussstichtag ergibt.

Wie im Handelsrecht (§ 253 (4) HGB) gilt somit bei der Bewertung des Umlaufvermögens der Gemeinde das **strenge Niederstwertprinzip**. Abschreibungen sind demnach immer dann vorzunehmen (Abschreibungspflicht), wenn den Vermögensgegenständen am **Abschlussstichtag** ein niedrigerer Wert beizulegen ist – also nicht erst dann, wenn es sich um eine voraussichtlich dauernde Wertminderung handelt.

Bei Vermögensgegenständen des Umlaufvermögens dürfen im NKF **keine Zuschreibungen** vorgenommen werden. § 36 (9) KomHVO bezieht sich nur auf Vermögensgegenstände des Anlagevermögens. Im Handelsrecht sind auch hier Zuschreibungen – maximal bis zu den AK/HK(!) – vorzunehmen, wenn sich der beizulegende Wert der Vermögensgegenstände am Abschlussstichtag wieder erhöht hat (vgl. § 253 (5) HGB).

2.11 Bewertung von Verbindlichkeiten und Rückstellungen

Nach § 253 (1) S. 2 HGB sind Verbindlichkeiten zu ihrem **Erfüllungsbetrag** und Rückstellungen in Höhe des nach vernünftiger kaufmännischer Beurteilung notwendigen Erfüllungsbetrages anzusetzen. Entsprechende grundlegende Festlegungen zur Bewertung von Verbindlichkeiten und Rückstellungen enthält das Gemeindehaushaltsrecht seit der Änderung der GO durch Artikel 1 des 2. NKF-Weiterentwicklungsgesetzes nicht mehr. Vordem enthielt § 91 (2) Nr. 2 GO alt noch die Bestimmung:

„Verbindlichkeiten sind mit ihrem Rückzahlungsbetrag, Rentenverpflichtungen, für die eine Gegenleistung nicht mehr zu erwarten ist, mit ihrem Barwert und Rückstellungen nur in der Höhe des Betrages anzusetzen, der voraussichtlich notwendig ist.“ (§ 91 (2) Nr. 2 GO alt)

Beibehalten wurde die Bestimmung des § 88 (1) GO, wonach Rückstellungen „für ungewisse Verbindlichkeiten, für drohende Verluste aus schwebenden Geschäften und für hinsichtlich ihrer Höhe oder des Zeitpunktes ihres Eintritts unbestimmte Aufwendungen **in angemessener Höhe** zu bilden“ sind. Bei der Auslegung dieser Vorschrift und insbesondere bei der Interpretation der Vorgabe, dass Rückstellungen für die angegebenen Sachverhalte „in angemessener Höhe“ zu bilden sind, stellt die NKF-Handreichung (vgl. Handreichung, Erläuterungen zu § 88 GO, insb. S. 998ff.) ausdrücklich auf den handelsrechtlichen Begriff des Erfüllungsbetrages ab und stellt fest:

„Der Begriff ‚Angemessene Höhe‘ beinhaltet daher für die gemeindliche Rückstellungsbildung grundsätzlich den Erfüllungsbetrag. (…) Die Ermittlung des Rückstellungsbetrages ist dabei auf die künftige Erfüllung der gemeindlichen Verpflichtung auszurichten. Mögliche allgemeine Entwicklungen und Ereignisse, die sich auf die gemeindliche Rückstellung auswirken können, sind dann bereits zum Abschlussstichtag bei der Rückstellungsbildung zu berücksichtigen, z. B. allgemeine Preis- und Kostensteigerungen.“ (S. 999)

Die Höhe des Erfüllungsbetrages bemisst sich an der Höhe der künftigen Auszahlungen (oder allgemeiner formuliert: der künftigen Vermögensübertragungen), die notwendig erscheinen, um die (vor dem Bilanzstichtag) eingetretenen Verpflichtungen zu begleichen. Dabei ist die Verpflichtung im Falle der Rückstellung (und im Unterschied zur Verbindlichkeit) dem Grunde oder der Höhe nach noch ungewiss; es sollte aber wahrscheinlich sein, dass ein (mehr als geringfügiger) Erfüllungsbetrag zu leisten sein wird (vgl. § 37 (5) KomHVO).

Die Erfüllungsbeträge dürfen – mit Ausnahme von Rentenverpflichtungen, für die eine Gegenleistung nicht mehr zu erwarten ist – nicht auf den Abschlussstichtag abgezinst werden (vgl. Handreichung, Erläuterungen zu § 88 GO, S. 1010; mittlerweile abweichend hierzu: § 253 (2) HGB).

Ist der Rückzahlungsbetrag einer Verbindlichkeit höher als der Auszahlungsbetrag (**verdeckte Zinszahlung**), so **darf** der Unterschiedsbetrag in den aktiven Rechnungsabgrenzungsposten aufgenommen werden und über die Laufzeit der Verbindlichkeit abgeschrieben werden (§ 43 (2) KomHVO, entsprechend § 250 (3) HGB). Die aktive Abgrenzung erlaubt – trotz des höheren Rückzahlungsbetrages, zu dem die Verbindlichkeit anzusetzen ist – eine erfolgsneutrale Kreditaufnahme. Die nachfolgende Abschreibung des Unterschiedsbetrags kommt dann einer (erfolgswirksamen) jährlichen Verzinsung der Verbindlichkeit gleich.

2.12 Bewertungsvereinfachungsverfahren im Rahmen der Inventur

Die Gemeinde ist verpflichtet, zum 31.12. eines jeden Haushaltsjahres eine Bilanz zu erstellen (§95 (1) GO). Ansatz und Bewertung der Vermögensgegenstände und Schulden in der Bilanz basieren auf dem Inventar. Die Kommune ist deshalb gleichsam verpflichtet, jeweils zum Ende eines jeden Haushaltsjahres eine Inventur durchzuführen (§ 91 (1) GO). Im Rahmen der Inventur sind sämtliche im wirtschaftlichen Eigentum der Gemeinde stehenden Vermögensgegenstände, die Schulden und Rechnungsabgrenzungsposten unter Beachtung der Grundsätze ordnungsmäßiger Inventur vollständig und genau zu verzeichnen. Dabei ist der Wert der **einzelnen** Vermögensgegenstände und Schulden anzugeben. Im Handelsrecht gelten entsprechende Regelungen (§ 240 (1) HGB).

Sowohl das Gemeindehaushaltsrecht als auch das Handelsrecht sehen jedoch vor, dass im Interesse der Wirtschaftlichkeit der Inventur unter bestimmten Bedingungen vom Grundsatz der jährlichen Einzelerfassung und -bewertung abgewichen werden kann.

So können nach § 29 (1) Nr. 1 u. 2 GemHVO für Vermögensgegenstände des Sachanlagevermögens sowie für Roh-, Hilfs-, Betriebsstoffe unter bestimmten Voraussetzungen **Festwerte** gebildet werden (vgl. im Handelsrecht: § 240 (3) HGB).

Mit Hilfe von Festwerten können die betreffenden Vermögensgegenstände über mehrere Jahre hinweg mit einer gleichbleibenden Menge und einem gleichbleibenden Wert in Inventar und Bilanz angesetzt werden. Voraussetzung hierfür ist, dass die entsprechenden Gegenstände des Anlage- oder Umlaufvermögens

- regelmäßig ersetzt werden,
- ihr Bestand nach Größe, Zusammensetzung und Wert nur geringen Schwankungen unterliegt und
- der Gesamtwert für die Verwaltung nur von untergeordneter Bedeutung ist.

Es wird dabei unterstellt, dass Abgänge, Abschreibungen und Verbrauch der jeweiligen Vermögensgegenstände durch entsprechende Zugänge bis zum Bilanzstichtag ausgeglichen werden (siehe Abbildung 8). Der Festwert verhält sich also gewissermaßen wie der Wasserstand in einer Wanne, wo sich Wasserzulauf und Wasserablauf die Waage halten.

Die erstmalige Bildung eines Festwertes setzt jedoch eine körperliche Bestandsaufnahme und Einzelbewertung der Vermögensgegenstände voraus. Festwerte erleichtern die Inventur mithin erst in den Folgejahren, sofern angenommen werden darf, dass die Voraussetzungen für die Festwertbewertung noch gegeben sind. Dann darf der Festwert – ohne vorherige körperliche Bestandsaufnahme – beibehalten werden. Jedoch ist der Festwert in der Regel alle fünf Jahre erneut durch körperliche Inventur zu ermitteln (§ 29 (1) Nr. 1 KomHVO). Bei Anwendung eines pauschalierten Festwertverfahren für Aufwuchs ist eine Revision alle zehn Jahre und eine Neuberechnung des Forsteinrichtungswerks alle 20 Jahre durchzuführen (§ 29 (1) Nr. 2)

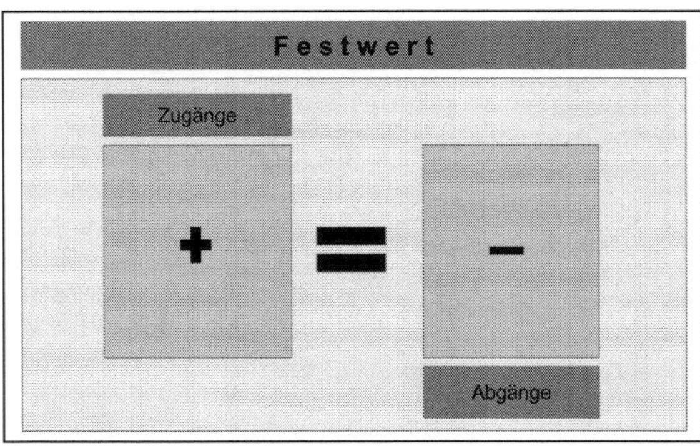

Abbildung 8: Festwert

Ferner besteht als Inventurerleichterung die Möglichkeit der **Gruppenbewertung**. Danach können gleichartige Vermögensgegenstände des Vorratsvermögens und andere gleichartige oder annähernd gleichwertige bewegliche Vermögensgegenstände und Schulden (etwa Rückstellungen für nicht genommenen Urlaub oder Überstunden), jeweils zu einer Gruppe zusammengefasst und mit dem gewogenen Durchschnittswert angesetzt werden. (§ 29 (1) Nr. 3 KomHVO, vgl. im Handelsrecht: § 240 (4) HGB).

Voraussetzung für die Gruppenbewertung nach § 29 (1) Nr. 3 KomHVO ist, dass es sich um gleichartige Vermögensgegenstände des Vorratsvermögens oder andere gleichartige oder annähernd gleichwertige bewegliche Vermögensgegenstände oder Schulden handelt. Eine Gruppenbewertung kommt also für Grundstücke und Gebäude nicht in Frage.

Gleichartige oder annähernd gleichwertige Vermögensgegenstände und Schulden zeichnen sich durch die folgenden Eigenschaften aus:

- Zugehörigkeit zu einer Warengattung,
- gleiche Verwendbarkeit,
- Funktionsgleichheit,
- keine wesentlichen Wertunterschiede (maximal 20 %).

Der Durchschnittswert wird jedes Jahr neu ermittelt. Ebenso werden die Mengen im Rahmen der Inventur jährlich neu festgestellt.

Verständnisfragen zu Kapitel 2

1. Was besagt der Ansatzgrundsatz für Vermögensgegenstände?
2. Wann liegt eine Bilanzierungshilfe vor?
3. Was wird nach dem Gebot der Bewertungsstetigkeit verlangt?
4. Wann gilt ein Ertrag als realisiert?
5. Aus welchen Pflicht- und Wahlbestandteilen setzen sich die Herstellungskosten zusammen?
6. Welche Vermögensgegenstände sind planmäßig abzuschreiben?
7. Nach welchen Abschreibungsverfahren kann die planmäßige Abschreibung erfolgen?
8. Welches Prinzip gilt für die Bewertung der Vermögensgegenstände des Umlaufvermögens?
9. Mit welchem Betrag werden Verbindlichkeiten in der Bilanz angesetzt?
10. Worin unterscheiden sich Verbindlichkeiten von Rückstellungen?
11. Erläutern Sie das gemilderte Niederstwertprinzip.
12. Unter welchen Voraussetzungen darf für Vermögensgegenstände ein Festwert gebildet werden?

Siehe auch die Übungsaufgaben 1-5 im Anhang.

3 Bilanzierung des Anlagevermögens

3.1 Abgrenzung und Ausweis

Nach § 34 (1) S. 2 KomHVO sind als Anlagevermögen (nur) die Vermögensgegenstände auszuweisen, die dazu bestimmt sind, der Aufgabenerfüllung der Kommune dauernd zu dienen (analog § 247 (2) HGB). Andernfalls sind die Vermögensgegenstände als Umlaufvermögen auszuweisen.

Maßgeblich für die Zuordnung eines Vermögensgegenstandes zum Anlagevermögen ist mithin die Zweckbestimmung des Vermögensgegenstandes nach dem Willen der Gemeinde. Ein Vermögensgegenstand des Anlagevermögens muss dazu bestimmt sein „der Aufgabenerfüllung der Kommune **dauernd** zu dienen". „Dauernd" ist in diesem Kontext nicht im Sinne von „für alle Zeiten" zu verstehen. Zum Anlagevermögen gehören schließlich auch Vermögensgegenstände, „deren Nutzung zeitlich begrenzt ist" (§ 36 (1) KomHVO). Verlangt wird vielmehr, dass der Vermögensgegenstand der Gemeinde für eine gewisse Zeit ununterbrochen zur Verfügung steht bzw. zur wiederholten betrieblichen Nutzung verwendet wird. Längere Verweildauern stützen die Vermutung, dass es sich um Anlagevermögen handelt. Eine konkrete Mindestverweildauer im Verwaltungsvermögen wird zwar nicht vorausgesetzt, von Vermögensgegenständen des Anlagevermögens wird aber üblicherweise erwartet, dass die beabsichtigte Nutzungsdauer in der Verwaltung mindestens ein Jahr beträgt. Im Umkehrschluss heißt das: Verweildauern von unter einem Jahr sprechen dafür, den Vermögensgegenstand dem Umlaufvermögen zuzuordnen.

Sieht etwa ein Ratsbeschluss vor, ein Grundstück umgehend zu veräußern, müsste es zum Bilanzstichtag in das Umlaufvermögen umgegliedert werden. Bei Wertpapieren ist die beabsichtigte Haltedauer entscheidend. Falls das Wertpapier mit der Absicht erworben wurde, es länger als ein Jahr zu halten, ist es unter den Wertpapieren des Anlagevermögens auszuweisen. Liegt die geplante Haltefrist unterhalb eines Jahres, ist es unter den Wertpapieren des Umlaufvermögens auszuweisen.

Das Anlagevermögen der Gemeinde gliedert sich in drei Hauptgruppen:

- Immaterielle Vermögensgegenstände,
- Sachanlagen und
- Finanzanlagen.

Diese Hauptgruppen orientieren sich an der Gliederungssystematik des Handelsrechts nach § 266 (2) HGB. Kommunale Besonderheiten werden vor allem durch die weitere Untergliederung der unbeweglichen Sachanlagen berücksichtigt.

Im Einzelnen gibt § 42 (3) KomHVO für das Anlagevermögen der Gemeinde die folgende Mindestgliederung verbindlich vor:

1 Anlagevermögen

- 1.1 Immaterielle Vermögensgegenstände,
- 1.2 Sachanlagen,
  - 1.2.1 Unbebaute Grundstücke und grundstücksgleiche Rechte,
    - 1.2.1.1 Grünflächen,
    - 1.2.1.2 Ackerland,
    - 1.2.1.3 Wald, Forsten,
    - 1.2.1.4 Sonstige unbebaute Grundstücke,
  - 1.2.2 Bebaute Grundstücke und grundstücksgleiche Rechte,
    - 1.2.2.1 Kinder- und Jugendeinrichtungen,
    - 1.2.2.2 Schulen,
    - 1.2.2.3 Wohnbauten,
    - 1.2.2.4 Sonstige Dienst-, Geschäfts- und Betriebsgebäude,
  - 1.2.3 Infrastrukturvermögen,
    - 1.2.3.1 Grund und Boden des Infrastrukturvermögens,
    - 1.2.3.2 Brücken und Tunnel,
    - 1.2.3.3 Gleisanlagen mit Streckenausrüstung und Sicherheitsanlagen,
    - 1.2.3.4 Entwässerungs- und Abwasserbeseitigungsanlagen,
    - 1.2.3.5 Straßennetz mit Wegen, Plätzen und Verkehrslenkungsanlagen,
    - 1.2.3.6 Sonstige Bauten des Infrastrukturvermögens,
  - 1.2.4 Bauten auf fremdem Grund und Boden,
  - 1.2.5 Kunstgegenstände, Kulturdenkmäler,
  - 1.2.6 Maschinen und technische Anlagen, Fahrzeuge,
  - 1.2.7 Betriebs- und Geschäftsausstattung,
  - 1.2.8 Geleistete Anzahlungen, Anlagen im Bau,
- 1.3 Finanzanlagen,
  - 1.3.1 Anteile an verbundenen Unternehmen,
  - 1.3.2 Beteiligungen,
  - 1.3.3 Sondervermögen,
  - 1.3.4 Wertpapiere des Anlagevermögens,
  - 1.3.5 Ausleihungen,
    - 1.3.5.1 an verbundene Unternehmen,
    - 1.3.5.2 an Beteiligungen,
    - 1.3.5.3 an Sondervermögen,
    - 1.3.5.4 Sonstige Ausleihungen.

3.2 Bilanzierung immaterieller Vermögensgegenstände

3.2.1 Abgrenzung

Der Posten „Immaterielle Vermögensgegenstände“ umfasst alle nicht körperlichen Werte, die nicht zu den Sachanlagen, Finanzanlagen oder den Vermögensgegenständen des Umlaufvermögens (Forderungen) zählen. Der Posten ließe sich in Anlehnung an § 266 (2) HGB weiter untergliedern in:

- Konzessionen, gewerbliche Schutzrechte und ähnliche Rechte und Werte sowie Lizenzen an solchen Rechten und Werten,
- Geschäfts- oder Firmenwert,
- geleistete Anzahlungen (auf immaterielle Vermögensgegenstände).

Zu den immateriellen Vermögensgegenständen gehören für Gemeinden vor allem Lizenzen an EDV-Software. Der Bundesfinanzhof hat in einem Grundsatzurteil vom 3. Juli 1987 entschieden, dass EDV-Software den immateriellen Vermögensgegenständen zuzuordnen ist. Anwendersoftware ist danach ebenso wie Systemsoftware grundsätzlich ein selbständiger Vermögensgegenstand. Nur in Fällen, in denen die Software fest mit einer Hardware verdrahtet ist oder Systemsoftware nur zusammen mit einer bestimmten Hardware zu einem nicht aufteilbaren Entgelt zur Verfügung gestellt wird, wird die Software als unselbständiger Teil der Hardware angesehen und ist dann dieser zuzuordnen. Allein der Umstand, dass Systemsoftware ohne eine entsprechende Hardware nicht genutzt werden kann, ist indes kein Kriterium der Unselbständigkeit.

Geleistete Anzahlungen auf aktivierungspflichtige immaterielle Vermögensgegenstände werden im Interesse der Klarheit und Übersichtlichkeit gesondert ausgewiesen werden. Nach Abschluss der Investition werden die getätigten Anzahlungen dann dem entsprechenden Anlagenkonto zugeordnet.

Bilden immaterielle Vermögensgegenstände und materielle Vermögensgegenstände eine **funktionale Einheit**, muss geprüft werden, ob der immaterielle oder der materielle Wert im Vordergrund des Nutzungs- und Funktionszusammenhangs steht. Überwiegt der immaterielle Wert bzw. Nutzen, erfolgt der Ausweis als immaterieller Vermögensgegenstand. Ein getrennter Ausweis ist nicht zulässig (Unselbständigkeit der Komponenten). Steht hingegen der materielle Wert im Vordergrund des Nutzungs- und Funktionszusammenhangs, so gehört der immaterielle Vermögensgegenstand zu den Nebenkosten der Anschaffung oder Herstellung der Sachanlage und wird mit dieser gemeinsam aktiviert (z. B. Kosten einer Baugenehmigung, Konzessionskosten zum Betrieb einer Anlage).

Ferner können Rechte das **wirtschaftliche** Eigentum an einer körperlichen Sache begründen. Der entsprechende Vermögensgegenstand ist dann im Sachanlagevermögen auszuweisen (etwa Ausweis von grundstücksgleichen Rechten im Sachanlagevermögen nach § 42 (3) KomHVO).

3.2.2 Ansatz und Bewertung

Bei der Bilanzierung von immateriellen Vermögensgegenständen ist das Ansatzverbot des § 44 (1) KomHVO zu beachten: Danach dürfen immaterielle Vermögensgegenstände des Anlagevermögens,

- die **nicht entgeltlich erworben** wurden oder
- **selbst hergestellt** wurden,

nicht aktiviert werden (vgl. Abschnitt 2.5.2). Im Handelsrecht existierte bis zum in Kraft treten des BilMoG ein gleichlautendes Ansatzverbot (§ 248 (2) HGB alt). Nunmehr besteht nach 248 (2) S. 1 HGB ein Wahlrecht zur Aktivierung von selbst geschaffenen immateriellen Vermögensgegenständen des Anlagevermögens; ausgenommen hiervon sind die in 248 (2) S. 2 HGB genannten immateriellen Vermögensgegenstände.

Für **entgeltlich erworbene** immaterielle Vermögensgegenstände besteht indes Aktivierungspflicht nach und unter den Voraussetzungen des § 34 (1) KomHVO (selbständige Verwertbarkeit und wirtschaftliches Eigentum). Ein entgeltlicher Erwerb liegt vor, wenn der Vermögensgegenstand der Gemeinde von einem Dritten übertragen wurde und die Gemeinde dafür eine Gegenleistung erbracht hat (Erwerb durch Kauf, Tausch oder Werkvertrag).

Die Zugangsbewertung des immateriellen Vermögensgegenstands erfolgt gemäß § 34 (2) KomHVO mit den Anschaffungskosten. Für die laufende Bilanzierung gilt: Die immateriellen Vermögensgegenstände sind im Jahresabschluss höchstens mit den Anschaffungskosten, vermindert um die plan- und außerplanmäßigen Abschreibungen, anzusetzen. Die in § 29 (1) KomHVO niedergelegten Bewertungsvereinfachungsverfahren (Fest- und Gruppenwerte) sind für immaterielle Vermögensgegenstände nicht einschlägig.

Planmäßige Abschreibungen sind auf immaterielle Vermögensgegenstände anzuwenden, deren Nutzung zeitlich begrenzt ist (§ 36 (1) S. 1 KomHVO). Die planmäßige Abschreibung erfolgt grundsätzlich nach der linearen Abschreibungsmethode (§ 36 (1) S. 2 KomHVO). Dadurch werden die Anschaffungskosten anteilig jeweils in gleichen Jahresbeträgen als Aufwand über die voraussichtliche Nutzungsdauer verteilt. Eine abweichende Abschreibungsmethode darf nach § 36 (1) S. 3 KomHVO nur herangezogen werden, wenn hierdurch der tatsächliche Werteverzehr genauer abgebildet wird.

3.3 Bilanzierung des Sachanlagevermögens

3.3.1 Abgrenzung und Ausweis

Das Sachanlagevermögen umfasst alle **körperlichen** Vermögensgegenstände (unbewegliche und bewegliche Vermögensgegenstände), die dazu bestimmt sind, der Aufgabenerfüllung der Gemeinde dauernd zu dienen (i. d. R. länger als 1 Jahr) und somit nicht zur baldigen Veräußerung vorgesehen sind. Auch grundstücksgleiche Rechte und geleistete Anzahlungen auf Vermögensgegenstände des Sachanlagevermögens werden unter dem Posten „Sachanlagevermögen" ausgewiesen.

Die Gliederungsvorschrift des § 42 (3) Ziffer 1.2 KomHVO gibt für das Sachanlagevermögen eine deutlich stärkere Untergliederung vor, als die entsprechende handelsrechtliche Vorschrift des § 266 (2) A. II. HGB. Der dadurch vermittelte Einblick in die Zusammensetzung des Sachanlagevermögens der Gemeinde soll vor allem dazu beitragen, dem Bilanzleser Rückschlüsse aus der Art des Vermögens auf dessen Verwendung und Verwertbarkeit zu ermöglichen. Wesentliche Teile des Gemeindevermögens sind gemeindespezifischen Zwecken gewidmet und können nur eingeschränkt in Geld umgewandelt oder einer anderen Verwendung zugeführt werden (z. B. Schulen, Straßen und Kulturdenkmäler). Dies ist etwa bei der Beurteilung der Schuldendeckungsfähigkeit des Gemeindevermögens und der Handlungsmöglichkeiten der Gemeinde mit in Betracht zu ziehen.

Die Sachanlagen werden nach § 42 (3) Ziffer 1.2 KomHVO in erster Ebene wie folgt untergliedert:

- Unbebaute Grundstücke und grundstücksgleiche Rechte,
- Bebaute Grundstücke und grundstücksgleiche Rechte,
- Infrastrukturvermögen,
- Bauten auf fremden Grund und Boden,
- Kunstgegenstände, Kulturdenkmäler,
- Maschinen und technische Anlagen, Fahrzeuge,
- Betriebs- und Geschäftsausstattung,
- Geleistete Anzahlungen, Anlagen im Bau.

3.3.2 Die Posten im Einzelnen

Unbebaute Grundstücke und grundstücksgleiche Rechte

Als **unbebaute Grundstücke** werden gemäß § 72 Bewertungsgesetz (BewG) Grundstücke bezeichnet, auf denen sich keine benutzbaren Gebäude befinden. Dabei beginnt die Benutzbarkeit grundsätzlich mit dem Zeitpunkt der Bezugsfertigkeit.

Grundstücksgleiche Rechte (an unbebauten Grundstücken), die ihrem Charakter nach eigentlich zu den immateriellen Vermögensgegenständen gehören, werden bilanziell wie Grundstücke behandelt, da sie wirtschaftliches Eigentum am Grundstück begründen. Beispiele für grundstücksgleiche Rechte sind Erbbau- und Abbaurechte.

Der Posten „Unbebaute Grundstücke und grundstücksgleiche Rechte" wird nach § 42 (3) Ziffer 1.2.1 KomHVO weiter untergliedert in:

- **Grünflächen**, zu denen gemäß § 5 (2) S. 5 und 7 Baugesetzbuch (BauGB) und § 8 Bundesnaturschutzgesetz Friedhöfe, Parkanlagen, Kleingartendaueranlagen, Sportflächen, Kinderspielplätze, Naturschutzflächen und Wasserflächen gehören,
- **Ackerland** bzw. Flächen der Landwirtschaft gemäß § 5 (2) S. 2 BauGB,
- **Wald, Forsten** gemäß § 5 (2) S. 2 BauGB,
- **sonstige unbebaute Grundstücke**.

Grundstücksgleiche Rechte werden entsprechend der Nutzungsform des Grundstücks dem betreffenden Posten zugeordnet.

Bebaute Grundstücke und grundstücksgleiche Rechte

Bebaute Grundstücke sind Grundstücke, auf denen ein Gebäude errichtet wurde. Grundstücke, auf denen sich Gebäude noch nicht oder nicht mehr befinden, stellen keine bebauten Grundstücke dar. Gebäude unterscheiden sich in Eigenart und Zweckbestimmung von anderen Bauten oder baulichen Anlagen, die regelmäßig unter dem Posten Infrastrukturvermögen auszuweisen sind (etwa Kläranlagen u. a.). **Gebäude** stellen nach einer Definition des Bundesfinanzhofes Bauwerke dar, die

- fest mit dem Grund und Boden verbunden sind,
- von einiger Beständigkeit und ausreichend standfest sind,
- Menschen oder Sachen durch räumliche Umschließung Schutz gegen Witterungseinflüsse gewähren und
- den Aufenthalt von Menschen

gestatten (vgl. BFH vom 28. Mai 2003, BStBl II S. 693).
Keine Gebäude sind z. B. transportable Baustellencontainer, da ihnen – im Gegensatz zu Fertiggaragen – die Ortsfestigkeit fehlt, die zwingend für die Klassifizierung als Gebäude ist. Allerdings kann ein Container durchaus als Gebäude eingestuft werden, wenn er nach seinem Nutzungs- und Funktionszusammenhang einer dauerhaften ortsfesten Nutzung dient (z. B. als Wohnunterkunft).

Baudenkmäler stellen keine Gebäude dar, sofern sie nicht als Gebäude genutzt werden oder Teil eines Gebäudes sind.

Der Posten „Bebaute Grundstücke und grundstücksgleiche Rechte" ist gemäß § 42 (3) Ziffer 1.2.2 KomHVO weiter zu untergliedern in:

- Kinder- und Jugendeinrichtungen,
- Schulen,
- Wohnbauten,
- Sonstige Dienst-, Geschäfts- und Betriebsgebäude.

Grundstücksgleiche Rechte an bebauten Grundstücken werden diesen Posten entsprechend des Gebäudes zugeordnet (etwa der Kindergarten, der von der Gemeinde auf einem kirchlichen Grundstück mit Erbbaurecht errichtet wurde).

Grundstück und Gebäude bilden zivilrechtlich eine Einheit; sie werden in der Bilanz auch als bebaute Grundstücke gemeinsam ausgewiesen und mit einem Wert belegt. In der Anlagenbuchhaltung werden Grundstück und Gebäude indes gesondert geführt und bewertet. Dies ist für die Berechnung der planmäßigen Abschreibungen notwendig. Schließlich unterliegt nur der Gebäudewert planmäßiger Abschreibung. Weder das Handelsrecht noch das Gemeindehaushaltsrecht geben ein bestimmtes Verfahren zur Aufteilung des Gesamtwertes des bebauten Grundstücks in einen Grundstücks- und Gebäudewert vor. Zu fordern ist aber, dass die Aufteilung nach objektiven (intersubjektiv nachprüfbaren) Kriterien vorgenommen und das Gebot der Willkürfreiheit beachtet wird.

Infrastrukturvermögen

Das Infrastrukturvermögen der Gemeinde umfasst die öffentlichen Einrichtungen, die aufgrund ihrer Bauweise und Funktion ausschließlich dazu bestimmt sind, der örtlichen Infrastruktur zu dienen (Infrastrukturvermögen im engeren Sinne). Vermögensgegenstände des Infrastrukturvermögens zeichnen sich üblicherweise durch eine stark eingeschränkte alternative Verwendungsmöglichkeit aus und werden deshalb zur besseren Beurteilung des Gemeindevermögens getrennt ausgewiesen. Die Grundstücke des Infrastrukturvermögens werden wertmäßig unabhängig von der Bebauung gesondert in der Bilanz dargestellt. Eine allgemeine inhaltliche Abgrenzung des Bilanzpostens bereitet Schwierigkeiten. Hinweise auf den Inhalt lassen sich aber der weiteren Untergliederung des Postens entnehmen. Nach § 42 (3) Ziffer 1.2.3 KomHVO ist das Infrastrukturvermögen weiter zu untergliedern in:

- Grund und Boden des Infrastrukturvermögens,
- Brücken und Tunnel,
- Gleisanlagen mit Streckenausrüstung und Sicherheitsanlagen,
- Entwässerungs- und Abwasserbeseitigungsanlagen,
- Straßennetz mit Wegen, Plätzen und Verkehrslenkungsanlagen,
- Sonstige Bauten des Infrastrukturvermögens.

Die sonstigen öffentlichen Einrichtungen (beispielsweise Krankenhäuser, Schulen, Kindergärten sowie Kultur- und Sozialeinrichtungen) werden in der Bilanz innerhalb der bebauten Grundstücke ausgewiesen (Infrastrukturvermögen im weiteren Sinne).

Bauten auf fremdem Boden

Als Bauten auf fremdem Boden werden Gebäude und andere selbständige Bauten (Einrichtungen wie z. B. Parkplätze und Einfriedungen) verstanden, die sich nicht auf gemeindeeigenem Grund und Boden befinden. Im Gegensatz zu den grundstücksgleichen Rechten besteht bei Bauten auf fremdem Grund und Boden kein sicherndes dingliches Recht am Grundstück, sondern ein vertraglich gesichertes Recht, z. B. durch einen Miet- oder Pachtvertrag. Bauten auf fremdem Boden dürfen von der Gemeinde nur dann bilanziert werden, wenn die Gemeinde wirtschaftlicher Eigentümer der Bauten ist. Hierzu muss für die Gemeinde über die gesamte betriebsgewöhnliche Nutzungsdauer eine zivilrechtlich abgesicherte Nutzungsmöglichkeit bestehen; oder es kommt eine Teilhabe an der Substanz durch einen vertraglichen oder gesetzlichen Werteersatzanspruch hinzu. Andernfalls liegt kein materieller, sondern ein immaterieller Vermögensgegenstand vor (Nutzungsrecht).

Kunstgegenstände und Kulturdenkmäler

Der Posten „Kunstgegenstände und Kulturdenkmäler“ umfasst Vermögensgegenstände, deren Erhaltung aufgrund ihrer Bedeutung für Kunst, Kultur und Geschichte im öffentlichen Interesse liegt. Hierzu gehören etwa Gemälde, Skulpturen, Antiquitäten in Rathäusern und Museen sowie Denkmäler auf öffentlichen Plätzen. Nicht selten befinden sich diese Vermögensgegenstände schon sehr lange im Eigentum der Gemeinde. Zu den Kulturdenkmälern zählen auch Baudenkmäler, sofern sie nicht als Gebäude genutzt werden oder Teil eines Gebäudes sind. Ein noch genutztes historisches Rathaus ist indes als bebautes Grundstück auszuweisen.

Maschinen und technische Anlagen sowie Fahrzeuge

Maschinen und technische Anlagen dienen unmittelbar der betrieblichen Leistungserstellung; hierzu zählen auch „sämtliche vom unbeweglichen Vermögen abgegrenzte Betriebsvorrichtungen“ (**Handreichung**, Erläuterungen zu § 41 Gemeindehaushaltsverordnung, S. 3525).

Vom unbeweglichen Vermögen abgegrenzte **Betriebsvorrichtungen** sind solche Maschinen und sonstige Vorrichtungen, die zwar mit einem Grundstück oder Gebäude in einer Weise fest verbunden sind, dass sie zivilrechtlich wesentlicher Bestandteil des Grundstücks oder Gebäudes geworden sind. Sie dienen aber nicht der Benutzung des Grundstücks oder Gebäudes ohne Rücksicht auf den gegenwärtig ausgeübten Betrieb. Vielmehr stehen sie in einer besonderen Beziehung zu diesem Betrieb. Beispiele für mögliche Betriebsvorrichtungen sind: eine ungewöhnlich starke Hofbefestigung, Teststrecken, besondere Klimavorrichtungen, Parkplätze, Lastenaufzüge, Tresoranlagen, in Einzelfällen auch Einbaumöbel.

Zu den **Fahrzeugen** zählen neben marktgängigen Fabrikaten auch Spezialfahrzeuge wie Minibagger, Kehrmaschinen oder Rasenmähertraktoren.

Betriebs- und Geschäftsausstattung

Die Betriebs- und Geschäftsausstattung umfasst eine recht heterogene Gruppe von Vermögensgegenständen des Sachanlagevermögens, die nicht zu den Maschinen und technischen Anlagen gehören, sondern dem allgemeinen Verwaltungsbetrieb zuzurechnen sind. Vor allem zählen hierzu Einrichtungsgegenstände und sonstige Gebrauchsgegenstände (Büroeinrichtung, Telefonanlagen, EDV-Hardware, Werkzeuge, Arbeitsgeräte etc.). Nicht selten handelt es sich bei diesen Gegenständen um geringwertige Vermögensgegenstände nach § 30 (4) KomHVO, die nicht zwingend im Inventar zu verzeichnen sind.

Geleistete Anzahlungen, Anlagen im Bau

Geleistete Anzahlungen auf aktivierungspflichtige Vermögensgegenstände des Sachanlagevermögens werden gesondert im Sachanlagevermögen ausgewiesen. Sie stellen Vorleistungen der Gemeinde auf ein schwebendes Geschäft dar, das dem Erwerb von Sachanlagevermögen dient. Sie werden aktiviert, um das schwebende Geschäft erfolgsneutral zu behandeln. Schließlich mindern die Anzahlungen die mit der Erfüllung der Sachleistungsverträge entstehenden Gegenleistungsverpflichtungen der Gemeinde und begründen Rückzahlungsansprüche, wenn die geschuldeten Leistungen nicht erbracht werden sollten. Insoweit haben sie Forderungscharakter. Der Ausweis im Sachanlagevermögen lässt sich damit begründen, dass die Anzahlungen dauerhaft zweckbestimmt sind; die abgeflossenen Mittel also bestimmt sind, das Anlagevermögen zu erhöhen.

Bei **Anlagen im Bau** handelt es sich um noch nicht fertig gestellte Sachanlagen. Der zu bilanzierende Wert bestimmt sich nach den bis dahin angefallenen Anschaffungs- und Herstellungskosten. Es dürfen nur die Kosten angesetzt werden, die auch nach Fertigstellung der Anlagen als Anschaffungs- und Herstellungskosten anzusetzen sind. Nach Fertigstellung werden die Anlagen den betreffenden Posten des Sachanlagevermögens zugeordnet.

3.3.3 Allgemeine Bewertungsregeln

Die Vermögensgegenstände des Sachanlagevermögens werden beim Zugang mit ihren Anschaffungs- oder Herstellungskosten nach § 34 (2) und (3) KomHVO bewertet. Vermögensgegenstände des Sachanlagevermögens, deren Nutzung zeitlich begrenzt ist, werden in der Zeit ihrer Nutzung planmäßig abgeschrieben. Vermögensgegenstände, deren Nutzung zeitlich nicht begrenzt ist, wie z. B. Grundstücke, werden nicht planmäßig abgeschrieben. **Gebrauchskunstgegenstände** (z. B. antikes Mobiliar) können abgeschrieben werden. Dagegen werden **Exponate anerkannter Künstler** nicht abgeschrieben, hier wird unterstellt, dass kein Werteverzehr eintritt.

Auf alle Vermögensgegenstände des Sachanlagevermögens sind nach § 36 (6) S. 1 KomHVO im Falle einer dauernden Wertminderung außerplanmäßige Abschreibungen vorzunehmen. um diese mit dem niedrigeren Wert anzusetzen, der diesen am Abschlussstichtag beizulegen ist (Abschreibungspflicht). Im Falle einer nur vorübergehenden Wertminderung besteht ein Abschreibungsverbot.

Die Ermittlung des „niedrigeren beizulegenden Werts" auf den der Buchwert eines Vermögensgegenstandes im Falle einer voraussichtlich dauernden Wertminderung außerplanmäßig abzuschreiben ist, ist weder im Handels- noch im Gemeindehaushaltsrecht geregelt. Bei der Wertermittlung ist in jedem Fall das Gebot der Einzelbewertung zu befolgen (handelsrechtlich zusätzlich das Gebot der Vorsicht). Nach allgemeiner Auffassung ist die Ermittlung des niedrigeren beizulegenden Werts im Anlagevermögen grundsätzlich nach den Verhältnissen des Beschaffungsmarktes vorzunehmen, da die Vermögensgegenstände dazu bestimmt sind, dem Betrieb dauerhaft zu dienen und bei der Bewertung von der Fortführung der Unternehmenstätigkeit/Verwaltungstätigkeit auszugehen ist, sofern dem nicht tatsächliche oder rechtliche Gegebenheiten entgegen stehen (§252 (1) Nr. 2 HGB).

Sofern für die Vermögensgegenstände ein Beschaffungsmarkt existiert, ist grundsätzlich der **Wiederbeschaffungs(zeit)wert** maßgebend. Der Wiederbeschaffungswert eines vorhandenen (gebrauchten) Vermögensgegenstands entspricht dem Anschaffungspreis eines nach Art, Güte, Alter und sonstigen wertbeeinflussenden Merkmalen vergleichbaren Ersatzgegenstands, der zum Bewertungszeitpunkt auf dem (Gebraucht-)Markt zu entrichten wäre. Die Ermittlung des Wiederbeschaffungswerts setzt einen ausreichend liquiden Gebrauchtmarkt voraus, wie dies etwa bei gängigen Pkw-Fabrikaten der Fall ist.

Lässt sich der Wiederbeschaffungs(zeit)wert nicht ermitteln, kann hilfsweise auf den **fortgeführten Wiederbeschaffungsneuwert** abgestellt werden. Es handelt sich hier um einen rechnerisch ermittelten Zeitwert. Ausgegangen wird vom Wiederbeschaffungs**neu**wert. Dieser entspricht den aktuellen Anschaffungskosten zum Erwerb eines dem Bewertungsobjekt vergleichbaren, neuen Ersatzgegenstands. Zur Ermittlung des fortgeführten Wiederbeschaffungsneuwerts des Bewertungsobjekts (des gebrauchten Gegenstands), werden dann Wertabschläge für die eingetretene Alterswertminderung vorgenommen.

Es sei hier angemerkt, dass im Kommunalabgabengesetz (KAG) andere Begriffsbestimmungen verwendet werden. Unter dem Wiederbeschaffungswert wird nach KAG der Preis verstanden, der für die Erneuerung eines vorhandenen Vermögensgegenstandes nach Ablauf der Nutzungszeit anzusetzen ist. Auch für den Wiederbeschaffungszeitwert gilt nach KAG eine andere Begriffsbestimmung. Nach der Definition des OVG Münster ist „unter dem Wiederbeschaffungszeitwert der Preis zu verstehen, der zum Bewertungszeitpunkt (z. B. zum 31. Dezember der jeweiligen Gebührenperiode) für die Erneuerung eines vorhandenen Vermögensgegenstandes durch einen solchen gleicher Art und Güte gezahlt werden müsste (= derzeitiger Wiederbeschaffungswert = Tageswert)“ (Urteil v. 5.8.1994 – 9 A 1248/92).

Zur Ermittlung des Wiederbeschaffungszeitwerts nach KAG wird üblicherweise das Indexverfahren angewandt, bei dem die ursprünglichen Anschaffungs- oder Herstellungskosten jährlich mit einem Preisindex vervielfältigt werden. Weder der Wiederbeschaffungswert nach KAG noch der Wiederbeschaffungszeitwert nach KAG stellen, geeignete Ermittlungsgrundlagen für den niedrigeren beizulegenden Wert zum Abschlussstichtag dar.

Existiert kein Beschaffungsmarkt kann anstelle des Wiederbeschaffungs(zeit)werts oder des fortgeführten Wiederbeschaffungsneuwerts der Reproduktionswert als Wertmaßstab herangezogen werden. Der Reproduktionswert ergibt sich aus den fiktiven Herstellungskosten eines vergleichbaren Vermögensgegenstandes zum Bewertungsstichtag. Es können auch die tatsächlichen Herstellungskosten vergleichbarer Gegenstände herangezogen werden. Die bereits eingetretene Alterswertminderung des Bewertungsobjektes ist durch Abschläge vom Reproduktionsneuwert zum Bewertungsstichtag zu berücksichtigen.

Im Sachanlagevermögen wird es nur selten vorkommen, dass eine eingetretene Wertminderung nur vorübergehen ist. Im abnutzbaren Anlagevermögen ist aber zu berücksichtigen, dass sich der Buchwert durch die planmäßigen Abschreibungen künftig verringern wird. Einen niedrigeren beizulegenden Wert kann es daher längstens bis zum Ende der Nutzungsdauer geben. In diesem Sinne wäre eine Wertminderung stets nur vorübergehend. Diese Interpretation stände aber offensichtlich im Widerspruch zu der Bestimmung, dass außerplanmäßige Abschreibungen auch im abnutzbaren Anlagevermögen bei dauerhaften Wertminderungen vorzunehmen sind. Nach herrschender Lehre liegt eine dauerhafte Wertminderung im abnutzbaren Anlagevermögen daher immer dann vor, wenn der durch planmäßige Abschreibungen fortgeführte Buchwert des Vermögensgegenstandes voraussichtlich während eines erheblichen Teils der Restnutzungsdauer oberhalb des beizulegenden Wertes liegen wird. Eine festgestellte Wertminderung, die sich in weniger als der halben Restnutzungsdauer durch die planmäßigen Abschreibungen voraussichtlich ohnehin ausgleichen wird, wäre als vorübergehend einzustufen.

3.3.4 Nachträgliche Anschaffungs- und Herstellungskosten

Die Bestimmungen zu den Anschaffungs- und Herstellungskosten nach § 34 (2) und (3) KomHVO lassen nachträgliche Anschaffungs- und Herstellungskosten zu. Durch nachträgliche Anschaffungs- und Herstellungskosten erhöhen sich die Wertansätze der betreffenden Vermögensgegenstände.

Nachträgliche Anschaffungskosten stehen in keinem zeitlichen (wohl aber in einem sachlichen) Bezug zu einem vorangegangenen Anschaffungsvorgang. Für private Unternehmen handelt es sich im Wesentlichen um öffentliche Abgaben – vor allem Erschließungsbeiträge nach der Anschaffung von Grundstücken (etwa für Straßen und Kanalisation). Für die Bilanzierungspraxis von Gemeinden (und privaten Unternehmen) bedeutsamer sind nachträgliche (aktivierungsfähige) Herstellungskosten. Diese sind von den ergebniswirksamen Erhaltungsaufwendungen abzugrenzen (vgl. Abbildung 9).

Erhaltungsaufwand	Herstellungsaufwand
• keine Veränderung der Wesensart des Vermögensgegenstands (VG), • Erhaltung in ordnungsgemäßem Zustand, • regelmäßig und in ungefähr gleicher Höhe wiederkehrend.	• Wiederherstellung bei Vollverschleiß • Veränderung der Wesensart des VG, • Erweiterung des VG (Verbesserung der Nutzungsmöglichkeiten), • erhebliche Verbesserung über den bisherigen Zustand hinaus.
Beurteilung des Einzelfalls ist entscheidend!	

Abbildung 9: Abgrenzung von Erhaltungs- und Herstellungsaufwand

Die genannten Kriterien für das Vorliegen von (aktivierungsfähigem) Herstellungsaufwand – Wiederherstellung, Veränderung der Wesensart, Erweiterung sowie wesentliche Verbesserung (über den ursprünglichen Zustand hinaus) – sind nach handelsrechtlichem Verständnis eng auszulegen (so auch die **Handreichung**, Erläuterungen zu § 33 (3) Gemeindehaushaltsverordnung, Nr. 3.1.6).

Eine **Wiederherstellung** nach Vollverschleiß liegt vor, wenn ein Vermögensgegenstand des Sachanlagevermögens vollständig unbrauchbar geworden ist. Die Wiederherstellung ist mit der Ersterstellung wirtschaftlich vergleichbar. Ein Gebäude ist dann unbrauchbar im Sinne eines Vollverschleißes, wenn die maßgeblichen Gebäudeteile (Fundamente, tragende Außen- und Innenwände, Geschossdecken, Dachkonstruktion etc.) so schwerwiegende Substanzschäden aufweisen, dass eine Sanierung der vorhandenen Substanz nicht mehr in Frage kommt. In der Praxis ist ein derartiger Vollverschleiß eher selten. Bei einem genutzten Gebäude ist ein Vollverschleiß regelmäßig nicht anzunehmen. Werden wesentliche Gebäudeteile sukzessive erneuert, handelt es sich nicht um eine Wiederherstellung. Entsprechende Sanierungsmaßnahmen können aber Herstellungsaufwand im Sinne einer erheblichen Verbesserung darstellen (siehe unten).

Eine **Veränderung der Wesensart** eines Vermögensgegenstandes liegt vor, wenn sich seine Funktion bzw. die Zweckbestimmung dergestalt ändern, dass aus dem bisherigen Vermögensgegenstand im Grunde ein neuer entstanden ist. Beispiele sind der Umbau eines Bürogebäudes zu einer Schule oder einer Wohnung in ein Büro.

Eine **Erweiterung bzw. Substanzmehrung** liegt bei Gebäuden regelmäßig dann vor, wenn ihre Nutz- oder Wohnfläche vergrößert wird (Anbau, Aufstockung von Geschossen, Ausbau von Dachgeschossen etc.). Bereits geringfügige Erweiterungen der Nutzfläche führen zu nachträglichen Herstellungskosten. Eine Erweiterung ist ebenfalls gegeben, wenn bisher nicht vorhandene Gebäudebestandteile eingebaut werden. Beispiele hierfür sind der nachträgliche Einbau von Alarmanlagen, Feuertreppen oder eine Netzwerkverkabelung. Sofern diese Erweiterungen mit Modernisierungs- und Instandsetzungsarbeiten (Erhaltungsaufwand) bautechnisch ineinandergreifen (funktioneller Zusammenhang), ist nach Auffassung des Bundesfinanzhofes keine Aufteilung in Herstellungs- und Erhaltungsaufwendungen vorzunehmen; sie werden einheitlich als nachträgliche Herstellungskosten angesehen. Hierzu reicht es allerdings nicht aus, dass Erhaltungs- und Erweiterungsmaßnahmen in einem engen räumlichen oder zeitlichen Zusammenhang durchgeführt werden. Sofern kein zwingender funktioneller Zusammenhang gegeben ist, sind die Maßnahmen einzeln daraufhin zu beurteilen, ob es sich um Erhaltungsaufwendungen oder nachträgliche Herstellungskosten handelt (vgl. **Handreichung**, Erläuterungen zu § 33 (3) Gemeindehaushaltsverordnung, Nr. 3.1.6.1.1).

Eine **wesentliche Verbesserung über den ursprünglichen Zustand hinaus** kann grundsätzlich angenommen werden, wenn die Modernisierungsmaßnahmen in ihrer Gesamtheit **über die zeitgemäße Erneuerung hinaus** den Gebrauchswert des Gebäudes insgesamt deutlich erhöhen und erweiterte künftige Nutzungsmöglichkeiten schaffen.

Indizien hierfür sind:

- Eine deutliche Standardhebung des Gebäudes bezogen auf mehrere wesentliche Ausstattungsmerkmale wie Heizungsinstallation, Sanitärinstallation, Elektroinstallation und Fenster, die sich aus einem zusammenhängenden Bündel von Maßnahmen ergibt, die in einem engen zeitlichen Zusammenhang (max. 3 Jahre) umgesetzt werden (vgl. **Handreichung**, Erläuterungen zu § 33 (3) Gemeindehaushaltsverordnung, Nr. 3.1.6.1.2; Schreiben des BMF vom 18.7.2003 (BStBl S. 386)
- Ein deutlicher Anstieg der erzielbaren Miete.
- Eine deutliche Verlängerung der tatsächlichen Nutzungsdauer.

Solange diese Indizien nicht vorliegen, begründet die Durchführung vieler einzelner Maßnahmen allein noch keine wesentliche Verbesserung über den ursprünglichen Zustand hinaus – auch dann nicht, wenn die Maßnahmen mit hohen Kosten verbunden waren und sich der Verkehrswert des Gebäudes dadurch erhöht hat. Erhaltungsaufwendungen können selbst dann vorliegen, wenn die Modernisierungsaufwendungen die ursprünglichen Anschaffungs- und Herstellungskosten übersteigen.

3.3.5 Neubestimmung der Restnutzungsdauer

Nach § 36 (5) KomHVO ist die Restnutzungsdauer neu zu bestimmen, wenn durch „Erhaltung oder Instandsetzung" eines Vermögensgegenstandes des Anlagevermögens eine Verlängerung seiner wirtschaftlichen Nutzungsdauer erreicht wird. Entsprechend ist zu verfahren, wenn in Folge einer voraussichtlich dauernden Wertminderung eine Verkürzung eintritt.

Mit „Erhaltung oder Instandsetzung" sind hier wohl Maßnahmen gemeint sind, die nachträgliche Anschaffungs- oder Herstellungskosten begründen (siehe auch **Handreichung**, Erläuterungen zu § 35 (4) Gemeindehaushaltsverordnung, Nr. 3.2.5.2). Eine Neubestimmung der Restnutzungsdauer nach der Durchführung von – nicht aktivierungsfähigen – Erhaltungsmaßnahmen kann nicht beabsichtigt sein, weil die betriebsgewöhnliche Nutzungsdauer unter der Annahme ermittelt wird, dass Erhaltungsmaßnahmen regelmäßig durchgeführt werden. Das heißt: Werden erforderliche Erhaltungsmaßnahmen nicht durchgeführt, kann das die Notwendigkeit begründen, den Abschreibungsplan zu verkürzen oder eine außerplanmäßige Abschreibung vorzunehmen.

Erhaltungsaufwand rechtfertigt also nicht die Neubestimmung der Restnutzungsdauer. Nachträgliche Anschaffungs- oder Herstellungskosten können hingegen eine Verlängerung der Restnutzungsdauer rechtfertigen. Dies setzt eine sachverständige Beurteilung im Einzelfall voraus.

3.3.6 Geringwertige Vermögensgegenstände

Für geringwertige Vermögensgegenstände enthält das Gemeindehaushaltsrecht in §§ 30 (4), 36 (3) KomHVO besondere Vorschriften zur Vereinfachung der Bilanzierung. Als geringwertige Vermögensgegenstände gelten dabei Vermögensgegenstände des Anlagevermögens, deren Anschaffungs- oder Herstellungskosten wertmäßig den Betrag von EUR 800 ohne Umsatzsteuer nicht überschreiten, die selbstständig nutzbar sind und einer Abnutzung unterliegen. Die Vorschriften zu geringwertigen Vermögensgegenständen gelten damit insbesondere nicht für Vermögensgegenstände des Umlaufvermögens.

Das Kriterium der selbständigen Nutzbarkeit knüpft an Bestimmungen des Steuerrechts zum Vorliegen eines „geringwertigen Wirtschaftsguts" an. Nach § 6 (2) S. 2 EStG ist ein Wirtschaftsgut dann **nicht selbständig nutzbar**, wenn es nach seiner betrieblichen Zweckbestimmung nur zusammen mit anderen Wirtschaftsgütern des

Anlagevermögens genutzt werden kann und die im Nutzungszusammenhang stehenden Wirtschaftsgüter technisch aufeinander abgestimmt sind. Als eine derartige Sachgesamtheit können etwa die PC-Arbeitsplatzkomponenten Rechner, Monitor, Tastatur und Maus, ggf. einschließlich Drucker und Scanner, angesehen werden. Sie würden dann als „ein" Vermögensgegenstand aktiviert und bewertet werden. Selbständig nutzbare (geringwertige) Wirtschaftsgüter sind hingegen Diktiergeräte, Mobiltelefone, Funkgeräte, Bohrmaschinen, Rechenmaschinen und dergleichen mehr.

Liegen geringwertige Vermögensgegenstände vor, braucht die Gemeinde diese nicht in der Bilanz anzusetzen. Vielmehr darf sie die Anschaffungs- oder Herstellungskosten der Vermögensgegenstände unmittelbar als Aufwand der laufenden Verwaltungstätigkeit buchen (§ 36 (3) KomHVO). Die Vermögensgegenstände sind dann im Rahmen der Inventur nicht mehr zu erfassen. Gleichwohl sollte die Gemeinde die Vermögensgegenstände aber – wie ehemals in § 33 (4) Gemeindehaushaltsverordnung vorgeschrieben – in gesonderten Inventarlisten verzeichnen, um sicherzustellen, dass sie bei künftigen Inventuren unberücksichtigt bleiben.

Zu berücksichtigen ist: Der Verzicht auf den Ansatz geringwertiger Vermögensgegenstände sollte nicht dazu führen, dass das im Jahresabschluss vermittelte Bild von der Vermögens-, Finanz- und Ertragslage der Gemeinde erheblich von den tatsächlichen Verhältnissen abweicht. Dies könnte etwa bei der Anschaffung einer großen Anzahl langlebiger geringwertiger Vermögensgegenstände mit einem hohen Gesamtwert der Fall sein. Der besseren Rechenschaft wegen sollten die Vermögensgegenstände in derartigen Fällen bilanziert werden (ggf. als Fest- oder Gruppenwerte nach § 29 (1), KomHVO).

3.4 Bilanzierung des Finanzanlagevermögens

3.4.1 Ansatz und Ausweis

Das Finanzanlagevermögen muss nach § 34 (1) S. 2 KomHVO – wie das übrige Anlagevermögen – dazu bestimmt sein, der gemeindlichen Aufgabenerfüllung dauernd zu dienen. Der wesentliche Unterschied zu den immateriellen Vermögensgegenständen des Anlagevermögens und dem Sachanlagevermögen liegt darin, dass das investierte Kapital nicht innerhalb der bilanzierenden Gemeinde verblieben ist, sondern anderen Unternehmen oder Einrichtungen überlassen wurde.

Die **Finanzanlagen** sind nach § 42 (3) KomHVO zu untergliedern in:

- Anteile an verbundenen Unternehmen,
- Beteiligungen,
- Sondervermögen,
- Wertpapiere des Anlagevermögens und

- Ausleihungen.

Als **Anteile an verbundenen Unternehmen** werden Anteile an Kapital- und Personengesellschaften (sofern eine Haftungsbegrenzung für die Gemeinde besteht) sowie öffentlich-rechtlichen Organisationen ausgewiesen, sofern diese als Mutter- oder Tochterunternehmen (§ 290 HGB) in den Gesamtabschluss der Gemeinde nach den Vorschriften über die Vollkonsolidierung einzubeziehen sind (§ 271 (2) HGB). Dies ist der Fall, wenn die betreffenden Unternehmen bzw. die öffentlich-rechtlichen Organisationen unter der **einheitlichen Leitung** der Gemeinde stehen bzw. diese einen **beherrschenden Einfluss** auf die Organisation ausüben kann (für nähere Erläuterungen hierzu siehe Abschnitt 11.3).

Zu den verbundenen Unternehmen zählen in jedem Fall **Eigengesellschaften** sowie **Mehrheitsbeteiligungen** der Gemeinde (Beteiligungsquote über 50 %). Die Art der Anteile ist unerheblich. Es kann sich beispielsweise um Aktien, GmbH-Anteile, aber auch um Mitgliedschaften an Zweckverbänden sowie Anteile am Stammkapital von Anstalten des öffentlichen Rechts handeln. **Anstalten des öffentlichen Rechts**, die von der Gemeinde auf der Grundlage des § 114a GO errichtet und betrieben werden, stellen immer verbundene Unternehmen dar, da die Gemeinde sämtliche Anteile auf sich vereint.

Beteiligungen sind Anteile an Unternehmen/Organisationen, die dazu bestimmt sind, der Gemeinde durch Herstellung einer **dauernden Verbindung** zu diesen Einheiten zu dienen (§ 271 (1) S. 1 HGB) – sofern sie nicht als Anteile an verbundenen Unternehmen einzustufen sind. Die Art der Anteile, ob sie verbrieft sind oder nicht, ist unerheblich (Anteile an Kapitalgesellschaften, Kommanditanteile einer Personengesellschaft, Anteile an sonstigen juristischen Personen, z. B. rechtsfähige Stiftungen, Anstalten des öffentlichen Rechts und Zweckverbände). Anteile an einer eingetragenen Genossenschaft gelten nicht als Beteiligung (§ 271 (1) S. 5 HGB). Sie werden den sonstigen Ausleihungen zugerechnet.

Für das Vorliegen der Beteiligungsabsicht („Herstellung einer dauernden Verbindung“) gilt die Beteiligungsvermutung des § 271 (1) S. 3 HGB. Danach gelten als Beteiligung **im Zweifel** Anteile, die den fünften Teil (20 %) des Nennkapitals dieser Gesellschaft überschreiten. Diese Vermutung ist grundsätzlich widerlegbar. Anteile hingegen, die den fünften Teil des Nennkapitals der Gesellschaft unterschreiten, werden in der Regel unter den Wertpapieren des Anlagevermögens ausgewiesen. Sind Anteile an einer Organisation zur baldigen Veräußerung vorgesehen, stellen sie Wertpapiere des Umlaufvermögens dar.

Zum **Sondervermögen** der Gemeinde gehören nach § 97 GO:

- das Gemeindegliedervermögen nach § 99 GO,
- das Vermögen der rechtlich unselbstständigen örtlichen Stiftungen,
- die wirtschaftlichen Unternehmen – Eigenbetriebe nach § 114 GO – sowie die organisatorisch verselbstständigten Einrichtungen ohne eigene Rechtspersönlichkeit nach § 107 (2) GO und

- die rechtlich unselbstständigen Versorgungs- und Versicherungseinrichtungen.

Das Gemeindegliedervermögen stellt nach § 99 GO Gemeindevermögen dar, dessen Ertrag nach bisherigem Recht nicht der Gemeinde, sondern einem Berechtigten zusteht (z. B. von der Gemeinde zur landwirtschaftlichen Nutzung überlassene Flächen). Es darf nicht in Privatvermögen des Nutzungsberechtigten umgewandelt werden. Es kann jedoch – gegen Rückerstattung des Einkaufgelds oder Entschädigung – wieder in freies Gemeindevermögen umgewandelt werden, wenn die Umwandlung aus Gründen des Gemeinwohls geboten ist. Neues Gemeindegliedervermögen kann nicht gebildet werden.

Als **Wertpapiere des Anlagevermögens** sind Wertpapiere anzusehen, die weder als Anteile an verbundenen Unternehmen noch als Beteiligungen ausgewiesen werden können, aber dazu bestimmt sind, der gemeindlichen Aufgabenerfüllung dauernd zu dienen. Sofern die Wertpapiere zur baldigen Veräußerung (innerhalb eines Jahres) bestimmt sind, ist ein Ausweis als Wertpapiere des Umlaufvermögens geboten. Auch Wertpapiere, die eine Geld- oder Warenforderung (Schecks und Wechsel sowie Ladeschein und Konnossement) verbriefen, sind funktionsbedingt dem Umlaufvermögen zuzuordnen. Als Wertpapiere des Anlagevermögens kommen Aktien, Anleihen, Pfandbriefe, Schuldverschreibungen, Anleihen aber auch in Wertpapieren angelegte Mittel nach dem Versorgungsgesetz (EFoG NRW) in Betracht.

Als **Ausleihungen** werden Finanzforderungen verstanden, die durch die Hingabe von Kapital entstehen und dazu bestimmt sind, der Aufgabenerfüllung der Gemeinde dauernd zu dienen. Entsprechende Beispiele sind partiarische Darlehen (Beteiligungsdarlehen), Hypothekenforderungen sowie Forderungen aufgrund von Grund- und Rentenschulden. Ausleihungen mit einer geplanten Mindestdauer von vier Jahren zählen immer zum Anlagevermögen. Sofern der Verbleib für mehr als ein Jahr und weniger als vier Jahre geplant ist, muss sorgfältig geprüft werden, ob die Kapitalforderung dazu bestimmt ist, der Gemeinde dauernd zu dienen. Die Ausleihungen umfassen nicht langfristige Forderungen aus Lieferungen und Leistungen sowie kurzfristige Ausleihungen mit einer Laufzeit von unter einem Jahr. Diese sind dem Umlaufvermögen zuzuordnen.

Die Ausleihungen sind nach § 42 (3) KomHVO nach Adressaten zu untergliedern, um die finanziellen Verflechtungen zwischen der Gemeinde und den verselbstständigten Aufgabenbereichen (verbundene Unternehmen, Beteiligungen und Sondervermögen) aufzuzeigen. Die übrigen Ausleihungen (z. B. langfristig gebundene Miet- und Pachtkautionen sowie Genossenschaftsanteile) sind unter dem Bilanzposten „Sonstige Ausleihungen" auszuweisen.

3.4.2 Bewertung

Die **Bewertung der Finanzanlagen** zum Stichtag erfolgt grundsätzlich höchstens zu den Anschaffungs- oder Herstellungskosten. Planmäßige Abschreibungen sind bei Finanzanlagen nicht vorzunehmen. Finanzanlagen müssen oder können aber außerplanmäßig abgeschrieben werden.

Gemäß § 36 (6) S. 1 KomHVO sind auch bei Finanzanlagen außerplanmäßige Abschreibungen vorzunehmen, wenn eine voraussichtlich dauernde Wertminderung vorliegt (**Abschreibungspflicht**, analog zu § 253 (3) S. 4 HGB). Zusätzlich **können** Finanzanlagen aber – im Unterschied zum übrigen Anlagevermögen – auch bei einer voraussichtlich **nur vorübergehenden** Wertminderung außerplanmäßig abgeschrieben werden (**Abschreibungswahlrecht** nach § 36 (6) S. 2 KomHVO). Die Abschreibung richtet sich jeweils nach dem niedrigeren beizulegenden Wert am Abschlussstichtag.

Stellt sich in späteren Haushaltsjahren heraus, dass die Gründe für eine vorgenommene außerplanmäßige Abschreibung nicht mehr vorliegen, so ist nach § 36 (9) S. 1 KomHVO im Umfang der Werterhöhung wieder zuzuschreiben. Der Zuschreibungsbetrag ist aber begrenzt auf den Betrag der vorangegangenen außerplanmäßigen Abschreibung. Entsprechende Zuschreibungen sind nach § 36 (9) S. 2 KomHVO ebenso wie die außerplanmäßigen Abschreibungen nach § 36 (6) S. 3 KomHVO) im Anhang zu erläutern.

Bei Anteilen an Unternehmen in Form von Aktien, die an einer Börse zum amtlichen Handel oder zum geregelten Markt zugelassen oder in den Freiverkehr einbezogen sind und Wertpapieren des Anlagevermögens orientiert sich der beizulegende Wert am Börsenkurs. Liegt der Börsenkurs zum Bilanzstichtag unterhalb der Anschaffungskosten, darf eine vorübergehende Wertminderung nur dann unterstellt werden, wenn eindeutige Anzeichen vorliegen, die eine Wertaufholung sicher erscheinen lassen. In diesem Fall bestände ein Abschreibungswahlrecht. Andernfalls ist eine dauerhafte Wertminderung anzunehmen; es besteht dann Abschreibungspflicht.

Lagen die Börsenkurse der zu bewertenden Wertpapiere in den letzten sechs Monaten vor dem Bilanzstichtag permanent 20 Prozent oder in den letzten zwölf Monaten vor dem Bilanzstichtag tagesdurchschnittlich zehn Prozent unterhalb des Buchwertes, so stützt dies nach der in einer Publikation der Gemeindeprüfungsanstalt NRW vertretenen Auffassung die Vermutung, dass es sich um eine dauerhafte Wertminderung handelt und insoweit Abschreibungspflicht besteht (vgl. Gemeindeprüfungsanstalt Nordrhein-Westfalen (2015b). Zusätzlich sollten aber weitere Hinweise vorliegen, die eine baldige Wertaufholung unwahrscheinlich machen. Dies ist dann der Fall, wenn sich die Kursentwicklung mit nachhaltig verschlechterten Erfolgsaussichten begründen lässt (etwa Wegfall von Patentschutz, Öffnung von Märken, technischen Innovationen, Umweltauflagen, Verschiebungen bei den Kundenpräferenzen u. a.).

Sind **Unternehmensanteile** zu bewerten, die **nicht an Börsen gehandelt werden**, bemisst sich der Unternehmenswert bei renditeorientierten Investitionen (Anteile an verbundene Unternehmen und Beteiligungen – etwa im Bereich der Energieversorgung) grundsätzlich nach dem **Ertragswert** des Unternehmens. Eine Neubestimmung des Ertragswertes ist dann vorzunehmen, wenn sich wesentliche Bewertungsparameter voraussichtlich dauerhaft verschlechtert haben (Anzeichen hierfür sind etwa ein anhaltender Preisverfall, Absatzrückgänge, Kostensteigerungen u. a.). Hilfsweise kann auch auf die Entwicklung des Eigenkapitals abgestellt werden (Eigenkapital-Spiegelbildmethode).

Bei nicht renditeorientierten Anlagen bemisst sich der niedrigere beizulegende Wert grundsätzlich am Rekonstruktions- oder Substanzwert des Unternehmens. Ggf. kann auch hier hilfsweise auf die Entwicklung des Eigenkapitals abgestellt werden, sofern die Betriebe nach dem Prinzip der Kostendeckung arbeiten.

Der Wert von **Ausleihungen** kann sich vermindern, wenn der Empfänger des Kapitals ganz oder teilweise nicht mehr in der Lage ist, seinen vereinbarten Verpflichtungen nachzukommen (etwa Zahlungsunfähigkeit des Darlehensnehmers) und keine entsprechenden Sicherheiten (mehr) vorhanden sind.

3.4.3 Exkurs: Bewertung von Finanzlagen in der erstmaligen Eröffnungsbilanz

3.4.3.1 Bewertung von Anteilen an verbundenen Unternehmen und Beteiligungen nach § 56 (6) S. 1 KomHVO

Anteile an verbundenen Unternehmen und Beteiligungen, die in Form von Aktien oder anderen Wertpapieren an einer Börse

- zum amtlichen Handel oder
- zum geregelten Markt zugelassen oder
- in den Freiverkehr einbezogen sind,

sind gemäß § 56 (6) KomHVO i. V. m. § 56 (7) KomHVO mit ihrem Tiefstwert der vergangenen zwölf Wochen – ausgehend vom Eröffnungsbilanzstichtag – anzusetzen.

Anzahl der Aktien oder Wertpapiere	**Tiefstwert nach § 55 (7) S. 1 KomHVO**	**Eröffnungsbilanzwert**
EUR 10.000	EUR 120	EUR 1.200.000

3.4.3.2 Bewertungswahlrecht für bestimmte Finanzanlagen nach § 56 (6) S. 2 KomHVO

Für Anteile an verselbständigten Aufgabenbereichen der Gemeinde, die nach § 116 (3) GO nicht zum Gesamtabschluss konsolidiert werden müssen, weil sie von untergeordneter Bedeutung sind (§ 116b GO), sowie für Sondervermögen und Stiftungen gilt nach § 56 (6) S. 2 KomHVO ein Bewertungswahlrecht: Diese Einheiten **können** mit dem anteiligen Wert des Eigenkapitals angesetzt werden. Diese Methode wird als **Eigenkapital-Spiegelbildmethode** bezeichnet. Der Wert des anteiligen Eigenkapitals berechnet sich wie folgt:

Anteiliges Grund- oder Stammkapital (Gezeichnetes Kapital)	+	anteilige Rücklagen	+ / -	anteilige Ergebnisvorträge

Beispiel 1:

Ein gemeindlicher Eigenbetrieb weist zum Bilanzstichtag folgendes Eigenkapital aus:

Gezeichnetes Kapital	Kapitalrücklagen	Gewinnrücklagen	Verlustvortrag	Summe EK
EUR 2.500.000	EUR 1.500.000	EUR 530.000	EUR 20.000	EUR 4.510.000

Nach der Eigenkapital-Spiegelbildmethode können somit in der gemeindlichen Eröffnungsbilanz EUR 4.510.000 unter dem Posten Sondervermögen angesetzt werden.

Beispiel 2:

Die Gemeinde hält 25 % an einem Veranstaltungsunternehmen in der Rechtsform einer GmbH. Die Voraussetzungen für das Vorliegen einer Beteiligung sind gegeben. Das Unternehmen weist zum Bilanzstichtag folgendes Eigenkapital aus:

Gezeichnetes Kapital	**Kapitalrücklagen**	**Gewinnrücklagen**	**Gewinnvortrag**	**Summe EK**
EUR 1.000.000	EUR 750.000	EUR 250.000	EUR 10.000	EUR 2.010.000

Nach der Eigenkapital-Spiegelbildmethode können somit in der gemeindlichen Eröffnungsbilanz EUR 502.500 unter dem Posten Beteiligungen angesetzt werden.

Die Eigenkapital-Spiegelbildmethode stellt eine Abweichung vom Gebot des Zeitwertansatzes in der Eröffnungsbilanz (§ 55 (1) S. 1 KomHVO) dar. Die ermittelten Wertansätze dürften nicht selten – gemessen am vorsichtig geschätzten Zeitwert – zu niedrig ausfallen, da **stille Reserven nicht aufgedeckt** werden.

3.4.3.3 Bewertung der übrigen Beteiligungen nach § 56 (6) S. 3 KomHVO

Die übrigen Beteiligungen sollen nach § 56 (6) S. 3 **unter Beachtung ihrer öffentlichen Zwecksetzung** anhand des **Ertragswert- oder Substanzwertverfahrens** bewertet werden. Dabei darf die Wertermittlung auf die **wesentlichen wertbildenden Faktoren** unter Berücksichtigung vorhandener Planrechnungen beschränkt werden.

Der nach dem **Ertragswertverfahren** ermittelte Unternehmenswert entspricht dem **Barwert** der **künftigen finanziellen Überschüsse** zum Eröffnungsbilanzstichtag. Der Ermittlung können Planungsrechnungen (Investitions-, Erfolgs- und Finanzpläne u. a.), soweit sie als belastbar eingestuft werden können, zugrunde gelegt werden. Die Anwendung des Ertragswertverfahrens ist nur dann sachgerecht, wenn das betreffende Unternehmen mit **Gewinnerzielungsabsicht** betrieben wird.

Unternehmen mit unzureichender Rentabilität, die einer öffentlichen, **nicht gewinnorientierten** Zwecksetzung (Leistungserstellung, Aufgaben der Daseinsvorsorge, karitative Zwecke) dienen, sollten anhand des **Substanzwertverfahrens** bewertet werden. Dies gilt insbesondere für sehr **anlagenintensive** Unternehmen (wie etwa Wasserversorgungsunternehmen, Verkehrsunternehmen), die lediglich kostendeckend oder mit Verlust betrieben werden (können). In diesen Fällen ist anzunehmen, dass die Fortführung der Leistungserstellung im öffentlichen bzw. gemeinnützigen Interesse unabhängig von Renditegesichtspunkten erfolgt und als Alternative zur Fortführung nicht die Liquidation, sondern nur eine anderweitige entsprechende Investition in Frage kommt. Im Gegensatz zum Liquidationswert als Verkaufs- oder Zerschlagungswert handelt es sich bei dem Substanzwert um den Gebrauchswert der betrieblichen Substanz. „Der Substanzwert ergibt sich als Rekonstruktions- oder Wiederbeschaffungswert aller im Unternehmen vorhandenen immateriellen und materiellen Werte (und Schulden). Er ist insoweit Ausdruck vorgeleisteter Ausgabe, die durch den Verzicht auf den Aufbau eines identischen Unternehmens erspart bleiben" (IDW S 1, Tz. 180). Dem Alter der Substanz ist durch entsprechende Abschläge vom Rekonstruktions**neu**wert Rechnung zu tragen. Kann die dem zu bewertenden Unternehmen vorgegebene Leistungserstellung auch mit wesentlich geringeren Ausgaben erreicht werden, indem eine effizientere Unternehmenssubstanz oder -struktur geschaffen wird, so ist der Rekonstruktionswert entsprechend niedriger anzusetzen. Nicht betriebsnotwendige Vermögensteile sind mit ihrem Liquidationswert anzusetzen.

Die Leitlinien für eine ordnungsmäßige Durchführung von Unternehmensbewertungen sind im IDW Standard „Grundsätze zur Durchführung von Unternehmensbewertungen" (IDW S 1) niedergelegt. Der Standard enthält insbesondere ausführliche Erläuterungen zur Ermittlung des Ertragswertes.

Verständnisfragen zu Kapitel 3

1. In welche Hauptgruppen gliedert sich das Anlagevermögen?
2. Nennen Sie ein Beispiel für einen immateriellen Vermögensgegenstand. Welches Ansatzverbot gilt für immaterielle Vermögensgegenstände?
3. Warum ist es erforderlich den Wertansatz eines bebauten Grundstücks in den Boden- und Gebäudewert aufzuteilen?
4. Wie wird der beizulegende Wert eines Vermögensgegenstandes des Sachanlagevermögens ermittelt?
5. Wann liegt eine voraussichtlich nicht dauerhafte Wertminderung vor?
6. Inwiefern ist die Unterscheidung zwischen Erhaltungs- und Herstellungsaufwand von Bedeutung? Nennen Sie typische Baumaßnahmen, die Unterhaltungsaufwendungen darstellen.
7. Sollte nach Erhaltungsmaßnahmen eine Neubestimmung der Restnutzungsdauer erfolgen?
8. Wie unterscheiden sich Finanzanlagen von Wertpapieren des Umlaufvermögens?
9. Wann sind Zuschreibungen vorzunehmen? Bis zu welcher Wertobergrenze dürfen Zuschreibungen vorgenommen werden?
10. Erläutern Sie das Abschreibungswahlrecht für Finanzanlagen?

Siehe auch die Übungsaufgaben 6 und 7 im Anhang.

4 Bilanzierung des Umlaufvermögens

4.1 Abgrenzung und Ausweis

In negativer Abgrenzung zum Anlagevermögens nach § 34 (1) S. 2 KomHVO umfasst das Umlaufvermögens sämtliche Vermögensgegenstände, die **nicht** dazu bestimmt sind, dauernd der gemeindlichen Aufgabenerfüllung zu dienen.

Das Umlaufvermögen der Gemeinde gliedert sich nach § 42 (3) KomHVO wie folgt:

2 Umlaufvermögen
- 2.1 Vorräte
  - 2.1.1 Roh-, Hilfs- und Betriebsstoffe, Waren,
  - 2.1.2 geleistete Anzahlungen,
- 2.2 Forderungen und sonstige Vermögensgegenstände,
  - 2.2.1 Öffentlich-rechtliche Forderungen und Forderungen aus Transferleistungen,
  - 2.2.2 Privatrechtliche Forderungen,
    - 2.2.2.1 gegenüber dem privaten Bereich,
    - 2.2.2.2 gegenüber dem öffentlichen Bereich,
    - 2.2.2.3 gegen verbundene Unternehmen,
    - 2.2.2.4 gegen Beteiligungen,
    - 2.2.2.5 gegen Sondervermögen,
  - 2.2.3 Sonstige Vermögensgegenstände,
- 2.3 Wertpapiere des Umlaufvermögens,
- 2.4 Liquide Mittel.

4.2 Bilanzierung der Vorräte

Vorräte sind für den Verwaltungsbetrieb insgesamt von untergeordneter Bedeutung. Das materielle Vermögen der Gemeinde setzt sich ganz überwiegend aus Gegenständen des Anlagevermögens zusammen. In einzelnen Bereichen – etwa im Bauhof – können Vorräte aber von einiger Bedeutung sein.

4.2.1 Die Posten im Einzelnen

Rohstoffe gehen unmittelbar in das Fertigungserzeugnis ein und bilden dessen Hauptbestandteil. Als Rohstoffe sind etwa die Lagerbestände an Zement oder Pflastersteinen im Bauhof anzusehen.

Hilfsstoffe gehen ebenfalls in das Fertigungserzeugnis ein; sie sind aber als Bestandteile von untergeordneter Bedeutung. Übliche Hilfsstoffe sind z. B. Nägel, Schrauben, Schweißmaterial, Farben und Chemikalien.

Betriebsstoffe bilden selbst keinen Bestandteil des Fertigungserzeugnisses, sie werden lediglich mittel- oder unmittelbar für die Herstellung benötigt (Verbrauchsgüter). Zu ihnen zählen z. B. Kraft- und Schmierstoffe sowie Reparaturmaterialien und Ersatzteile für Maschinen. Insbesondere werden auch nicht ausgegebene Bestände an Büromaterial als Betriebsstoffe angesehen. Des Weiteren werden Bestände an Werbematerialien (z. B. Broschüren, Flyer zur Tourismus- und Wirtschaftsförderung) sowie die Vorräte der Gemeindeküche als Betriebsstoffe eingestuft.

Waren umfassen Handelsartikel, die von der Gemeinde bezogen wurden, um sie ohne wesentliche Weiterverarbeitung zu veräußern. Beispiele in der Gemeindeverwaltung sind Stamm- und Familienbücher sowie Gegenstände, die im Tourismusbüro verkauft werden (Wanderkarten, Stadtführer, Bekleidungsstücke und Haushaltswaren).

Geleistete Anzahlungen beziehen sich auf schwebende Beschaffungsgeschäfte. Die geleisteten Zahlungen sind bis zum Zeitpunkt des Gefahrenübergangs der Vermögensgegenstände als Anzahlungen auszuweisen. Sie besitzen Forderungscharakter. Nach Erhalt der Lieferung sind die Beträge auf die entsprechenden Posten der Vorräte umzubuchen.

Es kann zweckmäßig sein, dass die Gemeinde die Vorräte differenzierter untergliedert und **unfertige Erzeugnisse, unfertige Leistungen** sowie **fertige Erzeugnisse** gesondert ausweist (vgl. § 266 (2) B. I. HGB). Diese Erweiterung der Untergliederung ist nach § 41 (6) KomHVO möglich. Hiervon sollte im Interesse der Klarheit und Übersichtlichkeit aber nur Gebrauch gemacht werden, wenn die Posten wertmäßig von Bedeutung sind. Neue Posten sind im Anhang anzugeben.

4.2.2 Bewertung

Die Vermögensgegenstände des Umlaufvermögens dürfen **höchstens** mit ihren **Anschaffungs- und Herstellungskosten** in der Bilanz angesetzt werden. Das Umlaufvermögen unterliegt keiner planmäßigen Abschreibung. Planmäßige Abschreibungen sind nach § 36 (1) KomHVO nur bei Vermögensgegenständen des Anlagevermögens, deren Nutzung zeitlich begrenzt ist, vorzunehmen. Bei Vermögensgegenständen des Umlaufvermögens sind aber nach § 36 (8) KomHVO Abschreibungen vorzunehmen, um diese mit einem niedrigeren Wert anzusetzen, der sich aus einem **beizulegenden Wert am Abschlussstichtag** ergibt. Es ist dabei gleichgültig, ob es sich voraussichtlich um eine dauernde oder nur vorübergehende Wertminderung handelt (**strenges Niederstwertprinzip**).

Der beizulegende Wert am Abschlussstichtag ist vom Beschaffungs- oder Absatzmarkt her abzuleiten. Der Beschaffungsmarkt ist maßgebend für Roh-, Hilfs- und

Betriebsstoffe sowie für unfertige und fertige Erzeugnisse, für die auch Fremdbezug möglich ist. Der Absatzmarkt ist grundsätzlich maßgebend für unfertige und fertige Erzeugnisse, bei denen kein Fremdbezug möglich ist, sowie für Überbestände an Roh-, Hilfs- und Betriebsstoffen. Bei Handelswaren gilt die doppelte Maßgeblichkeit: hier wird der niedrigere der beiden Werte des Beschaffungs- bzw. Absatzmarktes herangezogen.

Bei einer **Bewertung vom Beschaffungsmarkt her** sind die Wiederbeschaffungskosten (Wiederbeschaffungspreise) bzw. Wiederherstellungskosten nach den aktuellen Preisverhältnissen am Beschaffungsmarkt anzusetzen. In den Wiederbeschaffungskosten sind die üblicherweise anfallenden Anschaffungsnebenkosten und Anschaffungskostenminderungen zu berücksichtigen. Bei den Wiederherstellungskosten sind die am Abschlussstichtag bestehenden Kostenverhältnisse zu ermitteln; Kostenermäßigungen und Kostenerhöhungen einzelner Bestandteile sind zu saldieren.

Bei der **Bewertung vom Absatzmarkt her** wird der beizulegende Wert der Vermögensgegenstände ausgehend vom Verkaufspreis retrograd ermittelt. Es gilt dabei der **Grundsatz der verlustfreien Bewertung**: Noch anfallende Aufwendungen (etwa Verpackungskosten, Ausgangsfrachten, noch anfallende Produktionskosten bei unfertigen Erzeugnissen) sind vom geschätzten Verkaufserlös abzusetzen. Es soll also sichergestellt werden, dass beim späteren Verkauf der zu bewertenden Vermögensgegenstände kein Verlust mehr entsteht. Mit der Abschreibung auf den niedrigeren beizulegenden Wert wird der bei einer kurzfristigen Veräußerung voraussichtlich eintretende Verlust antizipiert. Dies entspricht dem Imparitätsprinzip.

Die **geleisteten Anzahlungen** stellen erbrachte Vorleistungen auf den erwarteten künftigen Zugang von Vorratsvermögen dar. Sie werden wie Forderungen höchstens mit ihrem Nennbetrag bewertet.

Prinzipiell gilt auch im Vorratsvermögen der **Grundsatz der Einzelbewertung** nach § 33 (1) Nr. 2 KomHVO. Das Haushaltsrecht (wie auch das Handelsrecht) gestattet bei Vermögensgegenständen des Vorratsvermögens indes Ausnahmen von diesem Grundsatz. So können nach § 29 (1) KomHVO **Fest- und Gruppenwerte** gebildet werden (siehe Abschnitt 2.12).

4.3 Bilanzierung der Forderungen und sonstigen Vermögensgegenstände

4.3.1 Ansatz und Ausweis

Forderungen werden getrennt nach öffentlich-rechtlichen und privatrechtlichen Forderungen ausgewiesen. **Privatrechtliche Forderung** bestehen kraft eines zivilrechtlichen Schuldverhältnisses. In der Regel handelt es sich um **Ansprüche auf noch ausstehende Gegenleistungen**, die die Gemeinde **einem Vertragspartner gegenüber** erwirbt, nachdem sie ihren Lieferungs- oder Leistungsverpflichtungen nachgekommen ist.

Öffentlich-rechtliche Forderungen hingegen basieren auf einem gesetzlich normierten Kontraktionszwang zwischen der Gemeinde und Dritten bzw. auf einseitigen gesetzlichen Erfüllungspflichten Dritter gegenüber der Gemeinde.

Zu den **öffentlich-rechtlichen Forderungen** zählen dem (gesetzlichen) **Entstehungsgrund** nach Ansprüche aus:

- **Gebühren:** Diese stellen nach § 4 (2) Kommunalabgabengesetz (KAG) Geldleistungen dar, die als Gegenleistung für eine besondere Leistung – Amtshandlung oder sonstige Tätigkeit – der Verwaltung (Verwaltungsgebühren) oder für die Inanspruchnahme öffentlicher Einrichtungen und Anlagen (Benutzungsgebühren) erhoben werden.
- **Beiträge:** Das sind nach § 8 (2) KAG Geldleistungen, die dem Ersatz des Aufwandes für die Herstellung, Anschaffung und Erweiterung öffentlicher Einrichtungen und Anlagen (…) bei Straßen, Wegen und Plätzen auch für deren Verbesserung, jedoch ohne die laufende Unterhaltung und Instandsetzung, dienen.
- **Steuern:** Nach § 3 (1) AO sind Steuern Geldleistungen, die nicht eine Gegenleistung für eine besondere Leistung darstellen und von einem öffentlich-rechtlichen Gemeinwesen zur Erzielung von Einnahmen allen auferlegt werden, bei denen der Tatbestand zutrifft, an denen das Gesetz die Leistungspflicht knüpft.
- **Forderungen aus Transferleistungen:** Diese Ansprüche resultieren vorwiegend daraus, dass die Gemeinde Transferleistungen vornimmt, die ihr ganz oder teilweise von Dritten erstattet werden (z. B. Ersatz von sozialen Leistungen). Allerdings sind auch Schuldendiensthilfen von Bund oder Land sowie Forderungen der Landkreise aus der Kreisumlage hier auszuweisen.
- **Sonstige öffentlich-rechtliche Forderungen:** Ansprüche der Gemeinde, die durch eine Regelung des öffentlichen Rechts begründet werden und keine Steuern, Gebühren und Beiträge sind (z. B. Bußgelder und Konzessionsabgaben).

Die **privatrechtlichen Forderungen** werden nach **Schuldnern** (Adressaten) gegliedert in Forderungen gegenüber

- dem privaten Bereich,
- dem öffentlichen Bereich,
- verbundenen Unternehmen,
- Beteiligungen
- Sondervermögen.

Zum **privaten Bereich** gehören natürliche Personen sowie juristische Personen des privaten Rechts. Hierunter könnten Forderungen aus Lieferungen und Leistungen oder aus der Veräußerung von Vermögen fallen. Dem **öffentlichen Bereich** sind u. a. der Bund, die Länder sowie andere Gemeinden und Gemeindeverbände zuzuordnen.

Als Forderungen gegenüber **verbundenen Unternehmen**, **Beteiligungen** und **Sondervermögen** sind jeweils sämtliche Forderungen – unabhängig davon, ob es sich um öffentlich-rechtliche oder privatrechtliche Forderungen handelt – auszuweisen, die gegenüber diesen Organisationen bestehen (Forderungen aus Lieferungen und Leistungen, Steuer-, Gebühren- und Beitragsforderungen, kurzfristige Ausleihungen u. a.).

Als „**Sonstige Vermögensgegenstände**“ sind Vermögensgegenstände auszuweisen, die sich nicht eindeutig einem anderen Posten des Umlaufvermögens zuordnen lassen („Sammelposten“). Hierzu zählen etwa antizipative Rechnungsabgrenzungsposten (siehe Abschnitt 6.4), Steuererstattungsansprüche, Vorschüsse oder Schadensersatzansprüche.

Forderungen dürfen grundsätzlich nicht mit Posten der Passivseite saldiert werden (§ 42 (2) KomHVO, **Saldierungsverbot** bzw. **Gebot der Bruttodarstellung**). Von der Bruttodarstellung darf insbesondere dann nicht abgewichen werden, wenn es sich um Forderungen und Verbindlichkeiten verschiedener Geschäftspartner oder ungleicher Art handelt. Diese dürfen keineswegs saldiert werden.

Nach allgemeinem handelsrechtlichem Verständnis ist eine **Saldierung aber zulässig** oder aus Gründen der Übersichtlichkeit sogar geboten, wenn die Voraussetzungen für eine Aufrechnung von Forderungen und Verbindlichkeiten gemäß § 387 BGB erfüllt sind. Danach ist eine Aufrechnung dann zulässig, wenn zwei Personen einander gleichartige Leistungen (z. B. in Geld) schulden und beide Leistungen fällig und gleichwertig sind.

Beispiel
Die X-GmbH weist Forderungen aus Lieferungen und Leistungen gegenüber der Y-AG in Höhe von TEUR 100 aus; gleichzeitig bestehen Verbindlichkeiten aus Lieferungen und Leistungen gegenüber der Y-AG in Höhe von TEUR 70. In diesem Fall ist es im Handelsrecht erlaubt, dass die X-GmbH lediglich Forderungen aus Lieferungen und Leistungen von TEUR 30 ausweist.

Nach allgemeinem Verständnis ist eine Saldierung von Forderungen und Verbindlichkeiten in diesen speziellen Fällen mit den Grundsätzen ordnungsmäßiger Buchführung vereinbar. Insoweit kann sie auch im Gemeindehaushaltsrecht als zulässig erachtet werden.

4.3.2 Bewertung

Die Entstehung einer Forderung gilt bilanziell als Anschaffungsvorgang. Die Anschaffungskosten entsprechen dem **Nennbetrag** der Forderung. Bei Forderungen aus Lieferungen und Leistungen bemisst sich der Nennbetrag nach dem vom Leistungsempfänger (als Gegenleistung) geschuldeten Entgelt (Absatzpreis einschließlich Umsatzsteuer); bei Darlehensforderungen entspricht der Nennbetrag in der Regel dem Ausgabebetrag des Darlehens. Öffentlich-rechtliche Forderungen beruhen auf Verwaltungsakten, der Nennbetrag entspricht den festgestellten Zahlungsverpflichtungen.

Forderungen werden grundsätzlich mit ihrem Nennbetrag (als Anschaffungskosten) angesetzt. Ihrer Zugehörigkeit zum Umlaufvermögen entsprechend gilt für Forderungen das **strenge Niederstwertprinzip** des § 36 (8) KomHVO: Abschreibungen sind demnach vorzunehmen, um die Forderungen mit einem niedrigeren Wert anzusetzen, der sich aus einem **beizulegenden Wert** am Abschlussstichtag ergibt.

Forderungen sind im Rahmen der Inventur grundsätzlich einzeln und vorsichtig auf ihre Einbringlichkeit (**Ausfallrisiko**) zu prüfen. Entsprechend § 33 (1) Nr. 3 KomHVO sind dabei alle vorhersehbaren Risiken und Verluste, die bis zum Abschlussstichtag entstanden sind, zu berücksichtigen, selbst wenn sie erst zwischen dem Stichtag und der (endgültigen) Jahresabschlusserstellung bekannt werden. Insbesondere die Zahlungsfähigkeit und -bereitschaft der Schuldner sind zu beurteilen.

Im Rahmen einer Bonitätsprüfung lassen sich Forderungen in drei Gruppen einteilen:

- vollwertige bzw. sichere Forderungen,
- zweifelhafte Forderungen,
- uneinbringliche Forderungen.

Bei **vollwertigen/sicheren Forderungen** bestehen keine Anhaltspunkte, dass die Einbringlichkeit der Forderungen gefährdet ist; es sind keine Zahlungsausfälle zu erwarten. Diese Forderungen werden mit ihrem Nominalwert ausgewiesen.

Falls begründete Zweifel an der Einbringlichkeit von Forderungen bestehen, liegen **zweifelhafte Forderungen** vor. Die Höhe der Forderung ist dann auf den wahrscheinlich einbringlichen Betrag zu reduzieren. Der voraussichtlich uneinbringliche Teil der Forderung wird wertberichtigt. Anzeichen dafür, dass eine Forderung als zweifelhaft anzusehen ist, sind z. B. erfolglose Mahnungen, Erlass von Zahlungsbefehlen, negative Auskünfte über die Finanz- und Liquiditätsverhältnisse des Kunden sowie Vergleichs- oder Insolvenzanmeldungen. Die Höhe des voraussichtlichen Forderungsausfalls ist durch die objektiven Verhältnisse des Kunden zu untermauern. Reine Vermutungen oder pessimistische Einschätzungen der künftigen Entwicklung alleine reichen nicht aus.

Bei **uneinbringlichen Forderungen** steht fest, dass keine Zahlungen mehr vereinnahmt werden können. Sie sind daher vollständig abzuschreiben. Die folgenden Sachverhalte führen regelmäßig zu einem vollständigen und endgültigen Forderungsausfall:

- festgestellte Illiquidität des Schuldners,
- Eingang der Insolvenz- oder Vergleichsquote,
- erfolglose Zwangsvollstreckung,
- eidesstattliche Versicherung des Schuldners über seine Vermögenslage.

Die Korrektur von Forderungsbeständen geschieht mittels **Einzel- und Pauschalwertberichtigungen** (§ 34 (5) KomHVO).

Die **Einzelwertberichtigung** (EWB) – auch Einzelabschreibung genannt – trägt dem Grundsatz der Einzelbewertung nach § 33 (1) Nr. 2 KomHVO Rechnung. Die Forderungen werden einzeln auf ihre Werthaltigkeit hin überprüft. Uneinbringliche Forderungen werden voll abgeschrieben; bei zweifelhaften Forderungen erfolgt eine Teilabschreibung (Wertberichtigung).

Diese individuellen Prüfungen können sich sehr arbeits- und zeitintensiv gestalten. Es gilt deshalb aus Wirtschaftlichkeitsgründen als vertretbar, wenn Prüfungen zur Einzelwertberichtigung von Forderungen im Rahmen der Inventur auf eine überschaubare Anzahl von Forderungen und/oder betragsmäßig hohe Forderungen beschränkt werden.

Nachdem Einzelwertberichtigungen durchgeführt wurden, können in einzelnen Forderungsklassen zusätzlich **Pauschalwertberichtigungen** (PWB) vorgenommen werden, um auch dem allgemeinen Forderungsausfallrisiko Rechnung zu tragen. Eine einheitliche Pauschalwertabschreibung auf den gesamten Forderungsbestand ist in aller Regel nicht sachgerecht. Je nach Forderungsart oder Schuldner sollten differenzierte Abschreibungssätze verwendet werden. So dürfte etwa das allgemeine Ausfallrisiko bei Steuerforderungen gegenüber privaten Unternehmen häufig höher einzustufen sein, als das Risiko von Forderungsausfällen gegenüber Körperschaften des öffentlichen Rechts.

Einzel- und Pauschalwertberichtigungen werden auf der Basis von Nettoforderungen berechnet. Sofern die Gemeinde berechtigt ist, ihre Leistungen zzgl. der jeweils geltenden **Umsatzsteuer** zu berechnen, darf die Umsatzsteuer nicht in die Berechnung der Wertberichtigungen einfließen. Die Umsatzsteuer ist als „durchlaufender Posten" anzusehen, so dass sie keinen Forderungsrisiken unterliegt.

Nach dem Gemeindehaushaltsrecht dürfen keine Zuschreibungen im Umlaufvermögen vorgenommen werden. § 36 (9) KomHVO bezieht sich ausdrücklich nur auf Vermögensgegenstände des Anlagevermögens. Im Umlaufvermögen besteht somit ein **Wertaufholungsverbot**.

Falls sich – entgegen objektiver Beurteilung – herausstellt, dass Erträge aus bereits einzelwertberichtigten Forderungen im Nachhinein noch einbringlich sind, werden sie als **periodenfremde Erträge** den Ertragsposten der Ergebnisrechnung zugeordnet, denen sie sachlich zugehören. Sofern Erträge aus der Herabsetzung von Pauschalwertberichtungen eintreten, sind sie regelmäßig als **sonstige ordentliche Erträge** auszuweisen, da sie den einzelnen Ertragsarten nicht mehr zugeordnet werden können.

4.4 Bilanzierung der Wertpapiere des Umlaufvermögens

Bei Wertpapieren des Umlaufvermögens liegt die geplante Haltefrist i. d. R. unter einem Jahr; sie sind nicht dazu bestimmt, der gemeindlichen Aufgabenerfüllung dauernd zu dienen. Hierzu zählen etwa kurzfristig gehaltene **öffentliche Anleihen, Aktien und Pfandbriefe**. Auch **Anteile an verbundenen Unternehmen** können den Wertpapieren des Umlaufvermögens zuzurechnen sein, wenn die Gemeinde beabsichtigt, sie kurzfristig zu veräußern.

Die Wertpapiere werden höchstens mit ihren Anschaffungskosten, vermindert um Abschreibungen angesetzt. Abschreibungen sind nach § 36 (8) KomHVO vorzunehmen, um die Wertpapiere mit einem niedrigeren Wert anzusetzen, der sich aus einem beizulegenden Wert am Abschlussstichtag ergibt (**strenges Niederstwertprinzip**). Spätere Wertaufholungen sind nicht möglich (§ 36 (9) KomHVO gilt nur für Vermögensgegenstände des Anlagevermögens).

4.5 Bilanzierung der liquiden Mittel

Zu den liquiden Mitteln zählen Bargeld sowie täglich fällige Buchgeldbestände (Kontokorrentguthaben, Tagesgelder u. a.). Im Einzelnen sind dies: **Kassenbestände**, **Bundesbankguthaben**, **Guthaben bei Kreditinstituten** und **Schecks**.

Zu den Kassenbeständen zählen neben dem Bargeld auch Briefmarken sowie noch nicht verbrauchte Wertmarken für Frankiermaschinen. Bundesbankguthaben schließen Guthaben bei den Landeszentralbanken ein. Zu den Kreditinstituten zählen inländische und ausländische Banken sowie Sparkassen. Auch vorliegende Schecks, die zum Stichtag noch nicht einem Bankkonto der Gemeinde gutgeschrieben wurden, sind unter den liquiden Mitteln anzusetzen.

Das Saldierungsverbot nach § 42 (2) KomHVO gilt auch für die flüssigen Mittel. Eine Saldierung erscheint allenfalls dann zulässig, wenn es sich um Guthaben und Verbindlichkeiten bei demselben Kreditinstitut handelt, diese gleichwertig sind und identische Fristen und Konditionen vorliegen.

Die liquiden Mittel werden mit ihrem Nennwert angesetzt. Noch nicht eingelöste Schecks werden höchstens mit ihrem Nennwert angesetzt. Sie unterliegen bei der Bewertung dem strengen Niederstwertprinzip.

Verständnisfragen zu Kapitel 4

1. Wie lässt sich das Umlaufvermögen vom Anlagevermögen abgrenzen?
2. In welche Hauptgruppen ist das Umlaufvermögen gegliedert?
3. Grenzen Sie Roh-, Hilfs- und Betriebsstoffe voneinander ab.
4. Erläutern Sie das strenge Niederstwertprinzip?
5. Wie bestimmt sich der beizulegende Wert am Abschlussstichtag?
6. Unter welchen Voraussetzungen ist eine Saldierung von Forderungen und Verbindlichkeiten zulässig?
7. Dürfen im Umlaufvermögen Zuschreibungen vorgenommen werden?
8. Was sind Anzeichen für die Uneinbringlichkeit einer Forderung? Wie ist mit uneinbringlichen Forderungen zu verfahren?

5 Bilanzierung der Passiva

5.1 Eigenkapital

5.1.1 Grundlagen

Das bilanziell ausgewiesene Eigenkapital der Gemeinde ist eine **Rechen- oder Restgröße**: Es bezeichnet den wertmäßigen Betrag, der verbleibt, nachdem von der Summe der Aktiva (Anlagevermögen, Umlaufvermögen, aktive Rechnungsabgrenzungsposten) die Sonderposten, die Schulden (Rückstellungen und Verbindlichkeiten) sowie die passiven Rechnungsabgrenzungsposten abgezogen wurden.

	Anlagevermögen
+	Umlaufvermögen
+	aktive Rechnungsabgrenzung
=	**Summe der Aktiva**
–	Sonderposten
–	Rückstellungen
–	Verbindlichkeiten
–	Passive Rechnungsabgrenzung
=	**Eigenkapital**

Abbildung 10: Eigenkapital als Restgröße

Die Höhe der **Restgröße „Eigenkapital“** ergibt sich somit erst nach dem Ansatz und der Bewertung der übrigen Bilanzposten. Werden in der Bilanz nur das Vermögen und die Schulden gegenübergestellt (also die Posten der Rechnungsabgrenzung vernachlässigt), lässt sich das Eigenkapital (als Differenz aus Vermögen abzüglich Schulden) zutreffend auch als **Reinvermögen** oder **Nettovermögen** charakterisieren. Wichtig ist: Dem Eigenkapital lassen sich grundsätzlich keine gesonderten Gegenposten auf der Aktivseite zurechnen. Insbesondere sei hervorgehoben, dass das Eigenkapital keine Rückschlüsse auf den Bestand an liquiden Mitteln zulässt.

Nach der Bilanzgliederung des § 42 (4) KomHVO ist das Eigenkapital in die folgenden Posten zu unterteilen:

1	Eigenkapital	
	1.1	Allgemeine Rücklage
	1.2	Sonderrücklagen
	1.3	Ausgleichsrücklage
	1.4	Jahresüberschuss / Jahresfehlbetrag

Das Eigenkapital der Gemeinde setzt sich aus **Rücklagen** (Allgemeine Rücklage, Sonderrücklage, Ausgleichsrücklage) sowie dem **Jahresergebnis** (Jahresüberschuss bzw. Jahresfehlbetrag) zusammen. Demgegenüber weist die Bilanzgliederung für Kapitalgesellschaften gemäß § 266 (3) A. I. HGB auch den (festen) Eigenkapitalposten „Gezeichnetes Kapital“ aus. Dieser gibt an, in welcher Höhe von den Gesellschaftern Anteile an der Kapitalgesellschaft übernommen wurden – also in welcher Höhe die Anteilseigner dem Unternehmen unbefristet Kapital überlassen haben. Dieses Kapital kann dem Unternehmen nur nach sehr restriktiven Regeln entzogen werden. Entsprechende Tatbestände lassen sich bezogen auf die Gemeinde nicht feststellen; deshalb entfällt dieser Eigenkapitalposten für Gemeinden.

Ausgangspunkt für die Bestimmung der Rücklagen der Gemeinde ist die **erstmalige Eröffnungsbilanz**. Das bilanziell ausgewiesene Eigenkapital der Gemeinde setzt sich in dieser Eröffnungsbilanz naturgemäß ausschließlich aus Rücklagen zusammen. In den Folgejahren verändert sich die Höhe des Eigenkapitals dann entsprechend den jeweils ausgewiesenen Jahresergebnissen: Es erhöht sich durch Jahresüberschüsse und vermindert sich durch Jahresfehlbeträge.

Bei wirtschaftlicher Betrachtung kann regelmäßig angenommen werden, dass das tatsächliche Eigenkapital höher ist als das bilanziell ausgewiesene Eigenkapital. Dies ergibt sich aus dem Umstand, dass in der Bilanz nicht selten die Vermögensgegenstände „unterbewertet“ und die Schulden „überbewertet“ sind. Hierzu trägt nicht zuletzt das Vorsichtsprinzip bei. So dürfen etwa Wertsteigerungen der Vermögensgegenstände über die Anschaffungs- oder Herstellungskosten hinaus als unrealisierte Gewinne nicht berücksichtigt werden. Diese Eigenkapitalbestandteile werden als **stille Rücklagen** (Reserven) bezeichnet. Gemeinsam mit den **offenen Rücklagen** (die in der Bilanz ersichtlich ausgewiesen sind) ergeben sie das sog. **effektive Eigenkapital** der Gemeinde.

Ferner ist zu berücksichtigen, dass die nicht im bilanziellen Eigenkapital ausgewiesenen **Sonderposten** bei wirtschaftlicher Betrachtung zumindest bedingt Eigenkapitalcharakter haben. Dies gilt insbesondere für die Sonderposten, die für erhaltene (grundsätzlich nicht rückzahlbare) Investitionszuwendungen bestehen, spätestens dann, wenn deren Zweckbindung bereits abgelaufen ist und somit selbst latente Rückzahlungspflichten nicht mehr bestehen.

Nach seinem Wesen und seiner Funktion repräsentiert das Eigenkapital den Teil des Kapitals, der der Gemeinde unbefristet zur Aufgabenerfüllung zur Verfügung steht. Hingegen wird das Fremdkapital der Gemeinde in der Regel nur für einen begrenzten Zeitraum zur Verfügung gestellt. Verbindlichkeiten und Rückstellungen begründen künftige (Rück-)Zahlungsverpflichtungen. Das Eigenkapital kann dagegen dauerhaft zur Aufgabenerfüllung verwendet werden (**Kontinuitätsfunktion**).

In privaten Unternehmen erfüllt das Eigenkapital auch eine **Haftungsfunktion**. Es zeigt an, inwieweit das Unternehmen mit seinem Vermögen für die eingegangenen Schulden haften kann. Diese Haftungsfunktion gilt indes für das Eigenkapital der

Gemeinde nur eingeschränkt – zumindest solange, wie angenommen werden darf, dass das Land letztlich für die Schulden einzelner Gemeinden einsteht.

Bedeutsam ist für Gemeinden vor allem die **Verlustausgleichsfunktion** des Eigenkapitals im Rahmen der Mechanismen zum Haushaltsausgleich. Eine ausreichende Ausstattung mit Eigenkapital kann die Gemeinde vor haushaltsrechtlichen Konsequenzen bewahren, die ihr bei Verlusten drohen. Hierauf wird in den nachfolgenden Abschnitten noch ausführlicher eingegangen.

5.1.2 Allgemeine Rücklage

Ausgangspunkt für die Bildung der allgemeinen Rücklage ist die erstmalige Eröffnungsbilanz der Gemeinde: Als allgemeine Rücklage wird der Teil des Eigenkapitals ausgewiesen, der verbleibt, nachdem die **Sonderrücklage** und die **Ausgleichsrücklage** den haushaltsrechtlichen Bestimmungen entsprechend (siehe nachfolgende Abschnitte) dotiert wurden.

Die allgemeine Rücklage dient – wie die Ausgleichsrücklage – dem Verlustausgleich. Sie ist in dieser Funktion aber der Ausgleichsrücklage nachgeordnet – diese ist zunächst für den Verlustausgleich zu verwenden. Die Verlustausgleichsfunktion der allgemeinen Rücklage greift erst dann, wenn die Ausgleichsrücklage nicht ausreicht, um die Verluste abzudecken. Dabei unterliegt die Verwendung der allgemeinen Rücklage zum Verlustausgleich restriktiveren Bestimmungen als die entsprechende Verwendung der Ausgleichsrücklage. Insbesondere kann die Beanspruchung der allgemeinen Rücklage zum Verlustausgleich begründen, dass die Gemeinde ein **Haushaltssicherungskonzept** aufzustellen hat.

Wird bei der Aufstellung der Haushaltssatzung eine Verringerung der allgemeinen Rücklage vorgesehen, so bedarf dies nach § 75 (4) GO der Genehmigung der Aufsichtsbehörde. Die Genehmigung gilt als erteilt, wenn die Aufsichtsbehörde nicht innerhalb eines Monats nach Eingang des Antrags der Gemeinde eine andere Entscheidung trifft. Die Genehmigung kann unter Bedingungen und mit Auflagen erteilt werden. Sie ist mit der Verpflichtung, ein Haushaltssicherungskonzept nach § 76 GO aufzustellen, zu verbinden, wenn die Voraussetzungen des § 76 (1) GO vorliegen.

Das Haushaltsrecht möchte mit dieser Regelung zumindest verhindern, dass Eigenkapital ungebremst aufgezehrt wird. Die Beanspruchung der allgemeinen Rücklage nach dem vollständigen Verzehr der Ausgleichsrücklage begründet die – nur begrenzt widerlegbare – Vermutung, dass eine geordnete Haushaltswirtschaft und die stetige Aufgabenerfüllung gefährdet sind. Die Beanspruchung der allgemeinen Rücklage steht daher generell unter einem Genehmigungsvorbehalt. Bei gleichzeitigem Vorliegen der Voraussetzungen des § 76 (1) GO sind die Aufsichtsbehörden verpflichtet, von der Gemeinde die Aufstellung eines Haushaltssicherungskonzeptes zu verlangen.

Nach § 76 (1) GO hat die Gemeinde ein Haushaltssicherungskonzept aufzustellen, „wenn bei der Aufstellung der Haushaltssatzung

1. durch Veränderungen des Haushalts innerhalb eines Haushaltsjahres der in der Schlussbilanz des Vorjahres auszuweisende Ansatz der allgemeinen Rücklage um mehr als ein Viertel verringert wird oder
2. in zwei aufeinander folgenden Haushaltsjahren geplant ist, den in der Schlussbilanz des Vorjahres auszuweisenden Ansatz der allgemeinen Rücklage jeweils um mehr als ein Zwanzigstel zu verringern oder
3. innerhalb des Zeitraumes der mittelfristigen Ergebnis- und Finanzplanung die allgemeine Rücklage aufgebraucht wird."

Das Haushaltssicherungskonzept dient nach § 76 (2) GO dem Ziel, „im Rahmen einer geordneten Haushaltswirtschaft die künftige, dauernde Leistungsfähigkeit der Gemeinde zu erreichen. Es bedarf der Genehmigung der Aufsichtsbehörde. Die Genehmigung kann nur erteilt werden, wenn aus dem Haushaltssicherungskonzept hervorgeht, dass spätestens im letzten Jahr der mittelfristigen Ergebnis- und Finanzplanung der Haushaltsausgleich nach § 75 (2) wieder erreicht wird. Die Genehmigung des Haushaltssicherungskonzeptes kann unter Bedingungen und mit Auflagen erteilt werden."

Implizit definiert § 76 (1) GO auch die Grenzen der einfachen Genehmigungspflicht nach § 75 (4) GO. Die einfache Genehmigungspflicht setzt voraus, dass keine der drei unter § 76 (1) GO genannten Bedingungen zutrifft.

5.1.3 Sonderrücklage

Nach § 44 (4) KomHVO sind erhaltene Zuwendungen für die Anschaffung oder Herstellung von Vermögensgegenständen, deren **ertragswirksame Auflösung durch den Zuwendungsgeber ausgeschlossen** wurde (sog. **Kapitalzuwendungen**, zu Ertragszuwendungen siehe Abschnitt 5.2), in Höhe des noch nicht aktivierten Anteils der Vermögensgegenstände in einer Sonderrücklage zu passivieren. Die Sonderrücklage kann auch gebildet werden, um die vom Rat beschlossene Anschaffung oder Herstellung von Vermögensgegenständen zu sichern. Sobald die vorgesehenen Vermögensgegenstände betriebsbereit sind, ist die Sonderrücklage durch Umschichtung in die allgemeine Rücklage insoweit aufzulösen. Sonstige Sonderrücklagen dürfen nur gebildet werden, soweit diese durch Gesetz oder Verordnung zugelassen sind.

Die Sonderrücklage dient mithin zum einen dazu, erhaltene Kapitalzuwendungen erfolgsneutral zu vereinnahmen und die erhaltenen Mittel – zumindest befristet – dem Verlustausgleich zu entziehen. Die Vereinnahmung der Zuwendung und die entsprechende Bildung der Sonderrücklage bewirkt eine erfolgsneutrale Bilanzverlängerung. Nach der Anschaffung oder Herstellung des betreffenden Vermögensgegenstandes wird die Sonderrücklage in die allgemeine Rücklage umgeschichtet. Werden mit den Zuwendungen abnutzbare Vermögensgegenstände des Anlagevermögens finanziert, muss die Gemeinde die Anschaffungs- oder Herstellungskosten letztlich während der Nutzungsdauer des Vermögensgegenstandes über die Abschreibungen selbst erwirtschaften. Die Zuwendung kann daher primär als Finanzierungshilfe (**Liquiditätshilfe**) angesehen werden. Sie stärkt zugleich das Eigenkapital der Gemeinde. Allerdings kann nicht ausgeschlossen werden, dass die erhaltenen Zuwendungen, nachdem sie zweckentsprechend verwendet und die Mittel aus der Sonderrücklage in die allgemeine Rücklage umgeschichtet wurden, letztlich doch wieder zur Deckung von Jahresfehlbeträgen herhalten müssen.

Falls sich letztlich herausstellt, dass die erhaltene Zuwendung die Anschaffungs- und Herstellungskosten des Vermögensgegenstandes, dem die Zuwendung gewidmet war, übersteigt, verbleiben die Restmittel zunächst in der Sonderrücklage. Über die weitere Verwendung der Restmittel entscheidet der Zuwendungsgeber.

Zum anderen kann eine Sonderrücklage auch dazu gebildet werden, um die **vom Rat beschlossene Anschaffung oder Herstellung von Vermögensgegenständen zu sichern**. Eine entsprechende Sonderrücklage ist aus Jahresüberschüssen zu dotieren. Mit der Zuführung von Jahresüberschüssen zur Sonderrücklage wird dieser Teil des Eigenkapitals dem Verlustausgleich entzogen, kann also nicht zur Deckung von Jahresfehlbeträgen herangezogen werden. Nach der Anschaffung oder Herstellung des entsprechenden Vermögensgegenstandes wird die Sonderrücklage zugunsten der allgemeinen Rücklage wieder aufgelöst. Zu berücksichtigen ist: Um die Finanzierung der Anschaffung oder Herstellung bestimmter Vermögensgegenstände tatsächlich abzusichern, müsste die Gemeinde zusätzlich entsprechende liquide Mittel auf der Aktivseite der Bilanz ansammeln. Die Sonderrücklage ist – wie das gesamte Eigenkapital – **keine Rücklage im kameralen Sinne**. Sie stellt für sich noch **keine Liquiditätsreserve** dar.

5.1.4 Ausgleichsrücklage

Die Bestimmungen zur Ausgleichsrücklage wurden mehrfach geändert. Aktuell sieht § 75 (3) S. 2 GO vor, dass der Ausgleichsrücklage Jahresüberschüsse zugeführt werden dürfen, soweit die allgemeine Rücklage mindestens 3 Prozent der Bilanzsumme aufweist. Die Ausgleichsrücklage ist damit prinzipiell nicht mehr auf einen Höchstbetrag begrenzt. Einschränkend zu beachten ist dabei jedoch § 96 (1) S. 2 GO. Danach ist ein Jahresüberschuss zunächst und insoweit der allgemeinen Rücklage zuzuführen, als in den Jahresabschlüssen der drei vorhergehenden Haushaltsjahre die allgemeine Rücklage aufgrund von Fehlbeträgen reduziert wurde.

Die Bedeutung der Ausgleichsrücklage für die Haushaltswirtschaft der Gemeinde liegt darin, dass nach § 75 (2) GO der Haushalt zwar grundsätzlich in jedem Jahr in Planung und Rechnung ausgeglichen sein muss. Dies ist der Fall, wenn der Gesamtbetrag der Erträge die Höhe des Gesamtbetrages der Aufwendungen erreicht oder übersteigt. Allerdings **gilt** der Haushalt auch dann **als ausgeglichen**, wenn der Fehlbedarf im Ergebnisplan und der Fehlbetrag in der Ergebnisrechnung durch Inanspruchnahme der Ausgleichsrücklage gedeckt werden können.

Die Ausgleichsrücklage kann somit von der Gemeinde **ohne Prüfung und Genehmigung** der Aufsichtsbehörde zur Abdeckung von Jahresfehlbeträgen verwendet werden. Bei Inanspruchnahme der Ausgleichsrücklage gilt die stetige Aufgabenerfüllung noch nicht als gefährdet.

5.1.5 Jahresüberschuss / Jahresfehlbetrag

Das Jahresergebnis (Jahresüberschuss oder Jahresfehlbetrag) wird in der **Ergebnisrechnung** ermittelt.

Ein **Jahresüberschuss** stellt eine Erhöhung des Eigenkapitals der Gemeinde dar. Er kann zur **Aufstockung der Ausgleichsrücklage** verwendet oder der **Allgemeinen Rücklage** zugeführt werden. Die Aufstockung der Ausgleichsrücklage ist jedoch nur unter den Voraussetzungen der §§ 75 (3) S. 2 und 96 (1) S. 3 GO zulässig (siehe weiter oben). Ferner können Jahresüberschüsse auch dazu verwendet werden, eine **Sonderrücklage** zu dotieren. Über die konkrete Verwendung des Jahresüberschusses entscheidet der **Rat** mit der Feststellung des Jahresabschlusses (§ 96 (1) S. 2 GO).

Sofern ein **Jahresfehlbetrag** ausgewiesen wird, der nicht durch eine Inanspruchnahme der **Ausgleichsrücklage** gedeckt werden kann, gilt der Haushalt als nicht ausgeglichen (§ 75 (2) GO). Der Teil des Jahresfehlbetrages, der nicht durch die Ausgleichsrücklage gedeckt werden kann, geht (im nächsten Jahresabschluss) zu Lasten der **Allgemeinen Rücklage**. In diesen Fällen kann die Gemeinde von der Aufsichtsbehörde verpflichtet werden, ein Haushaltssicherungskonzept aufzustellen.

5.1.6 Nicht durch Eigenkapital gedeckter Fehlbetrag

§ 75 (7) GO bestimmt, dass sich die Gemeinde nicht überschulden darf. Sie ist überschuldet, wenn nach der Bilanz das Eigenkapital aufgebraucht ist. Ergibt sich in der Bilanz ein Überschuss der Passivposten über die Aktivposten, ist der entsprechende Betrag **auf der Aktivseite** der Bilanz unter der Bezeichnung "**Nicht durch Eigenkapital gedeckter Fehlbetrag**" gesondert auszuweisen (§ 44 (7) KomHVO).

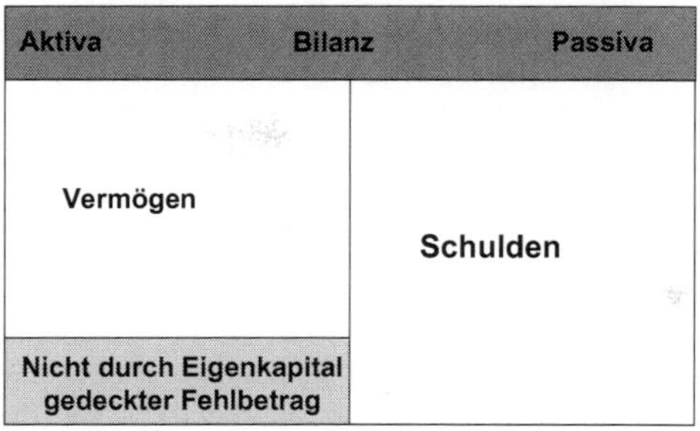

Aktiva	Bilanz	Passiva
Vermögen		Schulden
Nicht durch Eigenkapital gedeckter Fehlbetrag		

Abbildung 11: Bilanzielle Überschuldung

Solange die Gemeinde über Eigenkapital verfügt, sind Verluste nach dem Gemeindehaushaltsrecht zumindest bedingt zulässig. Ist das gesamte Eigenkapital jedoch aufgezehrt, greift das **Überschuldungsverbot** des § 75 (7) GO. Weitere Verluste sind dann unbedingt zu vermeiden. Ansonsten gilt die stetige Aufgabenerfüllung definitiv als gefährdet. Zudem belasten die nicht gedeckten Schulden künftige Generationen; das widerspricht dem Gebot der **intergenerativen Gerechtigkeit**.

Einschränkend ist allerdings zu berücksichtigen: Ein „Nicht durch Eigenkapital gedeckter Fehlbetrag" bedeutet zunächst nur, dass die Gemeinde **bilanziell** oder buchmäßig überschuldet ist. Sie ist deshalb aber nicht notwendigerweise auch schon **materiell** überschuldet i. S. d. Insolvenzrechts. Schließlich können sich aus der „Unterbewertung" von Vermögensgegenständen und/oder der „Überbewertung" von Schulden, wozu nicht zuletzt das Vorsichtsprinzip beiträgt, nicht selten erhebliche **stille Reserven** ergeben (Differenzen zwischen Zeit- und Buchwerten).

5.2 Sonderposten

Die Bildung von Sonderposten steht im Zusammenhang mit vereinnahmten Mitteln, die der Gemeinde zwar grundsätzlich unbefristet zur Verfügung stehen, denen aber auch bestimmte Verpflichtungen oder Beschränkungen anhaften, weil sie nur zweckgebunden verwendet werden dürfen. Sonderposten haben insoweit sowohl **Eigenkapital- aber auch Verpflichtungscharakter**. Sie werden deshalb in der Bilanz zwischen dem Eigenkapital und den Schulden ausgewiesen.

Nach § 42 (4) Nr. 2 KomHVO sind in der Bilanz die folgenden Sonderposten auszuweisen:

2. Sonderposten
   - 2.1 für Zuwendungen,
   - 2.2 für Beiträge,
   - 2.3 für den Gebührenausgleich
   - 2.4 Sonstige Sonderposten.

Die Pflicht zur Passivierung von erhaltenen zweckgebundenen **Investitionszuwendungen** (Zuweisungen und Zuschüsse) und Beiträge als Sonderposten ist in § 44 (5) KomHVO niedergelegt. Das bedeutet zugleich: Die zuwendungsfinanzierten (beitragsfinanzierten) Vermögensgegenstände werden in der Bilanz mit ihren Anschaffungs- und Herstellungskosten aktiviert (**Bruttoprinzip**). Die Bruttodarstellung in der Bilanz vermittelt eine bessere Einsicht in die Mittelverwendung und -herkunft. Eine Absetzung der erhaltenen Investitionszuwendungen (und Beiträge) von den Anschaffungs- und Herstellungskosten der zuwendungsfinanzierten Vermögensgegenstände (**Nettoprinzip**) ist nicht zulässig.

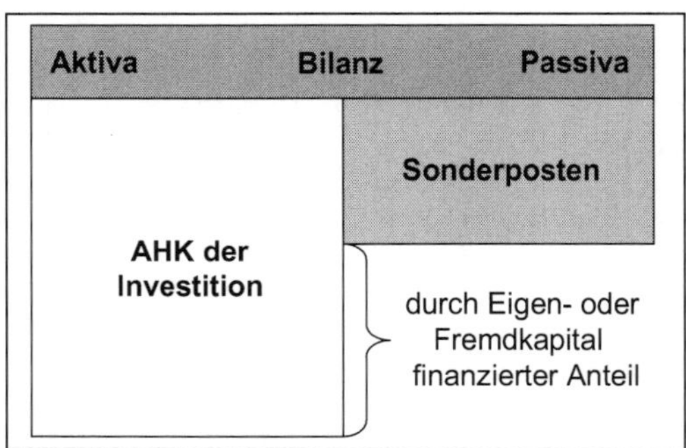

Abbildung 12: Bruttoprinzip bei Investitionszuwendungen

Die erhaltenen Zuwendungen werden durch die Bildung des Sonderpostens zunächst erfolgsneutral von der Gemeinde vereinnahmt (erfolgsneutrale Bilanzverlängerung). Die Anschaffung und Herstellung der zuwendungsfinanzierten Vermögensgegenstände bewirkt dann einen erfolgsneutralen Aktivtausch. Die Zuwendung dient zunächst als Finanzierungshilfe. Danach erfolgt eine sukzessive ertragswirksame Auflösung des Sonderpostens, sofern die Mittel zur Anschaffung und Herstellung von Vermögensgegenständen verwendet wurden, deren Nutzung zeitlich begrenzt ist. Der Sonderposten wird dann entsprechend den Abschreibungen (planmäßige und außerplanmäßige Abschreibungen) ertragswirksam aufgelöst. Das heißt: Parallel zum Abschreibungsaufwand ergeben sich für die Gemeinde Erträge aus der Auslösung des Sonderpostens. Im Ergebnis belasten die Abschreibungen den Haushaltsausgleich entsprechend weniger. Bei vollständig zuwendungsfinanzierten Vermögensgegenständen des abnutzbaren Anlagevermögens würden den Abschreibungen gleich hohe Erträge aus der Auflösung des Sonderpostens gegenüberstehen.

Im Falle von **nicht abnutzbaren Vermögensgegenständen** (z. B. Grundstücken) verbleibt der entsprechende Sonderposten so lange in der Bilanz bis der zuwendungsfinanzierte Vermögensgegenstand aus dem wirtschaftlichen Eigentum der Gemeinde ausscheidet.

Sofern der Zuwendungsgeber eine ertragswirksame Auflösung der Investitionszuwendung ausgeschlossen hat, darf gemäß § 44 (4) KomHVO kein Sonderposten gebildet werden (vgl. Abschnitt 5.1.3 zur Sonderrücklage).

Die Bilanzierung von **erhaltenen Beiträgen** nach dem Kommunalabgabengesetz für das Land Nordrhein-Westfalen (KAG) erfolgt nach § 44 (5) KomHVO entsprechend der Verfahrensweise für investive Zuwendungen. Nach § 8 (2) KAG sind Beiträge Geldleistungen, die dem Ersatz des Aufwandes für die Herstellung, Anschaffung und Erweiterung öffentlicher Einrichtungen und Anlagen i. S. d. § 4 (2) KAG, bei Straßen, Wegen und Plätzen auch für deren Verbesserung, jedoch ohne die laufende Unterhaltung und Instandsetzung, dienen. Sie werden von den (anliegenden) Grundstückseigentümern als Gegenleistung dafür erhoben, dass ihnen durch die Möglichkeit der Inanspruchnahme der Einrichtungen und Anlagen wirtschaftliche Vorteile geboten werden.

Zusätzlich zu den Sonderposten für erhaltene Zuwendungen und Beiträge sind ggf. Sonderposten für den Gebührenausgleich anzusetzen (§44 (6) KomHVO). Nach § 6 (1) KAG gilt bezogen auf die **kostenrechnenden Einrichtungen** (Gebührenhaushalte) der Kommune: „Das veranschlagte Gebührenaufkommen soll die voraussichtlichen Kosten der Einrichtung oder Anlage nicht übersteigen.“ Etwaige Kostenüberdeckungen am Ende eines Kalkulationszeitraumes sind nach § 6 (2) KAG innerhalb der nächsten vier Jahre auszugleichen.

Es handelt sich also hier um auszugleichende „Übergewinne“ der Einrichtungen, die den Gebührenzahlern durch entsprechende Kostenunterdeckungen in den Folgejahren gewissermaßen rückerstattet werden sollen. Die Übergewinne verstärken das Eigenkapital der Gemeinde also absehbar nur vorübergehend. Diesem Umstand soll mit dem Ausweis unter den Sonderposten Rechnung getragen werden

5.3 Rückstellungen

5.3.1 Grundlagen

Nach § 88 GO sind Rückstellungen für ungewisse Verbindlichkeiten, für drohende Verluste aus schwebenden Geschäften und für hinsichtlich ihrer Höhe oder des Zeitpunktes ihres Eintritts unbestimmte Aufwendungen in angemessener Höhe zu bilden.

Rückstellungen sind Passivposten für entstandene Verpflichtungen der Gemeinde, die zu **künftigen Ausgaben** führen. Mit der Bildung einer Rückstellung wird der zugehörige Aufwand der gegenwärtigen Periode der wirtschaftlichen Verursachung zugerechnet und nicht erst zum Zeitpunkt des Liquiditätsabflusses erfasst.

Auf Grund ihres Verpflichtungscharakters sind Rückstellungen Teil des **Fremdkapitals** der Gemeinde und damit grundlegend verschieden von den dem Eigenkapital zuzurechnenden Rücklagen. Gegenüber den Verbindlichkeiten hingegen zeichnen sich Rückstellungen durch bestehende **Ungewissheiten** hinsichtlich Grund, Höhe oder Fälligkeit der Verpflichtung aus.

Sofern die gesetzlich bestimmten Sachverhalte vorliegen, besteht die Pflicht zur Bildung von Rückstellungen in angemessener Höhe. Es existieren keine Passivierungswahlrechte. Auch dürfen über die in § 88 GO i. V. m. § 37 KomHVO genannten Rückstellungen hinaus nach § 37 (7) S. 1 KomHVO weitere Rückstellungen nur gebildet werden, soweit diese durch Gesetz oder Verordnung zugelassen sind.

Die Bildung einer Rückstellung (**Zuführung**) erfolgt zu Lasten der Aufwandsart, die bei Inanspruchnahme und Abrechnung belastet würde. Sofern eine eindeutige Zuordnung zu einer Aufwandsart nicht möglich ist, erfolgt die Bildung gegen die sonstigen ordentlichen Aufwendungen. Wenn die wirtschaftliche Verursachung mehreren Perioden zuzurechnen ist, kann eine ratierliche **Ansammlung** über den entsprechenden Zeitraum vorgenommen werden. Rückstellungen können als **Einzelrückstellung** für einzelne Sachverhalte oder als Pauschalrückstellung für eine Vielzahl gleichartiger Verpflichtungen vorgenommen werden.

Bei Eintritt der erwarteten Ausgaben erfolgt eine **erfolgsneutrale Inanspruchnahme** der Rückstellung. Wenn die Ungewissheit hinsichtlich zukünftiger Ausgaben einer sicheren Kenntnis der zukünftigen Ausgaben weicht, wird eine **Umwandlung** der bilanzierten Rückstellung in eine Verbindlichkeit vorgenommen. Dabei ist ggf. eine erfolgswirksame Anpassung der Bewertung erforderlich. Einmal gebildete Rückstellungen dürfen gemäß § 37 (7) S. 2 KomHVO in den Folgejahren nur aufgelöst werden, wenn der Grund für die Bildung der Rückstellung (ganz oder teilweise) entfallen ist. Dann erfolgt eine **erfolgswirksame Auflösung** der Rückstellung unter den sonstigen ordentlichen Erträgen.

Die **Bewertung** einer Rückstellung ist nach § 88 GO in **angemessener Höhe** vorzunehmen. Im Rahmen einer vernünftigen Beurteilung sind die tatsächlichen (objektiven) wirtschaftlichen Verhältnisse der Bewertung zu Grunde zu legen. Nach § 253 (1) S. 2 HGB ist auf den notwendigen Erfüllungsbetrag als Bewertungsmaßstab abzustellen, wobei der Erfüllungsbetrag nach der Gesetzesbegründung ausdrücklich auch zukünftige Preis- und Kostensteigerungen zu berücksichtigen hat. Dies dürfte gleichsam für die Ermittlung der „angemessenen Höhe“ der Rückstellung nach § 88 GO maßgeblich sein, so dass auch hier zukünftige Preis- und Kostensteigerungen zu berücksichtigen sind. Bei Rückstellungen für drohende Verluste erfordert das Imparitätsprinzip ohnehin eine Einbeziehung von erwarteten zukünftigen Preis- und Kostensteigerungen.

Bei der Rückstellungsbewertung sind **wertaufhellende Tatsachen** zu berücksichtigen, die nach dem Abschlussstichtag aber vor Erstellung des Jahresabschlusses eintreten und Informationen hinsichtlich der Höhe einer Verpflichtung oder der Wahrscheinlichkeit der Entstehung bzw. der Inanspruchnahme geben. Von den wertaufhellenden Tatsachen sind die **wertbegründenden Tatsachen** zu unterscheiden, durch die eine Verpflichtung wirtschaftlich verursacht wird. Diese führen nur zur Bildung einer Rückstellung, sofern sie vor dem Abschlussstichtag eingetreten sind.

Wegen der für Rückstellungen charakteristischen Ungewissheit der Verpflichtungen ergeben sich bei der Bewertung von Rückstellungen regelmäßig Bewertungsbandbreiten. Für die zu treffenden Festlegungen innerhalb dieser Bandbreiten gelten zumindest die Grundsätze der Richtigkeit und Willkürfreiheit. Nach dem Handelsrecht gilt zusätzlich das Vorsichtsgebot.

Nach dem Gemeindehaushaltsrecht ist – im Gegensatz zu § 253 (2) S. 1 – eine **Abzinsung** von Rückstellungen grundsätzlich nicht vorgesehen. Ausnahmen bilden Rückstellungen für Pensionsverpflichtungen und Beihilfeansprüchen, für die eine Gegenleistung nicht mehr zu erwarten ist. Ferner dürfte die Abzinsung auch dann zulässig sein, wenn die Verpflichtung einen offenen oder verdeckten Zinsanteil enthält (so zumindest die Festlegung in § 253 (1) S. 2 2. Hs. HGB vor Inkrafttreten des BilMoG).

Der **Ausweis** der Rückstellungen in der Bilanz erfolgt gemäß § 42 (4) KomHVO zwischen den Sonderposten und den Verbindlichkeiten. Die Rückstellungen sind dabei wie folgt zu gliedern:

3. Rückstellungen
   - 3.1 Pensionsrückstellungen,
   - 3.2 Rückstellungen für Deponien und Altlasten,
   - 3.3 Instandhaltungsrückstellungen,
   - 3.4 Sonstige Rückstellungen nach § 37 (5) und (6) KomHVO.

5.3.2 Rückstellungen für ungewisse Verbindlichkeiten

5.3.2.1 Rückstellungen für ungewisse Verbindlichkeiten im Allgemeinen

Rückstellungen für ungewisse Verbindlichkeiten werden für Verpflichtungen gegenüber Dritten gebildet (**Außenverpflichtungen**). Die Verpflichtung kann rechtlich (öffentlich-rechtlich oder bürgerlich-rechtlich) begründet sein oder faktisch bestehen.

Die Verbindlichkeiten können dem Grunde oder der Höhe nach **ungewiss** sein. Ungewiss „dem Grunde nach" bezeichnet die Unsicherheit, **ob** überhaupt eine Verpflichtung der Gemeinde besteht. Demgegenüber betrifft die Ungewissheit „der Höhe nach" die Bewertungsunsicherheit hinsichtlich der konkreten Höhe der Verpflichtung.

Zu den Voraussetzungen, unter denen Rückstellung für ungewisse Verbindlichkeiten angesetzt werden müssen, trifft § 37 (5) KomHVO die nachfolgenden vier Festlegungen:

Es muss wahrscheinlich sein, dass eine Verbindlichkeit zukünftig entsteht. Es sollte mithin wahrscheinlicher erscheinen, dass die Verbindlichkeit entsteht, als dass sie nicht entsteht („**more likely than not**"). Es sollten mehr Gründe für als gegen das Entstehen der Verbindlichkeit sprechen.

Die **wirtschaftliche Ursache** für die Verpflichtung muss vor dem Abschlussstichtag liegen. Dabei sind wertaufhellende Tatsachen in der Zeit vom Abschlussstichtag bis zum Zeitpunkt der Aufstellung des Jahresabschlusses zu berücksichtigen.

Zudem ist es erforderlich, dass die Gemeinde als Schuldner durch den Gläubiger aller Voraussicht nach auch **tatsächlich** in Anspruch genommen wird. Eine Rückstellung ist demnach zu passivieren, wenn davon auszugehen ist, dass der Gläubiger seinen Anspruch kennt und durchsetzen wird. Dies ist bei Verträgen grundsätzlich der Fall. Bei anderweitigen Ansprüchen z. B. Schadenersatzansprüchen muss eine **hinreichende Aufdeckungswahrscheinlichkeit** gegeben sein.

Und schließlich: Die zu leistenden Beträge müssen **mehr als geringfügig** sein.

Sofern die genannten Voraussetzungen vorliegen, sind als für ungewisse Verbindlichkeiten u. a. folgende Sachverhalte zu passivieren:

- Erstattungsverpflichtungen nach § 107b Beamtenversorgungsgesetz gegenüber dem neuen Dienstherrn des von der Gemeinde abgegebenen Beamten.
- Verpflichtungen der Gemeinde als Arbeitgeber, die sich aus nicht beanspruchtem Urlaub und nicht abgegoltenen, geleisteten Überstunden ergeben.
- Aufwendungen, die sich aus der Verpflichtung zur Erstellung und Prüfung des Jahresabschlusses ergeben. Hierbei sind sowohl interne Kosten der Verwaltung als auch Kosten für externe Dienstleister oder Prüfer zu berücksichtigen.
- Verpflichtungen, die aus einer drohenden Inanspruchnahme aus gewährten Bürgschaften resultieren.
- ausstehende Rechnungen für bereits vor dem Abschlussstichtag empfangene Lieferungen und Leistungen.
- Jubiläumszuwendungen an Arbeitnehmer auf vertraglicher oder gesetzlicher Basis, da bis zur Leistung der Jubiläumszuwendungen auf Seiten der Gemeinde ein Erfüllungsrückstand besteht.
- Prozesskosten für Rechtsanwälte, Gutachten etc., sofern der Prozess am Bilanzstichtag bereits anhängig ist.
- Schadenersatzverpflichtungen für gesetzliche oder vertragliche Ansprüche, wenn mit einer Inanspruchnahme auf Grund konkreter Umstände ernsthaft gerechnet werden muss.

- Verlustausgleichsverpflichtungen auf gesetzlicher oder vertraglicher Basis für bis zum Bilanzstichtag angefallene Verluste von verselbständigten Aufgabenbereichen einschließlich der Beteiligungen der Gemeinde. Zu beachten ist, dass sich die Gemeinde nach § 108 (1) Nr. 5 GO nicht zur Übernahme von Verlusten in unbestimmter oder unangemessener Höhe verpflichten darf. Bei einem Eigenbetrieb oder einer Anstalt öffentlichen Rechts (AöR) sind nach § 10 (6) Eigenbetriebsverordnung (EigVO NRW) bzw. § 14 (2) Kommunalunternehmensverordnung (KUV) vorgetragene Jahresverluste, sofern sie nicht innerhalb von fünf Jahren getilgt werden können oder keine ausreichenden Rücklagen vorhanden sind, von der Gemeinde auszugleichen. Eine Rückstellung ist nicht bereits bei Entstehung des Verlusts im Eigenbetrieb bzw. in der Anstalt des öffentlichen Rechts zu bilden, sondern erst zu dem Zeitpunkt, zu dem wahrscheinlich ist, dass eine Verlustausgleichsverpflichtung der Gemeinde entsteht. Eine sofortige Rückstellungsbildung ist allerdings dann erforderlich, wenn die geringe Eigenkapitalausstattung einen Verlustvortrag nicht zulässt.
- Altersteilzeitverpflichtungen, die sich aus den Erfüllungsrückständen im Fall des so genannten Blockmodells und dem Abfindungscharakter der Aufstockungsbeträge ergeben.
- Pensionsverpflichtungen und Aufwendungen für die Rekultivierung und Nachsorge von Deponien sowie die Altlastenentsorgung, die im Folgenden näher erläutert werden sollen.

5.3.2.2 Pensionsrückstellungen

Einen wesentlichen Teil der Rückstellungen für ungewisse Verpflichtungen bilden die nach den Vorschriften des § 37 (1) KomHVO zu passivierenden Pensionsrückstellungen. Demnach sind Pensionsrückstellungen für alle **unmittelbaren Pensionsverpflichtungen** in Form von Alt- und Neuzusagen zu bilden. Ein Wahlrecht für Altzusagen analog Art. 28 EGHBG besteht nicht. Die Vorschriften der KomHVO beziehen sich ausdrücklich nur auf Verpflichtungen auf Basis beamtenrechtlicher Vorschriften. Die Pensionsansprüche der Beamten richten sich unmittelbar gegen die Gemeinde; sie können nicht an Dritte übertragen werden; gegenüber Beamten liegen daher stets unmittelbare Pensionsverpflichtungen vor.

Die Rückstellungsverpflichtung der Kommune bleibt uneingeschränkt bestehen, auch wenn die Kommune Beiträge an im Umlageverfahren finanzierte **Versorgungskassen** leistet, da sich der Rechtsanspruch der Beamten weiterhin unmittelbar gegen die Kommune richtet und die Versorgungskasse auf Grund des Umlageverfahrens kein Kapital zur Deckung der zukünftigen Pensionsverpflichtungen besitzt.

Auch der Abschluss von Rückdeckungsversicherungen in Form von **Beamtenpensionsversicherungen** entbindet die Kommune nicht von der Pflicht zur Bildung von

Pensionsrückstellungen. Die Pensionsrückstellungen sind in voller Höhe zu passivieren; während die Rückdeckungsansprüche einen Vermögenswert darstellen, der unter den Finanzanlagen zu aktivieren ist. Eine Saldierung ist nach h. M. nicht zulässig.

Bedient sich die Gemeinde zur Abwicklung und Zahlbarmachung von Versorgungsleistungen einer **Unterstützungskasse**, ändert auch dies nichts an der Verpflichtung, Pensionsrückstellungen zu bilden. Bei der Ermittlung der Rückstellungen sind die Leistungsverpflichtungen der Unterstützungskasse mit dem Teilwert zu bewerten. Der Anspruch auf den Kapitalstock der Unterstützungskasse ist gesondert zu aktivieren.

Im Gegensatz dazu können Pensionsverpflichtungen gegenüber **Angestellten** an **Unterstützungskassen, Pensionskassen, Direktversicherungen oder Pensionsfonds**, die aus Beiträgen der Gemeinde finanziert werden, übertragen werden. Die Versorgungsansprüche richten sich dann nur noch mittelbar an die Gemeinde.

Für diese **mittelbaren Verpflichtungen** besteht keine Rückstellungspflicht, wenn die Pensionskasse, die Direktversicherung oder der Pensionsfonds das versicherungsvertragliche Verfahren anwenden oder selbst eine eventuelle Mindestleistung garantieren. Eine Angabe von Fehlbeträgen als sonstige finanzielle Verpflichtung ist im Anhang aber dann erforderlich, wenn die Gemeinde für das Trägerunternehmen einzustehen hat („Subsidiärhaftung").

So ist für Ansprüche der Arbeitnehmer an **Zusatzversorgungskassen** grundsätzlich keine Rückstellung zu bilden, da sich die Ansprüche gegen die Zusatzversorgungskasse richten. Im Anhang sind aber Fehlbeträge der Zusatzversorgungskasse anzugeben, da die Gemeinde für die Zusatzversorgungskasse einzustehen hat („Subsidiärhaftung"). Sofern die Zusatzversorgungskasse die notwendigen Informationen für die betragsmäßige Angabe des Fehlbetrages nicht zur Verfügung stellen kann, sind qualitative Erläuterungen im Anhang erforderlich (Angabe der Zusatzversorgungskasse, Art und Ausgestaltung der Versorgungszusagen, Höhe des derzeitigen Umlagesatzes sowie seine voraussichtliche Entwicklung, Summe der umlagepflichtigen Gehälter sowie die geschätzte Verteilung der Versorgungsverpflichtungen auf anspruchsberechtigte Arbeitnehmer, ehemalige Arbeitnehmer und Rentner). Zusätzlich sind gegebenenfalls sonstige Rückstellungen für von der Gemeinde zu leistende Sanierungsgelder wegen Unterdeckungen der Zusatzversorgungskassen zu bilden.

Nach § 37 (1) KomHVO ist für die Pensionsrückstellungen von Beamten im **Teilwertverfahren** der Barwert zu ermitteln. Beim Teilwertverfahren handelt es sich um ein so genanntes Anwartschaftsdeckungsverfahren. Der Teilwert bei Anwartschaften berechnet sich nach Zusageerteilung für die Zeit ab Dienstantritt als Differenz des Barwerts der künftigen Leistungen abzüglich des Barwerts der künftigen Gegenleistungen (fiktive Nettoprämie). Anders ausgedrückt: Der Teilwert stellt den **Barwert** der künftigen Pensionsleistungen am Abschlussstichtag abzüglich des Barwerts gleichbleibender Jahresbeträge nach den Verhältnissen am Bilanzstichtag auf Basis eines früheren Diensteintritts dar.

Die Rückstellungsbildung erfolgt ab dem Zeitpunkt der Pensionszusage, wobei eine Einmalrückstellung für auf zurückliegende Dienstzeiten entfallende Versorgungslasten zu bilden ist. Durch ratierliche Ansammlungen bis zum Pensionsbeginn wird die Rückstellung so erhöht, dass zum Zeitpunkt des Pensionsbeginns eine Rückstellung in Höhe des Barwerts der künftigen Pensionsleistungen besteht, da eine Gegenleistung nicht mehr zu erwarten ist.

Bei Wartezeiten bzw. Vorschaltzeiten ist bereits ab dem Zusagejahr eine Pensionsrückstellung in Höhe des Teilwerts zu bilden, nicht erst nach Ablauf der Wartezeit.

Die Ermittlung der Rückstellung erfolgt durch ein versicherungsmathematisches Gutachten oder den Einsatz zertifizierter Software.

Bei der Abzinsung der Verpflichtungen zur Ermittlung des Barwerts ist nach § 37 (1) S. 4 KomHVO ein **Rechnungszinsfuß in Höhe von 5 %** zu Grunde zu legen, während handelsrechtlich nach § 253 Abs. 2 Satz 1 HGB i. d. F. des BilMoG eine Abzinsung mit dem der Restlaufzeit der Verpflichtung entsprechenden von der Deutschen Bundesbank ermittelten durchschnittlichen Marktzinssatz der vergangenen sieben Jahre vorzunehmen ist. Ferner sind bei der Berechnung der Pensionsrückstellung nach den Grundsätzen der **Versicherungsmathematik** biometrische Rechnungsgrundlagen – darunter Invaliditäts- und Sterbewahrscheinlichkeiten — zu berücksichtigen. Dies erfolgt i. d. R. durch die Anwendung der Richttafeln von Dr. Klaus Heubeck in der jeweils aktuellen Fassung.

Für die Wertermittlung sind die **Verhältnisse am Bilanzstichtag** einschließlich wertaufhellender Tatsachen bis zur Aufstellung des Jahresabschlusses ausschlaggebend. Somit sind **alle bis zum Bilanzstichtag beschlossen Erhöhungen** der Pensionsansprüche zu berücksichtigen, auch wenn diese erst nach dem Bilanzstichtag wirksam werden. Ferner sind in Anbetracht der handelsrechtlichen Klarstellung durch das BilMoG bei der Ermittlung der angemessenen Höhe auch zukünftige Lohn- und Gehaltssteigerungen sowie Beförderungen angemessen zu berücksichtigen.

Die Rückstellung wird in den Jahren der laufenden Pensionsleistungen mit zunehmendem Alter des Pensionsberechtigten schrittweise in Anspruch genommen. Diese Inanspruchnahme der Pensionsrückstellung bei Erbringung der Pensionsverpflichtungen erfolgt nach der Versicherungsmethode, d. h. eine Inanspruchnahme erfolgt in Höhe der Veränderung des Barwerts der künftigen Pensionsleistungen.

Beispielhafte Entwicklung einer Pensionsrückstellung
Entwicklung des Teilwerts einer Pensionsverpflichtung für einen männlichen Beamten der Besoldungsgruppe A 9 und Tarifstufe 11 nach beamtenrechtlichen Vorschriften (jährliche Pension in Höhe von EUR 37.423,80) unter Anwendung der Richttafeln 2005 G von K. Heubeck.
Annahmen: Geburtsdatum 15. März 1951; Alter bei Berufung in ein Beamtenverhältnis 28 Jahre; Pensionsalter 60 Jahre; Ruhegehaltssatz 71,75%

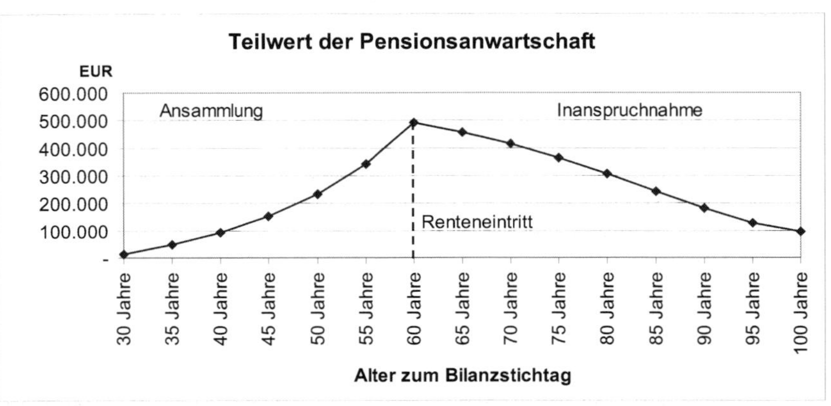

Abbildung 13: Beispiel: Teilwert einer Pensionsanwartschaft

Andere fortgeltende Ansprüche nach dem Ausscheiden aus dem Dienst sind ebenfalls unter den Pensionsrückstellungen zu berücksichtigen; hierzu gehören insbesondere die **Beihilfen** nach § 88 Landesbeamtengesetz NRW.

Die Ermittlung der **Beihilfeverpflichtungen** ist nach dem Teilwertverfahren anhand erwarteter Inanspruchnahmen zu berechnen. § 37 (1) KomHVO erlaubt aber zur Vereinfachung auch die Ermittlung eines **prozentualen Anteils** der Rückstellung für Versorgungsbezüge (Verhältnis der gezahlten Leistungen zu den gezahlten Versorgungsbezügen). Dabei ist der Durchschnitt der drei dem Jahresabschluss vorangehenden Haushaltsjahre zu Grunde zu legen. Der Prozentsatz muss dann mindestens alle fünf Jahre neu berechnet werden.

Sofern Beamte von der Gemeinde an einen anderen Dienstherrn abgegeben werden, sind die Pensionsrückstellungen und Beihilferückstellungen aufzulösen; etwaige **Erstattungsverpflichtungen** nach § 107b Beamtenversorgungsgesetz für Pensionsverpflichtungen des neuen Dienstherrn sind nach Auffassung der **Handreichung**, Erläuterungen zu § 36 (1) Gemeindehaushaltsverordnung, Nr. 4.2.4.2) unter den Sonstigen Rückstellungen zu bilanzieren.

5.3.2.3 Rückstellung für die Rekultivierung und Nachsorge von Deponien

Eine weitere Rückstellung für ungewisse Verbindlichkeiten, die in der Gemeindehaushaltsverordnung ausdrücklich aufgeführt wird, ist die Rückstellung für die Rekultivierung und Nachsorge von Deponien (§ 37 (3) KomHVO). Entsprechend den erwarteten Gesamtkosten der Maßnahmen ist mit Beginn der Verfüllung der Deponie und über die Laufzeit der voraussichtlichen Nutzung verteilt eine Rückstellung anzusammeln. Für die Bewertung sind die Kosten zum Zeitpunkt der Durchführung maßgeblich. Insoweit hat die Bewertung der Rückstellungen sowohl bereits eingetretene als auch erwartete Preissteigerungen zu berücksichtigen.

Die Ansammlung der Rückstellung erfolgt entsprechend der erreichten Verfüllmenge bezogen auf die gesamte Verfüllmenge im jeweiligen Nutzungsjahr, d. h. nach folgendem Schema (siehe **Handreichung**, Erläuterungen zu § 36 (2) Gemeindehaushaltsverordnung, Nr. 2.1):

$$\text{Rückstellungshöhe} = \text{erwartete Gesamtkosten} \times \frac{\text{Bisherige Verfüllmenge}}{\text{Verfüllmenge insgesamt}}$$

Entsprechend den Grundsätzen für die Bildung von Rückstellungen für Rekultivierungs- und Nachsorgemaßnahmen erfolgt im Jahresabschluss auch die Rückstellungsbildung für die Beseitigung von **Altlasten**.

5.3.3 Drohverlustrückstellungen

Nach § 88 GO i. V. m. § 37 (6) KomHVO sind im Jahresabschluss der Gemeinde Rückstellungen für drohende Verluste aus schwebenden Geschäften und aus laufenden Verfahren anzusetzen.

Schwebende Geschäfte sind zweiseitig verpflichtende Geschäfte, bei denen aber noch kein Vertragspartner die ihm obliegende vereinbarte Leistung vollständig erbracht hat. Ein schwebendes Geschäft beginnt im Regelfall im Zeitpunkt des Vertragsabschlusses. Schwebende Geschäfte können in Beschaffungsgeschäfte, Absatzgeschäfte und Dauerschuldverhältnisse unterschieden werden.

Bei **laufenden Verfahren** handelt es sich um Gerichts- oder Verwaltungsverfahren, die bereits eröffnet wurden, aber noch nicht zum Abschluss gekommen sind.

Schwebende Geschäfte und laufende Verfahren werden grundsätzlich nicht bilanziert. Sofern aber im Einzelfall vorhersehbar ist, dass aus den abgeschlossenen Verträgen oder anderen auslösenden Ereignissen negative Erfolgsbeiträge/Verpflichtungsüberhänge – drohende Verluste – entstehen, ist eine **Verlustantizipation** vorzunehmen, um – wie vom **Imparitätsprinzip** gefordert - alle Risiken und Verluste im Jahresabschluss zu berücksichtigen, die bis zum Jahresabschluss entstanden sind (selbst wenn sie erst nach dem Abschlussstichtag bekannt geworden sind).

Voraussetzung für die Bildung von Drohverlustrückstellungen ist, dass ernsthaft mit Verlusten aus den eingeleiteten Geschäften zu rechnen ist; die bloße Möglichkeit von Verlusten reicht nicht aus. Sofern die voraussichtlichen Verluste lediglich geringfügig sind, kann die Bildung einer Drohverlustrückstellung allerdings unterbleiben.

Der Wert einer Drohverlustrückstellung berechnet sich, da nur der drohende **Verpflichtungsüberschuss** antizipiert wird, als **Saldogröße** zwischen dem Wert der Gegenleistung und dem Wert der eigenen Verpflichtung.

Berechnungsbeispiel für ein schwebendes Absatzgeschäft

Die Abfallwirtschaft von Doppik City wird als Regiebetrieb betrieben und ist damit bilanziell Bestandteil des Jahresabschlusses der Kernverwaltung. Die Abfallwirtschaft bietet in Doppik City ansässigen Industrieunternehmen die Entsorgung ihrer Industrieabfälle an (Betrieb gewerblicher Art). Die Abfallwirtschaft hat einen langfristigen Entsorgungsvertrag für den Zeitraum 1. Januar 01 bis 31. Dezember 03 über die Entsorgung von Abfällen zu einem Entgelt von EUR 1.000 pro Monat mit der Maschinenbau GmbH abgeschlossen. Auf Grund nicht vorhergesehener Kostensteigerungen zum 1. Juli 02 erhöhen sich die Entsorgungskosten auf EUR 1.100, so dass EUR 100 nicht mehr durch das Entgelt gedeckt werden. Die entstehenden Verluste als Saldo aus Entsorgungskosten und Entgelt sind für das schwebende Geschäft durch die Bildung einer Drohverlustrückstellung in der Bilanz zum 31. Dezember 02 zu antizipieren.

Da vom 1. Januar bis 31. Dezember 03 noch Abfälle für 12 Monate zu entsorgen sind, ergibt sich bei EUR 100 Verlust je Monat ein drohender Verlust von EUR 1.200.

Sonstige ordentliche Aufwendungen an
Sonstige Rückstellungen EUR 1.200

Berechnungsbeispiel für ein schwebendes Beschaffungsgeschäft

Am 15. Oktober 01 hat die Stadtverwaltung 10 Ersatzteile zum Preis von EUR 5.000 pro Stück bestellt. Zum Bilanzstichtag 31. Dezember 01 ist der Wiederbeschaffungspreis auf EUR 4.500 pro gesunken. Die entstehenden Verluste als Saldo aus Kaufpreis und Nutzen gemessen am Wiederbeschaffungspreis sind für dieses schwebende Beschaffungsgeschäft durch die Bildung einer Drohverlustrückstellung in der Bilanz zum 31. Dezember 01 zu antizipieren.

Da die Stadtverwaltung 10 Stück bestellt hat, ergibt sich bei EUR 500 Verlust je Stück ein drohender Verlust von EUR 5.000.

Sonstige ordentliche Aufwendungen an
Sonstige Rückstellungen EUR 5.000

Beispiel: Dauerschuldverhältnis (Miete)

Die Doppik City hat für die Außenstelle der Stadtbücherei einen Mietvertrag mit zehnjähriger Laufzeit über eine Fläche von 2.000 m² zu EUR 10 pro Monat und m² abgeschlossen. Durch Zusammenlegung der einzelnen Standorte der Stadtbücherei wird die angemietete Fläche ab dem 1. Januar 02 nicht mehr genutzt. Die Suche nach einer neuen Verwendung oder einem Untermieter gestaltet sich schwierig. Es wird damit gerechnet, dass die Doppik City die Fläche ab August 03 anderweitig nutzt.

Die entstehenden Verluste durch die fehlende Nutzungsmöglichkeit der angemieteten Fläche sind für dieses schwebende Geschäft durch die Bildung einer Drohverlustrückstellung in der Bilanz zum 31. Dezember 01 zu antizipieren.

Da erst ab August 03 mit einer anderweitigen Nutzung der Fläche durch Doppik City zu rechnen ist, ergibt sich ein drohender Verlust in Höhe der Mieten von Januar 02 bis Juli 03 von EUR 380.000 (19 x EUR 20.000)

Sonstige ordentliche Aufwendungen an
Sonstige Rückstellungen EUR 380.000

5.3.4 Rückstellungen für ungewisse Aufwendungen

Neben den Rückstellungen für ungewisse Verbindlichkeiten und für drohende Verluste schreibt § 88 GO die Bildung von Rückstellungen für ungewisse Aufwendungen vor. Diese sog. Aufwandsrückstellungen unterscheiden sich von den zuvor besprochenen Rückstellungen durch das Fehlen einer Außenverpflichtung.

Hierunter fallen die in § 37 (4) KomHVO genannten Rückstellungen für unterlassene Instandhaltungen. Danach sind für unterlassene Instandhaltungen von Sachanlagen, wenn die Nachholung der unterlassenen Instandhaltung hinreichend konkret beabsichtigt ist und die vorgesehenen Maßnahmen am Abschlussstichtag einzeln bestimmt und wertmäßig beziffert sind, Rückstellungen zu bilden.

Bei Rückstellungen für die Nachholung unterlassener Instandhaltungen handelt es sich um **Innen- oder Selbstverpflichtungen** der Gemeinde. Die Gemeinde beabsichtigt, Instandhaltungsmaßnahmen nachzuholen, die schon vor dem Abschlussstichtag geboten erschienen, um das Nutzungspotential des Vermögensgegenstandes entsprechend seiner betriebsgewöhnlichen Nutzungsdauer zu erhalten. Schönheitsreparaturen, wie etwa der Anstrich von Büroräumen im Rathaus, stellen im Regelfall keine (unterlassenen) Instandhaltungen dar.

Der Ansatz von Rückstellungen für die Nachholung unterlassener Instandhaltungen verfolgt den Zweck, den Instandhaltungsaufwand eines Vermögensgegenstandes im Hinblick auf eine periodengerechte Erfolgsermittlung gleichmäßiger innerhalb der Nutzungsdauer zu verteilen.

Im Gegensatz zum Drei-Monatszeitraum des Handelsrechts (§ 249 (1) Nr. 1 HGB) sieht der Wortlaut des § 37 (4) KomHVO grundsätzlich **keine Zeitvorgabe** zur Nachholung der unterlassenen Instandhaltung als Rückstellungsvoraussetzung vor. Die Nachholung muss indes hinreichend **konkret beabsichtigt** sein. Um dies zu dokumentieren, sollten die Maßnahmen in der mittelfristigen Haushaltsplanung berücksichtigt sein. Andernfalls kann eine konkrete Absicht schwerlich unterstellt werden.

Die Maßnahmen sind **einzeln zu bestimmen** und objektiv nachprüfbar **wertmäßig zu beziffern** (etwa auf der Basis von eingeholten Angeboten oder sachverständigen Kostenschätzungen).

Beispiel einer Rückstellung für unterlassene Instandhaltung

Im November des Jahres 01 wurden nach einem Unwetter Schäden am Dach der Grundschule von Doppik City entdeckt. Um den Unterrichtsablauf nicht zu beeinträchtigen, wurden zunächst nur notdürftige Ausbesserungen und Absicherungen vorgenommen. Reparaturmaßnahmen zur vollständigen Beseitigung der Schäden plant die Stadt, in den Sommerferien 02 durchzuführen. Die geschätzten Kosten für die Reparatur betragen EUR 50.000.

Es handelt sich hierbei um eine unterlassene Instandhaltung. Der Aufwand für die erforderlichen Reparaturarbeiten ist somit dem abgelaufenen Haushaltsjahr 01 zuzurechnen. Da die Nachholung ferner konkret beabsichtigt, die Maßnahme einzeln bestimmt ist sowie eine Kostenschätzung vorliegt, ist eine entsprechende Rückstellung in der Bilanz zum 31. Dezember 01 zu bilden.

Sonstige ordentliche Aufwendungen an

Instandhaltungsrückstellungen EUR 50.000

5.3.5 Anhangangaben zu Rückstellungen

Zum Bilanzposten Rückstellungen sind gemäß § 45 (2) Nr. 4 und 5 KomHVO Anhangangaben vorgeschrieben. Bei Rückstellungen für unterlassene Instandhaltungen sind die betreffenden Vermögensgegenstände und Rückstellungsbeträge anzugeben und zu erläutern. Sonstige Rückstellungen nach § 37 (5), (6) KomHVO sind im Anhang aufzugliedern und zu erläutern.

Ferner empfiehlt die **Handreichung** (Erläuterungen zu § 44 Gemeindehaushaltsverordnung, Nr. 3.3.3) die Erstellung eines Rückstellungsspiegels, der dem Anhang beigefügt werden kann. In Teil A stellt dieser Rückstellungsspiegel rückstellungsartenbezogen ausgehend von den Rückstellungswerten des Vorjahres die Veränderungen bis zu den Werten zum 31. Dezember des Haushaltsjahres dar. Teil B zeigt wiederum rückstellungsartenbezogen die einzelnen Rückstellungen, gegliedert nach ihren Fristigkeiten (Restlaufzeiten), auf.

5.4 Verbindlichkeiten

5.4.1 Allgemeine Regeln der Bilanzierung

Zu den Schulden der Gemeinde gehören neben den Rückstellungen auch die Verbindlichkeiten. Sie unterscheiden sich von den Rückstellungen dadurch, dass die zugrundeliegende Verpflichtung mit einer wirtschaftlichen Belastung der Gemeinde verbunden ist, die sowohl hinsichtlich ihres Bestehens (ihres Grundes) als auch hinsichtlich ihrer Höhe sicher ist (vgl. Abschnitt 2.5.3).

In die Bilanz sind sämtliche Verbindlichkeiten aufzunehmen (§ 42 (1) KomHVO). Sie dürfen nicht mit Posten der Aktivseite der Bilanz verrechnet werden (§ 42 (2) KomHVO). In speziellen Fällen kann allerdings eine Saldierung als zulässig oder sogar geboten angesehen werden (vgl. Abschnitt 4.3.1).

Verbindlichkeiten sind nach § 33 (1) Nr. 2 KomHVO grundsätzlich zum Abschlussstichtag einzeln zu bewerten. Nach § 29 (1) Nr. 3 KomHVO kann aber auch eine Gruppenbewertung in Frage kommen.

Die Bewertung der Verbindlichkeiten erfolgt mit ihren Erfüllungsbeträgen. Verpflichtungen, die in Geld zu begleichen sind, werden mit ihren Rückzahlungsbeträgen zum Nominalwert angesetzt. Die Rückzahlungsbeträge dürfen nicht auf den Bilanzstichtag abgezinst und zum Barwert angesetzt werden.

Die vertraglich geschuldeten Zinsen zählen nicht zum Rückzahlungsbetrag. Die Zinsausgaben stellen in der Periode ihrer Entstehung Aufwand dar. Ist der vereinbarte Rückzahlungsbetrag einer Verbindlichkeit höher als der Auszahlungsbetrag (**verdeckte Zinszahlung**), so darf der Unterschiedsbetrag in den aktiven Rechnungsabgrenzungsposten aufgenommen werden und ist dann über die Laufzeit der Verbindlichkeit abzuschreiben (§ 43 (2) KomHVO). Dadurch wird die aufwandswirksame Verzinsung der Verbindlichkeit im Sinne einer periodengerechten Erfolgsermittlung nachgebildet.

Die Gemeinde darf nach § 86 (1) S. 1 GO Kredite nur für **Investitionen** (unter der Voraussetzung des § 77 (4) GO) und zur **Umschuldung** aufnehmen. Nach § 77 (4) GO ist eine Kreditaufnahme nur dann zulässig, wenn eine andere Finanzierung nicht möglich ist oder wirtschaftlich unzweckmäßig wäre. Investitionen sind Ausgaben für die Veränderung des Anlagevermögens. „Umschuldung“ ist die Ablösung von Krediten durch andere Kredite. Der Gesamtschuldenstand verändert sich durch die Umschuldung nicht; es verändern sich lediglich die Vertragskonditionen wie z. B. die Laufzeit der Kredite und zumeist die Höhe der ergebniswirksamen Zinsaufwendungen.

Zusätzlich müssen übernommene Verpflichtungen mit der dauernden Leistungsfähigkeit der Gemeinde in Einklang stehen (§ 86 (1) S. 2 GO). Die Gemeinde darf in der Regel keine Sicherheiten zur Sicherung von Krediten bestellen (§ 86 (5) GO).

5.4.2 Ausweis im Einzelnen

Gemäß § 42 (4) KomHVO sind Verbindlichkeiten auf der Passivseite der Bilanz wie folgt auszuweisen:

4. Verbindlichkeiten,
   - 4.1 Anleihen,
   - 4.2 Verbindlichkeiten aus Krediten für Investitionen,
     - 4.2.1 von verbundenen Unternehmen,
     - 4.2.2 von Beteiligungen,
     - 4.2.3 von Sondervermögen,
     - 4.2.4 vom öffentlichen Bereich,
     - 4.2.5 von Kreditinstituten,
   - 4.3 Verbindlichkeiten aus Krediten zur Liquiditätssicherung,
   - 4.4 Verbindlichkeiten aus Vorgängen, die Kreditaufnahmen wirtschaftlich gleichkommen,
   - 4.5 Verbindlichkeiten aus Lieferungen und Leistungen,
   - 4.6 Verbindlichkeiten aus Transferleistungen,
   - 4.7 Sonstige Verbindlichkeiten

Die Verbindlichkeiten sind in erster Ebene nach Art der Verbindlichkeiten untergliedert in Anleihen, Verbindlichkeiten aus Krediten für Investitionen, Verbindlichkeiten aus Krediten zu Liquiditätssicherung, Verbindlichkeiten aus Vorgängen, die Kreditaufnahmen wirtschaftlich gleichkommen, Verbindlichkeiten aus Lieferungen und Leistungen, Verbindlichkeiten aus Transferleistungen und sonstige Verbindlichkeiten. Der Posten „Verbindlichkeiten aus Krediten für Investitionen“ ist zusätzlich nach Gläubigern untergliedert. Dadurch wird der Einblick in die Mittelherkunft verbessert. Insbesondere werden durch den Ausweis der Kredite von verbundenen Unternehmen, Beteiligungen und Sondervermögen Verpflichtungen sichtbar, die unter wirtschaftlichen Gesichtspunkten nur begrenzt als Außenverpflichtungen der Gemeinde anzusehen sind. Im Gesamtabschluss werden diese (und auch die in anderen Posten der Verbindlichkeiten noch enthaltenen) „Innenverpflichtungen" durch Konsolidierungsmaßnahmen eliminiert, um den Einblick in die eigentlichen Außenverpflichtungen der Gemeinde zusätzlich zu verbessern (vgl. Abschnitt 11.4.4).

Anleihen

Unter Anleihen fallen Rückzahlungsverpflichtungen aus der Aufnahme von Kapital am öffentlichen Kapitalmarkt. Das Kapital wird von einer unbestimmten Zahl von Geldgebern durch den Kauf von Wertpapieren, die von der Gemeinde ausgegeben wurden, bereitgestellt.

Öffentliche Anleihen werden in der Bundesrepublik vor allem vom Bund und den Ländern aufgelegt – nur gelegentlich von Kommunen. Unter Anleihen fallen im öffentlichen Bereich vor allem Schuldverschreibungen (verbriefte Anleihen, Obligationen). Unternehmen begeben Anleihen auch in Form von Gewinnschuldverschreibungen (fester Zinssatz und Gewinnanspruch), Optionsanleihen (Bezugsrecht auf Aktien), Wandelschuldverschreibungen (Umtauschrecht) oder als Genussscheine (sofern das Genussrechtskapital Fremdkapital darstellt). Schuldscheindarlehen gehören indes nicht zu den Anleihen, sondern zu den Verbindlichkeiten gegenüber Kreditinstituten bzw. den sonstigen Verbindlichkeiten.

Verbindlichkeiten aus Krediten für Investitionen

Bei Verbindlichkeiten aus Krediten für Investitionen handelt es sich üblicherweise um (Schuldschein-)Darlehen nach den §§ 607 ff. BGB. Die Darlehensbedingungen (Rückzahlung und Zinsen) werden im Schuldschein festgehalten. Der Schuldschein ist eine vom Geldgeber ausgefertigte Urkunde – kein Wertpapier. Die Gemeinde leistet bei einem Schuldscheindarlehen keine Sicherheit.

Kredite, die von verbundenen Unternehmen, Beteiligungen und Sondervermögen gewährt wurden, sind separat auszuweisen.

Als „Investitionskredite vom öffentlichen Bereich" sind Kredite auszuweisen, die etwa vom Bund, vom Land, von anderen Gemeinden oder Zweckverbänden gewährt wurden. Investitionskredite von Banken und Kreditinstituten sind unter dem Posten „Investitionskredite vom privaten Kreditmarkt" auszuweisen.

Verbindlichkeiten aus Krediten zur Liquiditätssicherung

Kredite zur Liquiditätssicherung (Kassenkredite) dürfen gemäß § 89 (2) GO von der Gemeinde zur rechtzeitigen Leistung ihrer Auszahlungen (nicht zur längerfristigen Finanzierung) bis zu dem in der Haushaltssatzung festgelegten Höchstbetrag aufgenommen werden, soweit keine anderen Mittel zur Verfügung stehen.

Verbindlichkeiten aus Vorgängen, die Kreditaufnahmen wirtschaftlich gleichkommen

Zu den „kreditähnliche Geschäften" zählen beispielsweise Schuldübernahmen, Leibrentenverträge, Verträge über die Durchführung städtebaulicher Maßnahmen, die Gewährung von Schuldendiensthilfen an Dritte sowie Verpflichtungen aus Leasinggeschäften und Restkaufgelder im Zusammenhang mit Grundstücksgeschäften.

Verbindlichkeiten aus Lieferungen und Leistungen

Unter dem Posten „Verbindlichkeiten aus Lieferungen und Leistungen" sind sämtliche ausstehenden Verpflichtungen aus Umsatzgeschäften, die vom Vertragspartner bereits erfüllt wurden, auszuweisen. Zu den Umsatzgeschäften zählen Kauf- und Werkverträge, Dienstleistungsverträge, Miet- und Pachtverträge und ähnliche Verträge. Forderungen an Lieferanten (etwa auf Grund von Überbezahlungen, Gutschriften u. a.) dürfen nicht mit den Verbindlichkeiten aus Lieferungen und Leistungen verrechnet werden. Sie sind als **debitorische Kreditoren** im Umlaufvermögen unter den sonstigen Vermögensgegenständen auszuweisen.

Verbindlichkeiten aus Transferleistungen

Verbindlichkeiten aus Transferleistungen gründen sich nicht auf ausstehende Gegenleistungsverpflichtungen der Gemeinde. Vielmehr handelt es sich um ausstehende einseitige Leistungsverpflichtungen der Gemeinde gegenüber Unternehmen, Sondervermögen (etwa Ausgleich von Verlusten) oder dem öffentlichen Bereich (etwa Finanzausgleichszahlungen).

Sonstige Verbindlichkeiten

Bei dem Posten „Sonstige Verbindlichkeiten" handelt es sich um einen Sammelposten, unter dem alle zum Bilanzstichtag bestehenden Verbindlichkeiten auszuweisen sind, die den anderen Posten nicht zugeordnet werden können. Zu nennen sind hier etwa einbehaltene und noch abzuführende Steuern oder Sozialbeiträge, erhaltene Anzahlungen und antizipative Posten (zur Erfassung von Aufwendungen im laufenden

Jahr, auch wenn die entsprechenden Auszahlungen vereinbarungsgemäß erst im nächsten Jahr fällig werden).

Verständnisfragen zu Kapitel 5

1. Das Eigenkapital ist eine rechnerische Restgröße! Erläutern Sie diese Aussage.
2. In welche Posten wird das Eigenkapital untergliedert?
3. Was sind „stille" Rücklagen (Reserven)?
4. Inwieweit dürfen Jahresüberschüsse der Ausgleichsrücklage zugeführt werden?
5. Erläutern Sie die Bildung eines Sonderpostens für erhaltenen Zuwendungen und dessen Auflösung.
6. Unter welcher Bedingung sind erhaltene Zuwendungen in einer Sonderrücklage zu passivieren?
7. Erläutern Sie den Zusammenhang zwischen Rückstellungsbildung und periodengerechter Erfolgsermittlung.
8. Wie unterscheiden sich Rückstellungen für ungewisse Verbindlichkeiten von Aufwandsrückstellungen?
9. Welche Rückstellungsart leitet sich aus dem Imparitätsprinzip ab?
10. Welches Verfahren ist bei der Bewertung von Pensionsrückstellungen anzuwenden? Skizzieren Sie kurz das Verfahren.
11. Wodurch unterscheidet sich eine Verbindlichkeit von einer Rückstellung?
12. Wie darf bilanziell verfahren werden, wenn der Rückzahlungsbetrag einer Verbindlichkeit höher als der Auszahlungsbetrag ist?

Siehe auch die Übungsaufgaben 8 und 9 im Anhang.

6 Rechnungsabgrenzung

6.1 Arten der Rechnungsabgrenzung

Zur periodengerechten Erfolgsermittlung bedarf es in bestimmten Fällen der Bildung von Korrekturposten in der Bilanz. Diese Rechnungsabgrenzung ist erforderlich, wenn Aufwendungen und Erträge und die dazugehörigen Ausgaben und Einnahmen in unterschiedliche Rechnungsperioden fallen. Zu unterscheiden ist die transitorische und die antizipative Rechnungsabgrenzung.

Die **transitorische Rechnungsabgrenzung** bezieht sich auf Fälle, in denen die Ausgaben oder Einnahmen in der abzuschließenden Rechnungsperiode anfallen, die dazugehörigen Aufwendungen oder Erträge aber einer bestimmten Zeit nach dem Abschlussstichtag verursachungsgerecht zuzuordnen sind. Hier muss die Erfolgswirkung der Ausgaben oder Einnahmen gewissermaßen zunächst unterdrückt und in künftige Perioden durchgeleitet werden. Als Korrekturposten dienen hier die Posten der aktiven bzw. passiven Rechnungsabgrenzung, die in der Bilanz am Ende der Aktivseite bzw. der Passivseite ausgewiesen werden (im Folgenden: ARAP := aktiver Rechnungsabgrenzungsposten; PRAP := passiver Rechnungsabgrenzungsposten).

In Fällen der **antizipativen Rechnungsabgrenzung** geht es dagegen darum – gleichsam im Interesse eines periodengerechten Erfolgsausweises –, eine erfolgswirksame **Geldvermögensänderung, die aller Voraussicht nach in einer späteren Periode eintreten wird**, in die jetzige Periode der wirtschaftlichen Verursachung vor zu verlagern – zu antizipieren. Dies erfolgt durch den Ansatz eines **sonstigen Vermögensgegenstandes (sonstiger VG)** zur Antizipation einer ertragswirksamen Einnahme bzw. einer **sonstigen Verbindlichkeit** zur Antizipation einer aufwandswirksamen Ausgabe.

Die angesprochenen Fälle der Rechnungsabgrenzung werden in der nachfolgenden Abbildung nochmal gegenübergestellt.

	Ausgabe oder Einnahme „heute"	Ausgabe oder Einnahme „morgen"
Wirtschaftliche Verursachung von Aufwand oder Ertrag „heute"	Regelfall Aufwand → Verbindlichkeit aus LuL Ertrag → Forderung aus LuL	**Antizipative Rechnungsabgrenzung** Aufwand → Sonstige Verbindlichkeit Ertrag → Sonstiger VG
Wirtschaftliche Verursachung von Aufwand oder Ertrag „morgen"	**Transitorische Rechnungsabgrenzung** Aufwand → ARAP Ertrag → PRAP	Regelfall grds. keine Bilanzierung bzw. Bilanzierung „morgen"

Abbildung 14: Arten der Rechnungsabgrenzung

In der Regel entstehen Zahlungsansprüche und -verpflichtungen in der gleichen Periode, in der die Lieferungen und Leistungen erbracht und empfangen werden. Wurden Lieferungen oder Leistungen im abzuschließenden Haushaltsjahr zwar abrechnungsfertig erbracht, aber noch nicht bezahlt, bilanzieren die Erbringer der Lieferungen oder Leistungen die Zahlungsansprüche unter dem Bilanzposten „Forderungen aus Lieferungen und Leistungen" (Forderung aus LuL). Erträge werden so gemäß dem Realisationsprinzip erfasst und – unabhängig von den noch ausstehenden Zahlungen – der Periode der wirtschaftlichen Verursachung zugerechnet (Periodisierungsprinzip). Die Empfänger der Lieferungen oder Leistungen bilanzieren ihre Zahlungsverpflichtungen als „Verbindlichkeiten aus Lieferungen und Leistungen" (Verbindlichkeiten aus LuL). Dies entspricht dem Passivierungsgrundsatz und ermöglicht es gleichzeitig, Aufwendungen unabhängig von den noch zu leistenden Zahlungen periodengerecht zu erfassen.

Lieferungen und Leistungen, die erst in künftigen Perioden stattfinden werden und auch erst dann zu Zahlungsverpflichtungen führen, werden nicht bilanziert bzw. erst dann bilanziert, wenn die Lieferungen und Leistungen erfolgen und Zahlungsansprüche und -verpflichtungen entstehen. Dies gilt grundsätzlich auch dann, wenn die Geschäfte bereits vertraglich vereinbart sind, aber beiderseitig noch nicht erfüllt wurden (sog. schwebende Geschäfte). Eine Bilanzierung erfolgt nur dann, wenn einer Vertragspartei Verluste drohen. Sie hat dann – wie weiter oben erläutert – dem Imparitätsprinzip folgend eine Rückstellung für drohende Verluste aus schwebenden Geschäften zu bilden).

6.2 Aktive Rechnungsabgrenzungsposten

Als aktive Rechnungsabgrenzungsposten sind nach § 43 (1) KomHVO Ausgaben, die vor dem Abschlussstichtag geleistet werden, anzusetzen, soweit sie **Aufwand** für **eine bestimmte Zeit** nach diesem Tag darstellen (ebenso § 250 (1) S.1 HGB). Sie werden gemäß § 42 (3) KomHVO nach dem Umlaufvermögen auf der Aktivseite der Bilanz ausgewiesen. Die Verhältnisse um den Bilanzstichtag, die eine aktive Rechnungsabgrenzung begründen, lassen sich schematisch wie folgt darstellen.

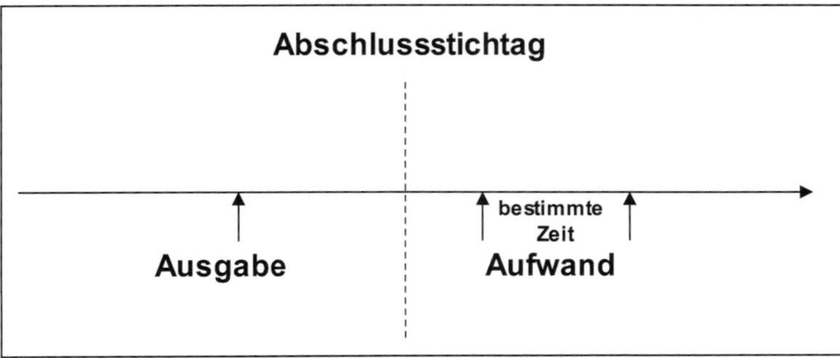

Abbildung 15: Aktive Rechnungsabgrenzung (in Anlehnung an Baetge (2011), S. 526)

Die Bildung eines aktiven Rechnungsabgrenzungspostens ist an drei Voraussetzungen geknüpft:

1. Es bedarf einer Ausgabe im abzuschließenden Haushaltsjahr.
2. Die Ausgabe ist prinzipiell aufwandswirksam.
3. Die Ausgaben stellen Aufwand für eine bestimmte Zeit nach dem Abschlussstichtag dar.

Zu 1) Ausgaben sind Verringerungen des Geldvermögens (= Zahlungsmittelbestand + Forderungen – Verbindlichkeiten). Ausgaben entstehen i. d. R. durch Auszahlungen (Verringerung der des Zahlungsmittelbestands) ohne ausgleichende Abnahme der Verbindlichkeiten oder durch die Zunahme der Verbindlichkeiten ohne ausgleichende Zunahme des Zahlungsmittelbestands.

Zu 2) Nicht jede Ausgabe ist auch aufwandswirksam. Steht die Ausgabe im Zusammenhang mit der Anschaffung eines aktivierungsfähigen Vermögensgegenstandes so ist dieser Vorgang erfolgsneutral. Bilanzierungstechnisch gesprochen: Im Fall einer Auszahlung kommt es zu einem erfolgsneutralen Aktivtausch. Im Falle der Zunahme der Verbindlichkeiten zu einer erfolgsneutralen Bilanzverlängerung.

Zu 3) Die heutigen Zahlungen wurden vorgenommen bzw. die Zahlungsversprechungen eingegangen, um damit Gegenleistungen zu erwerben, die in einem bestimmten Zeitraum nach dem Abschlussstichtag entgegengenommen werden. Es widerspräche daher dem Periodisierungsprinzip, würde man zulassen, dass sich diese Ausgaben bereits im Jahresabschluss des abzuschließenden Haushaltsjahres aufwandswirksam niederschlagen.

Der aktive Rechnungsabgrenzungsposten dient nun dazu, die **Aufwandswirksamkeit** der Ausgabe **vorübergehend zu unterdrücken;** die Ausgabe soll erst später aufwandswirksam werden, weil sie bei wirtschaftlicher Betrachtung Aufwand für eine bestimmte Zeit nach dem Abschlussstichtag darstellt. Bilanzierungstechnisch bewirkt der aktive Rechnungsabgrenzungsposten, dass die Ausgabe in ihrer Aufwandswirkung neutralisiert wird: Die Aktivierung des Rechnungsabgrenzungspostens bewirkt im Falle der Auszahlung einen erfolgsneutralen Aktivtausch und im Falle der Zunahme der Verbindlichkeiten eine erfolgsneutrale Bilanzverlängerung. Im folgenden Haushaltsjahr wird der Rechnungsabgrenzungsposten dann aufwandswirksam aufgelöst. Sind mehrere künftige Haushaltsjahre betroffen, wird er pro rata temporis aufgelöst (abgeschrieben). Die Auflösung (Abschreibung) des Rechnungsabgrenzungspostens kommt einer erfolgswirksamen Bilanzverkürzung gleich.

Beispiel

Die Gemeinde leistet vertragsgemäß am 1. Dezember eine Mietzahlung von TEUR 15 für den Dezember (TEUR 5) sowie für die Monate Januar (TEUR 5) und Februar (TEUR 5) des Folgejahres. Sie bucht: Mietaufwand an Auszahlungen Mieten TEURO 15.

Nur die Miete für den Monat Dezember i. H. v. TEUR 5 ist jedoch Aufwand des abzuschließenden Haushaltsjahres und soll daher in die Ergebnisrechnung dieser Rechnungsperiode eingehen. Der Mietzins von TEUR 10 für Januar und Februar stellt Aufwand des nächsten Haushaltsjahres dar, so dass das Aufwandskonto Mieten durch eine aktive Rechnungsabgrenzung korrigiert werden muss (Buchung: ARAP an Mietaufwand TEUR 10). Im nächsten Haushaltsjahr ist der aktive Rechnungsabgrenzungsposten dann über das Aufwandskonto Mieten wieder aufzulösen (Mieten an ARAP TEUR 10).

Ein spezieller Anwendungsfall für eine aktive Rechnungsabgrenzung ist in § 43 (2) KomHVO geregelt: Ist der Rückzahlungsbetrag einer Verbindlichkeit höher als der Auszahlungsbetrag, so darf der **Unterschiedsbetrag** nach § 43 (2) S. 1 KomHVO (analog: § 250 (3) HGB) in den **aktiven Rechnungsabgrenzungsposten** aufgenommen werden. Es besteht also für die Gemeinden ein **Wahlrecht**. Der Unterschiedsbetrag ist nach § 43 (2) S. 2 KomHVO durch planmäßige jährliche Abschreibungen (Aufwand) aufzulösen, die auf die gesamte Laufzeit der Verbindlichkeit verteilt werden können.

Hintergrund dieser Regelung ist folgender: Verbindlichkeiten werden mit ihrem Rückzahlungsbetrag bilanziert. Ist der Rückzahlungsbetrag höher als der Auszahlungsbetrag, liegt eine **verdeckte Zinszahlung** vor, die im Jahr der Auszahlung des Darlehens voll aufwandswirksam werden würde. Bildet die Gemeinde hingegen in Höhe des Unterschiedsbetrags einen aktiven Rechnungsabgrenzungsposten stellt sich die Darlehensaufnahme zunächst als ein erfolgsneutraler Vorgang dar. Die planmäßige Abschreibung des Rechnungsabgrenzungspostens ermöglicht es der Gemeinde dann, den Zinsaufwand periodengerecht über die Dauer der Laufzeit der Verbindlichkeit zu verteilen.

Sofern der Rückzahlungsbetrag einer Verbindlichkeit höher ist als der Auszahlungsbetrag, kommt es für die bilanzielle Behandlung nicht darauf an, ob es sich bei dem Unterschiedsbetrag um ein **(Auszahlungs-)Disagio** oder **(Rückzahlungs-) Agio** handelt. Ein Disagio liegt vor, wenn weniger als die vereinbarte Darlehenssumme ausgezahlt wird. Bei einem Agio erhält der Schuldner die volle Darlehenssumme, ist aber verpflichtet am Ende der Laufzeit einen höheren Betrag zurückzuzahlen. In beiden Fällen ist als Verbindlichkeit der Rückzahlungsbetrag zu bilanzieren; und dieser ist höher als der Auszahlungsbetrag.

Beispiel: Disagio

Die Gemeinde nimmt ein Darlehen mit einem Nennbetrag von EUR 100.000 auf, wobei vertragsgemäß nur EUR 96.000 an die Gemeinde ausbezahlt werden. Der Unterschiedsbetrag von EUR 4.000 stellt ein **Disagio** dar. Die Gemeinde kann EUR 4.000 dem aktiven Rechnungsabgrenzungsposten zuzuführen und diesen Betrag durch planmäßige jährliche Abschreibungen über die gesamte Darlehenslaufzeit aufzulösen.

Beispiel: Agio

Die Darlehenskonditionen bestimmen, dass das Darlehen mit seinem Nennbetrag von EUR 100.000 voll ausbezahlt wird, die Gemeinde aber EUR 103.000 zurückzuzahlen hat. Wiederum kann der Unterschiedsbetrag von EUR 3.000 (**Agio**) als Rechnungsabgrenzungsposten aktiviert und entsprechend § 42 (2) S. 2 KomHVO aufgelöst werden.

Ferner kann ein aktiver Rechnungsabgrenzungsposten auch aufgrund von **geleisteten Investitionszuwendungen** entstehen (vgl. Abschnitt 7.4).

Geleistete Anzahlungen für den Erwerb von Vermögensgegenständen werden **nicht** als **aktive Rechnungsabgrenzungsposten** bilanziert. Geleistete Anzahlungen sind Vorleistungen auf **erfolgsneutrale** Anschaffungsvorgänge, es handelt sich also nicht um Ausgaben, die **Aufwand** für eine bestimmte Zeit nach dem Abschlussstichtag darstellen (vgl. Abschnitt 3.3.2).

6.3 Passive Rechnungsabgrenzung

Als passive Rechnungsabgrenzungsposten sind nach § 43 (3) KomHVO vor dem Abschlussstichtag eingegangene **Einnahmen** anzusetzen, soweit sie einen **Ertrag** für eine bestimmte Zeit nach diesem Tag darstellen (ebenso § 250 (2) HGB). Passive Rechnungsabgrenzungsposten werden gemäß § 42 (4) KomHVO nach den Verbindlichkeiten auf der Passivseite der Bilanz ausgewiesen. Die Verhältnisse um den Bilanzstichtag, die eine passive Rechnungsabgrenzung begründen, lassen sich schematisch wie folgt darstellen.

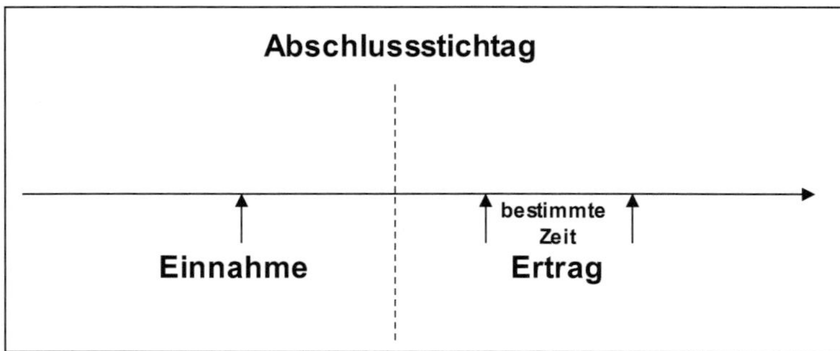

Abbildung 16: Passive Rechnungsabgrenzung (in Anlehnung an Baetge (2011), S. 526)

Passive Rechnungsabgrenzungsposten (PRAP) werden gebildet, um die Ertragswirkung einer Einnahme (Erhöhung des Geldvermögens) erst in späteren Perioden eintreten zu lassen, da der Ertrag bei wirtschaftlicher Betrachtung diesen Perioden zuzuordnen ist. Beispiele hierfür sind im Voraus erhaltene Steuern, Zuwendungen und Mieten.

Beispiel

Die Gemeinde verpachtet eine Weide an einen Pferdezüchter. Der jährliche Pachtzins von EUR 500 ist am 1. Oktober eines jeden Jahres im Voraus fällig. Der volle Betrag wird am Tage der Fälligkeit von der Gemeinde vereinnahmt.

Die Pacht für die Monate Oktober, November und Dezember i. H. v. EUR 125 geht als Ertrag in die Ergebnisrechnung des abzuschließenden Haushaltsjahres ein. Der restliche Betrag von EUR 375 ist wirtschaftlich dem folgenden Haushaltsjahr (Monate Januar bis September) zuzurechnen; dieser Pachtanteil ist also Ertrag des folgenden Haushaltsjahres. Um die Erträge periodengerecht abzugrenzen, sind also zunächst nur EUR 125 als Pachterträge zu erfassen; EUR 375 werden hingegen erfolgsneutral abgegrenzt, indem in entsprechender Höhe ein passiver Rechnungsabgrenzungsposten gebildet wird. Entsprechend ist zu buchen: Einzahlungen aus Pachten EUR 500 an Pachterträge EUR 500. Und zur Korrektur des Pachtertrags: Pachterträge an PRAP EUR 375. Im neuen Haushaltsjahr bucht die Gemeinde: PRAP an Pachterträge EUR 500.

6.4 Antizipative Rechnungsabgrenzung

Bei der antizipativen Rechnungsabgrenzung geht es darum, die Erfolgswirkung von späteren Einnahmen und Ausgaben in die abzuschließende Rechnungsperiode vor zu verlagern, weil die Einnahmen und Ausgaben im Zusammenhang mit Vorgängen stehen, die im Sinne einer periodengerechten Erfolgsermittlung Erträge oder Aufwendungen für eine bestimmte Zeit innerhalb der abzuschließenden Rechnungsperiode darstellen. Als Abgrenzungsposten dienen hier die Posten „sonstige Vermögensgegenstände“ und „sonstige Verbindlichkeiten“.

Die Verhältnisse um den Bilanzstichtag, die eine antizipative Rechnungsabgrenzung begründen, lassen sich schematisch wie folgt darstellen.

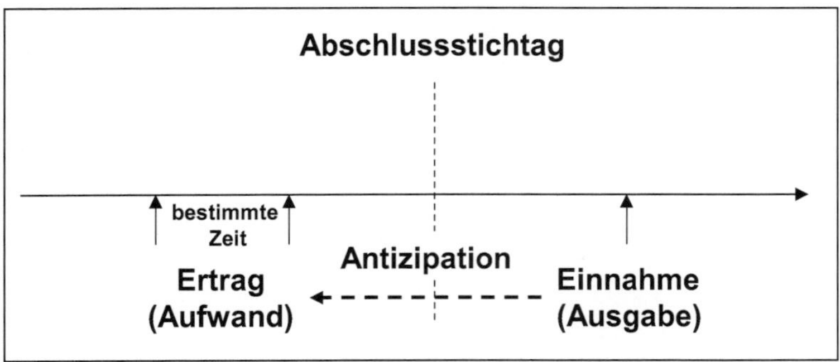

Abbildung 17: Antizipative Rechnungsabgrenzung

Die Zusammenhänge sollen an einem Beispiel veranschaulicht werden.

Beispiel
Die Gemeinde verpachtet zur Mitte des Jahres 07 eine Gewerbefläche für ein Jahr. Die Pacht ist zur Jahresmitte 08 für die zurückliegenden 12 Monate fällig. Der jährliche Pachtzins beträgt EUR 6.000.

Im Interesse eines periodengerechten Erfolgsausweises sind in den Jahren 07 und 08 jeweils EUR 3.000 ertragswirksam zu vereinnahmen. Ein aktiver Rechnungsabgrenzungsposten kommt für diese Zwecke nicht in Frage. Aktive Rechnungsabgrenzungsposten dürfen nach § 43 (1) KomHVO nur gebildet werden, wenn Ausgaben vorliegen, die Aufwand für eine bestimmte Zeit nach dem Abschlussstichtag darstellen. Hier handelt es sich aber um eine noch nicht realisierte Einnahme; ein Zahlungsanspruch besteht in 07 noch nicht. Zum Zwecke der antizipativen Rechnungsabgrenzung muss daher ein anderer Aktivposten bebucht werden. Dies ist der Posten „**sonstige Vermögensgegenstände**". Es wird also unterstellt, dass eine (sonstige) Forderung entstanden ist und dadurch kommt es zu einer ertragswirksamen Einnahme in entsprechender Höhe. Die Gemeinde bucht: sonstige Forderungen an Pachterträge EUR 3.000. Der Pachtertrag wird damit periodengerecht im Haushaltsjahr 07 berücksichtigt. In nächsten Haushaltsjahr vereinnahmt die Gemeinde EUR 6.000 und bucht dann: Einzahlungen Pachten an sonstige Forderungen EUR 3.000/an Pachterträge EUR 3.000.

Im Falle noch nicht realisierter Ausgaben erfolgt die antizipative Rechnungsabgrenzung mithilfe des Postens „**sonstige Verbindlichkeiten**". Der Pächter des Grundstücks würde also im Jahr 07 den Pachtaufwand in Höhe von EUR 3.000 gegen den Posten „sonstige Verbindlichkeiten" buchen. In 08 bucht er dann: Pachtaufwand EUR 3.000/sonstige Verbindlichkeit EUR 3.000 an Bank EUR 6.000.

Verständnisfragen zu Kapitel 6

1. Unterscheiden Sie transitorische von antizipativen Rechnungsabgrenzungsposten.
2. Unter welchen Voraussetzungen sind passive Rechnungsabgrenzungsposten zu bilden?
3. Was wird mit der Bildung eines aktiven Rechnungsabgrenzungspostens bezweckt? Erläutern Sie die Zusammenhänge anhand eines Beispiels.
4. Welche Bilanzposten dienen der antizipativen Rechnungsabgrenzung?
5. Stellt die Auflösung eines Rechnungsabgrenzungspostens einen erfolgswirksamen Vorgang dar?
6. Die Gemeinde leistet eine Anzahlung auf den Kaufpreis einer Maschine, die im nächsten Haushaltsjahr geliefert werden soll. Ist hierfür ein aktiver Rechnungsabgrenzungsposten zu bilden? Begründen Sie Ihre Antwort kurz.

Siehe auch die Übungsaufgaben 10 und 11 im Anhang.

7 Spezielle Bilanzierungssachverhalte

7.1 Aufwendungen für die Erhaltung der gemeindlichen Leistungsfähigkeit nach § 33a KomHVO

Mit § 33a KomHVO wurde den Rechnungslegungsvorschriften des Gemeindehaushaltsrechts eine sog. **Bilanzierungshilfe** hinzugefügt. Eine Bilanzierungshilfe gestattet die Aktivierung von Sachverhalten in der Bilanz, die nach dem Aktivierungsgrundsatz (siehe Abschnitt 2.5.2) nicht ansatzfähig sind, weil es sich nicht um Vermögensgegenstände handelt.

Im vorliegenden Fall handelt es sich um den Posten „Aufwendungen zur Erhaltung der gemeindlichen Leistungsfähigkeit", der vor dem Anlagevermögen auszuweisen (und im Anhang zu erläutern) ist (§ 33a (1) S. 2 KomHVO). Unter diesem Posten sind in den Jahresabschlüssen 2020 bis 2022 Aufwendungen zur Erhaltung der gemeindlichen Leistungsfähigkeit, soweit sie nicht bilanzierungsfähig sind, als Bilanzierungshilfe zu aktivieren (§ 33a (1) S. 1 KomHVO). Dem Wortlaut nach besteht hier kein Aktivierungswahlrecht; es handelt sich um eine Aktivierungspflicht.

Die Regelung des § 33a KomHVO fußt auf dem NKF-COVID-19-Isolierungsgesetz, das im Jahr 2020 verabschiedet und 2021 angepasst wurde, um zu gewährleisten, dass die Kommunen angemessen auf die Herausforderungen der Corona-Pandemie reagieren können und gleichzeitig die Genehmigungsfähigkeit der Haushalte erhalten bleibt. Die Kommunen wurden daher mit dem NKF-COVID-19-Isolierungsgesetz (NKF-CIG) veranlasst, die corona-bedingten Haushaltsbelastungen durch Mindererträge bzw. Mehraufwendungen in den Haushaltsjahren 2020 bis 2022 zu isolieren, um diese dann einer haushaltsausgleichsverträglichen Behandlung zuzuführen.

Zu diesem Zweck sollen gemäß § 33a (2) KomHVO mit Verweis auf § 5 NKF-CIG bei der Aufstellung der Jahresabschlüsse in den Haushaltsjahren 2020 bis 2022 die Haushaltsbelastungen infolge der COVID-19-Pandemie als Summen der Mindererträge und Mehraufwendungen ermittelt werden. Die Belastungen sind entweder gesondert zu erfassen oder hilfsweise durch Nebenrechnungen vorzunehmen, indem Ergebnispläne, in denen die corona-bedingten Belastungen noch nicht oder isoliert enthalten sind, den Entwürfen der Ergebnisrechnungen der Haushaltsjahre gegenübergestellt werden (vgl. hierzu § 5 (3), (4) NKF-CIG).

Die ermittelten Beträge der Haushaltsbelastungen werden dann im Rahmen der Abschlussbuchungen in der Ergebnisrechnung als außerordentliche Erträge eingestellt und bilanziell als „Aufwendungen zur Erhaltung der gemeindlichen Leistungsfähigkeit“ aktiviert (§ 5 (5) NKF-CIG). Den ermittelten Haushaltsbelastungen stehen somit außerordentliche Erträge gegenüber. Die Belastungen sind somit letztlich im Jahr ihrer Entstehung haushaltsausgleichsneutral.

Die aktivierten Bilanzierungshilfen sind dann allerdings fünf Jahre nach dem Ansatz linear über längstens 50 Jahre erfolgswirksam abzuschreiben (§ 6 (1) NKF-CIG). Eine außerplanmäßige Abschreibung ist zulässig, soweit sie im Einklang mit der dauernden Leistungsfähigkeit der Gemeinde steht (§ 6 (3) NKF-CIG).

Die Bilanzierungshilfe stellt die Kommune also nicht dauerhaft frei von den Belastungen des Haushaltsausgleichs infolge der Corona-Pandemie. Die sehr lange Abschreibungsdauer der Bilanzierungshilfe erleichtert den Haushaltsausgleich aber, da in den kommenden Haushaltsjahren jeweils nur Bruchteile der Belastungen ausgeglichen werden müssen. Zudem verringert sich durch die zeitliche Streckung der Ausgleichsverpflichtung die reale Ausgleichslast ganz erheblich.

7.2 Der Komponentenansatz nach § 36 (2) KomHVO

§ 36 (2) KomHVO regelt den sog. Komponentenansatz. Im Handelsgesetzbuch existiert hierzu keine explizite Regelung. Gleichwohl erachtet das Institut der Wirtschaftsprüfer (IDW) den Komponentenansatz auch nach dem HGB als zulässig (IDW RH HFA 1.016). Nach den International Financial Reporting Standards (IFRS) ist der Komponentenansatz hingegen auf alle Sachanlagen anzuwenden. Entsprechend sollen alle wertmäßig bedeutsamen Teile einer Sachanlage getrennt abgeschrieben werden, zumindest sofern sich ihre Nutzungsdauern deutlich unterscheiden (siehe IAS 16.43).

Nach § 36 (2) KomHVO stellt der Komponentenansatz ein Wahlrecht dar und ist beschränkt auf Gebäude, Straßen, Wege und Plätze in bituminöser Bauweise mit Unterbau. Als Komponenten von Gebäuden werden explizit Dach und Fenster genannt. Es dürfen aber weitere Komponenten abgegrenzt werden, sofern deren Wert im Einzelnen 5 Prozent des Neubauwerts beträgt. Bei Straßen, Wegen und Plätzen werden abschließend nur zwei mögliche Komponenten genannt: die Deckschicht und der Unterbau.

Beim Komponentenansatz werden Sachanlagen gedanklich in Teile zerlegt, um diese dann über unterschiedliche Nutzungsdauern planmäßig abzuschreiben. Die Summe der Komponentenabschreibungen bestimmt dann die Gesamtabschreibung des bilanzierten Vermögensgegenstands (die Komponenten werden also nicht einzeln bilanziert).
Gegenüber der einheitlichen Abschreibung des Vermögensgegenstandes bedingt die schnellere Abschreibung der Komponenten mit kürzerer Nutzungsdauer insgesamt

höhere Abschreibungsbeträge. Andererseits sinkt jedoch der Erhaltungsaufwand. Dies ergibt sich aus folgendem Umstand: Bei der einheitlichen Abschreibung, etwa eines Gebäudes, stellt die Erneuerung des Daches i.d.R. Erhaltungsaufwand dar. Nach dem Komponentenansatz werden diese Aufwendungen aber zunächst als Herstellungsaufwand für die Komponente aktiviert, um dann in den Folgejahren als Abschreibungen aufwandswirksam zu werden.

Mit dem Komponentenansatz lässt sich also der andernfalls in einzelnen Perioden anfallende Erhaltungsaufwand für die Erneuerung bestimmter Komponenten verstetigen. Der Werteverzehr in den einzelnen Perioden soll so zutreffender abgebildet werden.

Die Anwendung des Komponentenansatzes bedingt, dass das handelsrechtliche Prinzip, nach dem die fortgeführten Anschaffungs- oder Herstellungskosten bei Wertansatz eines Vermögensgegenstandes nicht überschritten werden dürfen, durchbrochen wird. Dies zeigt sich sehr deutlich, wenn bei einer voll abgeschriebenen Sachanlage eine Komponente erneuert wird und die entsprechenden Aufwendungen aktiviert werden. Der Buchwert der Anlage könnte sich dann erhöhen, auch ohne, dass es sich nach Abgrenzung der Herstellungskosten um eine Erweiterung oder eine über den ursprünglichen Zustand hinausgehende wesentliche Verbesserung handelt. Die Wertzuschreibung käme dann nach dem Realisationsprinzip dem Ausweis nicht realisierter Gewinne gleich.

Im Zusammenhang mit dem Komponentenansatz lässt sich auch die Frage aufwerfen, wie mit der Vorschrift des § 36 (6) KomHVO umzugehen ist, nach der bei einer voraussichtlich dauernden Wertminderung von Vermögensgegenständen des Anlagevermögens eine außerplanmäßige Abschreibung auf den niedrigeren beizulegenden Wert vorzunehmen ist. Es wäre zu klären, nach welchen Kriterien die Wertminderung auf die Komponenten zu verteilen ist.

Schwierigkeiten könnte auch die Aufteilung des Gesamtkaufpreises oder der Herstellungskosten auf die einzelnen Komponenten bereiten. In der Regel addieren sich die bekannten Preise für einzelne Komponenten nicht zu den Anschaffungskosten der Sachanlage oder die Herstellungskosten lassen sich bei enger Verzahnung der Komponenten nicht leicht separieren.

7.3 Außerplanmäßige Abschreibungen nach § 36 (7) KomHVO

Grund und Boden kann durch die Errichtung von Infrastrukturanlagen einen nicht unerheblichen Wertverlust erleiden, da die Anlagen (z. B. Brücken, Gleisanlagen und Straßen) dauerhaft einer anderweitigen Nutzung oder Veräußerung des Grundstücks entgegenstehen.

Nach § 36 (7) S. 1 KomHVO können außerplanmäßige Abschreibungen aufgrund einer voraussichtlich dauernden Wertminderung von Grund und Boden durch die Anschaffung oder Herstellung von Infrastrukturvermögen bis zur Inbetriebnahme der Vermögensgegenstände linear auf den Zeitraum verteilt werden, in dem die Vermögensgegenstände angeschafft oder hergestellt werden. Entsprechende Abschreibungen sind nach § 36 (7) S. 2 KomHVO im Anhang zu erläutern.

Macht die Gemeinde von der Regelung des § 36 (7) KomHVO keinen Gebrauch, ist sie gemäß § 36 (6) S. 1 KomHVO verpflichtet, die eingetretene Wertminderung an dem Grund und Boden vollständig in dem Haushaltsjahr als außerplanmäßige Abschreibung (für eine voraussichtlich dauernde Wertminderung) zu berücksichtigen, in dem die Anschaffung oder Herstellung der Anlage des Infrastrukturvermögens beschlossen wurde. Dies könnte den Haushaltsausgleich in dem betreffenden Haushaltsjahr gefährden und mithin die Durchführung entsprechender Investitionsmaßnahmen behindern.

Die durch § 36 (7) KomHVO eingeräumte Möglichkeit, die außerplanmäßige Abschreibung auf den Grund und Boden über den Zeitraum (die Haushaltsjahre) der Anschaffung bzw. Herstellung der Infrastrukturanlage linear zu verteilen, erleichtert der Gemeinde also eine haushaltsausgleichskonforme Durchführung von Investitionen in das Infrastrukturvermögen.

7.4 Geleistete Zuwendungen

Die Bilanzierung geleisteter Zuwendungen der Gemeinde wird in § 44 (2) KomHVO ausdrücklich geregelt. Im Handelsrecht existiert keine vergleichbare Vorschrift. Die Bilanzierung von Zuschüssen unterliegt hier den allgemeinen Bilanzierungsgrundsätzen (GoB) und der sinngemäßen Anwendung anderer handelsrechtlicher Vorschriften (zur entsprechenden Auslegung siehe HFA 2 / 1996).

Nach § 44 (2) KomHVO gelten für geleistet Zuwendungen der Gemeinde die nachfolgen Bestimmungen:

„Bei geleisteten Zuwendungen für Vermögensgegenstände, an denen die Gemeinde das wirtschaftliche Eigentum hat, sind die Vermögensgegenstände zu aktivieren. Ist kein Vermögensgegenstand zu aktivieren, jedoch die geleistete Zuwendung mit einer mehrjährigen, zeitbezogenen Gegenleistungsverpflichtung verbunden, ist diese als Rechnungsabgrenzungsposten zu aktivieren und entsprechend der Erfüllung der Gegenleistungsverpflichtung aufzulösen. Besteht eine mengenbezogene Gegenleistungsverpflichtung, ist diese als immaterieller Vermögensgegenstand des Anlagevermögens zu bilanzieren." (§ 44 (2) S. 1-3 KomHVO).

§ 44 (2) KomHVO regelt die Bilanzierung von geleisteten Zuwendungen für unterschiedliche Fälle. § 44 (2) S. 1 KomHVO behandelt den Fall, dass der zuwendungsfinanzierte Vermögensgegenstand nach seiner Anschaffung oder Herstellung in das wirtschaftliche Eigentum der Gemeinde übergeht. In diesem Fall liegt der Zuwendung eine Vereinbarung zugrunde, die wie ein Werkliefervertrag ausgestaltet ist. Die Aktivierungspflicht für den Vermögensgegenstand ergibt sich bereits aus den Ansatz- und Vollständigkeitsgebot des § 42 (1) KomHVO. Die in der Bilanz der Gemeinde anzusetzenden Anschaffungskosten für den Vermögensgegenstand richten sich nach der Höhe der Zuwendung. Der Vermögensgegenstand wird danach über seine voraussichtliche Nutzungsdauer abgeschrieben, sofern die Nutzung zeitlich begrenzt ist.

Beispiel: Geleistete Zuwendung nach § 44 (2) S. 1 KomHVO

Zu besseren Anbindung an das Fernstraßennetz möchte ein Industriebetrieb eine Straße bauen lassen, die über ein Grundstück der Gemeinde verläuft. Die Gemeinde vergibt zum Bau der Straße einen Zuschuss an den Industriebetrieb. Die Straße geht nach ihrer Fertigstellung in das Eigentum der Gemeinde über.

Die Gemeinde aktiviert die geleistete Zuwendung zunächst unter dem Posten „Geleistete Anzahlungen, Anlagen in Bau“; nach Fertigstellung der Straße bucht sie die Anzahlung in den Posten „Straßennetz mit Wegen, Plätzen und Verkehrslenkungsanlagen“ um und beginnt mit der planmäßigen Abschreibung der Anschaffungskosten (i. H. d. geleisteten Zuwendung) entsprechend der Nutzungsdauer der Straße.

Sofern kein aktivierungspflichtiger Vermögensgegenstand vorliegt, kann die geleistete Zuwendung nach § 44 (2) S. 2 KomHVO als Rechnungsabgrenzungsposten aktiviert werden, wenn die Zuwendung mit einer **mehrjährigen und zeitbezogenen Gegenleistungsverpflichtung** des Zuwendungsempfängers verbunden ist.

Die geleistete Zuwendung wird hier als eine **Vorausleistung** der Gemeinde auf eine noch nicht erfüllte **zeitbezogene Gegenleistungsverpflichtung** des Zuwendungsempfängers angesehen. Die Gegenleistung muss vom Zuwendungsempfänger für einen **bestimmten** Zeitraum (zumindest für einen bestimmbaren Mindestzeitraum) geschuldet werden. Die Auflösung des Rechnungsabgrenzungspostens erfolgt dann im Zeitablauf nach Maßgabe des bis zum Abschlussstichtag abgelaufenen Leistungszeitraums im Verhältnis zum gesamten Leistungszeitraum.

Beispiel: Geleistete Zuwendung nach § 44 (2) S. 2 KomHVO

Die Gemeinde vergibt an einen Sportverein einen Zuschuss zur Sanierung der Umkleideräume. Als Gegenleistung darf die Betriebssportgruppe der Gemeindeverwaltung die Sportanlage über die nächsten drei Jahre dienstags zwischen 18:00 Uhr und 20:00 Uhr nutzen.

Die Gemeinde aktiviert die Zuwendung als Rechnungsabgrenzungsposten und löst ihn linear über drei Jahre auf.

§ 44 (2) S. 3 KomHVO behandelt den Fall, dass der Zuwendungsempfänger der Gemeinde als Gegenleistung eine bestimmte Leistungs**menge** schuldet. Ein solches auf eine bestimmte Leistungsmenge gerichtetes Recht der Gemeinde stellt einen **immateriellen Vermögensgegenstand** des Anlagevermögens dar, der durch die Zuwendung entgeltlich erworben wurde. Beispielsweise könnte sich die Gemeinde das Recht sichern, eine bestimmte Menge von Erzeugnissen, die der Zuwendungsempfänger mit dem zuwendungsfinanzierten Vermögensgegenstand herzustellen hat, zu beziehen. Die Abschreibung des immateriellen Vermögensgegenstandes erfolgt dann nach der Inanspruchnahme der geschuldeten Leistungseinheiten.

Beispiel: Geleistete Zuwendung nach § 44 (2) S. 3 KomHVO

Die Gemeinde vergibt einen Zuschuss an ein Kino zur Beseitigung von Wasserschäden, die nach Regenfällen wegen undichter Stellen im Dach des Gebäudes eingetreten sind. Als Gegenleistung wird der Gemeinde das Kino an zehn Tagen (jeweils dienstags an den Ruhetagen) für Veranstaltungszwecke überlassen. Die Gemeinde darf bestimmen an welchen Tagen sie in den kommenden drei Jahren von diesem Recht Gebrauch machen will.

Die Gemeinde aktiviert die geleistete Zuwendung als immateriellen Vermögensgegenstand. Übt sie ihr Recht im ersten Jahr zweimal aus, schreibt sie den immateriellen Vermögensgegenstand um 2/10 ab.

Zusammengefasst ergibt sich der nachfolgend darstellte Entscheidungsablauf bei geleisteten Zuwendungen.

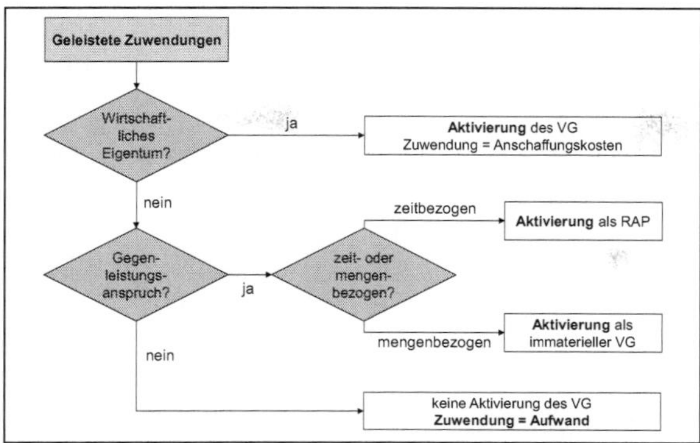

Abbildung 18: Bilanzierung geleisteter Zuwendungen

Grundvoraussetzung für eine Bilanzierung von geleisteten Zuwendungen als Rechnungsabgrenzungsposten oder immateriellen Vermögensgegenständen ist das **Vorliegen einer – bilanzierungsfähigen – Gegenleistungsverpflichtung** des Zuwendungsempfängers. Hierzu müssen **konkrete zeit- oder mengenbezogene Gegenleistungsansprüche** der Gemeinde vorliegen. Die zweckentsprechende Verwendung einer (zweckgebundenen) Zuwendung durch den Zuwendungsempfänger stellt allein noch keinen bilanzierungsfähigen Gegenleistungsanspruch der Gemeinde dar – auch dann nicht, wenn die Gemeinde das Recht hat, die Zuwendung zurückzufordern, wenn der Empfänger nicht zweckentsprechend mit ihr verfährt. Zwar können Rückzahlungsansprüche (als Forderungen) ggf. bilanziert werden, aber erst, **nachdem** eine nicht zweckentsprechende Verwendung festgestellt wurde. Ob sich aus der zweckentsprechenden Verwendung der Zuwendung bilanzierungsfähige Gegenleistungsansprüche der Gemeinde ergeben, ist eine ganz andere Frage. Die Aktivierung einer geleisteten Zuwendung setzt voraus, dass die Gemeinde konkrete und wirtschaftlich verwertbare Vorteile erlangt. Dabei ist nicht auf die Gemeinde als Gemeinwesen (und ein notwendigerweise vages definiertes Gemeinwohl), sondern auf die Gemeinde als bilanzierende Einheit abzustellen.

Auf Basis der heutigen Zuwendungspraxis muss angenommen werden, dass die Gemeinde regelmäßig **keine** bilanzierungsfähigen Gegenleistungsansprüche erwirbt. Mithin dürften geleistete Zuwendungen überwiegend als Aufwendungen zu erfassen sein.

7.5 Leasinggeschäfte

Unter dem Begriff „Leasing“ versteht man die Gebrauchsüberlassung von Vermögensgegenständen, bei der i. d. R. – im Gegensatz zu Miete oder Pacht – die Instandhaltung des überlassenen Vermögensgegenstands durch den Leasingnehmer erfolgt. Leasinggeschäfte bieten eine Alternative zum Erwerb eines entsprechenden Vermögensgegenstandes und dessen Finanzierung über eine Kreditaufnahme. Zudem können öffentlich-private Partnerschaften bei Investitionen unter Einsatz von Leasingverträgen konstruiert werden.

Grundsätzlich sind drei Arten von Leasingverträgen zu unterscheiden:

- Operate Leasing,
- Finance Leasing und
- Spezialleasing.

Für die Bilanzierung der jeweiligen Leasingverträge ist die richtige Beurteilung des wirtschaftlichen Eigentums am Leasinggegenstand entscheidend. Die steuerrechtlichen Leasingerlasse haben dazu typisierende Regeln der wirtschaftlichen Zurechnung des Leasinggegenstandes entwickelt.

Beim **Operate Leasing** handelt es sich um eine in Bezug auf die betriebsgewöhnliche Nutzungsdauer kurzfristige Überlassung von Vermögensgegenständen. Operate Leasing entspricht daher im Wesentlichen der Miete. Da der Leasinggeber das Investitionsrisiko trägt, ist er wirtschaftlicher Eigentümer und es erfolgt insgesamt eine Bilanzierung nach den Grundsätzen für schwebende Geschäfte.

Das **Finance Leasing** dient der langfristigen Finanzierung von Anlagegütern. Im Grundsatz wird eine unkündbare Grundmietzeit zwischen den Vertragsparteien vereinbart, die vielfach auf Basis einer Mietverlängerungsoption verlängert werden kann. Alternativ kann der Vermögensgegenstand im Anschluss an die Grundzeit oft auf Basis einer Kaufoption oder eines Andienungsrechts vom bzw. an den Leasingnehmer erworben bzw. veräußert werden.

Beim Finance Leasing kann zwischen **Vollamortisations- und Teilamortisationsverträgen** unterschieden werden. Ein Vollamortisationsvertrag liegt vor, wenn sich das Leasingobjekt für den Leasinggeber nach Ablauf der Grundmietzeit unter Berücksichtigung aller Kosten (Anschaffungskosten, Finanzierungskosten) sowie eines Gewinnaufschlags voll amortisiert hat. Andernfalls handelt es sich um einen Teilamortisationsvertrag.

Bezüglich der Zurechnung des wirtschaftlichen Eigentums unterscheiden die steuerrechtlichen **Leasingerlasse**[1] beim Finance Leasing die folgenden Sachverhalte:

Bei **Vollamortisationsverträgen**, deren Grundmietzeit weniger als 40% oder mehr als 90% der gewöhnlichen Nutzungsdauer beträgt, sind die Leasinggegenstände stets dem Leasingnehmer zuzurechnen. Eine Zurechnung zum Leasingnehmer erfolgt auch dann, wenn die Grundmietzeit mehr als 40% aber weniger als 90% der gewöhnlichen Nutzungsdauer beträgt und eine Kaufoption vorliegt, deren Kaufpreis kleiner

[1] In chronologischer Reihenfolge handelt es sich um die nachfolgenden vier Leasingerlasse des BMF: BMF 19.4.71, IV B/2 - S 2170 - 31/71; BMF 21.3.72, F/IV B 2 - S 2170 - 11/72; BMF 22.12.75, IV B 2 - S 2170 - 161/75; BMF 23.12.91, IV B 2- S 2170 - 115/91

als der Buchwert oder der niedrigere gemeine Wert ist, oder eine Mietverlängerungsoption besteht, deren Anschlussmietzins unterhalb des entsprechenden Werteverzehrs liegt.

Beispiel

Doppik City hat im Rahmen eines Leasingvertrags mit der Leasing AG ein neues Fahrzeug für die Feuerwehr beschafft.

Die Anschaffungskosten des Fahrzeuges betragen EUR 100.000, die Nutzungsdauer des Fahrzeugs liegt bei 10 Jahren. Der Leasingvertrag sieht eine Grundmietzeit von 8 Jahren vor. Die Leasingraten betragen monatlich

a)EUR 1.100;

b)EUR 1.000.

Nach Ablauf der Grundmietzeit kann das Fahrzeug zum Kaufpreis von

a)EUR 15.000;

b)EUR 20.000

erworben werden.

a) Der Leasingnehmer ist wirtschaftlicher Eigentümer, da die Grundmietzeit 80% der gewöhnlichen Nutzungsdauer beträgt und eine Kaufoption mit einem Kaufpreis unterhalb des Buchwerts von EUR 20.000 besteht.

b) Der Leasinggeber ist wirtschaftlicher Eigentümer, da der Kaufpreis gleich dem Buchwert ist.

In allen anderen Fällen ist bei Vollamortisationsverträgen eine Zurechnung des Leasinggegenstands zum Leasinggeber vorzunehmen.

Bei **Teilamortisationsverträgen** sind Leasinggegenstände in den Fällen wirtschaftlich dem Leasinggeber zuzuordnen, bei denen der Leasingnehmer das Risiko der Wertminderung des Leasinggegenstands trägt, ohne entsprechend an einer Wertsteigerung teilhaben zu können. Partizipiert der Leasingnehmer hingegen auch zu mehr als 75% an einer Wertsteigerung des Leasinggegenstands, gilt der Leasingnehmer als wirtschaftlicher Eigentümer des Leasinggegenstands.

Beim **Spezialleasing** ist das Leasingobjekt stets dem Leasingnehmer zuzurechnen, da das Leasingobjekt hier an die speziellen Bedürfnisse des Leasingnehmers angepasst ist und so eine Nutzung durch Dritte nicht möglich ist.

Sofern der **Leasinggeber als wirtschaftlicher Eigentümer** des Leasinggegenstands anzusehen ist, ist wie folgt zu bilanzieren: Der Leasinggeber aktiviert den Leasinggegenstand und schreibt ihn für handelsrechtliche Zwecke über die Laufzeit des Leasingvertrages unter Berücksichtigung eines zu erwartenden Restverkaufserlöses ab. Steuerrechtlich erfolgt die Abschreibung über die betriebsgewöhnliche Nutzungsdauer. Die empfangenen Leasingraten werden periodisch erfolgswirksam vereinnahmt. Der Leasingnehmer erfasst die laufenden Leasingraten aufwandswirksam und gibt die ausstehenden Leasingraten in Summe als sonstige finanzielle Verpflichtung im Anhang an.

In den Fällen hingegen, in denen der **Leasingnehmer wirtschaftlicher Eigentümer** des Leasinggegenstands ist, ist wie folgt zu bilanzieren: Der Leasinggeber bilanziert in Höhe der abgezinsten Tilgungsanteile der Leasingraten eine Forderung (steuerlich: in Höhe der Anschaffungskosten). Die Tilgungsanteile der eingehenden Leasingraten werden erfolgsneutral mit der Forderung verrechnet; die anderen Bestandteile der Leasingraten (Zins-, Kosten-, Gewinnanteile) werden periodisch erfolgswirksam vereinnahmt.

Der Leasingnehmer aktiviert den Gegenstand mit seinen Anschaffungskosten und schreibt ihn über die betriebsgewöhnliche Nutzungsdauer planmäßig und ggf. außerplanmäßig ab. Handelsrechtlich entsprechen die Anschaffungskosten des Leasingnehmers dem Barwert der künftigen Leasingraten (ggf. zzgl. einer Einmalzahlung sowie der Anschaffungsnebenkosten und abzgl. Anschaffungskostenminderungen); in den Leasingraten ggf. enthaltener reiner Aufwandsersatz (z. B. für Versicherungs- oder Serviceleistungen) ist dabei nicht zu berücksichtigen; als Zinssatz für die Diskontierung der Leasingraten ist ein laufzeitäquivalenter Zinssatz zu wählen. Steuerrechtlich entsprechen die Anschaffungskosten des Leasingnehmers den Anschaffungskosten, die der Leasinggeber dem Vertrag zugrunde gelegt hat.

Zur erfolgsneutralen Gestaltung des Beschaffungsvorgangs passiviert der Leasingnehmer in Höhe des Aktivpostens des Leasinggegenstands (ohne Anschaffungsnebenkosten) eine Verbindlichkeit. Die Leasingraten sind in einen Zins-, Kosten- und Tilgungsanteil aufzuteilen. Der Zins- und Kostenanteil stellt Aufwand der jeweiligen Abrechnungsperiode dar; der Tilgungsanteil wird erfolgsneutral mit der Verbindlichkeit verrechnet.

Die Bilanzierung eines Leasinggeschäfts beim Leasingnehmer als wirtschaftlichem Eigentümer wird nachfolgend an einem Beispiel erläutert. Dabei werden die steuerrechtlichen Vorschriften zugrunde gelegt.

Beispiel: Bilanzierung von Leasing beim Leasingnehmer als wirtschaftlichem Eigentümer

Die Gemeinde mietet zu Beginn des Jahres 01 eine Kehrmaschine, die speziell für sie hergestellt wurde. Die Anschaffungskosten des Leasinggegenstands, die der Ermittlung der Leasingraten zugrunde gelegt wurden, betragen EUR 79.500. Bei der Gemeinde fallen darüber hinaus Anschaffungsnebenkosten für die Endmontage des Geräts i. H. v. EUR 8.000 an. Die Leasingraten während der dreijährigen Grundmietzeit belaufen sich auf EUR 40.000 p. a, fällig jeweils am Jahresende. Sie enthalten einen Kostenanteil von EUR 500 p. a Die betriebsgewöhnliche Nutzungsdauer beträgt vier Jahre.

Es handelt sich hier um einen Fall von Spezial-Leasing, der Leasinggegenstand ist somit dem Leasingnehmer, der Gemeinde, als wirtschaftlichem Eigentümer zuzurechnen. Entsprechend aktiviert die Gemeinde den Gegenstand mit den Anschaffungskosten, die dem Leasingvertrag zugrunde liegen (EUR 79.500), zuzüglich der Anschaffungsnebenkosten (EUR 8.000) und schreibt ihn über die betriebsgewöhnliche Nutzungsdauer (vier Jahre) ab, bei linearer Abschreibung also jährlich EUR 21.875.

Die von der Gemeinde zu passivierende Leasingverbindlichkeit ist mit den zugrundeliegenden Anschaffungskosten zu bewerten (EUR 79.500). Die Anschaffungsnebenkosten bleiben außer Betracht. Die jährlichen Leasingraten i. H. v. EUR 40.000 werden in einen Tilgungs- sowie Zins- und Kostenanteil aufgespalten. Die Tilgungsanteile werden periodisch von der Leasingverbindlichkeit abgesetzt, d. h. erfolgsneutral erfasst. Die Zins- und Kostenanteile sind dagegen periodisch als Aufwand zu erfassen.

Der gesamte auf die Vertragslaufzeit zu verteilende Zinsanteil ergibt sich als Differenz zwischen der Summe der Leasingraten (EUR 120.000) und den Anschaffungskosten des Leasinggegenstands (EUR 79.500) abzüglich des Kostenanteils (EUR 1.500). Damit ergibt sich ein insgesamt zu verteilender Zinsanteil von EUR 39.000.

Die Berechnung der jährlichen Zinsanteile und der komplementären Tilgungsanteile kann vereinfacht anhand der Zinsstaffelmethode (digitale Methode) oder anhand der Barwertvergleichsmethode, welche hier nur erwähnt sei, erfolgen. Bei der Zinsstaffelmethode wird der gesamte Zinsanteil so auf die Jahre der Grundmietzeit verteilt, dass der Anteil jedes Jahr um einen konstanten absoluten Betrag (den sog. Degressionsbetrag) fällt. Im letzten Jahr der Grundmietzeit entspricht der Zinsanteil dann dem Degressionsbetrag.

Im vorliegenden Fall errechnet sich der Degressionsbetrag wie folgt:

EUR 39.000/(1+2+3) = EUR 6.500

Der Zinsanteil beträgt also im 3. Nutzungsjahr EUR 6.500, im zweiten Nutzungsjahr EUR 13.000 und im ersten Nutzungsjahr EUR 19.500. Zur Berechnung des Tilgungsanteils ist von der jährlichen Leasingrate der Zins- und der Kostenanteil abzuziehen. In den drei Jahren der Grundmietzeit ergeben sich somit die folgenden Zins-, Kosten und Tilgungsanteile der Leasingraten:

Jahr	Leasing-rate	Zinsan-teil	Kostenan-teil	Tilgungsan-teil
	[1]	[2]	[3]	= [1]-[2]-[3]
1	40.000	19.500	500	20.000
2	40.000	13.000	500	26.500
3	40.000	6.500	500	33.000

Bei **Sale-and-lease-back-Geschäften** veräußert eine Kommune einen Vermögensgegenstand ihres Anlagevermögens an eine Leasinggesellschaft und realisiert dabei den entsprechenden Veräußerungserlös. Im Anschluss wird der entsprechende Vermögensgegenstand über einen Leasingvertrag von der Kommune zurückgeleast und entsprechend den dargestellten Grundsätzen bilanziert. Sale-and-lease-back-Geschäfte ermöglichen es also, das in dem Vermögensgegenstand gebundene Kapital zu verflüssigen und dennoch den Gegenstand weiterhin zu nutzen. Gegebenenfalls können bei der Veräußerung auch stille Reserven mobilisiert werden.

Die liquiden Mittel aus dem Veräußerungserlös können zur Schuldentilgung oder zur Finanzierung neuer Investitionen genutzt werden. Werden die Erlöse zur Schuldentilgung eingesetzt, verkürzt sich die Bilanzsumme mit der Folge einer höheren Eigenkapitalquote (sofern der Leasinggeber wirtschaftlicher Eigentümer wird) und geringeren Zinsaufwendungen. Allerdings können die laufenden Aufwendungen in den Folgejahren höher ausfallen, als ohne das Sale-and-lease-back-Geschäft. Dies dürfte insbesondere dann der Fall sein, wenn bei der Veräußerung in erheblichem Umfang stille Reserven aufgedeckt wurden. In diesem Fall dürften die Leasingraten das bilanzielle Ergebnis stärker belasten als vormals die Abschreibungen und Zinsaufwendungen.

7.6 Zinsderivate

Derivative Finanzinstrumente (kurz: Derivate) gehen aus vertraglichen Vereinbarungen zum Austausch von Finanzmitteln hervor, bei denen die künftig zu leistenden Zahlungen einer oder beider Vertragsparteien davon abhängig gemacht werden, wie sich bestimmte Marktpreise (Basiswerte) entwickeln, etwa bestimmte Rohstoffpreise, Wechselkurse oder auch bestimmte Marktzinssätze; in diesem Fall handelt es sich um Zinsderivate. Die Zahlungsansprüche und Verpflichtungen aus dem Vertrag sind für beide Vertragsparteien also genau gegenläufig. Der Zahlungsanspruch der Partei A ist die Zahlungsverpflichtung der Partei B und deren Zahlungsanspruch die

Zahlungsverpflichtung der Partei A. Es lässt sich auch so ausdrücken: Die Parteien A und B vereinbaren zwei genau gegenläufige Derivate zu tauschen.

Der Wert eines Derivats bemisst sich nach den – in der Restlaufzeit des Vertrages – zu erwartenden künftigen Zahlungsansprüchen abzüglich der erwarteten Zahlungsverpflichtungen. Zahlungsansprüche oder Zahlungsverpflichtungen leiten sich aber aus der erwarteten Entwicklung des zugrunde gelegten Basiswertes ab. Somit leitet sich der Wert des Derivats letztlich aus den Erwartungen über die Entwicklung des zugrunde gelegten Basiswerts – bei Zinsderivaten: des zugrunde gelegten Referenzzinssatzes – ab. Liegen den Derivaten marktgerechte Konditionen zugrunde, können Zahlungsansprüche und Zahlungsverpflichtungen zum Zeitpunkt des Vertragsabschlusses als ausgeglichen angesehen werden. Der Marktwert der Derivate ist daher zu Beginn gleich Null.

Gemeinden sind gehalten Zinsderivate vornehmlich einzusetzen, um Zinsänderungsrisiken aus (variabel verzinslichen) Krediten zu begrenzen. Derivate sollen also in erster Linie genutzt werden, um zwischen einem Grundgeschäft der Kreditaufnahme und dem eingesetzten Derivat eine Sicherungsbeziehung aufzubauen (sog. Hedge). Der Aufbau einer derartigen Sicherungsbeziehung setzt voraus, dass sich die Werte des Grundgeschäfts, also der Barwert künftiger zu erwartender Zinszahlungen, und der Wert des Sicherungsgeschäfts (des Derivats) abhängig von dem vereinbarten Referenzzinssatz gegenläufig entwickeln. Sinkt also der Wert des Grundgeschäfts, sollte bei einer intakten Sicherungsbeziehung der Wert des Sicherungsgeschäfts steigen und umgekehrt. Ausdrücklich gefordert sind Sicherungsgeschäfte bei Kreditaufnahmen, die nicht in Euro erfolgen (§ 86 (1) S. 4 GO).

Im Runderlass des Immenministeriums – 34.48.05.01/02 – 8/14 vom 16. Dezember 2014 „Kredite und kreditähnliche Rechtsgeschäfte der Gemeinden (GV)“ Krediterlass wird Gemeinden ausdrücklich zugestanden, dass sie Zinsderivate „zur Zinssicherung und zur Optimierung ihrer Zinsbelastung“ nutzen können. Derivate sollten vorrangig im Dienste der „Sicherheit und Risikominimierung“ eingesetzt werden. „Die Zinsderivate müssen deshalb bereits bestehenden Krediten zugeordnet werden können (Konnexität).“ Es sei darauf zu achten, „dass durch die Zinsderivate bestehende Zinsrisiken nicht erhöht werden“. Was es in diesem Zusammenhang genau bedeuten soll, dass Zinsderivate – neben der Zinssicherung – auch zur „Optimierung“ der Zinsbelastung verwendet werden dürfen, wird im Krediterlass nicht weiter ausgeführt.

Sicherungsbeziehungen können auf unterschiedlichen Ebenen aufgebaut werden. Bei der Absicherung von Schuldpositionen ist zwischen dem Micro-Hedge und dem Portfolio-Hedge zu unterscheiden. Beim Micro-Hedge wird genau eine Schuldposition gesichert. Beim Portfolio-Hedge bezieht sich das Sicherungsgeschäft auf das Netto-Risiko mehrerer Positionen oder das gesamte Kreditvolumen. Beide Verfahren werden im Krediterlass als kommunalrechtlich zulässig eingestuft

Aus der Vielzahl der Finanzinstrumente, die zur Absicherung von Zinsänderungsrisiken eingesetzt werden können, sollen im Folgenden drei Instrumente näher betrachtet werden: Swaps, Caps und Forward Rate Agreements (FRAs). Zunächst soll der Aufbau der Instrumente dargestellt werden, danach werden Fragen der Bilanzierung behandelt.

Swaps

Der Zinsswap ist eine vertragliche Vereinbarung, nach der die Vertragspartner über eine bestimmte Laufzeit feste gegen variable (Payer Swap) oder variable gegen feste (Receiver Swap) Zinsverpflichtungen tauschen. Die gegenseitigen Zinszahlungen bemessen sich nach einem festen (fiktiven) Kapitalbetrag, ohne dass diese Kapitalbeträge getauscht werden. Die Zinszahlungen erfolgen für die Festzinsseite jährlich (falls vereinbart, auch halb- oder vierteljährlich). Die variable Seite zahlt entsprechend der Zinsbindungsdauer nachschüssig. Die Festlegung des variablen Zinssatzes (das sog. Fixing) erfolgt zwei Arbeitstage vor Beginn der entsprechenden Zinsperiode.

Entspricht der Swap bezogen auf die vereinbarten laufenden Zahlungen nicht marktgerechten Bedingungen, werden Einmalzahlungen zum Vertragsabschluss (sog. Upfront Payments) oder zum Vertragsende (Balloon Payments) an denjenigen Swappartner vereinbart, der im Vergleich zu Markkonditionen zu hohe Zinszahlungen leistet oder empfängt.

Kommunen setzen Zinsswaps meist dazu ein, um Darlehen mit variabler Verzinsung gegen das Risiko steigender Zinsen abzusichern (Payer-Swap). Das variable verzinsliche Darlehen wird so de facto in ein Festzinsdarlehen umgewandelt.

Beispiel

Die Gemeinde schließt einen Zinsswap über EUR 3 Mio. mit einer Laufzeit von 5 Jahren, beginnend am 1. Januar 2015 und endend am 31. Dezember 2019, ab. Die Gemeinde zahlt jährlich einen Festzinssatz von 3,5% auf EUR 3 Mio. und erhält vierteljährlich Zahlungen auf Basis des festgestellten variablen Zinssatzes (3-Monats-Euribor) bezogen auf EUR 3 Mio. und für drei Monate. Einmalzahlungen werden nicht vereinbart.

Vereinbaren, die Vertragsparteien zu einem künftigen Termin, in einen nach Nominalbetrag, Laufzeit und Zinssatz spezifizierten Swap einzutreten, so handelt es sich um einen **Forward-Swap**. Eine sog. **Swaption** (Swap-Option) ist dagegen eine Vereinbarung, bei der der Verkäufer (Stillhalter) dem Käufer das Recht einräumt, in einen Swap zu vorher festgelegten Konditionen einzutreten.

Caps

Beim Cap handelt es sich um eine Zinsbegrenzungsvereinbarung, bei der dem Käufer gegen Zahlung einer Prämie vom Verkäufer eine Zinsobergrenze garantiert wird. In dem Vertrag werden die Laufzeit, die Zinsgrenze (sog. Strike-Price), der Referenzzinssatz (z. B. 6-Monats-Euribor oder -Libor), die Ausgleichszahlungen (Berechnung, Zahlungsweise), der zugrundeliegende nominelle Kapitalbetrag und die Prämienzahlungen (einmalige oder jährliche Zahlungen) festgelegt. Der festgelegte Kapitalbetrag dient auch hier nur als Rechengröße, Kapitalbewegungen finden nicht statt. Caps können von der Gemeinde eingesetzt werden, um Darlehen mit variabler Verzinsung gegen das Risiko zu stark steigender Zinsen abzusichern und gleichwohl von künftig sinkenden Zinsen zu profitieren.

Beispiel

Die Gemeinde erwirbt einen Cap mit einer Laufzeit von 5 Jahren, beginnend am 1. Februar 2015 und endend am 31. Januar 2020. Der zugrunde gelegte Nominalbetrag beträgt 5 Mio. EUR, der Strike-Price 4% bezogen auf den 6-Monats-Euribor. Die halbjährigen Zinsperioden beginnen jeweils am 1. Februar und am 1. August. Das Fixing des Referenzzinssatzes findet jeweils zwei Tage vorher statt. Ausgleichszahlungen werden am Ende der jeweiligen Zinsperiode geleistet. Liegt der für eine Zinsperiode festgestellte Referenzzinssatz (6-Monats-Euribor) beispielsweise bei 4,5%, erhält die Gemeinde für diese Periode eine Ausgleichszahlung von 0,5% bezogen auf 5 Mio. EUR und sechs Monate.

Zu den Zinsbegrenzungsvereinbarungen zählen ferner Floors und Collars. Der Floor ist eine Vereinbarung, bei der Käufer und Verkäufer eine Zinsuntergrenze vereinbaren, ab der der Verkäufer eine Ausgleichszahlung an den Käufer zu leisten hat. Der Collar ist eine Kombination aus Cap und Floor.

Forward-Rate-Agreements (FRAs)

Forward-Rate-Agreements (FRAs) sind unbedingte kurzfristige Termingeschäfte. Bei einem FRA verpflichten sich die Vertragsparteien zum gegenseitig Differenzausgleich, falls zu einem bestimmten Termin in der Zukunft (Settlement Date) ein bestimmter Referenzzinssatz von einem fixierten Festzinssatz (FRA-Satz) abweicht. Den Berechnungen der Ausgleichzahlungen wird ein über eine bestimmte Laufzeit zu verzinsender Kapitalbetrag zugrunde gelegt. Der Kapitalbetrag dient auch hier nur als Rechengröße, es finden keine Kapitalbewegungen statt. Ausgleichszahlungen werden zum Settlement Date geleistet. Liegt der Referenzzinssatz über dem FRA-Satz erhält der Käufer des FRA eine abgezinste Ausgleichszahlung in Höhe der Differenz zwischen den Zinszahlungen zum Referenzzinssatz verglichen mit den Zinszahlungen zum FRA-Satz. Der Berechnung dieser Zahlungen werden der festgelegte

Kapitalbetrag und die vereinbarte Laufzeit zugrunde gelegt. Liegt der Referenzzinssatz hingegen unterhalb des vereinbarten Festzinses, erhält der Verkäufer die Kompensationszahlung.

Mit einem FRA kann sich die Gemeinde gegen Zinsänderungsrisiken absichern, etwa wenn ein Festzinsdarlehen zu einem späteren Zeitpunkt prolongiert werden muss und das Risiko von dann eingetretenen Zinserhöhungen begrenzt werden soll. Der Verkäufer des FRA hingegen möchte sich möglicherweise gegen fallende Zinsen bei zukünftigen Mittelanlagen absichern.

Beispiel

Die Gemeinde erwirbt am Jahresbeginn einen FRA. Settlement Date ist der 1. Juni 2015. Die Laufzeit beträgt sechs Monate. Der FRA-Satz beträgt 3%; Referenzzinssatz ist der 6-Monats-Euribor. Der festgelegte Nominalbetrag beträgt 5 Mio. EUR.

Bei der Bilanzierung von Sicherungsbeziehungen sollen gemäß § 254 HGB die in die Sicherungsbeziehung eingeschlossenen Grund- und Sicherungsgeschäfte zu einer Bewertungseinheit zusammengefasst werden. Der Einzelbewertungsgrundsatz, das Imparitätsprinzip und Realisationsprinzip gelten dann nicht mehr für die jeweiligen Einzelgeschäfte (Grund- und Sicherungsgeschäfte), sondern nur für die Bewertungseinheit insgesamt.

Hintergrund dieser Regelung ist der Umstand, dass Sicherungsbeziehungen zwar zum Ausgleich gegenläufiger Wertänderungen oder Zahlungsströme zwischen einem Grund- und einem Sicherungsgeschäft geeignet erscheinen, das Festhalten am Einzelbewertungsgrundsatz aber wegen des Imparitätsprinzips zu Verzerrungen in der Darstellung der Ertragslage führen könnte.

In einer intakten Sicherungsbeziehung führen Wertänderungen beim Grundgeschäft zu gegenläufigen Wertänderungen beim Sicherungsgeschäft. Bei einer Einzelbewertung der Geschäfte käme es aber dennoch bei jeder Wertänderung zu Verlustausweisen, weil die Werterhöhungen wegen des Realisationsprinzips nicht als positive Erfolgsbeiträge erfasst werden dürfen. Dagegen müssen die Wertminderungen auf der anderen Seite der Sicherungsbeziehung aber wegen des Imparitätsprinzips antizipiert und als negative Erfolgsbeiträge ausgewiesen werden. Später kehrt sich die Erfolgswirkung um: die Erträge werden dann realisiert, während die negativen Erfolgsbeiträge bereits antizipiert wurden.

Die Bildung von Bewertungseinheiten ermöglicht es dagegen, den Erfolgsausweis zu verstetigen. Dies erscheint geboten, weil bei einer intakten Sicherungsbeziehung, Wertminderungen und Verpflichtungsüberhänge bezogen auf die Bewertungseinheit nicht zu erwarten sind.

Bewertungseinheiten dürfen nach handelsrechtlichen Grundsätzen nur dann gebildet werden, wenn der Bilanzierende das Finanzinstrument mit der Absicht erwirbt, bestimmte Grundgeschäfte durch ein Sicherungsgeschäft abzusichern und die Sicherungsbeziehung bis zum Laufzeitende aufrechterhalten werden soll (Durchhalteabsicht). Ferner muss die Wirksamkeit der Sicherungsbeziehung im Vorhinein nachgewiesen (objektive Eignung der Grund- und Sicherungsgeschäfte zur Kompensation von Risiken) und laufend überwacht werden.

Im Krediterlass werden Bewertungseinheiten ausdrücklich im Zusammenhang mit Zinsderivaten zugelassen. Die Bildung von Bewertungseinheiten wird an folgende Voraussetzungen geknüpft, die kumulativ vorliegen müssen:

- „Beim Grund- und Sicherungsgeschäft liegt aufgrund des diese Geschäfte beeinflussenden Risikoparameters eine gegenläufige Wertentwicklung vor (Homogenität der Risiken).
- Der Sicherungszusammenhang muss für den gesamten Zeitraum gegeben oder zumindest herstellbar sein (zeitliche Kongruenz).
- Das Volumen des Sicherungsgeschäfts darf das Volumen der Grundgeschäfte zu keinem Zeitpunkt übersteigen (abstrakte Konnexität)“. (Krediterlass, Abschnitt 2.2.3)

Bilanzierung von Zinsswaps

Zinsswaps betreffen beiderseitig noch nicht erfüllte Zahlungsverpflichtungen. Es handelt sich damit um **schwebende Geschäfte**, die grundsätzlich nicht bilanziert werden, solange sich kein Verpflichtungsüberhang ergibt. Dies ist zum Abschluss des Vertrages der Fall, wenn marktgerechte Konditionen zugrunde liegen. Der Marktwert des Swaps ist dann gleich Null.

Über die Laufzeit des Swaps verändert sich der Marktwert des Swaps in aller Regel. Sofern der Swap aber als Sicherungsgeschäft abgeschlossen und in einer wirksamen Sicherungsbeziehung zu einem Posten der Verbindlichkeiten (Grundgeschäft) steht und mit diesem zu einer Bewertungseinheit zusammengefasst wurde, ist bei einem negativen Marktwert des Swaps keine Drohverlustrückstellung zu bilden.

Beispiel: Bewertungseinheit

Die Gemeinde hat ein variabel verzinsliches Darlehen zum 3-Monats-Euribor in Höhe von EUR 500.000 aufgenommen. Laufzeit: 1.1.2015 bis 31.12.20191. Zur Absicherung gegen Zinserhöhungen aus diesem Darlehen schließt sie einen Swap mit übereinstimmenden Parametern ab: Nominalbetrag 500.000, Laufzeit: 1.1.2015 bis 31.12.2019, die Bank zahlt des 3-Monats-Euribor, die Gemeinde einen Festzinssatz von 3,5%

Ein negativer Marktwert des Swaps zeigt an, dass aus dem schwebenden Geschäft über die Restlaufzeit ein Verpflichtungsüberhang zu erwarten ist. Dies ist der Fall, wenn sich der Swap zum Bewertungszeitpunkt am Markt nicht verlustfrei durch Abschluss eines gegenläufigen Swaps über die Restlaufzeit glattstellen ließe. Bei isolierter Betrachtung des Swaps müsste deshalb eine entsprechende Drohverlustrückstellung gebildet werden. In Falle einer Bewertungseinheit darf aber davon ausgegangen werden, dass sich die zu erwartenden negativen Erfolgsbeiträge des Swaps durch die positiven Erfolgsbeiträge des Grundgeschäfts (also etwa sinkende Zinsen des variabel verzinslichen Darlehens) ausgleichen werden. Eine Drohverlustrückstellung ist deshalb nicht anzusetzen.

Die Zahlungen aus dem Swap sind in der Finanzrechnung als Zinsein- oder Zinsauszahlungen zu erfassen. In der Ergebnisrechnung sind die Zahlungen – periodengerecht abgegrenzt – als Erträge oder Aufwendungen zu erfassen. Für Einmalzahlung bei Abschuss des Swaps (sog. Upfont Payments) sind Rechnungsabgrenzungsposten zu bilden und über die Laufzeit erfolgswirksam aufzulösen. Einmalzahlungen, die vereinbarungsgemäß am Ende der Laufzeit fällig werden, und noch nicht gezahlt sind, sollten als sonstige Verbindlichkeiten oder Vermögensgegenstände ratierlich zu Lasten/zu Gunsten des Zinsaufwands/Zinsertrags aufgebaut werden.

Bilanzierung von Caps

Bei einem Cap handelt es sich materiell um eine Serie von Zinsoptionen. Die Anzahl der Teiloptionen bemisst sich nach der Anzahl der Perioden, in denen Ausgleichszahlungen zu leisten sind, sofern der variable Referenzzinssatz die Zinsobergrenze überschreitet. In jeder dieser Perioden wird eine Teiloption ausgeübt oder sie verfällt, sofern der Referenzzinssatz unterhalb der Obergrenze notiert.

Im Sinne einer periodengerechten Erfolgsermittlung sollte die gezahlte Prämie nicht gleich aufwandswirksam erfasst werden. Aufwand sollte vielmehr erst dann erfasst werden, wenn im Zeitablauf Teiloptionen ausgeübt werden oder verfallen. Hierzu ist es notwendig, die Prämienzahlung zunächst zu aktivieren. Danach wird es aus Vereinfachungsgründen grundsätzlich als zulässig angesehen, den Posten linear über die Laufzeit des Vertrages herabzusetzen. Strittig ist die Frage, ob die Prämienzahlung als Anschaffungskosten für den Cap anzusehen sind und der Cap unter dem Posten „sonstige Vermögensgegenstände“ auszuweisen ist. Alternativ wird empfohlen, die Prämienzahlung als Rechnungsabgrenzungsposten zu aktivieren. Für den Erfolgsausweis ist diese Frage aber unerheblich.

Überschreitet der Referenzzinssatz die festgelegte Grenze (Strike) werden Ausgleichszahlungen fällig. Diese werden als Zinseinzahlungen in der Finanzrechnung erfasst. Zur Erfassung als Zinserträge in der Ergebnisrechnung sind Einzahlungen ggf. abzugrenzen. Da die Ausgleichszahlungen nachschüssig fällig werden, könnte eine antizipative Abgrenzung erforderlich sein (sonstige Vermögensgegenstände)

Der Marktwert eines Cap kann im Zeitverlauf negativ werden. Dies ist der Fall, wenn zum Bewertungsstichtag eine verlustfreie Glattstellung nicht möglich ist. Sofern aber eine Bewertungseinheit mit einem Kreditgeschäft vorliegt, hat dies keine bilanziellen

Auswirkungen. Die zu erwartenden negativen Erfolgsbeiträge aus dem Cap müssen nicht antizipiert werden, weil sie durch die positiven Erfolgsbeiträge des Grundgeschäfts ausgeglichen werden.

Liegt dagegen keine Bewertungseinheit vor, ist ein negativer Marktwert des Cap durch eine außerplanmäßige Abschreibung der aktivierten Prämienzahlung (bzw. durch eine entsprechende Auflösung des Rechnungsabgrenzungspostens) zu berücksichtigen.

Bilanzierung von Forward-Rate-Agreements

Der Abschluss eines Forward-Rate-Agreements stellt ein schwebendes Geschäft dar, das grundsätzlich nicht zu bilanzieren ist. Der Schwebezustand endet mit dem Stettlement Date, an dem die abgezinsten Ausgleichszahlungen feststehen und fällig werden.

Sofern eine Bewertungseinheit besteht, wirken sich Marktwertveränderungen des FRA während des Schwebezustands bilanziell nicht aus. Liegt dagegen keine Bewertungseinheit vor, so ist eine Drohverlustrückstellung zu bilden, falls innerhalb des Schwebezustands ein negativer Marktwert ermittelt wird. Ein positiver Marktwert darf dagegen wegen des Realisationsprinzips nicht bilanziert werden.

Die am Abrechnungstag gezahlten Ausgleichszahlungen werden in der Finanzrechnung sowie erfolgswirksam in der Ergebnisrechnung (Finanzerträge/Zinsen und sonstige Finanzaufwendungen) erfasst. Gegebenenfalls sollten die Ausgleichszahlungen durch die Bildung von aktiven oder passiven Rechnungsabgrenzungsposten erfolgswirksam abgegrenzt werden. Die Auflösung der Posten erfolgt dann zeitanteilig entsprechend der Dauer der Sicherungsperiode. Hierfür spricht sich zumindest die Gemeindeprüfungsanstalt aus (vgl. Gemeindeprüfungsanstalt Nordrhein-Westfalen (Hrsg.) (2015c), S. 16; anders: Ellerich, Marian (2007), S. 39).

Verständnisfragen zu Kapitel 7

1. Wann darf für geleistete Zuwendungen kein Aktivposten gebildet werden?
2. Unter welchen Voraussetzungen sind geleistete Zuwendungen als immaterielle Vermögensgegenstände zu aktivieren?
3. Die Gemeinde bildet für eine geleistete Zuwendung einen aktiven Rechnungsabgrenzungsposten. Wie ist in den folgenden Haushaltsjahren zu verfahren?
4. Grenzen Sie Operate Leasing und Finance Leasing voneinander ab.
5. Unter welchen Bedingungen ist der Leasingnehmer (beim Finance Leasing) als wirtschaftlicher Eigentümer anzusehen?
6. Skizzieren Sie die Bilanzierung eines Leasinggeschäfts beim Leasingnehmer, für den Fall, dass dieser als wirtschaftlicher Eigentümer des Leasinggegenstandes anzusehen ist.
7. Erläutern Sie die Funktionsweise eines Zinsswaps.
8. Nennen sie Voraussetzungen für die Bildung von Bewertungseinheiten?
9. Welche bilanziellen Folgen hat die Bildung von Bewertungseinheiten zwischen einem Grund- und Sicherungsgeschäft?
10. Was ist ein Portfolio-Hedge?

Siehe auch Übungsaufgabe 12 im Anhang.

8 Ergebnisrechnung

8.1 Funktion und haushaltsrechtliche Bestimmungen

In der Ergebnisrechnung werden mit den Rechengrößen „Erträge“ und „Aufwendungen“ das Ressourcenaufkommen und der Ressourcenverbrauch des Haushaltsjahres dargestellt. Erträge erhöhen das Eigenkapital; Aufwendungen gehen zu Lasten des Eigenkapitals. Die Ergebnisrechnung steht in engem Zusammenhang zur Bilanz. Die Bilanz ist eine Bestandsrechnung: Sie zeigt den Stand des Vermögens und der Schulden zu einem Stichtag. Die Ergebnisrechnung bildet hingegen Stromgrößen – Erträge und Aufwendungen – innerhalb eines Zeitraumes (eines Haushaltsjahres) ab. Das in der Ergebnisrechnung als Saldo von Erträgen abzüglich Aufwendungen ermittelte Jahresergebnis entspricht dabei der Veränderung des Eigenkapitals in der Bilanz zwischen zwei Stichtagen.

Für die Haushaltswirtschaft der Gemeinde sind Erträge und Aufwendungen die zentralen Planungs- und Rechengrößen. Nach § 75 (2) muss der Haushalt grundsätzlich „in jedem Jahr in Planung und Rechnung ausgeglichen sein. Er ist ausgeglichen, wenn der Gesamtbetrag der Erträge die Höhe des Gesamtbetrages der Aufwendungen erreicht oder übersteigt.“ Entsprechend nennt das Gemeindehaushaltsrecht die Ergebnisrechnung an vorderster Stelle als Bestandteil des Jahresabschlusses (§§ 95 (2) GO und 38 (1) KomHVO). Die Ergebnisrechnung zeigt das Zustandekommen des Jahresergebnisses und verbessert so den Einblick in die Ertragslage der Gemeinde. Ferner und nicht zuletzt dient die Ergebnisrechnung der Abrechnung des Ergebnisplans und dem Nachweis des Haushaltsausgleichs. Die Gemeinde ist nach § 75 (5) GO verpflichtet, der Aufsichtsbehörde unverzüglich anzuzeigen, wenn die Ergebnisrechnung bei der Bestätigung des Jahresabschlusses gemäß § 95 (3) GO trotz eines ursprünglich ausgeglichenen Ergebnisplans einen Fehlbetrag oder einen höheren Fehlbetrag als im Ergebnisplan ausweist.

Nähere Bestimmungen zur Aufstellung der Ergebnisrechnung enthält § 39 KomHVO:

„(1) In der Ergebnisrechnung sind die dem Haushaltsjahr zuzurechnenden Erträge und Aufwendungen getrennt voneinander nachzuweisen. Dabei dürfen Aufwendungen nicht mit Erträgen verrechnet werden, soweit durch Gesetz oder Verordnung nichts anderes zugelassen ist. Für die Aufstellung der Ergebnisrechnung gilt § 2 entsprechend.

(2) Den in der Ergebnisrechnung nachzuweisenden Ist-Ergebnissen sind die Ergebnisse der Rechnung des Vorjahres und die fortgeschriebenen Planansätze des

> Haushaltsjahres voranzustellen sowie ein Plan- / Ist-Vergleich anzufügen, der die nach § 22 (1) übertragenen Ermächtigungen gesondert auszuweisen hat.“

In § 39 (1) KomHVO ist zunächst das Bruttoprinzip (Saldierungsverbot) des Ausweises festgelegt: Aufwendungen dürfen nicht – außerhalb der Ergebnisrechnung – mit Erträgen verrechnet (saldiert) werden. Das Bruttoprinzip dient dem besseren Einblick in die Ertragslage, indem die Höhe der einzelnen Aufwands- und Ertragsarten ersichtlich wird. Eine vorherige Saldierung von Aufwendungen und Erträgen (Nettorechnung) hingegen würde die Aussagefähigkeit der Ergebnisrechnung wesentlich beeinträchtigen. Im Grenzfall einer Saldierung sämtlicher Aufwendungen und Erträge würde nur noch das Jahresergebnis ausgewiesen; seine Zusammensetzung hingegen wäre gänzlich unersichtlich.

§ 39 (1) S. 3 KomHVO legt fest, dass die Ergebnisrechnung entsprechend dem Ergebnisplan aufzustellen ist (Verweis auf § 2 KomHVO). Die Ergebnisrechnung weist also die gleichen Aufwands- und Ertragsarten wie der Ergebnisplan aus. Ferner gilt auch für die Ergebnisrechnung die Staffelform des Ergebnisplans gemäß § 2 KomHVO. Erträge und Aufwendungen sind in einer skontierten (d. h. fortschreibenden) Aufstellung untereinander angeordnet. Die Staffelform ermöglicht den Ausweis von Zwischensalden bei der Ermittlung des Jahresergebnisses und verbessert so die Aussagekraft der Ergebnisrechnung gegenüber einer Darstellung in Kontoform.

Als Salden auszuweisen sind in der Ergebnisrechnung (wie im Ergebnisplan):

- das ordentliche Ergebnis,
- das Finanzergebnis,
- das Ergebnis der laufenden Verwaltungstätigkeit, als Summe aus dem ordentlichen Ergebnis und dem Finanzergebnis,
- das außerordentliche Ergebnis und schließlich
- das Jahresergebnis, als Summe aus dem Ergebnis der laufenden Verwaltungstätigkeit und dem außerordentlichen Ergebnis.

Dass die Ergebnisrechnung im Rahmen der Darstellung der Ertragslage auch dazu dient, den Ergebnisplan abzurechnen, also Rechenschaft über dessen Ausführung zu geben, unterstreichen die Bestimmungen des § 39 (2) KomHVO: Den Ist-Ergebnissen des betreffenden Haushaltsjahres sind nicht nur die Ergebnisse des Vorjahres voranzustellen, um eine bessere Bewertung der Ertragslage zu ermöglichen. Vielmehr sind zusätzlich die fortgeschriebenen Planansätze des Haushaltsjahres voranzustellen; und es ist ein Plan- / Ist-Vergleich anzufügen. Die Ergebnisrechnung ist damit gleichsam der „Abrechnungsbogen“ zum Ergebnisplan.

Die fortgeschriebenen Planansätze berücksichtigen die auf Grund von zulässigen haushaltswirtschaftlichen Maßnahmen und Entscheidungen eingetretenen Veränderungen der Haushaltspositionen seit Beginn der Ausführung des ursprünglich vom Rat beschlossenen Haushaltsplans. Dazu zählen die Veränderungen (Erhöhungen oder Minderungen) der Haushaltspositionen, deren Ursachen in einer Nachtragssatzung oder in einer Haushaltssperre liegen oder die durch über- oder außerplanmäßige Aufwendungen entstanden sind.

8.2 Ausweis im Einzelnen

Die Gliederung der Ergebnisrechnung richtet sich nach § 2 KomHVO. Danach sind die nachfolgend bezeichneten Posten in der angegebenen Reihenfolge gesondert auszuweisen:

Ergebnisrechnung		
1		Steuern und ähnliche Abgaben
2	+	Zuwendungen und allgemeine Umlagen
3	+	Sonstige Transfererträge
4	+	Öffentlich-rechtliche Leistungsentgelte
5	+	Privatrechtliche Leistungsentgelte
6	+	Kostenerstattungen und Kostenumlagen
7	+	Sonstige ordentliche Erträge
8	+	Aktivierte Eigenleistungen
9	+ / -	Bestandsveränderungen
10	=	Ordentliche Erträge
11	-	Personalaufwendungen
12	-	Versorgungsaufwendungen
13	-	Aufwendungen für Sach- und Dienstleistungen
14	-	Bilanzielle Abschreibungen
15	-	Transferaufwendungen
16	-	Sonstige ordentliche Aufwendungen
17	=	Ordentliche Aufwendungen
18	=	Ordentliches Ergebnis (= Zeilen 10 und 17)
19	+	Finanzerträge
20	-	Zinsen und sonstige Finanzaufwendungen
21	=	Finanzergebnis (=Zeilen 19 und 20)
22	=	Ergebnis der laufenden Verwaltungstätigkeit (= Zeilen 18 und 21)
23	+	Außerordentliche Erträge
24	-	Außerordentliche Aufwendungen
25	=	Außerordentliches Ergebnis (= Zeilen 23 und 24)
26	=	Jahresergebnis (= Zeilen 22 und 25)

Tabelle 6: Posten der Ergebnisrechnung

Eine vollständige Musterergebnisrechnung (unter Angabe aller geforderten Spalten) findet sich als Anlage 4.

Ferner sind Erträge und Aufwendungen, die unmittelbar mit der allgemeinen Rücklage verrechnet werden, nachrichtlich nach dem Jahresergebnis auszuweisen (§ 39 (3) KomHVO).

Die Gliederung der Ergebnisrechnung orientiert sich an der handelsrechtlichen Gliederung der Gewinn- und Verlustrechnung (GuV) bei Anwendung des Gesamtkostenverfahrens nach § 275 (2) HGB. Allerdings enthält § 275 (2) HGB keine Spaltung des Ergebnisses in das **Ergebnis der gewöhnlichen Geschäftstätigkeit** und das **außerordentliche Ergebnis** mehr. Die Posten „außerordentliche Erträge" und „außerordentliche Aufwendungen" sind mit der Umsetzung des Bilanzrichtlinie-Umsetzungsgesetzes (BilRUG) für Geschäftsjahre, die nach dem 31.12.2015 beginnen, entfallen.

Ferner sieht die handelsrechtliche GuV-Gliederung nicht den expliziten Ausweis des Finanzergebnisses vor, wenngleich die Reihenfolge der GuV-Posten nach § 275 (2), (3) HGB dies implizit vorgibt und die Unterteilung in ein „Betriebsergebnis" und ein „Finanzergebnis" in der betriebswirtschaftlichen Literatur durchaus gängig ist.

Zwar weist die kommunale Ergebnisrechnung (im Unterschied zur handelsrechtlichen GuV) ein gesondertes Finanzergebnis aus; dieses ist aber nur sehr begrenzt aussagekräftig. Sein Zustandekommen wird in der Ergebnisrechnung kaum hinreichend detailliert offengelegt. Die entsprechenden Erträge und Aufwendungen sind jeweils zu einem einzigen Posten verdichtet: den Finanzerträgen (Zeile 19) und dem Posten „Zinsen und sonstige Finanzaufwendungen" (Zeile 20). Die GuV-Gliederung nach § 275 HGB sieht hingegen fünf Posten vor, die sich dem Finanzergebnis zuordnen lassen. So werden „Erträge aus Beteiligungen" und „Erträge aus anderen Wertpapieren und Ausleihungen des Finanzanlagevermögens" sowie „sonstige Zinsen und ähnliche Erträge" separat ausgewiesen. Zusätzlich sind bei diesen Posten jeweils „Davon"-Vermerke für die Erträge aus verbundenen Unternehmen vorgesehen. Als Finanzaufwendungen werden separat „Abschreibungen auf Finanzanlagen und Wertpapiere des Umlaufvermögens" sowie „Zinsen und ähnliche Aufwendungen" ausgewiesen. Dabei sind unter dem Posten „Zinsen und ähnliche Aufwendungen" zusätzlich die Aufwendungen, die sich aus Verpflichtungen gegenüber verbundenen Unternehmen ergeben, in einem „Davon"-Vermerk anzugeben. Die handelsrechtliche GuV gibt damit einen wesentlichen besseren Einblick in die Zusammensetzung des Finanzergebnisses (ohne dieses allerdings gesondert auszuweisen) als die Ergebnisrechnung.

Als nach der handelsrechtlichen Gliederung der GuV noch außerordentliche Erträge und Aufwendungen auszuweisen waren, handelte es sich dabei nach § 277 (4) S. 1 HGB alt um Erträge und Aufwendungen, die außerhalb der gewöhnlichen Geschäftstätigkeit lagen. Es war im Schrifttum nicht unumstritten, was unter „gewöhnlicher Geschäftstätigkeit" und daraus folgend, was unter außerordentlichen Erträgen und Aufwendungen zu verstehen sei. Überwiegend wurde jedoch auf zwei Kriterien abgestellt, die **kumulativ** erfüllt sein mussten.

Danach waren außerordentliche Erträge und Aufwendungen erfolgswirksame Vorgänge, die

- untypisch (bezogen auf die eigentliche Unternehmenstätigkeit/Verwaltungstätigkeit) sind **und**
- unregelmäßig (selten) anfallen.

Unter Berücksichtigung der Umstände des Einzelfalls könnten z. B. folgende Erträge und Aufwendungen gegebenenfalls als außerordentlich angesehen werden:

- Vermögensschäden durch Naturkatastrophen oder Brände
- Gewinne aus dem Verkauf von ganzen Betrieben
- Erträge aus Schenkungen oder Forderungsverzichten
- Erträge aus der Veräußerung von Anlagevermögen, soweit dieses Anlagevermögen die wesentlichen Verwaltungs- oder Betriebsgrundlagen umfasst, z. B. „Sale-and-lease-back“ der Produktionsstätten.

Dagegen würden beispielsweise folgende Erträge und Aufwendungen keine außerordentlichen Erträge und Aufwendungen darstellen, da sie zwar untypisch für die Verwaltungstätigkeit/Geschäftstätigkeit sind, aber nicht unregelmäßig anfallen: Kursgewinne und -verluste, Gewinne und Verluste aus Anlagenabgängen, Zuschreibungen und außerplanmäßige Abschreibungen, Erträge (Aufwendungen) aus der Herabsetzung (Erhöhung) von Pauschalwertberichtigungen, Erträge aus der Auflösung von Rückstellungen.

Andererseits sind Geschäftsvorfälle denkbar, die zwar unregelmäßig anfallen (periodenfremde Erträge und Aufwendungen), aber nicht untypisch für die Aktivitäten der Verwaltung sind: Sanierungsmaßnahmen, Großreparaturen, Erträge aus Zuweisungen u. a. Auch diese Erträge und Aufwendungen sind nicht dem außerordentlichen Ergebnis zuzurechnen.

In diesem Zusammenhang ist jedoch auf § 44 (3) KomHVO hinzuweisen. Dort ist festgelegt:

„Erträge und Aufwendungen aus dem Abgang und der Veräußerung von Vermögensgegenständen nach § 90 Absatz 3 Satz 1 der Gemeindeordnung sowie aus Wertveränderungen von Finanzanlagen sind unmittelbar mit der allgemeinen Rücklage zu verrechnen. Die Verrechnungen sind im Anhang zu erläutern.“

Vermögensgegenstände nach § 90 (3) S. 1 GO sind Vermögensgegenstände (des Anlagevermögens), die die Gemeinde zur Erfüllung ihrer Aufgaben in absehbarer Zeit nicht braucht.

Die in § 44 (3) KomHVO genannten Erträge und Aufwendungen wirken sich also weder auf das Ergebnis der laufenden Verwaltungstätigkeit noch auf das außerordentliche Ergebnis aus; sie sind im Jahresergebnis nicht enthalten und daher auch nicht haushaltsausgleichsrelevant.

Die Regelung des § 44 (3) KomHVO stellt eine deutliche Abweichung vom handelsrechtlichen Referenzmodell dar. Sie wurde mit dem NKF-Weiterentwicklungsgesetz eingeführt. Ziel war es, die Haushaltsausgleichsregelungen länderübergreifen materiell zu vereinheitlichen. In anderen Ländern werden Erträge und Aufwendungen aus der Veräußerung von Vermögensgegenständen als außerordentliche Vorgänge erfasst; und der Haushaltsausgleich wird nur am ordentlichen Ergebnis und nicht – wie NRW – am Jahresergebnis (einschließlich des außerordentlichen Ergebnisses) gemessen.[2]

8.3 Teilergebnisrechnungen

Neben der (Gesamt-)Ergebnisrechnung sind auch die Teilergebnisrechnungen Bestandteile des Jahresabschlusses nach § 95 (2) GO. Nähere Bestimmungen zu den Teilergebnisrechnungen sind in § 41 KomHVO niedergelegt. Danach sind die Bestimmungen des § 4 (3) KomHVO über die Teilergebnispläne auf die Teilergebnisrechnungen entsprechend anzuwenden. Die Teilergebnisrechnungen werden – wie Ergebnisplan und Ergebnisrechnung – gemäß § 2 KomHVO gegliedert. Soweit Erträge und Aufwendungen aus internen Leistungsbeziehungen erfasst werden, sind diese zusätzlich abzubilden (§ 4 (3) S. 2 KomHVO). Eine Verpflichtung zur gesonderten Erfassung der Erträge und Aufwendungen aus internen Leistungsbeziehungen durch die Gemeinde besteht allerdings nicht (§§ 4 und 16 KomHVO). Werden die internen Leistungsbeziehungen erfasst, sind diese dem Ergebnis hinzuzufügen. Zeile 26 der Teilergebnisrechnung stellt dann das Ergebnis vor Berücksichtigung der internen Leistungsbeziehungen dar. Die angefügten Zeilen 27 und 28 nehmen die Erträge bzw. die Aufwendungen aus internen Leistungsbeziehungen auf. Die Teilergebnisrechnung endet dann mit Zeile 29: dem (Teil-)Ergebnis. Die in den Teilergebnisrechnungen berücksichtigten Erträge und Aufwendungen aus internen Leistungsbeziehungen müssen sich in der Ergebnisrechnung insgesamt ausgleichen. Eine Muster-Teilergebnisrechnung findet sich als Anlage 5.

§ 41 (1) S. 2 KomHVO legt ferner fest, dass auch § 39 (2) KomHVO entsprechende Anwendung auf die Teilergebnisrechnungen findet. Das heißt: Den in den Teilergebnisrechnungen nachzuweisenden Ist-Ergebnissen sind – wie in der Ergebnisrechnung – die Ergebnisse der Rechnung des Vorjahres und die fortgeschriebenen Planansätze des Haushaltsjahres voranzustellen; anzufügen ist ein Plan- / Ist-Vergleich, der die nach § 22 (1) KomHVO übertragenen Ermächtigungen gesondert auszuweisen hat.

Nach § 41 (2) KomHVO sind die Teilrechnungen jeweils um Ist-Zahlen zu den in den Teilplänen ausgewiesenen **Leistungsmengen** und **Kennzahlen** zu ergänzen.

[2] Vgl. LT-Drucksache 16/47, S. 59 (LT-Drucksache 16/47 vom 12.6.2012: Gesetzentwurf der Fraktionen der SPD, BÜNDNIS 90/DIE GRÜNEN und der FDP - Erstes Gesetz zur Weiterentwicklung des Neuen Kommunalen Finanzmanagements für Gemeinden und Gemeindeverbände im Land Nordrhein-Westfalen (1. NKF-Weiterentwicklungsgesetz – NKFWG))

Leistungsmengen (produktorientierte Ziele) und Kennzahlen zur Messung der Zielerreichung sind auf der Ebene der Teil(ergebnis)rechnungen das entscheidende Bindeglied zwischen dem Rechnungswesen und einer outputorientierten Ressourcensteuerung. Die Ziele werden zwischen Rat und Verwaltung unter Berücksichtigung des einsetzbaren Ressourcenaufkommens und des voraussichtlichen Ressourcenverbrauchs abgestimmt. Um die Zielerreichung intersubjektiv überprüfbar zu machen, sind zusätzlich zielbezogene quantitative und qualitative Leistungskennzahlen zu vereinbaren. Die Leistungskennzahlen sind im Rahmen des Jahresabschlusses zu ermitteln. Die Verwaltung leistet damit gegenüber dem Rat Rechenschaft über die Zielerreichung.

Die spezifische Ausgestaltung dieses „Kontraktmanagements“ (Steuerung über Zielvereinbarungen) bleibt jedoch der Gemeinde überlassen: Zielbeschreibungen, Kennzahlen und sonstige Angaben sind von jeder Gemeinde nach ihren Bedürfnissen festzulegen (vgl. § 4 (2) Nr. 1 KomHVO).

Verständnisfragen zu Kapitel 8

1. In welchem Zusammenhang steht die Ergebnisrechnung mit der Bilanz?
2. Was besagt das Bruttoprinzip für den Ausweis in der Ergebnisrechnung?
3. Welchen Vorteil bietet die Staffelform gegenüber der Kontenform?
4. Aus welchen Bestandteilen setzt sich das „Ergebnis der laufenden Verwaltungstätigkeit“ zusammen?
5. Unter welchen Voraussetzungen sind Erträge und Aufwendungen dem außerordentlichen Ergebnis zuzurechnen?
6. Die Gemeinde schreibt eine Finanzanlage (außerplanmäßig) ab. Welche Auswirkungen hat das auf die Ergebnisrechnung?
7. Welche Posten werden in den Teilergebnisrechnungen zusätzlich zu den Posten der Ergebnisrechnung ausgewiesen?

9 Finanzrechnung

9.1 Funktion und haushaltsrechtliche Bestimmungen

Die Finanzrechnung stellt neben Bilanz und Ergebnisrechnung die dritte Komponente der Rechnungslegung im NKF dar. Die Finanzrechnung ist – wie die Ergebnisrechnung – eine Stromgrößenrechnung. Während das in der Ergebnisrechnung ermittelte Jahresergebnis der Veränderung des Eigenkapitals in der Bilanz entspricht, erfasst die Finanzrechnung die Finanzmittelzuflüsse (Einzahlungen) und die Finanzmittelabflüsse (Auszahlungen) des Haushaltsjahres. Der Saldo dieser Größen ist der Nettozufluss oder Nettoabfluss an Finanzmitteln im Haushaltsjahr. Er entspricht der Veränderung des in der Bilanz ausgewiesenen Finanzmittelbestandes gegenüber dem Vorjahresstichtag.

Als Bestandteil des Jahresabschlusses wird die Finanzrechnung in § 95 (2) GO bzw. § 38 (1) KomHVO genannt. Inhaltlich näher bestimmt wird sie in § 40 KomHVO:

> „In der Finanzrechnung sind die im Haushaltsjahr eingegangenen Einzahlungen und geleisteten Auszahlungen getrennt voneinander nachzuweisen. Dabei dürfen Auszahlungen nicht mit Einzahlungen verrechnet werden, soweit durch Gesetz oder Verordnung nicht anderes zugelassen ist. Für die Aufstellung der Finanzrechnung finden § 3 und § 39 Absatz 2 entsprechende Anwendung. In dieser Aufstellung sind die Zahlungen aus der Aufnahme und der Tilgung von Krediten zur Liquiditätssicherung gesondert auszuweisen. Fremde Finanzmittel nach § 15 Absatz 1 sind darin in Höhe der Änderung ihres Bestandes gesondert vor den gesamten liquiden Mitteln auszuweisen."

Aus dieser Vorschrift ergeben sich im Einzelnen die nachfolgenden Charakteristika der Finanzrechnung:

- Die Finanzrechnung ist – wie die Ergebnisrechnung – eine **zeitraumbezogene** Rechnung: Sie enthält die Einzahlungen und Auszahlungen, die **im Haushaltsjahr** eingegangen sind bzw. geleistet wurden.
- **Rechengrößen** sind die Einzahlungen und Auszahlungen – also Veränderungen, d. h. Erhöhungen bzw. Verminderungen – des Finanzmittelbestandes. Diese reinen Zahlungsgrößen unterliegen – anders als Erträge und Aufwendungen – keinem Bewertungsspielraum.

- Der Ansatz in der Finanzrechnung richtet sich nach dem kameralen Prinzip der **Kassenwirksamkeit** (**eingegangene** Einzahlungen, **geleistete** Auszahlungen). Periodisierungsüberlegungen spielen also – anders als in der Ergebnisrechnung – keine Rolle.
- Es gilt das Prinzip des **Bruttoausweises** (Saldierungsverbot): Einzahlungen und Auszahlungen sind **getrennt voneinander nachzuweisen** (bevor sie ggf. saldiert werden).
- Den nachzuweisenden Ist-Ergebnissen sind die Ergebnisse der Rechnung des Vorjahres sowie die fortgeschriebenen Planansätze des Haushaltsjahres voranzustellen. Anzufügen ist ein Plan-Ist-Vergleich (Verweis auf § 39 (2) KomHVO).

  Die Posten der Finanzrechnung entsprechen den Posten des Finanzplans; sie werden untereinander (Staffelform) und getrennt nach Bereichen ausgewiesen: Zunächst werden die Einzahlungen und dann die Auszahlungen aus **laufender Verwaltungstätigkeit** aufgeführt. Anschließend werden die Einzahlungen und nachfolgend die Auszahlungen aus **Investitionstätigkeit** (Veräußerung, Erwerb von Anlagevermögen) dargestellt. Schließlich werden die Einzahlungen gefolgt von den Auszahlungen aus **Finanzierungstätigkeit** (Kreditaufnahme, Tilgung) ausgewiesen (Verweis auf § 3 KomHVO).

Die Staffelform bietet den Vorteil, dass Salden und Zwischensummen gebildet und offen ausgewiesen werden können. Dabei sind in der Finanzrechnung die gleichen Salden und Summen wie im Finanzplan nach § 3 (2) KomHVO auszuweisen:

- der Saldo aus den Ein- und Auszahlungen aus laufender Verwaltungstätigkeit,
- der Saldo aus den Ein- und Auszahlungen aus Investitionstätigkeit,
- die Summe der Salden nach den Nummern 1 und 2 als Finanzmittelüberschuss der Fehlbetrag,
- der Saldo aus den Ein- und Auszahlungen aus Finanzierungstätigkeit,
- die Summe aus Nummer 3 und 4
- die Summe aus Nummer 5 und dem Bestand am Anfang des Haushaltsjahres als Bestand an Finanzmitteln am Ende des Haushaltsjahres.

Die Finanzrechnung erfüllt im System des Gemeindehaushaltsrechts **mehre Funktionen**. Als laufend geführte Rechnung kann sie unterjährig zur Dokumentation, Überwachung und Steuerung der Finanzströme und der Ausführung des Finanzplans herangezogen werden. Schließlich wird mit der Finanzrechnung am Ende des Haushaltsjahres und im Rahmen des Jahresabschlusses der Finanzplan endgültig abgerechnet und damit Rechenschaft über dessen Ausführung abgelegt. Den Ist-Zahlen der Finanzrechnung werden daher die entsprechenden fortgeschriebenen Ansätze des Finanzplans vorangestellt, und es wird jeweils ein Plan / Ist-Vergleich angefügt.

Ferner kann die Finanzrechnung, insbesondere, wenn sie zusammen mit den übrigen Rechenwerken und Abschlussinformationen betrachtet wird, einen verbesserten Einblick in die Finanzlage der Gemeinde vermitteln. So zeigt die Finanzrechnung u. a. die Fähigkeit der Gemeinde, aus ihrer laufenden Verwaltungstätigkeit Finanzmittelüberschüsse zu erwirtschaften, die für Investitionen, die Rückzahlung von Krediten oder die Stärkung des Finanzmittelfonds zur Verfügung stehen. Die Selbstinformation der Gemeinde ist hier ein wichtiger Teil der Rechenschaft: Die Finanzrechnung kann helfen, Gefährdungen der Liquidität und deren Ursachen – rechtzeitig – zu erkennen. Sie dient damit auch der Informationsbereitstellung für die Haushaltsplanung, die nach der Gemeindeordnung nicht zuletzt darauf auszurichten ist, die Liquidität der Gemeinde einschließlich der Finanzierung der Investitionen sicherzustellen (§ 75 (6) GO). Dabei sind die von der Finanzrechnung bereitgestellten Informationen und Indikatoren – wie der Saldo aus Ein- und Auszahlungen aus laufender Verwaltungstätigkeit – alleine aber nicht ausreichend für eine zutreffende Einschätzung der Finanzlage. Hinzuzuziehen sind hierzu etwa auch Informationen der Bilanz: So sind der Vermögensaufbau, die Höhe des Eigenkapitals und die auf der Passivseite gespeicherten künftigen Zahlungsverpflichtungen gleichsam wichtige Indikatoren für die Beurteilung der (künftigen) Liquidität.

Schließlich benötigt die Gemeinde die Finanzrechnung (und hat sie entsprechend auszugestalten), um den **Meldepflichten** im Rahmen der Anforderungen der **Finanzstatistik** nachkommen zu können. Die Meldepflichten beziehen sich auf bestimmte Ein- und Auszahlungsarten. Das unterstreicht das Erfordernis des Bruttoausweises in der Finanzrechnung.

9.2 Darstellung und Ermittlung

Die Finanzrechnung gehört nach betriebswirtschaftlichen Kategorien zu den Kapitalflussrechnungen, mit denen – allgemein betrachtet – die Mittelzu- und -abflüsse bezogen auf einem abgegrenzten Fonds (etwa das Geldvermögen) abgebildet werden.

Der kommunalen Finanzrechnung liegt als Fonds der Finanzmittelbestand (Barmittel und täglich fällige Sichtguthaben) zugrunde: Es werden mithin nur unmittelbar liquiditätswirksame Vorgänge – die Ein- und Auszahlungen – betrachtet. Liquiditätsnahe Vorgänge, wie etwa die Entstehung einer kurzfristigen Forderung oder Verbindlichkeit, die den Finanzmittelfonds nicht unmittelbar berühren, spiegeln sich daher in der Finanzrechnung nicht wider. Hierdurch bleiben die ausgewiesenen Größen der Finanzrechnung zwar einerseits frei von Bewertungsspielräumen. Die enge Fondsabgrenzung relativiert aber andererseits die Aussagekraft der Finanzrechnung bei der Beurteilung der Liquidität und macht sie anfällig für bilanzpolitische Maßnahmen. So lässt sich die Finanzrechnung etwa dadurch „schönen“, dass Rechnungen gegen Jahresende nicht mehr bezahlt werden. Die Finanzrechnung weist dann geringere

Auszahlungen und einen höheren Finanzmittelüberschuss aus. Dass sich die kurzfristigen Verbindlichkeiten gleichsam erhöht haben, zeigt sich in der Finanzrechnung nicht – sollte aber bei der Beurteilung der Liquidität berücksichtigt werden.

Abgesehen von der Fondsabgrenzung können sich Kapitalflussrechnungen noch in der **Form der Darstellung** und der Methode zur Ermittlung der Mittelflüsse unterscheiden. Bei der Darstellung wird zwischen direkter und indirekter Darstellung der Mittelflüsse im Bereich der laufenden Geschäftstätigkeit (Verwaltungstätigkeit) unterschieden. Die Finanzrechnung zeichnet sich durch eine **direkte Darstellung** (Bruttodarstellung) der Zahlungsströme aus: Die Ein- und Auszahlungen werden getrennt voneinander ausgewiesen (§ 40 i. V. m. § 3 (2) KomHVO). Der Saldo aus laufender Verwaltungstätigkeit wird erst danach ausgewiesen.

In der kaufmännischen Praxis überwiegt hingegen die **indirekte Darstellung** (Nettodarstellung) im Bereich der laufenden Geschäftstätigkeit. Diese Darstellung folgt dem unten angegebenen Schema (vgl. Tabelle 7). Zunächst werden die im Jahresüberschuss (der Ergebnisrechnung) enthaltenen, nicht-liquiditätswirksamen Aufwendungen und Erträge heraus gerechnet. So sind etwa die Abschreibungen als nicht-liquiditätswirksame Aufwendungen hinzuzurechnen, da sie das Jahresergebnis zwar vermindern, aber nicht zu einem Abfluss von Finanzmitteln geführt haben. Schließlich sind die nicht-erfolgswirksamen Ein- und Auszahlungen zu berücksichtigen, um ausgehend vom liquiditätswirksamen Jahresabschluss zum Cashflow zu gelangen. Nicht gemeint sind hier die Erfolgsneutralen Investitions- und Finanzierungsmaßnahmen; diese werden ohnehin getrennt von der laufenden Geschäftstätigkeit ausgewiesen. Nicht-erfolgswirksame Einzahlungen im Bereich der laufenden Geschäftstätigkeit sind hingegen beispielsweise Zahlungseingänge aus Forderungen des Vorjahres oder erhaltene Vorauszahlungen.

	Indirekte Methode
	Jahresüberschuss
+	nicht-liquiditätswirksame Aufwendungen
-	nicht-liquiditätswirksame Erträge
=	**liquiditätswirksamer Jahresüberschuss**
+	nicht-erfolgswirksame Einzahlungen
-	nicht-erfolgswirksame Auszahlungen
=	**Cashflow**

Tabelle 7: Cashflow aus laufender Verwaltungstätigkeit bei indirekter Darstellung

Direkte und indirekte Darstellung ermöglichen unterschiedliche Sichtweisen auf den Cashflow: Die direkte Darstellung betont die Zahlungsarten, während die indirekte Darstellung die Erfolgswirksamkeit der Zahlungen in den Vordergrund stellt. Letztere Darstellungsart zeigt, welchen Anteil die erfolgswirksamen und welchen Anteil die nicht-erfolgswirksamen Zahlungen am Cashflow aus laufender Geschäftstätigkeit hatten. Die erfolgswirksamen Ein- und Auszahlungen werden aber nicht offen ausgewiesen, sondern saldiert im liquiditätswirksamen Jahresüberschuss abgebildet. Um einen maximalen Informationsgewinn aus der Finanzrechnung ziehen zu können, empfehlen US-amerikanische und internationale Standards (vgl. FAS 95 sowie IPSAS 2) den Bereich der laufenden Geschäfts- / Verwaltungstätigkeit in der Finanzrechnung sowohl direkt als auch indirekt darzustellen. Nach dem NKF ist im Rahmen des Jahresabschlusses aber nur die direkte Darstellung zulässig.

Von der Form der Darstellung ist grundsätzlich die **Methode der Ermittlung** zu unterscheiden. Es wird zwischen originärer und derivativer Ermittlung differenziert. Die **originäre Ermittlung** ist ausgerichtet auf Kapitalflussrechnungen mit enger Fondsabgrenzung und direkter Darstellung der Zahlungsströme. Die Ein- und Auszahlungen werden dabei unmittelbar aus den Umsätzen auf den Finanzmittelkonten ermittelt und den Posten der Finanzrechnung zugeordnet. Die originäre Ermittlung entspricht den Bestimmungen der Gemeindehaushaltsverordnung. Nach § 28 (4) KomHVO sind die Zahlungen für den Ausweis in der Finanzrechnung „aus den Buchungen der zahlungswirksamen Geschäftsvorfälle (…) zu ermitteln. Die Ermittlung darf nicht durch eine indirekte Rückrechnung aus dem in der Ergebnisrechnung ausgewiesenen Jahresergebnis erfolgen."

Mit dem Hinweis, dass eine „indirekte Rückrechnung" nicht erfolgen darf, wird eine **derivative Ermittlung** (mit indirekter Darstellung) ausdrücklich ausgeschlossen. Eine derivativ erstellte Kapitalflussrechnung baut auf einem im Übrigen erstellten Jahresabschluss auf. Die Größen der Kapitalflussrechnung werden dann aus den Posten der Ergebnisrechnung und den Veränderungen der Bilanzposten retrograd ermittelt. Die periodisierten Ertrags- und Aufwandsgrößen werden dabei in mehreren Schritten wieder in unperiodisierte Ein- und Auszahlungen zurückgerechnet. Eine durchgängige Bruttodarstellung – wie im NKF gefordert – ist im Wege der derivativen Ermittlung zwar möglich, sie gestaltet sich jedoch – insbesondere bei hohem Detaillierungsgrad – relativ aufwendig und ist mit Ungenauigkeiten behaftet. Meist wird daher der Bereich der laufenden Geschäftstätigkeit in der Kapitalflussrechnung bei derivativer Ermittlung indirekt dargestellt.

Das nachfolgende Schaubild verdeutlicht anhand der Kriterien „Darstellung" und „Ermittlung" die Einordnung der Finanzrechnung unter den Kapitalflussrechnungen.

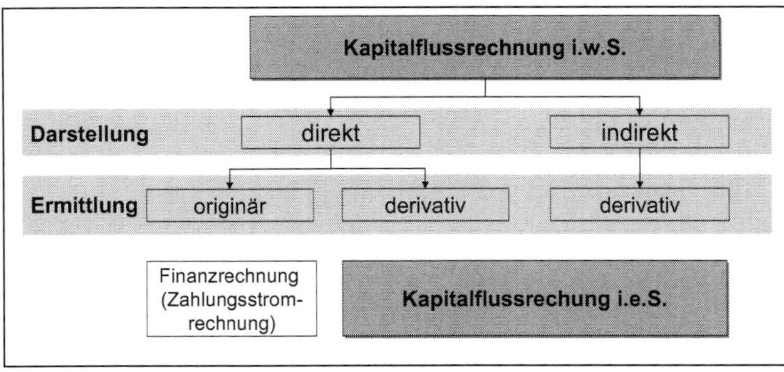

Abbildung 19: Darstellung und Ermittlung der Kapitalflussrechnung

Die Finanzrechnung ist dieser Einordnung zufolge eine **Zahlungsstromrechnung**. Sie liefert eine direkte Darstellung der Zahlungsströme nach unterschiedlichen Ein- und Auszahlungsarten (Bruttodarstellung – auch im Bereich der laufenden Verwaltungstätigkeit). Die originäre Ermittlung der Finanzrechnung erfolgt im Rahmen des dreigliedrigen Rechnungswesens der Gemeinden (Drei-Komponenten-System). Dabei werden die zahlungswirksamen Geschäftsvorfälle **unmittelbar bei der Buchung** der Finanzrechnung zugeordnet. Zur Erstellung der Finanzrechnung ist somit keine **nachträgliche Auswertung** der Finanzmittelkonten notwendig. Die Gemeinde kann jederzeit und ohne weiteres auf aktuelle Finanzrechnungsdaten zugreifen.

Zur laufenden Mitführung der Finanzrechnung bedarf es eigenständiger **Finanzrechnungskonten**. Entsprechend weist der vom Innenministerium verbindlich vorgegebene Kontenrahmen (§ 28 (7) KomHVO) neben den Bestands- und Erfolgskonten der Bilanz und Ergebnisrechnung zusätzlich Konten der Finanzrechnung aus. Die Einzahlungskonten der Finanzrechnung finden sich in Klasse 6, die Auszahlungskonten in Klasse 7.

Die Finanzrechnungskonten werden bei der Erfassung zahlungswirksamer Geschäftsvorfälle entweder direkt bebucht oder statistisch mitgeführt. Bei direkter Bebuchung der Finanzrechnung treten die Finanzrechnungskonten im Buchungssatz an die Stelle der Finanzmittelkonten: Bei Einzahlungen übernehmen die Finanzrechnungskonten die Soll-Buchung, bei Auszahlungen die Haben-Buchung, welche andernfalls auf einem Finanzmittelkonto (Kasse, Bank) erfolgen würden. Die Berücksichtigung der Zahlungen auf den Finanzmittelkonten erfolgt dann dadurch, dass dem Buchungssatz eine entsprechende Zusatzkontierung mitgegeben wird. Werden die Zahlungen hingegen – der kaufmännischen Praxis entsprechend – auf den Finanzmittelkonten gebucht, ist den Buchungen eine Zusatzkontierung mitzugeben, die die Zuordnung zur Finanzrechnung übernimmt. Im Ergebnis unterscheiden sich die beiden Verfahren nicht.

9.3 Ausweis im Einzelnen

Die folgende Abbildung zeigt die Posten (Zeilen) der Finanzrechnung. Dabei sind für jeden Posten die Vergleichszahlen des Vorjahres, die fortgeschriebenen Planansätze des Rechnungsjahres, die Ist-Ergebnisse des Rechnungsjahres sowie die Plan- / Ist-Differenzen auszuweisen (vgl. Anlage 6).

Finanzrechnung		
1		Steuern und ähnliche Abgaben
2	+	Zuwendungen und allgemeine Umlagen
3	+	Sonstige Transfereinzahlungen
4	+	Öffentlich-rechtliche Leistungsentgelte
5	+	Privatrechtliche Leistungsentgelte
6	+	Kostenerstattungen und Kostenumlagen
7	+	Sonstige Einzahlungen
8	+	Zinsen und sonstige Finanzeinzahlungen
9	=	Einzahlungen aus laufender Verwaltungstätigkeit
10	-	Personalauszahlungen
11	-	Versorgungsauszahlungen
12	-	Auszahlungen für Sach- und Dienstleistungen
13	-	Zinsen und sonstige Finanzauszahlungen
14	-	Transferauszahlungen
15	-	Sonstige Auszahlungen
16	=	Auszahlungen aus laufender Verwaltungstätigkeit
17	=	Saldo (Cashflow) aus laufender Verwaltungstätigkeit (= Zeilen 9 und 16)
18	+	Zuwendungen für Investitionsmaßnahmen
19	+	Einzahlungen aus der Veräußerung von Sachanlagen
20	+	Einzahlungen aus der Veräußerung von Finanzanlagen
21	+	Einzahlungen aus Beiträgen u. Ä. Entgelten
22	+	Sonstige Investitionseinzahlungen
23	=	Einzahlungen aus Investitionstätigkeit
24	-	Auszahlungen für den Erwerb von Grundstücken und Gebäuden
25	-	Auszahlungen für Baumaßnahmen
26	-	Auszahlungen für den Erwerb von beweglichem Anlagevermögen
27	-	Auszahlungen für den Erwerb von Finanzanlagen
28	-	Auszahlungen von aktivierbaren Zuwendungen
29	-	Sonstige Investitionsauszahlungen
30	=	Auszahlungen aus Investitionstätigkeit
31	=	Saldo (Cashflow) aus Investitionstätigkeit (= Zeilen 23 und 30)
32	=	Finanzmittelüberschuss / -fehlbetrag (= Zeilen 17 und 31)
33	+	Aufnahme und Rückflüsse von Darlehen
34	+	Aufnahme von Krediten zur Liquiditätssicherung
35	-	Tilgung und Gewährung von Darlehen
36	-	Tilgung von Krediten zur Liquiditätssicherung
37	=	Saldo (Cashflow) aus Finanzierungstätigkeit

38	**=**	**Änderung des Bestandes an eigenen Finanzmitteln (= Zeilen 32 und 37)**
39	+	Anfangsbestand an Finanzmitteln
40	+	Bestand an fremden Finanzmitteln
41	**=**	**Liquide Mittel (= Zeilen 38, 39 und 40)**

Tabelle 8: Posten der Finanzrechnung

Die Finanzrechnung zeigt in den Zeilen 10-15, 24-29 und 35-36, wofür Finanzmittel **verwendet** wurden (Auszahlungen für laufende Verwaltungstätigkeit, Investitionstätigkeit und Finanzierungstätigkeit). Damit die Gemeinde diese Auszahlungen tätigen konnte, musste sie über entsprechende Finanzmittel verfügen. Die **Herkunft** der Finanzmittel weist die Finanzrechnung in den Zeilen 1-8, 18-22 und 33-34 nach (Einzahlungen aus laufender Verwaltungstätigkeit, Investitionstätigkeit und Finanzierungstätigkeit). In der Regel weichen die Einzahlungen und Auszahlungen des Haushaltsjahres voneinander ab. Der entsprechende Saldo wird als Änderung des Finanzmittelbestandes in Zeile 38 ausgewiesen. Dabei ist eine mögliche negative Änderung des Finanzmittelbestandes begrenzt auf die Höhe des Anfangsbestandes. Nur in diesem Umfang können im Haushaltsjahr Auszahlungen geleistet werden, denen keine Einzahlungen desselben Jahres gegenüberstehen. Schließlich kann der Bestand an liquiden Mitteln zum Jahresende (Zeile 41) nicht negativ sein. Zwar können Bankkonten überzogen werden, dabei handelt es sich aber um (fiktive) Einzahlungen aus der Aufnahme von Krediten zur Liquiditätssicherung (Zeile 34).

Im kameralen Sprachgebrauch können die angesammelten Finanzmittel als Rücklage angesehen werden. Die angesammelten Finanzmittel im Sinne einer **kameralen Rücklage** sind nicht mit den passivisch in der Bilanz ausgewiesenen Rücklagen gleichzusetzen: Die bilanziellen Rücklagen werden durch alle Aktiva gedeckt; sie stehen in aller Regel nicht als Finanzmittel zur Verfügung.

Der Bereich der laufenden Verwaltungstätigkeit entspricht im kameralen Sprachgebrauch dem **Verwaltungshaushalt**, während die Investitions- und Finanzierungstätigkeit den kameralen **Vermögenshaushalt** abdeckt. Von der kameralen Darstellung unterscheidet sich die Finanzrechnung indes in folgenden Punkten:

- Investitions- und Finanzierungstätigkeit werden getrennt voneinander ausgewiesen,
- die Finanzierungstätigkeit weist auch die Ein- und Auszahlungen aus der Aufnahme und der Tilgung von Kassenkrediten aus,
- Ein- und Auszahlungen sind jeweils zu einer überschaubaren Anzahl von Posten verdichtet,
- die Finanzrechnung bietet eine zusammenhängende Gesamtrechnung über alle Bereiche (während in der kameralen Jahresrechnung für den Verwaltungshaushalt und den Vermögenshaushalt jeweils eigene Rechnungen erstellt werden).

Die Finanzrechnung ist vom Rechenstoff her – durch das ihr zugrundeliegende **Prinzip der Kassenwirksamkeit** – aber das Instrument im NKF mit der größten Nähe zur Kameralistik. Bei der Finanzrechnung steht indes nicht so sehr der Einzelnachweis von Zahlungen im Vordergrund; vielmehr wird der Blick stärker auf die Grundzusammenhänge der Finanzmittelherkunft und -verwendung gelenkt, die sich gegenüber der Kameralistik freilich nicht verändert haben, sondern allenfalls etwas direkter dargestellt werden. Hierzu tragen vor allem die stärkere Verdichtung der Zahlungen sowie der Umstand bei, dass die Ein- und Auszahlungsarten nicht nur nach Bereichen geordnet, sondern gleichsam zu einer zusammenhängenden Staffel verbunden sind.

9.4 Grundzusammenhänge der Mittelherkunft und -verwendung

Langfristig wird die Höhe der Auszahlungen durch die Höhe der Einzahlungen begrenzt. Auszahlungsüberschüsse sind nur zeitweilig und insoweit möglich, als die Gemeinde über Finanzmittel verfügt, die sie in Vorperioden (aus Einzahlungsüberschüssen) angesammelt hat. Diese Mittel sind bei anhaltenden Auszahlungsüberschüssen früher oder später aufgebraucht. Dauerhaft kann der Gesamtsaldo der Finanzrechnung (Zeile 36 „Änderung der eigenen Finanzmittel") daher nicht negativ sein. Die Ein- und Auszahlungssalden aus laufender Verwaltungstätigkeit, Investitionstätigkeit und Finanzierungstätigkeit müssen sich längerfristig untereinander ausgleichen. Auszahlungsüberschüsse in einem Bereich müssen durch entsprechende Einzahlungsüberschüsse anderer Bereiche gedeckt sein.

Aus **Investitionstätigkeit** lassen sich nachhaltig keine Einzahlungsüberschüsse erzielen. Einzahlungsüberschüsse aus Investitionstätigkeit können nur durch die Veräußerung von Vermögen und die Unterlassung von Ersatzinvestitionen generiert werden. Sie sind regelmäßig ein Indiz dafür, dass die Gemeinde von der Substanz lebt (was zeitlich nur begrenzt möglich ist).

Um ihre dauernde Leistungsfähigkeit nicht zu gefährden, muss die Gemeinde vielmehr bemüht sein, fortlaufend Ersatz- und ggf. auch Erweiterungsinvestitionen zu tätigen. Dieses Investitionserfordernis bedingt einen negativen Cashflow aus Investitionstätigkeit (Auszahlungsüberschuss). Als Anhaltspunkt für den Umfang der notwendigen Ersatzinvestitionen können die in der Ergebnisrechnung abgebildeten Abschreibungen dienen.

Der negative Cashflow aus Investitionstätigkeit kann prinzipiell durch den Cashflow aus laufender Verwaltungstätigkeit oder den Cashflow aus Finanzierungstätigkeit abgedeckt werden. Ein positiver Cashflow aus **Finanzierungstätigkeit** ist gleichbedeutend mit einer Nettokreditaufnahme – also einem Anwachsen der Schulden. Das heißt: Werden die Investitionen allein aus dem Cashflow aus Finanzierungstätigkeit bezahlt, wachsen die Schulden immer weiter an, ohne dass das Anlagevermögen im gleichen Umfang zunehmen würde. Denn schließlich entfällt ein wesentlicher Teil der Investitionen auf Ersatzinvestitionen, mit denen kein zusätzliches Anlagevermögen geschaffen, sondern nur der Wertminderung des vorhandenen Anlagevermögens entgegengewirkt wird (Ersatzbeschaffung von Fahrzeugen, Büroeinrichtung und dergleichen mehr). Die gesamte Investitionstätigkeit kann also nicht nachhaltig über Einzahlungen aus der Aufnahme von Krediten bezahlt werden. Durch den überproportionalen Anstieg der Schulden (im Verhältnis zum Anlagevermögen) würde das Eigenkapital der Gemeinde immer weiter aufgezehrt. Am Ende wäre die Gemeinde überschuldet.

Die Vorschrift, dass die Gemeinde Kredite nur zur Finanzierung von Investitionen aufnehmen darf, stellt deshalb auch keinen wirksamen Schutz vor Überschuldung dar. Hierzu müsste die **Nettokreditaufnahme** (der Cashflow aus Finanzierungstätigkeit) auf die Investitionen begrenzt werden, die der Erweiterung des Anlagevermögens dienen – die also zusätzlich getätigt werden, nachdem alle notwendigen Ersatzinvestitionen vorgenommen wurden. Im Übrigen sollten sich die Ein- und Auszahlungen aus Finanzierungstätigkeit im Interesse der Nachhaltigkeit der Haushaltwirtschaft zumindest mittelfristig ausgleichen.

Zu berücksichtigen ist auch: Hohe Schuldenstände können – auch wenn noch keine bilanzielle Überschuldung vorliegt – den Cashflow aus laufender Verwaltungstätigkeit empfindlich schmälern. Schließlich belasten die Auszahlungen zur Begleichung von Schuldzinsen den Cashflow aus laufender Verwaltungstätigkeit. Um in diesen Fällen finanzielle Handlungsspielräume zurück zu gewinnen, müsste die Gemeinde bestrebt sein, den Schuldenstand zu reduzieren. Das ist gleichbedeutend mit einem negativen Cashflow aus Finanzierungstätigkeit.

Letztlich ergibt sich im Interesse der Nachhaltigkeit der Haushaltswirtschaft das Erfordernis, einen positiven Cashflow aus **laufender Verwaltungstätigkeit** zu erwirtschaften, mit dem sich zumindest die notwendigen Ersatzinvestitionen und ggf. auch Tilgungszahlungen zur Rückführung des Schuldenstandes bezahlen lassen. Die Zinszahlungen reduzieren den Cashflow aus laufender Verwaltungstätigkeit ohnehin.

Die **laufende Verwaltungstätigkeit** ist der einzige Bereich, aus dem die Gemeinde nachhaltig Einzahlungsüberschüsse erzielen kann. Die Gemeinde **muss** diese Überschüsse erwirtschaften, um ihre Liquidität und dauernde Leistungsfähigkeit nachhaltig zu sichern. Es reicht nicht aus, dass die laufenden Einzahlungen die laufenden Auszahlungen gerade decken. Schon dann droht der Gemeinde die Überschuldung, da sie Ersatzinvestitionen entweder über zusätzliche Kredite finanzieren oder unterlassen müsste.

9.5 Teilfinanzrechnungen

Zusätzlich zur (Gesamt-)Finanzrechnung sind Teilrechnungen für jeden Produktbereich zu erstellen (§ 41 KomHVO). Die Teilfinanzrechnungen sind grundsätzlich entsprechend der Finanzrechnung zu gliedern. Auch in den Teilfinanzrechnungen sind den nachzuweisenden Ist-Ergebnissen die Ergebnisse der Rechnung des Vorjahres und die fortgeschriebenen Planansätze des Haushaltsjahres voranzustellen; des Weiteren ist ein Plan-Ist-Vergleich anzufügen (Verweis auf § 39 (2) KomHVO). Ferner sind die Teilrechnungen jeweils um Ist-Zahlen zu den in den Teilplänen ausgewiesenen Leistungsmengen und Kennzahlen zu ergänzen (§ 41 (2) KomHVO).

Die Teilfinanzrechnungen bestehen wie die Teilfinanzpläne aus zwei Teilen: Teil A („Zahlungsnachweis") enthält die Einzahlungen und Auszahlungen des Produktbereichs für Investitionen nach den Zahlungsarten der Finanzrechnung. Der Gemeinde bleibt es freigestellt, zusätzlich auch alle oder nur einzelne Einzahlungen und Auszahlungen aus laufender Verwaltungstätigkeit abzubilden (vgl. Anlage 7A). Teil B („Nachweis einzelner Investitionsmaßnahmen") ist seinerseits zweigeteilt: Die Investitionsmaßnahmen oberhalb der vom Rat festgelegten Wertgrenzen werden einzeln nach ihren jeweiligen Ein- und Auszahlungen abgerechnet. Die Ein- und Auszahlungen für Investitionen unterhalb der vom Rat festgesetzten Wertgrenzen werden hingegen jeweils nur in einer Summe dargestellt (vgl. Anlage 7B).

Verständnisfragen zu Kapitel 9

1. In welchem Zusammenhang steht die Finanzrechnung mit der Bilanz?
2. Welche Funktionen erfüllt die Finanzrechnung im Haushalts- und Rechnungswesen der Gemeinde?
3. Von welcher Größe geht die Ableitung des Cashflows aus laufender Verwaltungstätigkeit bei indirekter Darstellung aus?
4. Welche Bereiche der Mittelherkunft werden in der Finanzrechnung unterschieden?
5. Welchem Bereich der Finanzrechnung sind Zinszahlungen der Gemeinde zuzurechnen?

Siehe auch Übungsaufgabe 13 im Anhang.

10 Anhang und Lagebericht

10.1 Anhang

10.1.1 Funktion und Informationspflichten

Der Anhang ist gemäß § 96 (2) S. 2 GO bzw. § 38 (1) KomHVO – und analog zu den handelsrechtlichen Bestimmungen für Kapitalgesellschaften (§ 264 (1) S. 1 HGB) – Pflichtbestandteil des Jahresabschlusses der Gemeinde. Er steht als solcher gleichberechtigt neben und in engem Sachzusammenhang zu den Rechenwerken des Jahresabschlusses – der Ergebnisrechnung, der Finanzrechnung, den Teilrechnungen und der Bilanz. Während die Rechenwerke gleichermaßen von den Jahresabschlusszwecken der Rechenschaft und Kapitalerhaltung geprägt sind, dienen die im Anhang vermittelten Informationen primär dem Rechenschaftszweck: Der Anhang soll die durch die übrigen Jahresabschlusselemente gegebenen Informationen **erläutern**, **ergänzen** und ggf. im Hinblick auf das von ihnen vermittelte Bild der Vermögens-, Schulden-, Ertrags- und Finanzlage **korrigieren**, falls es nicht den tatsächlichen Verhältnissen entspricht. Vielfach übernimmt der Anhang gleichsam eine **Entlastungsfunktion** gegenüber den anderen Jahresabschlusselementen: Informationen werden anstatt in die Rechenwerke in den Anhang aufgenommen, um in jenen die Übersichtlichkeit zu verbessern.

Das Gemeindehaushaltsrecht macht keine Vorgaben zur formalen Gestaltung des Anhangs. Der Anhang sollte jedoch mit den übrigen Teilen des Jahresabschlusses eine Einheit bilden (§ 95 (2) GO). Daraus lässt sich folgern, dass der Anhang sowohl sachlich als auch der Gliederung nach mit den Rechenwerken des Jahresabschlusses verknüpft sein sollte. Im Übrigen ist die Gemeinde – unter Beachtung des Grundsatzes der Klarheit und Übersichtlichkeit – frei, die äußere Gestaltung nach eigenem Ermessen zu bestimmen.

Die inhaltlichen Informationspflichten im Anhang werden in § 45 KomHVO konkretisiert. Ferner verweisen weitere Vorschriften der KomHVO auf einzelne Angabe- und Erläuterungspflichten im Anhang (§§ 33a (1); 36 (6), (7), (9); 42 (5), (6), (7); 44 (3), (6) KomHVO).

Nach § 45 (1) KomHVO sind zu den Posten der Bilanz die angewandten **Bilanzierungs- und Bewertungsmethoden** anzugeben, die Positionen der Ergebnisrechnung und die in der Finanzrechnung nachzuweisenden Ein- und Auszahlungen aus Investitions- und Finanzierungstätigkeit sind zu erläutern und die angewandten Vereinfachungsregelungen und Schätzungen zu beschreiben. Erläuterungen sollen so gefasst werden, dass sachverständige Dritte die Sachverhalte beurteilen können. Außerdem sind nach § 45 (2) auch die im Verbindlichkeitenspiegel auszuweisenden **Haftungsverhältnisse** sowie alle Sachverhalte, aus denen sich erhebliche finanzielle Verpflichtungen ergeben könnten, zu erläutern.

Die Angabe- und Erläuterungspflichten zu den angewandten Bilanzierungs- und Bewertungsmethoden bezwecken eine Offenlegung der (Abbildungs-)Regeln, nach denen der Bilanzierende die Geschäftsvorfälle in Jahresabschlusszahlen übersetzt hat. Mit der erläuternden Offenlegung soll dem Jahresabschlussadressaten der Rückschluss auf die zugrundeliegenden realen Sachverhalte und damit eine bessere Beurteilung der Auswirkungen derselben auf die wirtschaftliche Lage der Gemeinde ermöglicht werden. Erforderlich sind entsprechende Erläuterungen insbesondere dann, wenn der Bilanzierende Entscheidungsspielräume aufgrund von gesetzlich eingeräumten Ansatz- und Bewertungswahlrechten oder Ermessensspielräumen besitzt.

Ausdrücklich gefordert sind in diesem Zusammenhang Erläuterung zu folgenden Sachverhalten:

- Abweichungen vom Grundsatz der Einzelbewertung (§ 45 (2) Nr. 3 KomHVO), Fest- oder Gruppenbewertung nach § 29 (1) KomHVO,
- Abweichungen von den bisher angewandten Bewertungs- und Bilanzierungsmethoden (§ 45 (2) Nr. 3 KomHVO),
- Abweichungen von der nach § 36 (1) KomHVO standardmäßig vorgesehenen linearen Abschreibung (§ 45 (2) Nr. 6 KomHVO),
- Abweichungen von der örtlichen Abschreibungstabelle nach § 36 (4) KomHVO bei der Festlegung der Nutzungsdauern von Vermögensgegenständen (§ 45 (2) Nr. 6 KomHVO),
- Außerplanmäßige Abschreibungen im Anlagevermögen (§ 36 (6) KomHVO),
- Ausübung des Wahlrechts zur linearen Verteilung von außerplanmäßigen Abschreibungen bei voraussichtlich dauernder Wertminderung von Grund und Boden durch die Anschaffung oder Herstellung von Infrastrukturvermögen auf den Anschaffungs- oder Herstellungszeitraum der Vermögensgegenstände (§ 36 (7) KomHVO).
- Zuschreibungen nach Wegfall der Gründe für eine dauernde Wertminderung (§ 36 (9) KomHVO).

Gleichsam von der Erläuterungspflicht des § 45 (1) KomHVO im Hinblick auf die angewandten Bilanzierungs- und Bewertungsmethoden sind die folgenden Sachverhalte betroffen (auch wenn die Erläuterungspflichten hier nicht ausdrücklich in Einzelvorschriften bestimmt sind):

- Pauschale Bewertung von Rückstellungen für Beihilfen nach § 88 des Landesbeamtengesetzes (§ 37 (1) S. 5 KomHVO),
- Erfassungswahlrecht (Ansatzwahlrecht) für Vermögensgegenstände des Anlagevermögens mit Anschaffungs- oder Herstellungskosten bis einschließlich EUR 800 ohne USt im Rahmen der Inventur (§ 30 (4) KomHVO),

- Ansatzwahlrecht für ein Disagio (§ 43 (2) KomHVO),
- Ausübung von Einbeziehungswahlrechen bei der Bestimmung der Herstellungskosten (§ 34 (3) KomHVO),
- Passivierungswahlrecht für Sonderrücklagen zur Sicherung der Anschaffung- oder Herstellung von Vermögensgegenständen (§ 44 (4) S. 2 KomHVO),

Im Übrigen sind nach § 45 (2) KomHVO auch die folgenden Sachverhalte im Anhang gesondert anzugeben und zu erläutern:

- **besondere Umstände**, die dazu führen, dass der Jahresabschluss nicht ein den tatsächlichen Verhältnissen entsprechendes Bild der Vermögens-, Schulden-, Ertrags- und Finanzlage der Gemeinde vermittelt (Nr. 1),
- die Vermögensgegenstände des Anlagevermögens, für die Rückstellungen für unterlassene Instandhaltungen gebildet worden sind, unter Angabe des Rückstellungsbetrages (Nr. 4),
- die Aufgliederung des Postens „Sonstige Rückstellungen," sofern es sich um wesentliche Beträge handelt (Nr. 5),
- noch nicht erhobene Beiträge aus fertig gestellten Erschließungsmaßnahmen (Nr. 7),
- der Kurs der Währungsumrechnung bei Fremdwährungen (Nr. 8),
- Verpflichtungen aus Leasingverträgen (Nr. 9)
- Bildung von Bewertungseinheiten nach § 35a (Nr. 11).

Die Vorschrift des § 45 (2) Nr. 1 KomHVO, nach der besondere Umstände anzugeben und zu erläutern sind, die dazu führen, dass der Jahresabschluss nicht ein den tatsächlichen Verhältnissen entsprechendes Bild der Vermögens-, Schulden-, Ertrags- und Finanzlage der Gemeinde vermittelt, ist der Vorschrift des § 264 (2) S. 2 HGB für Kapitalgesellschaften nachgebildet. Dabei ist zu berücksichtigen, dass der Jahresabschluss der Gemeinde entsprechend der Generalnorm des § 95 (1) S. 4 GO – und analog zur handelsrechtlichen Generalnorm des § 264 (2) S.1 HGB – dazu bestimmt ist, die tatsächlichen Verhältnisse **unter Beachtung der Grundsätze ordnungsmäßiger Buchführung** widerzuspiegeln. „Normale" Informationsverzerrungen, die sich aus der Beachtung der GoB ergeben, wie etwa dem Anschaffungskostenprinzip, können hier also nicht gemeint sein. Vielmehr müssen „besondere Umstände" vorliegen, damit die Angabepflicht nach § 45 (2) Nr. 1 KomHVO greift. Der Anwendungsbereich der Vorschrift dürfte insofern eng auszulegen sein.

Betroffen sind vor allem Informationsverzerrungen beim **ordentlichen Ergebnis**, die von besonderen Umständen hervorgerufen wurden. Beispielweise könnte das ordentliche Ergebnis nicht unwesentlich von **aperiodischen** Erträgen oder Aufwendungen geprägt sein, die dazu führen, dass die Ergebnisrechnung bei dem Jahresabschlussadressaten ein zu positives oder negatives Bild von der Ertragslage vermitteln könnte. Oder die Erträge sind zum Ende des Haushaltsjahres eingebrochen, was in der – auf das Gesamtjahr bezogenen – Ergebnisrechnung nicht ersichtlich wird. Denkbar sind auch Verluste aus langfristigen Erschließungsmaßnahmen, die – bei noch nicht gegebener Möglichkeit der Gewinnrealisierung – ein zu negatives Bild von der Ertragslage vermitteln könnten.

Sofern sich „besondere Umstände" im **außerordentlichen Ergebnis** niederschlagen, kommt es dagegen nicht notwendigerweise zu Informationsverzerrungen. Vielmehr wird das außerordentliche Ergebnis gerade deshalb separat ausgewiesen, um Informationsverzerrungen zu vermeiden. Außerordentliche Erträge und Aufwendungen sollten im Sinne der Rechenschaft ohnehin im Anhang erläutert werden. So bestand im Handelsrecht (als noch ein außerordentliches Ergebnis auszuweisen war) explizit die Pflicht, außerordentliche Erträge und Aufwendungen „hinsichtlich ihres Betrags und ihrer Art im Anhang zu erläutern, soweit die ausgewiesenen Beträge für die Beurteilung der Ertragslage nicht von untergeordneter Bedeutung sind" (§ 277 (4) HGB alt). Schließlich könnte der Jahresabschlussadressat das außerordentliche Ergebnis ohne erläuternde Angaben im Anhang kaum beurteilen. Insoweit ist davon auszugehen, dass entsprechende Angabepflichten bezogen auf das außerordentliche Ergebnis gleichsam – auch ohne ausdrückliche Regelung – im Gemeindehaushaltsrecht gelten.

Ferner sind auch dann Angaben im Anhang vorzunehmen, wenn

- Kostenunterdeckungen kostenrechnender Einrichtungen vorliegen, die ausgeglichen werden sollen (§ 44 (6) S. 2 KomHVO),
- neue Bilanzposten hinzugefügt wurden (42 (6) KomHVO) oder
- Bilanzposten zusammengefasst wurden (§ 42 (7) KomHVO).

Die beiden zuletzt genannten Anhangangaben stehen im Zusammenhang mit dem Postulat der Ausweisstetigkeit, das sich aus dem Grundsatz der Klarheit und Übersichtlichkeit ergibt. Ausweisstetigkeit verlangt, dass die einmal gewählte Darstellungsform im Jahresabschluss beibehalten wird, damit dem Jahresabschlussadressaten der Vergleich aufeinander folgender Jahresabschlüsse erleichtert wird. Die Ausweisstetigkeit soll nur in Ausnahmefällen durchbrochen werden.

Ebenfalls im Sinne der Vergleichbarkeit wird in § 42 (5) KomHVO festgelegt, dass zu jedem Bilanzposten der Betrag des Vorjahres anzugeben ist. Sind die Beträge nicht vergleichbar, so sind auch hier entsprechende Erläuterungen im Anhang vorgeschrieben. Ein Posten, der keinen Betrag ausweist, darf deshalb auch nur dann entfallen, wenn bereits im Vorjahr unter diesem Posten kein Betrag ausgewiesen wurde (§ 42 (5) S. 2 KomHVO).

Am Schluss des Anhang sind gemäß § 95 (3) GO Angaben zu den Mitgliedern des **Verwaltungsvorstandes** (bzw. soweit dieser nicht zu bilden ist: Bürgermeister und Kämmerer) sowie den **Ratsmitgliedern** zu machen. Anzugeben sind:

1. der Familienname mit mindestens einem ausgeschriebenen Vornamen,
2. der ausgeübte Beruf,
3. die Mitgliedschaften in Aufsichtsräten und anderen Kontrollgremien,
4. die Mitgliedschaft in Organen von selbstständigen Aufgabenbereichen der Gemeinde,
5. die Mitgliedschaft in Organen sonstiger privatrechtlicher Unternehmen.

10.1.2 Beizufügende Unterlagen

Nach § 95 (4) GO sowie § 45 (3) KomHVO ist dem Anhang ein Anlagenspiegel, ein Forderungsspiegel sowie ein Verbindlichkeitenspiegel beizufügen. Diese Elemente werden in den §§ 46-48 KomHVO näher bestimmt; sie dienen der Entlastung der Bilanz. Ferner ist dem Anhang ein Eigenkapitalspiegel und eine Übersicht über die in das folgende Jahr übertragenen Haushaltsermächtigungen beizufügen.

Anlagenspiegel (§ 46 KomHVO)

Der Anlagenspiegel – auch Anlagengitter genannt – zeigt detailliert die Entwicklung der einzelnen Posten des Anlagevermögens auf. Er orientiert sich an der Gliederung der Bilanz und umfasst sowohl die abnutzbaren als auch die nicht abnutzbaren Anlagegüter.

Während die Bilanz nur die Buchwerte der einzelnen Posten zum Bilanzstichtag sowie die Vergleichszahlen des Vorjahres ausweißt, enthält der Anlagenspiegel viele Zusatzinformationen zur Entwicklung des Bilanzpostens ausgehend von den historischen Anschaffungs- oder Herstellungskosten bzw. den Werten der erstmaligen Eröffnungsbilanz. Er unterrichtet über Zu- und Abgänge, Umbuchungen, Zuschreibungen, die kumulierten Abschreibungen sowie die Abschreibungen im Rechnungsjahr.

Das zur Anwendung empfohlene Muster für den Anlagenspiegel ist als Anlage 9 beigefügt. Die Gemeinde kann weitere Informationen geben. Diese sollen die Klarheit und Übersichtlichkeit der Darstellung aber nicht beeinträchtigen.

Forderungsspiegel (§ 47 KomHVO)

Im Forderungsspiegel werden im Wesentlichen die Forderungen gegliedert nach ihren Restlaufzeiten angegeben. Sie werden eingeteilt in Forderungen mit einer Restlaufzeit bis einem Jahr, von einem Jahr bis fünf Jahren und mehr als fünf Jahren.

Das zur Anwendung empfohlene Muster für den Forderungsspiegel ist als Anlage 10 beigefügt.

Verbindlichkeitenspiegel (§ 48 KomHVO)

Der Verbindlichkeitenspiegel löst die kamerale Übersicht über die Schulden ab. Er bildet den Stand und die Entwicklung der Verbindlichkeiten im Haushaltsjahr detaillierter ab. Der Verbindlichkeitenspiegel enthält alle Verbindlichkeiten mit ihren (Rest-)Laufzeiten. Diese werden unterschieden in Verbindlichkeiten mit einer (Rest-)Laufzeit von bis zu einem Jahr, von einem bis einschließlich fünf Jahren sowie von mehr als fünf Jahren.

Nachrichtlich sind Haftungsverhältnisse nach Arten gegliedert und mit Angabe des jeweiligen Gesamtbetrages auszuweisen.

Das zur Anwendung empfohlene Muster für den Verbindlichkeitenspiegel ist als Anlage 12 beigefügt.

Eigenkapitalspiegel

Der Eigenkapitalspiegel stellt eine Überleitungsrechnung von den Beständen der Eigenkapitalposten des Jahresabschlusses des Vorjahres zu den Beständen zum 31.12. des Haushaltsjahres dar. Er zeigt, inwieweit sich die Posten aus bestimmten Gründen verändert haben. Es lässt sich so einfacher nachvollziehen, wie die Bestände der Eigenkapitalposten zum 31.12. des Haushaltsjahres zustande gekommen sind. Hierzu werden ausgehend von den Beständen des Vorjahresabschlusses zunächst die Verrechnungen des Vorjahresergebnisses gefolgt von den Verrechnungen mit der allgemeinen Rücklage nach § 44 (3) KomHVO gezeigt. Anschließend werden Umschichtungen von der Sonderrücklage in die allgemeine Rücklage berücksichtigt. Und schließlich wird das Jahresergebnis des Haushaltsjahres vor dem Beschluss über die Ergebnisverwendung angegeben.

Ferner werden unter dem Eigenkapitalspiegel nachrichtlich die Ergebnisverrechnungen der drei Haushalsvorjahre angegeben, Hintergrund dieser Darstellung ist die Bestimmung des § 96 (1) S. 3 GO, wonach ein Jahresüberschuss zunächst und insoweit der allgemeinen Rücklage zuzuführen ist, als die allgemeine Rücklage in den letzten drei vorhergehenden Haushaltsjahren aufgrund entstandener Fehlbeträge in der Ergebnisrechnung reduziert wurde.

Das zur Anwendung empfohlene Muster für den Eigenkapitalspiegel ist als Anlage 11 beigefügt.

10.2 Lagebericht

10.2.1 Funktion und Inhalt

Der Lagebericht ist **nicht** Bestandteil des Jahresabschlusses. Er ist dem Jahresabschluss aber nach § 95 (2) GO bzw. § 38 (2) KomHVO zwingend beizufügen. Nähere Bestimmungen zum Inhalt des Lageberichts enthält§ 49 KomHVO.
Danach ist der Lagebericht so zu fassen,

> „dass ein den tatsächlichen Verhältnissen entsprechendes Bild der Vermögens-, Schulden-, Ertrags- und Finanzlage der Kommune vermittelt wird. Dazu ist ein Überblick über die wichtigen Ergebnisse des Jahresabschlusses und **Rechenschaft** über die Haushaltswirtschaft im abgelaufenen Jahr zu geben. Über **Vorgänge von besonderer Bedeutung**, auch solcher, die nach Schluss des Haushaltsjahres eingetreten sind, ist zu berichten. Außerdem hat der Lagebericht eine ausgewogene und umfassende, dem Umfang der gemeindlichen Aufgabenerfüllung entsprechende **Analyse** der Haushaltswirtschaft und der Vermögens-, Schulden-, Ertrags- und Finanzlage der Gemeinde zu enthalten. In die Analyse sollen die produktorientierten Ziele und Kennzahlen, soweit sie bedeutsam für das Bild der Vermögens-, Schulden-, Ertrags- und Finanzlage der Gemeinde sind, einbezogen und unter Bezugnahme auf die im Jahresabschluss enthaltenen Ergebnisse erläutert werden. Auch ist auf die **Chancen und Risiken** für die künftige Entwicklung der Kommune einzugehen; zu Grunde liegende Annahmen sind anzugeben.“ (§ 49 KomHVO)

Der Lagebericht dient der Verdichtung der Jahresabschlussinformationen sowie der Bereitstellung ergänzender Informationen zur Darstellung der Vermögens-, Schulden-, Ertrags- und Finanzlage der Gemeinde. Die **Verdichtungsfunktion** des Lageberichts kommt in § 49 S. 1 KomHVO zum Ausdruck: „Dazu ist ein Überblick über die wichtigen Ergebnisse des Jahresabschlusses und Rechenschaft über die Haushaltswirtschaft im abgelaufenen Jahr zu geben.“ Der Lagebericht dient offenbar dem gleichen Rechenschaftszweck wie der Jahresabschluss; die Berichterstattung soll sich aber darauf konzentrieren, einen „Überblick über die wichtigen Ergebnisse des Jahresabschlusses“ zu geben. Der mit dem geforderten Überblick verknüpfte Rechenschaftszweck verlangt mehr als eine lose Zusammenstellung von einzelnen wichtigen Ergebnissen; vielmehr gilt es, ausgehend von den Jahresabschlussinformationen ein verdichtetes Gesamtbild zu entwickeln, das die wirtschaftliche Lage der Gemeinde zutreffend widerspiegelt und im Einklang mit dem Jahresabschluss steht (vgl. § 102 (5) GO).

Zusätzlich sieht § 49 S. 3 KomHVO vor, dass im Lagebericht über **Vorgänge von besonderer Bedeutung**, auch solcher, die nach Schluss des Haushaltsjahres eingetreten sind, zu berichten ist. Diese Informationen ergänzen die Jahresabschlussinformationen. Zum einen werden die Jahresabschlussinformationen in sachlicher Hinsicht um zusätzliche Informationen zur Verwaltungstätigkeit und dessen Umfeld im abgelaufenen Haushaltsjahr ergänzt. Zum anderen umfasst die Berichtspflicht aber auch besondere Vorgänge nach Abschluss des Haushaltsjahres (**Nachtragsbericht**). Diese Berichtspflicht mildert die Informationsverluste, die durch die Verzögerung zwischen dem Bilanzstichtag und der Aufstellung und Veröffentlichung des Jahresabschlusses entstehen. Zu berichten ist nur über bedeutende Vorgänge, insbesondere solche Vorgänge, die sich im folgenden Abschluss als wesentliche Veränderungen zum Vorjahr niederschlagen könnten. In Frage kommen hier sowohl wirtschaftlich bedeutsame Maßnahmen der Verwaltung (etwa der Verkauf von Beteiligungen oder Betrieben) als auch wichtige Daten oder Datenänderungen im Umfeld der Gemeinde (Streiks, Insolvenzen, Vertragskündigungen, wichtige Gesetzesänderungen u. a.).

Darüber hinaus dient der Lagebericht aber auch der Erläuterung, Analyse und Beurteilung wichtiger Sachverhalte und Kennzahlen, die sich aus dem Jahresabschluss ergeben oder zur Beurteilung der wirtschaftlichen Lage der Gemeinde zusätzlich in Betracht zu ziehen sind. § 49 KomHVO verlangt eine „ausgewogene und umfassende" Analyse der Haushaltswirtschaft und der Vermögens-, Schulden-, Ertrags- und Finanzlage der Gemeinde. Daraus lässt sich folgern, dass die Analyse zum einen alle relevanten Bereiche der Verwaltungstätigkeit einschließen sollte („umfassend" sein sollte). Zum anderen gebietet eine „ausgewogene" Analyse, dass die wirtschaftliche Lage der Gemeinde mehrdimensional beurteilt wird und alle wesentlichen Faktoren, die auf die Lage der Gemeinde eingewirkt haben, untersucht werden. Die Beurteilung der wirtschaftlichen Lage der Gemeinde sollte nicht auf einzelne Aspekte beschränkt werden, sondern ausgewogen anhand der Vermögens-, Schulden-, Ertrags- und Finanzlage der Gemeinde erfolgen. Geeignete **Kennzahlen** können diese Jahresabschlussanalyse unterstützen. Als einwirkende Faktoren sind sowohl externe Faktoren (wie etwa die konjunkturelle Entwicklung) als auch interne Faktoren (wie etwa bilanzpolitische Maßnahmen) zu berücksichtigen.

Gemäß § 49 S. 5 KomHVO sollen die **produktorientierten Ziele und Kennzahlen** (siehe § 4 (2) Nr. 1 u. 2 KomHVO), soweit sie bedeutsam für das Bild der Vermögens-, Schulden-, Ertrags- und Finanzlage der Gemeinde sind, in die Analyse einbezogen und unter Bezugnahme auf die im Jahresabschluss enthaltenen Ergebnisse erläutert werden. Die Formulierung produktorientierter Ziele ist ein wesentlicher Aspekt des neuen Haushaltsrechts. Eine detaillierte Analyse der Zielerreichung bezogen auf den Produktkatalog der Gemeinde ist jedoch nicht Gegenstand des Lageberichts. Produktorientierte Ziele und Kennzeichen sind im Lagebericht nur insoweit zu betrachten, als sie für das Bild der Vermögens-, Schulden-, Ertrags- und Finanzlage bedeutsam sind.

Schließlich ist im Lagebericht auf die **Chancen und Risiken** der künftigen Entwicklung einzugehen (§ 49 S. 6 KomHVO). Der Lagebericht ist in dieser Hinsicht zukunftsorientiert. Dagegen ist die Rechenschaft im Jahresabschluss überwiegend vergangenheitsorientiert. Unter „**Risiko**" lässt sich der mit einer nicht unerheblichen Wahrscheinlichkeit zu erwartende Eintritt einer ungünstigen Entwicklung verstehen. Begründete Aussichten auf günstige Entwicklungen stellen **Chancen** dar.

Die Berichterstattung über die Risiken und Chancen der künftigen Entwicklung sollte prinzipiell dazu dienen, den Lageberichtsadressaten in die Lage zu versetzen, sich selbst ein Bild über die Risiken und Chancen, deren Eintrittswahrscheinlichkeiten und Auswirkungen auf die wirtschaftliche Lage der Gemeinde zu machen. Insbesondere sind **bestandsgefährdende Risiken** und solche mit **wesentlichem Einfluss** auf die Vermögens-, Schulden, Ertrags- und Finanzlage der Gemeinde zu beschreiben und zu erläutern Die Auswirkungen sollten möglichst quantifiziert werden. Dabei sind die angewandten Modelle und Annahmen zu erläutern. Die Berichterstattung über die Chancen darf nicht dazu führen, dass ein zu positives Bild von der Lage der Gemeinde vermittelt wird. Risiken dürfen nicht mit Chancen saldiert werden.

10.2.2 Grundsätze der Lageberichterstattung

Der Lagebericht unterliegt zwar keinen kodifizierten Bestimmungen hinsichtlich seiner formalen Gestaltung. Für den Lagebericht gelten aber die gleichen Anforderungen wie für jede Vermittlung nützlicher Informationen. Insofern lassen sich die Rahmengrundsätze ordnungsmäßiger Buchführung (Richtigkeit und Willkürfreiheit, Klarheit und Übersichtlichkeit sowie Vollständigkeit) sinngemäß auch auf den Lagebericht übertragen.

Nach dem Grundsatz der **Richtigkeit** müssen die Angaben im Lagebericht dem Leser möglichst eindeutige Rückschlüsse auf die zugrundeliegenden Tatsachen erlauben. Beurteilungen müssen nach bestem Wissen und Gewissen abgegeben werden (**Willkürfreiheit**). Bei prospektiven Aussagen sollten die unterstellten Wirkungszusammenhänge sowie die angenommenen Umweltzustände offengelegt werden; Prognosen unterliegen zudem dem Plausibilitätspostulat.

Der Grundsatz der **Klarheit** gebietet eine übersichtliche, verständliche und eindeutige Berichterstattung. Der Lagebericht sollte nachvollziehbar gegliedert sein. Die Struktur sollte die in § 49 KomHVO geforderten Inhalte wiedererkennen lassen. Zur Klarheit der Darstellung trägt auch ein im Zeitablauf kontinuierlicher Berichtsaufbau bei.

Es empfiehlt sich, dem Lagebericht eine Gliederung voranzustellen und folgende **Gliederungspunkte** aufzunehmen (vgl. DRS 15):

1. Entwicklung der Haushaltswirtschaft und Rahmenbedingungen
2. Ertragslage
3. Finanzlage
4. Vermögens- und Schuldenlage
5. Nachtragsbericht
6. Bericht über Chancen und Risiken der künftigen Entwicklung

Nach dem Grundsatz der **Vollständigkeit** dürfen im Lagebericht keine Informationen vorenthalten werden, die aus Sicht des Berichterstatters von wesentlicher Bedeutung für die Gesamtbeurteilung der Vermögens-, Schulden-, Ertrags- und Finanzlage der Gemeinde (oder der künftigen Entwicklung derselben) sind. Dabei müssen alle mit vertretbarem Aufwand erreichbaren Informationsquellen ausgeschöpft werden. Das Vollständigkeitsgebot ist auf wesentliche Sachverhalte zu beschränken. Der Leser darf nicht mit Informationen überhäuft werden, die ihm den Blick auf das Wesentliche verstellen.

Verständnisfragen zu Kapitel 10

1. Welche Funktionen erfüllt der Anhang?
2. Welche Unterlagen sind dem Anhang beizufügen?
3. Wie werden die Forderungen im Forderungsspiegel gegliedert?
4. Ist der Lagebericht ein Bestandteil des Jahresabschlusses?
5. Was versteht man unter der „Verdichtungsfunktion" des Lageberichts?
6. Was ist Gegenstand des Nachtragsberichts?
7. Müssen im Lagebericht alle Risiken der künftigen Entwicklung dargestellt werden?
8. Was folgt aus dem Grundsatz der Klarheit für den Lagebericht?

Siehe auch Übungsaufgabe 14 im Anhang.

11 Gesamtabschluss

11.1 Einführung

Neben dem Jahresabschluss (Einzelabschluss) haben die Gemeinden einen Gesamtabschluss aufzustellen. Die Konzeption des kommunalen Gesamtabschlusses ist der des handelsrechtlichen Konzernabschlusses nachgebildet; ausdrückliche Verweise auf das Handelsrecht, finden sich bei den Bestimmungen zur Konsolidierung in § 51 KomHVO. Verwiesen wird auf das Handelsgesetzbuch in der Fassung vom 23. Juni 2017 (statischer Verweis, siehe § 50 (4) KomHVO). Somit werden die durch das Bilanzrechtmodernisierungsgesetz (BilMoG) eingetretenen Änderungen bei den zulässigen Konsolidierungsmethoden mit berücksichtigt.

Der Gesamtabschluss besteht nach § 116 (1) GO und § 50 (1) KomHVO aus

- Gesamtergebnisrechnung,
- Gesamtbilanz und
- Gesamtanhang
- Kapitalflussrechnung
- Eigenkapitalspiegel.

Dem Gesamtabschluss ist ein Gesamtlagebericht beizufügen.

Der Gesamtabschluss unterstützt den Einzelabschluss in seiner Funktion, Rechenschaft über die Vermögens-, Schulden, Ertrags- und Finanzlage der Gemeinde abzugeben. Er hat aber ausschließlich Informationsfunktion; er dient insbesondere nicht dem Nachweis über die Herstellung des Haushaltsausgleichs nach § 75 (2) GO.

Einzel- und Gesamtabschluss unterscheiden sich in ihrer Betrachtungsweise. Im Einzelabschluss werden die verselbständigten Aufgabenbereiche der Gemeinde als Finanzanlagen abgebildet. Sie gehen somit in den Einzelabschluss der Gemeinde jeweils nur mit einem Wertansatz, nicht aber mit ihren einzelnen Vermögensgegenständen und Schulden sowie Erträgen und Aufwendungen ein. Das heißt auch: Transaktionen zwischen der Kernverwaltung und ihren verselbständigten Aufgabenbereichen beeinflussen das im Jahresabschluss vermittelte Bild von der Vermögens-, Schulden, Ertrags- und Finanzlage der Gemeinde prinzipiell gleichermaßen, wie Transaktionen zwischen der Kernverwaltung und fremden Dritten.

Das Grundprinzip des Gesamtabschlusses ist es hingegen, die Gemeinde und die verselbständigten Aufgabenbereiche so darzustellen, als ob es sich um eine wirtschaftliche Einheit handeln würde (**Einheitstheorie**). Alle **Binnenbeziehungen** zwischen den verselbständigten Aufgabenbereichen untereinander sowie zwischen diesen und der Kernverwaltung werden im Gesamtabschluss **eliminiert**. Der Gesamtabschluss beseitigt damit die **Informationsdefizite und -verzerrungen im Einzelabschluss**, die sich in der Vergangenheit durch immer weitere Ausgliederungen von Aufgabenbereichen aus der Kernverwaltung verstärkt haben.

11.2 Aufstellungspflicht, Bestätigung und Prüfung

Nach § 116 (1) GO sind die Gemeinden verpflichtet, in jedem Haushaltsjahr für den Abschlussstichtag 31. Dezember einen Gesamtabschluss aufzustellen (erstmalig zum 31. Dezember 2010, § 2 NKF-Einführungsgesetz).

Für die Pflicht zur Aufstellung eines Gesamtabschlusses gelten größenabhängige Befreiungstatbestände nach § 116a GO. Ist die Gemeinde unter den Voraussetzungen des § 116a GO von der Aufstellung eines Gesamtabschlusses befreit, so hat sie in dem Jahr einen Beteiligungsbericht zu erstellen (§ 117 (1) GO).

Der Gesamtabschluss ist nach § 116 (8) GO innerhalb der **ersten neun Monate** nach dem Abschlussstichtag aufzustellen. Der Entwurf des Gesamtabschlusses ist vom Kämmerer aufzustellen und dem Bürgermeister sowie dem Rat zur **Bestätigung** vorzulegen (nach § 116 (8) mit Verweis auf § 95 (5) GO). Nachdem der Gesamtabschluss geprüft wurde (durch den Rechnungsprüfungsausschuss oder eine örtliche Rechnungsprüfung) bestätigt der Rat bis spätestens 31. Dezember des Haushaltsfolgejahres den geprüften Gesamtabschluss durch Beschluss (§116 (9) GO). Der Gesamtabschluss ist sodann der **Aufsichtsbehörde** unverzüglich anzuzeigen, öffentlich bekanntzumachen und bis zur Bestätigung des folgenden Gesamtabschlusses zur **Einsichtnahme** verfügbar zu halten (§ 116 (9) GO mit Verweis auf § 96 (1) GO).

11.3 Konsolidierungskreis und -methoden

Zum Gesamtabschluss sind nach § 116 (3) GO der Jahresabschluss der Kernverwaltung nach § 95 GO und die Jahresabschlüsse aller **verselbständigten Aufgabenbereiche in öffentlich-rechtlicher oder privatrechtlicher Form** zu konsolidieren. Die Gesamtheit der zu konsolidierenden Aufgabenbereiche wird als **Konsolidierungskreis** bezeichnet.

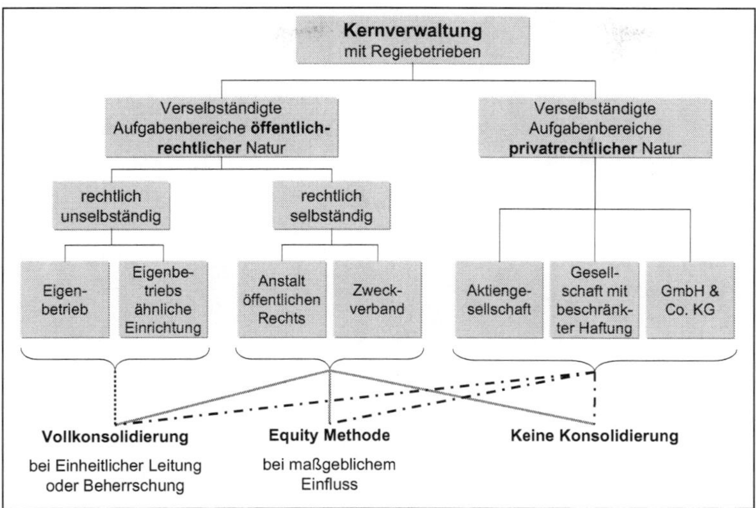

Abbildung 20: Konsolidierungskreis und -methoden

Zu den verselbständigten Aufgabenbereichen in **öffentlich-rechtlicher Form** zählen sowohl die rechtlich selbständigen Organisationsformen (Anstalten öffentlichen Rechts (AöR) und Zweckverbände) als auch die rechtlich unselbständigen Organisationsformen, die einen eigenen Jahresabschluss außerhalb der Kernverwaltung aufstellen (Eigenbetriebe und eigenbetriebsähnliche Einrichtungen). Öffentlich-rechtliche Organisationsformen sind nach § 51 (1) KomHVO grundsätzlich entsprechend den §§ 300, 301 und 303 bis 305 und 307 bis 309 des Handelsgesetzbuches zu konsolidieren. Sie werden damit nach der Methode der **Vollkonsolidierung** in den Gesamtabschluss einbezogen. Bei der Vollkonsolidierung werden sämtliche Vermögensgegenstände und Schulden sowie die Aufwendungen und Erträge aus den Einzelabschlüssen der verselbständigten Aufgabenbereiche einzeln in den Gesamtabschluss aufgenommen.

Neben den öffentlich-rechtlichen Organisationsformen sind **Unternehmen und Einrichtungen des privaten Rechts** zu konsolidieren. Hierzu zählen insbesondere die in der Rechtsform der Aktiengesellschaft (AG) oder der Gesellschaft mit beschränkter Haftung (GmbH) geführten Unternehmen mit Nennkapital, an denen die Gemeinde eine Beteiligung hält sowie sonstige rechtlich selbständige Aufgabenträger, deren finanzielle Existenz auf Grund rechtlicher Verpflichtung wesentlich durch die Gemeinde gesichert wird.

Voraussetzung für die Vollkonsolidierung von Unternehmen und Einrichtungen des privaten Rechts entsprechend den §§ 300, 301 und 303 bis 305 und 307 bis 309 des Handelsgesetzbuches ist nach § 51 (2) KomHVO, dass die Unternehmen und Einrichtungen unter der **einheitlichen Leitung** der Gemeinde stehen oder unter **beherrschendem Einfluss** der Gemeinde (Control-Konzept) stehen.

Verselbständigte Aufgabenbereiche stehen unter „**einheitlicher Leitung**" der Gemeinde, wenn

- die Gemeinde ihre Interessen in der Geschäftspolitik und sonstigen Fragen der Geschäftsführung der verselbständigten Aufgabenbereiche im Zweifel durchsetzen kann,
- die Einflussnahme durch die Gemeinde tatsächlich ausgeübt wird (allein die Möglichkeit zur Einflussnahme reicht nicht aus) **und**
- der Einfluss durch die Gemeinde allein und nicht gemeinschaftlich mit anderen ausgeübt wird.

Zur Beurteilung der einheitlichen Leitung ist das Gesamtbild der tatsächlichen Verhältnisse entscheidend. Sie setzt kein formales Weisungsrecht voraus; sie kann sich vielmehr auch in der lockeren Form gemeinsamer Beratungen vollziehen oder aus personellen Verflechtungen der Verwaltungen ergeben.

„Beherrschung" nach dem „Control-Konzept" liegt vor, wenn

- der Gemeinde die Mehrheit der Stimmrechte der Gesellschafter zusteht,
- der Gemeinde das Recht zusteht, die Mehrheit der Mitglieder des Verwaltungs-, Leitungs- oder Aufsichtsorgans zu bestellen oder abzuberufen und sie gleichzeitig Gesellschafterin ist **oder**
- der Gemeinde das Recht zusteht, einen beherrschenden Einfluss auf Grund eines mit diesem Unternehmen geschlossenen Beherrschungsvertrags oder auf Grund einer Satzungsbestimmung dieses Unternehmens auszuüben (§ 51 (2) KomHVO).

Im Gegensatz zum Konzept der einheitlichen Leitung ist es beim Control-Konzept nicht zwingend erforderlich, dass die Gemeinde ihren möglichen Einfluss auch tatsächlich ausübt.

Beispiel: Control-Konzept

Doppik City hält 46 % der Stimmrechte an der Abfallverwertungs-AG und 80 % der Stimmrechte an der Abfallentsorgungs-AG, die ihrerseits 10 % der Abfallverwertungs-AG hält.

Da die der Abfallentsorgungs-AG zuzurechnenden Stimmrechte an der Abfallverwertungs-AG Doppik City zuzurechnen sind, verfügt Doppik City über die Stimmrechtsmehrheit und damit über die Kontrolle an der Abfallverwertungs-AG.

Sofern die Gemeinde auf einen verselbständigten Aufgabenbereich keinen beherrschenden Einfluss auszuüben vermag, die Gemeinde aber auf Unternehmen oder die Einrichtung einen **maßgeblichen Einfluss** ausübt, werden die betreffenden Einheiten nach § 51 (3) KomHVO entsprechend den §§ 311 und 312 HGB nach der

„Equity-Methode“ konsolidiert. Die verselbständigten Aufgabenbereiche erscheinen dann im Gesamtabschluss – wie im Einzelabschluss der Gemeinde – nur mit jeweils einem Wertansatz; der Wertansatz richtet sich aber nach anderen Kriterien als im Einzelabschluss.

Ein maßgeblicher Einfluss kann etwa angenommen werden, wenn die Gemeinde im Aufsichtsrat oder Vorstand vertreten ist oder an den Entscheidungen über die Gewinnverwendung, an wichtigen Personalfragen oder an der Besetzung der Organe mitwirkt. Ein maßgeblicher Einfluss der Gemeinde wird (unter entsprechender Anwendung von § 311 (2) HGB) vermutet, wenn die Gemeinde mindestens den fünften Teil der Stimmrechte der Gesellschafter innehat.

Die im Handelsrecht für Gemeinschaftsunternehmen („Joint Ventures“) zulässige sog. Quotenkonsolidierung (§ 310 HGB) ist für den kommunalen Gesamtabschluss nicht vorgesehen.

Sparkassen sind, da der Landesgesetzgeber in § 1 Abs. 1 Satz 2 SpkG NRW festgelegt hat, dass Sparkassen nicht in der Bilanz des gemeindlichen Jahresabschlusses anzusetzen sind, auch nicht in den gemeindlichen Gesamtabschluss einzubeziehen bzw. in der Gesamtbilanz anzusetzen.

Verselbständigte Aufgabenbereiche müssen nach § 116b GO nicht in den Gesamtabschluss einbezogen werden, wenn sie für die Vermittlung eines den tatsächlichen Verhältnissen entsprechenden Bildes der Vermögens-, Schulden - Ertrags- und Finanzgesamtlage der Gemeinde von untergeordneter Bedeutung sind. Dies ist im Gesamtanhang anzugeben und zu begründen.

Die folgende Tabelle fasst den Regelfall bei der Vorgehensweise der Konsolidierung in Abhängigkeit von den Anteilen der Gemeinde zusammen:

Anteile der Gemeinde am verselbständigten Aufgabenbereich	Vorgehensweise bei der Konsolidierung
> 50 %	Vollkonsolidierung
> 20 % und ≤ 50 %	Equity-Methode
≤ 20 %	Keine Konsolidierung

Tabelle 9: Konsolidierungsmethoden nach Kapitalbeteiligung der Gemeinde

11.4 Vollkonsolidierung

11.4.1 Grundsätze und Arbeitsschritte

Die in den Gesamtabschluss im Rahmen der Vollkonsolidierung einbezogenen Einheiten sollen im Gesamtabschluss so dargestellt werden, als würden sie eine (rechtliche) Einheit bilden, für die nach den für den Einzelabschluss der Gemeinde geltenden Bilanzierungsvorschriften ein Abschluss erstellt wird (Einheitstheorie). Die Vollkonsolidierung der einbezogenen Einzelabschlüsse erfordert daher zunächst, dass die Einzelabschlüsse nach den für die Gemeinde geltenden Bilanzierungsvorschriften vereinheitlicht werden (**Grundsatz der Einheitlichkeit**). Dies umfasst in **formeller Hinsicht** einheitliche Bilanzstichtage, den einheitlichen Ausweis (Posten und Gliederung) sowie die Verwendung einer einheitlichen Währung. **Materiell** sind einheitliche Ansatz- und Bewertungsvorschriften zugrunde zu legen.

Die Gemeinde als „Konzernmutter" hat daher über **Konzernbilanzierungsrichtlinien** sicherzustellen, dass in den Einzelabschlüssen der verselbständigten Aufgabenbereiche entweder unmittelbar die Ansatz-, Bewertungs- und Ausweisvorschriften des Gemeindehaushaltsrechts angewendet werden oder von den verselbständigten Aufgabenbereichen entsprechende **Gemeindebilanzen II** erstellt wird. Die Gemeinde kann von jedem verselbständigten Aufgabenbereich die zur Erstellung des Gesamtabschlusses erforderlichen Aufklärungen und Nachweise verlangen (§ 116 (6) GO).

Die solchermaßen vereinheitlichten Einzelabschlüsse lassen sich dann in einem ersten Schritt durch postenweise Addition zu einer **Summenbilanz** und einer **Summenergebnisrechnung** zusammenfassen. Ausgehend von diesen Rechnungen erfolgt in den nächsten Schritten die **eigentliche Konsolidierung**. Dabei sind zunächst die Anteile an den verselbständigten Aufgabenbereichen mit dem auf sie entfallenden Eigenkapital zu verrechnen (**Kapitalkonsolidierung**). Ferner sind aus Gesamtabschlusssicht nicht realisierte Gewinne und Verluste aus den Beständen zu eliminieren (**Zwischenergebniseliminierung**). Schließlich sind Forderungen und Verbindlichkeiten (**Schuldenkonsolidierung**) sowie Aufwendungen und Erträge (**Aufwand- und Ertragskonsolidierung**) aus Geschäften zwischen den einbezogenen verselbständigten Aufgabenbereichen aufzurechnen.

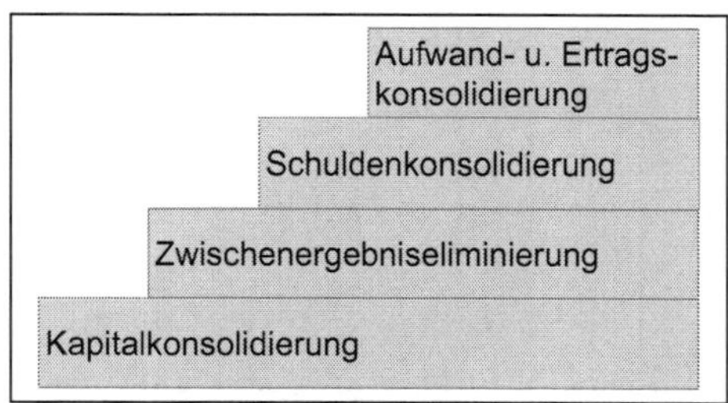

Abbildung 21: Schritte einer Vollkonsolidierung

11.4.2 Kapitalkonsolidierung

Erstkonsolidierung

Die Kapitalkonsolidierung ist erforderlich, da die bloße Zusammenrechnung der Einzelabschlüsse in der Summenbilanz zu einer **Doppelerfassung** von Eigenkapital führt. Die Grundproblematik veranschaulicht folgendes Beispiel. Die Gemeinde besitzt einen Eigenbetrieb, den sie mit TEUR 100 als Finanzanlage im Einzelabschluss angesetzt hat.

Bilanz der Kernverwaltung von Doppik City			
Aktiva	TEUR	Passiva	TEUR
Finanzanlagen	100	Eigenkapital	200
Sonstige Aktiva	900	Fremdkapital	800
	1.000		1.000

Bilanz des Eigenbetriebs E			
Aktiva	TEUR	Passiva	TEUR
Grundstücke	100	Eigenkapital	100
Maschinen	900	Fremdkapital	1.400
Forderungen	400		
Sonstige Aktiva	100		
	1.500		1.500

Horizontale Addition der Bilanzposten führt zur folgenden Summenbilanz:

Summenbilanz von Kernverwaltung und Eigenbetrieb			
Aktiva	TEUR	Passiva	TEUR
Grundstücke	100	Eigenkapital	300
Maschinen	900	Fremdkapital	2.200
Finanzanlagen	100		
Forderungen	400		
Sonstige Aktiva	1.000		
	2.500		**2.500**

In der Summenbilanz ist das Eigenkapital des Eigenbetriebs doppelt enthalten: zum einen über das Eigenkapital des Eigenbetriebs, zum anderen hat der Ansatz des Eigenbetriebs als Finanzanlage auch das Eigenkapital der Gemeinde um TEUR 100 erhöht. Im Rahmen der Kapitalkonsolidierung ist daher der Beteiligungsbuchwert und das Eigenkapital des verselbständigten Aufgabenbereichs zu verrechnen.

Buchungssatz:
Eigenkapital
an Finanzanlagen TEUR 100

Dies entspricht der Bestimmung des § 301 (1) S. 1 HGB: „Der Wertansatz der dem Mutterunternehmen gehörenden Anteile an einem in den Konzernabschluss einbezogenen Tochterunternehmen wird mit dem auf diese Anteile entfallenden Betrag des Eigenkapitals des Tochterunternehmens zu verrechnet."

Allerdings ist der Beteiligungsbuchwert nicht mit dem bilanzierten Eigenkapital der Beteiligung zu verrechnen. Vielmehr ist das Eigenkapital nach § 301 (1) S. 2 HGB mit dem Betrag anzusetzen, „der dem **Zeitwert** der in den Konzernabschluss aufzunehmenden Vermögensgegenstände, Schulden, Rechnungsabgrenzungsposten und Sonderposten entspricht". Das neu zu bewertende und mit dem Beteiligungsbuchwert zu verrechnende Eigenkapital der Beteiligung unterscheidet sich also von dem bilanzierten Eigenkapital durch die vollständige Aufdeckung der in den Buchwerten der Vermögensgegenstände und Schulden enthaltenen **stillen Reserven und Lasten**. Dabei sollen sich die ermittelten Werte auf den Zeitpunkt beziehen, zu dem das Unternehmen Tochterunternehmen geworden ist (§ 301 (2) HGB).

Bei Verrechnung des Beteiligungsbuchwerts mit dem (anteiligen) neu bewertetem Eigenkapital ergeben sich – unabhängig davon, ob sich das neu bewertete Eigenkapital von dem bilanzierten Eigenkapital unterscheidet – in der Regel Differenzen. Ist der Beteiligungsbuchwert höher als das anteilige (neubewertete) Eigenkapital ist der Differenzbetrag als **Geschäfts- oder Firmenwert** zu aktivieren. Im umgekehrten Fall erfolgt eine Passivierung als **Unterschiedsbetrag aus der Kapitalkonsolidierung** nach dem Eigenkapital (§ 301 (3) HGB).

Ein (derivativer) Geschäfts- oder Firmenwert (auch **Goodwill** genannt) entsteht regelmäßig, wenn der Erwerber eines Unternehmens den Ertragswert des Unternehmens, also den aus den künftigen Erfolgsaussichten abgeleiteten Unternehmenswert, höher einschätzt als den Zeitwert des Eigenkapitals (Buchwert des Eigenkapitals + stille Reserven – stille Lasten). Es kommen aber auch andere Gründe in Frage, die das Unternehmen für den Erwerber „wertvoll" erscheinen lassen können. Der Erwerber könnte bestimmte Eigenschaften des Unternehmens wertschätzen, über die die Bilanz keinen Aufschluss geben kann, wie etwa der Kundenstamm, der Markenname oder das Know-how der Mitarbeiter. Selbst bei einem negativen Ertragswert des Unternehmens könnte ein Erwerber daher bereit sein, einen Geschäfts- oder Firmenwert zu bezahlen. Die Gemeinde könnte zudem bereit sein, ein Verlustunternehmen zu erwerben, dessen Fortbestand sie aus Gründen der Daseinsvorsorge sichern möchte. Auch in diesem Fall wäre sie unter Umständen bereit einen Geschäfts- oder Firmenwert zu zahlen, weil auch andere Investoren (aus ihren jeweils eigenen Erwägungen heraus und ohne die Absicht, den Betrieb fortzuführen) einen Kaufpreis bieten, der über dem Zeitwert des Eigenkapitals liegt.

Ein **negativer Unterschiedsbetrag** im Rahmen der Kapitalkonsolidierung (auch negativer Geschäfts- oder Firmenwert oder **Badwill** genannt) entsteht, wenn der Kaufpreis des Unternehmens unter dem Wert des anteiligen neubewerteten Eigenkapitals liegt. Ein Badwill lässt sich entweder mit negativen künftige Ertragsaussichten erklären oder kann als ein „**Lucky Buy**", also als günstiger Kauf, angesehen werden.

Die Kapitalkonsolidierung erfolgt grundsätzlich in vier Schritten; diese werden anschließend an einem Beispiel erläutert:

1. Neubewertung des Eigenkapitals des verselbständigten Aufgabenbereichs unter Aufdeckung aller stillen Reserven in voller Höhe ohne Anschaffungskostenrestriktion;
2. Ermittlung des Unterschiedsbetrags;
3. Ausweis des Firmenwerts oder des Unterschiedsbetrags aus der Kapitalkonsolidierung;
4. Dotierung des Ausgleichspostens für Anteile anderer Gesellschafter.

Beispiel

An dem kommunalen Versorgungsunternehmen V-AG besitzt Doppik City einen Anteil von 80 % am Nominalkapital. Die restlichen Anteile von 20 % gehören einem börsennotierten Versorgungsunternehmen. Die Beteiligung ist zum 31. Dezember 2010 erstmalig im Gesamtabschluss von Doppik City zu konsolidieren. Zur Verdeutlichung werden zwei Fälle mit unterschiedlichen Anschaffungskosten unterstellt:

	Fall A	**Fall B**
Anschaffungskosten der Beteiligung in TEUR	100	50

Schritt 1: Neubewertung des Eigenkapitals

Die Bilanz der V-AG zu Buchwerten und zu Zeitwerten zum Zeitpunkt der Erstkonsolidierung zeigt folgendes Bild:

	Buchwerte	**Zeitwerte**	**Stille Reserven**
Aktiva	**TEUR**	**TEUR**	**TEUR**
Immobilien	10	50	40
Maschinen	25	30	5
Sonstige Aktiva	115	115	-
	150	**195**	**45**

	Buchwerte	Zeitwerte	Stille Reserven
Passiva	**TEUR**	**TEUR**	**TEUR**
Eigenkapital	75	120	45
Sonstige Passiva	75	75	-
	150	**195**	**45**

Das neubewertete Eigenkapital des Versorgungsunternehmens beträgt somit TEUR 120.

Die Vermögensgegenstände und sonstigen Passiva des Tochterunternehmens werden mit ihren Zeitwerten in die Konzernbilanz übernommen. Die Kapitalkonsolidierung sowie die Ermittlung der Beteiligung von außenstehenden Gesellschaftern erfolgen auf der Basis des Eigenkapitals, das sich nach der Neubewertung mit den aktualisierten Werten ergibt.

Schritt 2: Ermittlung des Unterschiedsbetrags

Durch Bildung der Differenz zwischen den Anschaffungskosten und dem anteiligen neubewerteten Eigenkapital erhält man den Unterschiedsbetrag.

Fall A:
TEUR 100 – (TEUR 120 x 80%) = TEUR 4 (aktivischer Unterschiedsbetrag)

Fall B:
TEUR 50 – (TEUR 120 x 80%) = TEUR -46 (passivischer Unterschiedsbetrag)

Schritt 3: Ausweis des Firmenwerts oder des Unterschiedsbetrags aus der Kapitalkonsolidierung

Der aktivische Unterschiedsbetrag (Fall A) ist als Firmenwert auf der Aktivseite des Gesamtabschlusses auszuweisen. Der passivische Unterschiedsbetrag (Fall B) ist auf der Passivseite nach dem Eigenkapital auszuweisen.

Schritt 4: Dotierung des Ausgleichspostens für Anteile anderer Gesellschafter

Im vierten und letzten Schritt ist der Ausgleichsposten für Anteile andere Gesellschafter zu dotieren. Der Ausgleichsposten besteht in Höhe des Anteils anderer Gesellschafter am neubewerteten Eigenkapital.

Fall A und Fall B:
TEUR 120 x 20% = TEUR 24

Die Kapitalkonsolidierung nach der Neubewertungsmethode lässt sich zusammengefasst wie folgt darstellen:

Fall A	**Bilanz Doppik City**	**Bilanz V-AG**	**Summe**	**Konsolidierung**		**Konzern-bilanz**
				Soll	**Haben**	
Aktiva	**TEUR**	**TEUR**	**TEUR**	**TEUR**	**TEUR**	**TEUR**
Immobilien		50	50			50
Maschinen		30	30			30
Beteiligungen	100		100		100	0
Sonstige Aktiva	400	115	515			515
Geschäftswert				4		4
	500	**195**	**695**			**599**
Passiva	**TEUR**	**TEUR**	**TEUR**			**TEUR**
Eigenkapital	300	120	420	120		300
Anteile anderer Gesellschafter					24	24
Sonstige Passiva	200	75	275			275
	500	**195**	**695**	**124**	**124**	**599**
Fall B	**Bilanz Doppik City**	**Bilanz V-AG**	**Summe**	**Konsolidierung**		**Konzern-bilanz**
				Soll	**Haben**	
Aktiva	**TEUR**	**TEUR**	**TEUR**	**TEUR**	**TEUR**	**TEUR**
Immobilien		50	50			50
Maschinen		30	30			30
Beteiligungen	50		50		50	0
Sonstige Aktiva	400	115	515			515
	450	**195**	**645**			**595**
Passiva	**TEUR**	**TEUR**	**TEUR**			**TEUR**
Eigenkapital	250	120	370	120		250
Anteile anderer Gesellschafter					24	24
Passivischer Unter-schiedsbetrag					46	46
Sonstige Passiva	200	75	275			275
	450	**195**	**645**	**120**	**120**	**595**

Tabelle 10: Beispiel zur Konsolidierung nach der Neubewertungsmethode

Folgekonsolidierung

Bei der Konsolidierung zu den folgenden Abschlussstichtagen sind insbesondere die im Folgenden dargestellten Sachverhalte zu beachten:

Soweit bei der Erstkonsolidierung **stille Reserven** aufgedeckt und verschiedenen Aktiva zugerechnet worden sind, müssen bei der Folgekonsolidierung die **Abschreibungen** auf Vermögensgegenstände, deren Nutzung zeitlich begrenzt ist, von den höheren, in der zusammengefassten (konsolidierten) Bilanz ausgewiesenen Werten vorgenommen werden. Dabei sind auch auf die aufgedeckten stillen Reserven die Restnutzungsdauer und die Abschreibungsmethode anzuwenden, die in der **Gemeindebilanz II** für den betreffenden Vermögensgegenstand angewandt wurden. Mit der endgültigen Abschreibung des Vermögensgegenstandes ist dann auch die in der Erstkonsolidierung aufgedeckte und zugeordnete stille Reserve aufgelöst.

Soweit stille Reserven nicht bei einem abnutzbaren Anlagevermögen aufgedeckt worden sind, ist im **Abgangszeitpunkt** ein im Einzelabschluss entstandener Buchgewinn um den Betrag aufgedeckter stiller Reserven aus der Erstkonsolidierung zu kürzen. Ein entstandener Buchverlust ist um die noch in der Konzernbilanz ausgewiesene stille Reserve zu erhöhen. Sind bei der Erstkonsolidierung stille Reserven in den Vorräten aufgedeckt worden, so vermindert sich bei Veräußerung an Dritte der Gewinn aus dem Einzelabschluss.

Wurden neben stillen Reserven auch **stille Lasten** aufgedeckt, sind auch diese im Rahmen der Folgekonsolidierung zu beachten. Wurden etwa in der Gesamtbilanz im Rahmen der Erstkonsolidierung höhere Rückstellungen als im Einzelabschluss gebildet, so führt dies im Gesamtabschluss zu geringerem oder gar keinem Aufwand, wenn der Rückstellungsfall eintritt. Im Einzelabschluss entsteht hingegen Aufwand, weil die Rückstellung dort zu gering bemessen war.

Ein **Geschäfts- oder Firmenwert,** der im Zuge der Erstkonsolidierung in die Gesamtbilanz aufgenommen worden ist, soll nach § 309 HGB i. V. m. § 246 (1) HGB planmäßig über die voraussichtliche Nutzungsdauer abgeschrieben werden.

Ein **passivischer Unterschiedsbetrag** aus der Erstkonsolidierung kann ergebniswirksam aufgelöst werden (§ 309 (2) HGB). Im Falle eines „Lucky Buy" könnte dies erfolgen, wenn am Abschlussstichtag feststeht, dass der Unterschiedsbetrag einem realisierten Gewinn entspricht. Ein Zwang zur Auflösung besteht jedoch nicht.

Ergibt sich der passivische Unterschiedsbetrag jedoch aus ungünstigen Ergebniserwartungen, die im Kaufpreis antizipiert wurden, so hat der passivische Unterschiedsbetrag den Charakter einer **Rückstellung für zukünftige Verluste.** Wird das Eigenkapital des verselbständigten Aufgabenbereichs nun in den Folgejahren tatsächlich durch eingetretene Verluste verringert, sind insoweit die Voraussetzungen für die Auflösung des Passivpostens erfüllt. Die erfolgswirksame Auflösung des passivischen Unterschiedsbetrages gleicht dann insoweit in der Gesamtergebnisrechnung die Verluste des verselbständigten Aufgabenbereichs aus.

Bei der **Durchführung der Folgekonsolidierung** sind für jeden folgenden Gesamtabschluss zwei Konsolidierungsschritte notwendig. Zunächst erfolgt die Wiederholung der Buchungen aus der Erstkonsolidierung sowie der bereits vorgenommenen

Folgekonsolidierungen aus Vorperioden. Danach sind die aufgedeckten stillen Reserven und stillen Lasten sowie der Geschäfts- oder Firmenwert bzw. der passivische Unterschiedsbetrag aus der Kapitalkonsolidierung fortzuschreiben. Hierzu werden die **aufgedeckten** stillen Reserven bei abnutzbaren Vermögensgegenständen des Anlagevermögens abgeschrieben und die **aufgedeckten** stillen Lasten aufgelöst, soweit der Sachverhalt realisiert ist. Zusätzlich sind Abgänge zu berücksichtigen, die aufgedeckte stille Reserven betreffen.

Die in Form einer Nebenrechnung erforderliche Fortschreibung von zugeordneten und aufgedeckten stillen Reserven oder stillen Lasten bedarf umfangreicher organisatorischer Vorkehrungen. Sie erfolgt zweckmäßigerweise in einer eigenen **Gesamtabschlussbuchführung.** Diese Gesamtabschlussbuchführung stellt keine Buchführung im engeren Sinne dar, in der laufende Geschäftsvorfälle verarbeitet werden. Vielmehr handelt es sich um eine Erfassung aller für eine Folgekonsolidierung relevanten Sachverhalte.

In der Gesamtabschlussbuchführung sind zugeordnete und aufgedeckte stille Reserven bei abnutzbaren Vermögensgegenständen des Anlagevermögens einzeln fortzuentwickeln, also abzuschreiben. Abgegangene Gegenstände, für die eine Zuordnung oder Aufdeckung stiller Reserven vorgenommen worden ist, sind in der Gesamtabschlussbuchführung auch durch einen Abgang der entsprechenden stillen Reserven zu berücksichtigen.

Gleiches gilt für stille Lasten. Beim Wegfall einer stillen Last ist der hierfür in der Gesamtabschlussbuchführung angesetzte Posten aufzulösen. Die Gesamtabschlussbuchführung dient damit dem Nachweis der Entwicklung aller für die Erstellung des Gesamtabschlusses relevanten Vorgänge.

Anteile anderer Gesellschafter

Werden nicht alle Anteile an einem in den Gesamtabschluss einbezogenen verselbständigten Aufgabenbereich von der Gemeinde gehalten, ist für nicht der Gemeinde gehörende Anteile ein Posten für die Anteile der anderen Gesellschafter in Höhe ihres Anteils am Eigenkapital zu bilden. Der Ausweis des Postens erfolgt gesondert unter entsprechender Bezeichnung **innerhalb** des Eigenkapitals.

Der Posten „Anteile anderer Gesellschafter" umfasst grundsätzlich den auf **außenstehende Gesellschafter** entfallenden Anteil am gesamten neubewerteten Eigenkapital, das der Konsolidierung zugrunde gelegt wird. Rechnerisch ergibt sich der Betrag durch Multiplikation der **Beteiligungsquote** der außenstehenden Gesellschafter mit dem Bestand des Eigenkapitals zum jeweiligen Stichtag.

Die **Neubewertungsmethode** führt zu einer vollständigen Aufdeckung der stillen Reserven, die in der Einzelbilanz des verselbständigten Aufgabenbereichs enthalten sind. Die aufgedeckten stillen Reserven sind den außenstehenden Gesellschaftern entsprechend ihrer Beteiligungsquote am Eigenkapital des einbezogenen verselbständigten Aufgabenbereichs zuzurechnen.

In den Folgekonsolidierungen werden die aufgedeckten stillen Reserven nach den allgemeinen Regeln erfolgswirksam abgeschrieben. Dadurch vermindern sich anteilig die Anteile von außenstehenden Gesellschaftern entsprechend. In die Beteiligung von außenstehenden Gesellschaftern gehen nicht nur die bei Erstkonsolidierung auf diese Gesellschafter entfallenden Eigenkapitalanteile ein, sondern auch die bei den Folgekonsolidierungen auf diesen Kreis entfallenden Rücklagenzuführungen und Ergebnisanteile. In diesem Posten werden daher Kapital- und Gewinnrücklagen vermischt.

Konsolidierung im mehrstufigen „Konzern“

Während in einer **einstufigen** Gesamtgemeinde die Konsolidierung aller verselbständigten Aufgabenbereiche gleichzeitig durchgeführt werden kann (**Kernkonsolidierung**), müssen in **mehrstufigen** Gesamtgemeinden – sofern nicht vereinfachte Verfahren angewendet werden – die einzelnen verselbständigten Aufgabenbereiche nacheinander konsolidiert werden. Dabei wird der im Gemeindeaufbau am weitesten von der Kernverwaltung entfernte verselbständigte Aufgabenbereich mit dem über ihm stehenden Mutterunternehmen usw. bis zur Kernverwaltung konsolidiert (**Ketten- oder Sukzessivkonsolidierung**, werden hingegen keine Teilkonzernabschlüsse erstellt, sondern alle Konzernunternehmen in einen Summenabschluss einbezogen und davon ausgehend konsolidiert, spricht man von **Simultankonsolidierung**; DRS 23 empfiehlt jedoch die Kettenkonsolidierung).

11.4.3 Zwischenergebniseliminierung

Da nach der Einheitstheorie Lieferungen und Leistungen zwischen konsolidierten Aufgabenbereichen als innergemeindliche Leistungsbeziehungen anzusehen sind, dürfen im Gesamtabschluss keine Gewinne aus diesen Leistungsbeziehungen ausgewiesen werden. Im Gesamtabschluss dürfen Gewinne nur bei einem Leistungsaustausch mit Dritten, d. h. nicht konsolidierten Aufgabenbereichen, realisiert werden.

Zwischengewinne entstehen, wenn eine Lieferung oder Leistung von einem Aufgabenbereich mit Gewinn an einen anderen Aufgabenbereich innerhalb des Konsolidierungskreises erbracht wird und die Lieferung oder Leistung Eingang in einen Vermögensgegenstand gefunden hat, der sich zum Bilanzstichtag noch im Eigentum des empfangenden Aufgabenbereichs befindet.

Beispiel
Die Kernverwaltung K veräußert die zu Anschaffungskosten von TEUR 100 erworbenen Aktien eines überregionalen Versorgungsunternehmens an die in der Rechtsform der GmbH geführten Stadtwerke zum Preis von TEUR 1.000. Durch das Veräußerungsgeschäft realisiert die Kernverwaltung im Einzelabschluss einen (Zwischen-)Gewinn von TEUR 900.

Im Gesamtabschluss dürfen Vermögensgegenstände entsprechend der Einheitstheorie nur mit den Werten ausgewiesen werden, zu denen sie angesetzt werden könnten, wenn die in den Gesamtabschluss einbezogenen Einheiten auch rechtlich eine Einheit wären, für die ein Einzelabschluss erstellt würde. Bezogen auf das obige Beispiel wären das die Anschaffungskosten von TEUR 100.

Gemäß den Grundsätzen der Wirtschaftlichkeit und Wesentlichkeit braucht im Ausnahmefall eine Zwischenergebniskonsolidierung nach § 304 (2) HGB nicht durchgeführt zu werden, wenn die Zwischenergebniseliminierung für die Vermittlung eines den tatsächlichen Verhältnissen entsprechenden Bildes der Vermögens-, Finanz- und Ertragslage der Gesamtgemeinde von untergeordneter Bedeutung ist. Entgegen den handelsrechtlichen Vorschriften wird in der **Handreichung** (vgl. Erläuterung zu § 50 Gemeindehaushaltsverordnung, Nr. 1.3.2.4.4) die Ausfassung vertreten, dass es auch zulässig ist, die Zwischenergebniseliminierung zu unterlassen, wenn die Lieferung oder Leistung zu üblichen Marktbedingungen vorgenommen wurde und die Ermittlung des Wertansatzes einen unverhältnismäßig hohen Aufwand erfordern würde.

Die Ermittlung der Zwischengewinne erfolgt durch Gegenüberstellung der in der Gemeindebilanz II angesetzten Werte der Einzelabschlüsse nach konzerneinheitlichen Bilanzierungs- und Bewertungsmethoden mit den Gesamtabschlussanschaffungs- bzw. -herstellungskosten als zulässigen Wertansätzen im Gesamtabschluss. Bezogen auf das Beispiel beträgt der Zwischengewinn: TEUR 1.000 – TEUR 100 = TEUR 900. Der ermittelte Zwischengewinn ist durch eine Konsolidierungsbuchung zu eliminieren.

Konsolidierungsbuchung
Erträge aus dem Abgang von Gegenständen des Anlagevermögens TEUR 900
an Finanzanlagen TEUR 900

Während bezüglich der Gesamtabschlussanschaffungskosten keine Bewertungsspielräume bestehen, ergeben sich für die Gesamtabschlussherstellungskosten auf Grund der bestehenden Wahlrechte bei der Ermittlung der Herstellungskosten Bewertungsspielräume, die zu einem Gesamtabschlusshöchstwert als Obergrenze und zu einem Gesamtabschlussmindestwert als Untergrenze der Bewertung im Gesamtabschluss führen. Auf Grund der vorliegenden Ober- und Untergrenzen ist zwischen eliminierungspflichtigen und eliminierungsfähigen Zwischengewinnen zu unterscheiden.

Ein Zwischengewinn ist insofern **eliminierungspflichtig**, als der Wertansatz im Einzelabschluss den Gesamtabschlusshöchstwert überschreitet. Darüber hinaus kann maximal die verbleibende Differenz zum Gesamtabschlussmindestwert eliminiert werden. Insoweit liegt ein **eliminierungsfähiger** Zwischengewinn vor.

Beispiel

Die kommunale Busgesellschaft mbH hat ein defektes Gebrauchtfahrzeug für EUR 10.000 erworben und in ihrer eigenen Werkstatt unter Einsatz von Material- und Fertigungseinzelkosten von EUR 10.000 repariert. Zusätzlich fielen notwendige Materialgemeinkosten in Höhe von EUR 1 .000 an.

Nach Reparatur wurde das Fahrzeug für EUR 30.000 an die Kernverwaltung veräußert.

Der im Gesamtabschluss mindestens anzusetzende Betrag beträgt EUR 20.000 (Gesamtabschlussmindestwert) (Fall A), da im Gegensatz zu § 255 (2) HGB nach § 34 (3) KomHVO die Materialgemeinkosten nicht zu den Pflichtbestandteilen der Herstellungskosten gehören. Maximal ist unter Berücksichtigung der notwendigen Materialgemeinkosten eine Bewertung des Fahrzeugs mit EUR 21.000 möglich (Gesamtabschlusshöchstwert) (Fall B). Im Fall A beträgt der Zwischengewinn EUR 10.000 und im Fall B EUR 9.000.

Konsolidierungsbuchung:

Umsatzerlöse	a) 10.000	an Sachanlagen	a) 10.000
	b) 9.000		b) 9.000

Auch **Zwischenverluste** sind gemäß § 304 HGB zu eliminieren. Sofern der Einzelabschlusswert kleiner als der Gesamtabschlussmindestwert ist, liegt ein eliminierungspflichtiger Zwischenverlust vor. Darüber hinaus kann maximal die verbleibende Differenz zum Gesamtabschlusshöchstwert als eliminierungsfähiger Zwischenverlust eliminiert werden. Bei der Eliminierung von Zwischenverlusten ist unter Umständen eine vollständige Eliminierung nicht zulässig, da der Grundsatz der verlustfreien Bewertung zu beachten ist.

Beispiel

Die Stadtwerke GmbH veräußert einen PKW mit einem Restbuchwert von EUR 10.000 an die Kernverwaltung für EUR 8.000, den die Kernverwaltung zu Beginn des nächsten Haushaltsjahrs für EUR 9.000 weiterveräußert.

Konsolidierungsbuchung:
Sachanlagen EUR 1.000
an Verluste aus dem Abgang von Gegenständen des Anlagevermögens
EUR 1.000

Der Grundsatz der verlustfreien Bewertung verhindert eine vollständige Eliminierung des Zwischenverlustes von EUR 2.000.

Zur Vermeidung von Zwischengewinnen und -verlusten und des daraus resultierenden Konsolidierungsaufwands empfiehlt es sich, Leistungsbeziehungen innerhalb des Konsolidierungskreises ohne Zwischengewinne oder -verluste auf der Basis der Buchwerte abzuwickeln.

11.4.4 Schuldenkonsolidierung

Auch die **gesamtgemeindeinternen Schuldverhältnisse** sind zu eliminieren. Nach der Einheitstheorie sind die Kernverwaltung und die verselbständigten Aufgabenbereiche so darzustellen, als ob es sich um ein einheitliches „Unternehmen" handelt. Dementsprechend sind im Gesamtabschluss nur Forderungen und Verbindlichkeiten gegenüber Dritten abzubilden.

Nach § 51 (1) KomHVO i. V. m. § 303 (1) HGB sind Ausleihungen und andere Forderungen, Rückstellungen und Verbindlichkeiten zwischen den in den Gesamtabschluss einbezogenen Unternehmen sowie entsprechende Rechnungsabgrenzungsposten **wegzulassen.** Nach den Grundsätzen der Wirtschaftlichkeit und Wesentlichkeit braucht nach § 303 (2) HGB eine Schuldenkonsolidierung aber nicht durchgeführt zu werden, sofern die wegzulassenden Beträge im Rahmen einer Gesamtbetrachtung für die Vermittlung eines den tatsächlichen Verhältnissen entsprechenden Bildes der Vermögens-, Finanz- und Ertragslage der Gesamtgemeinde von untergeordneter Bedeutung sind.

Die Begriffe „Forderungen" und „Verbindlichkeiten" sind weit auszulegen. Sie umfassen u. a. die folgenden Schuldverhältnisse:

Aktivseite	**Passivseite**
Geleistete Anzahlungen	Rückstellungen
Ausleihungen an verbundene Unternehmen	Anleihen
Öffentlich-rechtliche Forderungen	Verbindlichkeiten aus Krediten für Investitionen gegenüber verbundenen Unternehmen

Privatrechtliche Forderungen gegenüber verbundenen Unternehmen	Verbindlichkeiten aus Lieferungen und Leistungen
Sonstige Vermögensgegenstände	Sonstige Verbindlichkeiten
Rechnungsabgrenzungsposten	Rechnungsabgrenzungsposten
	Posten unter der Bilanz oder im Anhang
	Eventualverbindlichkeiten und Haftungsverhältnisse

Tabelle 11 Beispiele zu eliminierender Schuldverhältnisse

Sofern den Forderungen eines verselbständigten Aufgabenbereichs bei einem anderen verselbständigten Aufgabenbereich Verbindlichkeiten in gleicher Höhe gegenüberstehen, erfolgt eine **erfolgsneutrale Schuldenkonsolidierung.**

Beispiel

Der Forderung von Aufgabenbereich A in Höhe von TEUR 100 steht eine Verbindlichkeit von Aufgabenbereich B in Höhe von TEUR 100 gegenüber.

Erfolgsneutrale Konsolidierungsbuchung:

Verbindlichkeiten gegenüber verbundenen Unternehmen

an Forderungen gegenüber verbundenen Unternehmen TEUR 100

Wenn sich dagegen Forderungen und Verbindlichkeiten in unterschiedlicher Höhe gegenüberstehen, kommt es zu **Aufrechnungsdifferenzen.** Hierbei ist zwischen unechten und echten Aufrechnungsdifferenzen zu unterscheiden.

Unechte Aufrechnungsdifferenzen beruhen auf Fehlbuchungen oder zeitlichen Buchungsunterschieden in den Einzelabschlüssen der Aufgabenbereiche. Derartige Unterschiede sind durch geeignete Saldenabstimmungen bereits im Rahmen der Erstellung der Einzelabschlüsse aufzudecken und zu korrigieren.

Echte Aufrechnungsdifferenzen resultieren aus unterschiedlichen Bilanzierungs- und Bewertungsvorschriften hinsichtlich der aus einem Schuldverhältnis entstehenden Forderungen und Verbindlichkeiten. Auf Grund des Vorsichtsprinzips kommt es im Regelfall zu passivischen Aufrechnungsdifferenzen, da die bilanzierte Forderung kleiner als die korrespondierende Verbindlichkeit ist. Während z. B. bei unverzinslichen Darlehensgewährungen im Konsolidierungskreis Verbindlichkeiten mit dem Rückzahlungsbetrag anzusetzen sind, sind Forderungen auf Grund einer nach dem strengen Niederstwertprinzip erforderlichen Abzinsung mit einem geringeren Wert anzusetzen. Ferner steht einer bilanzierten Rückstellung i. d. R. noch keine korrespondierende Forderung des anderen verselbständigten Aufgabenbereichs gegenüber.

Bei echten Aufrechnungsdifferenzen erfolgt somit eine **ertragswirksame Konsolidierung.**

Beispiel: Abzinsung eines unverzinslichen Darlehens

Die Kernverwaltung K hat dem Bäder-Eigenbetrieb B ein unverzinsliches Darlehen in Höhe von TEUR 1.000 gewährt. Auf Grund der Unverzinslichkeit hat K in seinem Einzelabschluss eine Abzinsung auf TEUR 900 vorgenommen.

K bilanziert Ausleihungen an verbundene Unternehmen in Höhe von TEUR 900.

B weist Verbindlichkeiten gegenüber verbundenen Unternehmen in Höhe von TEUR 1.000 aus.

Erfolgswirksame Konsolidierungsbuchung:

Verbindlichkeiten gegenüber verbundenen Unternehmen TEUR 1.000

an Ausleihungen an verbundene Unternehmen TEUR 900

an Zinsaufwand und sonstige Finanzaufwendungen TEUR 100

Durch Konsolidierung werden die Aufwendungen der Abzinsung in Höhe von TEUR 100 rückgängig gemacht.

Beispiel: Gewährleistungsrückstellung

Die Stadtwerke GmbH hat eine Gewährleistungsrückstellung auf Grund mangelhafter Erschließungsarbeiten für die Kernverwaltung in Höhe von TEUR 500 gebildet. Da die Höhe der Gewährleistung ungewiss ist, hat die Kernverwaltung noch keine Ansprüche unter den Sonstigen Vermögensgegenständen aktiviert.

Erfolgswirksame Konsolidierungsbuchung:

Gewährleistungsrückstellung TEUR 500

an Sonstige betriebliche Aufwendungen TEUR 500

Durch Konsolidierung wird die Rückstellung in Höhe von TEUR 500 aufgelöst, da es sich nur um eine innergemeindliche Verpflichtung handelt.

11.4.5 Aufwands- und Ertragskonsolidierung

In einer weiteren Konsolidierungsmaßnahme sind nach § 51 (1) KomHVO i. V. m. § 305 HGB Aufwendungen und Erträge aus Leistungsbeziehungen der verselbständigten Aufgabenbereiche untereinander und mit der Kernverwaltung zu verrechnen. Die Einheitstheorie sieht diese Leistungsbeziehungen als innergemeindlichen Leistungsaustausch in einer einheitlichen Gesamtgemeinde an. Sie werden dementsprechend im Gesamtabschluss nicht abgebildet. Der Gesamtabschluss enthält lediglich Erträge und Aufwendungen, die auf Leistungsbeziehungen mit Dritten beruhen.

Nach den Prinzipien der Wirtschaftlichkeit und Wesentlichkeit brauchen gemäß § 305 (2) HGB Aufwendungen und Erträge nicht verrechnet zu werden, wenn die zu verrechnenden Beträge von untergeordneter Bedeutung für die Vermittlung eines den tatsächlichen Verhältnissen entsprechenden Bildes der Vermögens-, Finanz- und Ertragslage der Gemeinde sind.

Umsatzerlöse und andere Erträge sind grundsätzlich mit den korrespondierenden Aufwendungen zu verrechnen.

Beispiel

Die als Eigenbetrieb geführte städtische Gärtnerei liefert Blumen für sämtliche Parkanlagen der Kernverwaltung im Wert von TEUR 100.

Konsolidierungsbuchung:

Umsatzerlöse

an Materialaufwand TEUR 100

Sofern Lieferungen oder Leistungen beim empfangenden gemeindlichen Unternehmen in aktivierte Vermögensgegenstände eingegangen sind, ist – im Anschluss an eine gegebenenfalls erforderliche Zwischenergebniseliminierung – eine **Umgliederung** der verbliebenen Erträge von „Umsatzerlöse“ zu „Erhöhung des Bestands an fertigen und unfertigen Erzeugnissen“ oder „Andere aktivierte Eigenleistungen“ erforderlich.

Beispiel

Der als Eigenbetrieb geführte Bauhof errichtet im Auftrag der Kernverwaltung eine Parkanlage zum Preis von TEUR 1.000. Den Erträgen stehen Material- und Personalkosten des Bauhofs in Höhe von TEUR 1.000 gegenüber. Die Parkanlage wurde im Einzelabschluss der Kernverwaltung aktiviert und unter den Sachanlagen ausgewiesen.

Konsolidierungsbuchung (Umgliederung)

Umsatzerlöse

an Andere aktivierte Eigenleistungen TEUR 1.000

Erweiterung des Beispiels um Zwischengewinne:

Wenn der Bauhof die Parkanlage bei unveränderten Kosten von TEUR 1.000 für die Kernverwaltung zum Preis von TEUR 2.000 errichtet, entsteht ein Zwischengewinn von TEUR 1.000, da die Parkanlage von der Kernverwaltung zu Anschaffungskosten von TEUR 2.000 aktiviert wird. Neben der Umgliederung muss daher zusätzlich durch Verringerung des Buchwerts der Parkanlage eine Zwischenergebniseliminierung erfolgen.

Konsolidierungsbuchung:

Umsatzerlöse TEUR 2.000

an Sachanlagen TEUR 1.000

an Andere aktivierte Eigenleistungen TEUR 1.000

Ergebnisübernahmen der Kernverwaltung von verselbständigten Aufgabenbereichen sind in der Summenergebnisrechnung zu eliminieren. Bei den Konsolidierungsbuchungen ist zwischen dem Fall einer periodengleichen (phasengleichen) Vereinnahmung der Ergebnisse und dem Fall einer Vereinnahmung bei Periodenverschiebung zu unterscheiden.

Eine periodengleiche Vereinnahmung, d. h. eine Vereinnahmung des Ergebnisses des gemeindlichen Unternehmens im Jahr 01 im Jahresabschluss der Kernverwaltung des Jahres 01, erfolgt u. a., wenn ein Ergebnisabführungsvertrag mit dem gemeindlichen Unternehmen vorliegt. Im Falle einer periodengleichen Gewinnabführung stehen den Erträgen aus der Ergebnisübernahme im Jahresabschluss der Kernverwaltung korrespondierende Aufwendungen im Jahresabschluss des verselbständigten Aufgabenbereichs gegenüber, so dass in der Summenergebnisrechnung eine Verrechnung der Erträge mit den abgeführten Gewinnen erfolgen kann.

Konsolidierungsbuchung:

Bei Ergebnisabführungsvertrag:

Erträge aus Gewinnabführungsverträgen
(Kernverwaltung)

an auf Grund eines Gewinnabführungsvertrages
abgeführte Gewinne
(verselbständigter Aufgabenbereich)

Ohne Ergebnisabführungsvertrag:

Erträge aus Beteiligungen
(Kernverwaltung)

an (Konzern-)Jahresüberschuss
(verselbständigter Aufgabenbereich)

Wird hingegen ein Gewinn eines verselbständigten Aufgabenbereiches (aus dem Jahr 01) mit Periodenverschiebung von der Kernverwaltung übernommen (im Jahr 02), so erfolgt in der Summenergebnisrechnung im Jahr der Gewinnübernahme eine Verrechnung der Erträge aus Beteiligungen (Kernverwaltung) mit dem Ergebnisvortrag bzw. den Rücklagen (verselbständigter Aufgabenbereich).

Konsolidierungsbuchung:
Jahr 01:
Keine Konsolidierungsbuchung erforderlich

Jahr 02:
Erträge aus Beteiligungen
(Kernverwaltung)

an Ergebnisvortrag
(verselbständigter Aufgabenbereich)

11.5 Equity-Methode

Eine Einbeziehung von verselbständigten Aufgabenbereichen nach der Equity-Methode in den Gesamtabschluss ist gemäß § 51 (1) KomHVO i. V. m. § 311 (1) HGB vorzunehmen für **Beteiligungen** der Gemeinde, die unter **maßgeblichen Einfluss** der Gemeinde stehen. Die Gemeinde könnte maßgeblichen Einfluss etwa dann ausüben, wenn sie im Aufsichtsrat oder Vorstand vertreten ist oder an den Entscheidungen über die Gewinnverwendung, an wichtigen Personalfragen oder an der Besetzung der Organe mitwirkt (ohne im Zweifel ihre Interessen vollständig durchsetzen zu können). Ob maßgeblicher Einfluss ausgeübt wird, ist stets im konkreten Einzelfall unter Würdigung der jeweiligen gesellschaftsrechtlichen, vertraglichen Vereinbarungen und wirtschaftlichen Verhältnissen zu entscheiden.

Sofern die Gemeinde mehr als **20 Prozent der Stimmrechte** besitzt, wird vermutet, dass ein maßgeblicher Einfluss besteht (§ 311 (1) S. 2 HGB). Diese **Assoziierungsvermutung** ist aber im Einzelfall widerlegbar. Andererseits gilt auch: Ein Stimmrechtsanteil von weniger als 20 Prozent spricht nicht zwingend gegen das Bestehen eines maßgeblichen Einflusses.

In der Regel werden alle in privatrechtlicher Form geführten verselbständigten Aufgabenbereiche mit einer Beteiligung der Gemeinde in Höhe von mehr als 20 bis einschließlich 50 Prozent nach der Equity-Methode konsolidiert. Ferner sind auch verselbständigte Aufgabenbereiche in öffentlich-rechtlicher Form, die unter maßgeblichem Einfluss der Gemeinde stehen, nach der Equity-Methode einzubeziehen. Beispiele hierfür sind Zweckverbände einschließlich der Sparkassenzweckverbände, da bei Sparkassenzweckverbänden zwischen der Mitgliedschaft im Zweckverband und der Beteiligung des Zweckverbands an der Sparkasse unterschieden werden muss.

Im Ausnahmefall braucht nach § 311 (2) HGB eine Einbeziehung in den Gesamtabschluss nach der Equity-Methode nicht vorgenommen zu werden, wenn die Beteiligung für die Vermittlung eines den tatsächlichen Verhältnissen entsprechenden Bildes der Vermögens-, Finanz- und Ertragslage der Gemeinde im Gesamtabschluss von untergeordneter Bedeutung ist.

Bei der Equity-Methode handelt es sich um ein **konsolidierungsähnliches Bewertungsverfahren**. Es erfolgt zwar keine Übernahme der einzelnen Vermögens- und Schuldposten in den Gesamtabschluss; die Beteiligung erscheint im Gesamtabschluss weiterhin mit nur einem Wertansatz. Der Wertansatz wird aber anders ermittelt als im Einzelabschluss. **Kerngedanke** der Equity-Methode ist es, die Beteiligung im Gesamtabschluss mit dem anteiligen Eigenkapital (engl. Equity) der Kernverwaltung zu bewerten. Es besteht somit Ähnlichkeit zu der im Steuerrecht angewandten Spiegelbildmethode zur Abbildung von Anteilen an Personengesellschaften im Jahresabschluss. Einzelheiten der Equity-Methode sind in § 312 HGB geregelt.

Ein Zwischenabschluss bei abweichenden Bilanzstichtagen ist im Rahmen der Equity-Methode nicht erforderlich, da gemäß § 312 (6) HGB jeweils der letzte Jahresabschluss des assoziierten verselbständigten Aufgabenbereichs zu Grunde zu legen ist.

Nach § 312 (5) S. 3 HGB hat bei der Konsolidierung einer Beteiligung nach der Equity-Methode auch eine Konsolidierung der Zwischengewinne zu erfolgen. Die Zwischenergebniseliminierung braucht aber nur anteilig zu erfolgen.

Wie bei der Vollkonsolidierung ist auch bei der Equity-Methode zwischen der Erstkonsolidierung und den Folgekonsolidierungen zu unterscheiden.

Erstkonsolidierung

Der erstmalige Ansatz eines verselbständigten Aufgabenbereichs unter maßgeblichen Einfluss der Gemeinde in der Gesamtbilanz erfolgt entsprechend § 312 (1) S. mit dem Buchwert der Beteiligung im Einzelabschluss der Gemeinde. Der Ausweis der Beteiligungen erfolgt unter einem besonderen Posten mit entsprechender Bezeichnung in der Gesamtbilanz. Ferner sind entsprechend § 312 (1) S. 2 HGB der Unterschiedsbetrag zwischen dem Buchwert und dem anteiligen bilanziellen Eigenkapital sowie ein darin enthaltener Geschäfts- oder Firmenwert oder passiver Unterschiedsbetrag im Anhang des Gesamtabschlusses anzugeben.

Aus der Verrechnung des Beteiligungsbuchwerts und dem anteiligen buchmäßigen Eigenkapital kann sich ein aktiver (Beteiligungsbuchwert > anteiliges Eigenkapital) oder passiver Unterschiedsbetrag (Beteiligungsbuchwert < anteiliges Eigenkapital) ergeben. Zur Ermittlung eines in einem aktiven Unterschiedsbetrages ggf. enthaltenen Firmen- oder Geschäftswerts ist es erforderlich, die beizulegenden Zeitwerte der Vermögensgegenstände, Schulden, Rechnungsabgrenzungsposten und Sonderposten der Beteiligung zu ermitteln und die aufgedeckten stillen Reserven und Lasten zum Zwecke der späteren Fortführung der Werte in eine Nebenbuchhaltung zu übernehmen. Dabei darf die Aufdeckung von stillen Reserven und Lasten aber nicht dazu führen, dass das neu bewertete anteilige Eigenkapital der Beteiligung den Beteiligungsbuchwert überschreitet (sog. **Anschaffungskostenrestriktion**).

Sind in der Bilanz der Beteiligung keine stillen Lasten enthalten, so ist die Aufdeckung stiller Reserven maximal bis zur Höhe des (aktiven) Unterschiedsbetrags zwischen Beteiligungsbuchwert und anteiligem buchmäßigen Eigenkapital der Beteiligung möglich. Folgt aus der Verrechnung des Beteiligungsbuchwerts mit anteiligem buchmäßigen Eigenkapital ein passiver Unterschiedsbetrag, dürfen keine stille Reserven aufgedeckt werden (sofern stille Lasten nicht vorhanden sind).

Ein Geschäfts- oder Firmenwert ergibt sich, wenn das anteilige neu bewertete Eigenkapital der Beteiligung auch nach vollständiger Aufdeckung der stillen Reserven (abzüglich der stillen Lasten) noch den Beteiligungsbuchwert überschreitet. Der Geschäfts- oder Firmenwert ist dann der Betrag, um den der Beteiligungsbuchwert das neu bewertete Eigenkapital übersteigt.

Folgekonsolidierung

In den Folgeperioden erfolgt die Fortschreibung des Beteiligungsbuchwertes im Gesamtabschluss unter Berücksichtigung der Entwicklung des bilanziellen Eigenkapitals der Gesellschaft, der Wertentwicklung der aufgedeckten stillen Reserven und Lasten, der Abschreibung des Geschäfts- oder Firmenwerts und ggf. der Auflösung des passiven Unterschiedsbetrages.

Vereinfacht erfolgt die regelmäßige Fortschreibung des Beteiligungswertes entsprechend der nachfolgenden Staffel.

	Beteiligungswert (Equity-Wert) im Jahr t
+/-	Anteiliger Jahresüberschuss/-fehlbetrag
-	Erhaltene Dividenden/Gewinnausschüttungen
-	Auflösung/Abschreibung aufgedeckter stiller Reserven
+	Auflösung/Verminderung aufgedeckter stiller Lasten
-	Abschreibung GoF
+	Auflösung passivischer Unterschiedsbetrag
	Beteiligungswert (Equity-Wert) im Jahr t+1

Die Equity-Konsolidierung soll nun anhand eines Beispiels veranschaulicht werden.

Beispiel

Die Gemeinde A ist neben der Gemeinde B Mitglied im Wasserwerkzweckverband W und besitzt dort 50 % der Stimmrechte.

Die Mitgliedschaft im Zweckverband wird im Einzelabschluss der Kernverwaltung mit einem Buchwert in Höhe der Anschaffungskosten von EUR 50.000 ausgewiesen. Im Anlagevermögen sind stille Reserven in Höhe von EUR 10.000 enthalten. Diese beziehen sich auf einen Vermögensgegenstand des Anlagevermögens, der über eine Restnutzungsdauer von fünf Jahren linear abgeschrieben wird. Zum 31. Dezember 2010 erfolgt eine erstmalige Einbeziehung des Zweckverbandes in den Gesamtabschluss der Gemeinde A. Im Jahr 2011 erzielt der Zweckverband einen Gewinn von EUR 4.000, der im Zweckverband thesauriert wird.

Der Erstkonsolidierung liegt folgende Bilanz des Zweckverbands zugrunde:

Bilanz II des Zweckverbandes W (zu Zeitwerten)			
Aktiva	**EUR**	**Passiva**	**EUR**
Sonstige Aktiva	75.000 (85.000)	Eigenkapital	50.000
		Passiva	25.000
	75.000		**75.000**

Im Gesamtabschluss erscheint der Zweckverband erstmalig unter dem Posten „Anteile an verselbständigten Aufgabenbereichen unter maßgeblichem Einfluss“ mit den Anschaffungskosten in Höhe von EUR 50.000.

Für die Anhangangaben sind die folgenden Werte zu ermitteln:

	Beteiligungsbuchwert	50.000
-	Anteiliges Eigenkapital (50% von 50.000)	25.000
=	Unterschiedsbetrag	25.000
-	Anteilige stille Reserven (50% von 10.000)	5.000
=	Geschäfts- oder Firmenwert	20.000

In der Folgeperiode erfolgt die Anpassung des Equity-Werts der Beteiligung. Dabei werde angenommen, dass die Gemeinde den Geschäfts- oder Firmenwert über die voraussichtliche Nutzungsdauer von 10 Jahren abschreibt, d. h. mit jährlich EUR 2.000.

	Beteiligungswert zum 31.12.2010	50.000
+	Anteiliger Jahresüberschuss (50% von 4.000)	2.000
-	Abschreibung stiller Reserven (5.000/5)	1.000
-	Abschreibung Geschäfts- oder Firmenwert	2.000
=	**Beteiligungswert zum 31.12.2011**	49.000

Im Gesamtabschluss werden also nunmehr Anteile an verselbständigten Aufgabenbereichen unter maßgeblichen Einfluss“ in Höhe von EUR 49.000 ausgewiesen.

11.6 Gesamtanhang und Kapitalflussrechnung

Der Gesamtanhang orientiert sich an den handelsrechtlichen Vorschriften zum Konzernanhang. Im Gesamtanhang sind gemäß § 52 (2) KomHVO die verwendeten Bilanzierungs- und Bewertungsmethoden anzugeben und zu erläutern. Hierdurch sollen vor dem Hintergrund bilanzpolitischer Maßnahmen sachverständige Dritte in die Lage versetzt werden, die Wertansätze im Gesamtabschluss beurteilen zu können. Im Rahmen der Erläuterungen sind die angewendeten zulässigen Vereinfachungsregelungen und Schätzungen im Einzelnen anzugeben. Die detaillierten Angabepflichten des Anhangs im Einzelabschluss der Kommune gelten aber nicht analog für den Gesamtabschluss (§ 45 KomHVO ist gemäß § 50 (3) KomHVO nicht entsprechend auf den Gesamtabschluss anzuwenden).

Dagegen ist dem Gesamtanhang nach § 50 (3) KomHVO i. V. m. § 48 KomHVO – wie im Einzelabschluss – ein **Verbindlichkeitenspiegel** beizufügen. Anlagenspiegel und Forderungsspiegel sind aber nicht darzustellen, § 50 (3) KomHVO verweist nicht auf die entsprechende Anwendung von §§ 46 und 47 KomHVO.

Da die Konsolidierung zum Gesamtabschluss nach § 50 KomHVO entsprechend den §§ 300-309 und 311 sowie 312 HGB erfolgt, sind weitere Angaben im Gesamtanhang vorzunehmen. Hierzu zählen für die Vollkonsolidierung die Angabe des Zeitpunkts der Erstkonsolidierung gemäß § 301 (2) S. 2 HGB, die Erläuterung der Unterschiedsbeträge sowie verrechneter Beträge nach § 301 (3) S. 2 und 3 HGB, die Angabe latenter Steuern nach § 306 S. 2 HGB, die Angabe der vom Einzelabschluss der Gemeinde abweichenden Bewertungsmethoden nach § 308 (1) S. 3 HGB sowie die Angabe der Abweichungen von der einheitlichen Bewertung gemäß § 308 (2) S. 4 HGB.

Für Konsolidierungen nach der Equity-Methode sind nach § 312 HGB der Unterschiedsbetrag bei erstmaliger Anwendung, die angewandte Methode sowie der Zeitpunkt der zu Grunde gelegten Wertansätze anzugeben.

Da die kommunalen Vorschriften keinen Bezug auf die handelsrechtlichen Vorschriften zum Konzernanhang in §§ 313 und 314 HGB nehmen, sind diese Vorschriften nicht auf den Gesamtanhang anzuwenden.

Nach § 116 (7) GO sind am Schluss des Gesamtanhangs Angaben zu den Mitgliedern des Verwaltungsvorstands (soweit dieser nicht zu bilden ist, zum Bürgermeister und Kämmerer) sowie den Ratsmitgliedern zu machen. Diese decken sich mit den Angabepflichten nach § 95 (3) GO für den Anhang des Einzelabschlusses der Gemeinde.

Nach § 52 (3) KomHVO ist dem Anhang eine Kapitalflussrechnung beizufügen. Diese ist unter Beachtung der Vorschriften des **Deutschen Rechnungslegungsstandards Nr. 21 (DRS 21)** in der vom Bundesministerium der Justiz nach § 342 (2) HGB bekannt gemachten Form aufzustellen.

Eine originär ermittelte Kapitalflussrechnung (Finanzrechnung) wie im Einzelabschluss der Gemeinde, die direkt auf die Buchungen liquiditätswirksamer Vorgänge zugreift, scheidet auf Gesamtabschlussebene aus, da der Gemeinde hierzu keine hinreichenden Informationen aus den verselbständigten Aufgabenbereichen zu Verfügung stehen. Die Kapitalflussrechnung des Gesamtabschlusses ist daher derivativ zu ermitteln. Der Cashflow aus laufender Verwaltungstätigkeit dürfte dabei in aller Regel – wie auch in privatwirtschaftlichen Konzernen üblich – indirekt dargestellt werden. Es erfolgt also eine Überleitung vom Jahresergebnis zum Cashflow (siehe Abschnitt 9.2).

11.7 Gesamtlagebericht

Dem Gesamtabschluss ist ein Gesamtlagebericht beizufügen. Das Gemeindehaushaltsrecht nimmt keinen Bezug auf die Vorschriften des Handelsrechts zum Konzernlagebericht in § 315 HGB. Dementsprechend sind allein die Vorschriften der der Gemeindehaushaltsverordnung (§ 52 (1) KomHVO) maßgebend, die den handelsrechtlichen Vorschriften allerdings nachgebildet sind.

Gemäß § 52 (1) KomHVO erläutert der Gesamtlagebericht analog dem Lagebericht zum Einzelabschluss das durch den Gesamtabschluss vermittelte Bild der Vermögens-, Schulden-, Ertrags- und Finanzgesamtlage der Gemeinde einschließlich ihrer verselbständigten Aufgabenbereiche. Der Gesamtlagebericht stellt dazu aus Sicht der Gemeinde als Ganzes den Geschäftsablauf mit seinen wichtigsten Ergebnissen dar. Darüber hinaus gibt er die Gesamtlage wieder. In diesem Rahmen ist eine ausgewogene und umfassende Analyse der Haushaltswirtschaft vorzunehmen.

Es empfiehlt sich auch hier analog DRS 15 dem Gesamtlagebericht eine Gliederung voranzustellen und folgende Gliederungspunkte aufzunehmen:

1. Geschäftsablauf und Rahmenbedingungen,
2. Ertragslage,
3. Finanzlage,
4. Vermögenslage,
5. Nachtragsbericht,
6. Bericht über Chancen und Risiken der zukünftigen Gesamtentwicklung,

Im Rahmen der Analyse der wirtschaftlichen Lage der Gemeinde können die in Kapitel 10 „Jahresabschlussanalyse" näher erläuterten Methoden und Kennzahlen eingesetzt werden. Ausdrücklich sollen die produktorientierten Ziele und Kennzahlen nach § 12 KomHVO dargestellt werden, sofern sie von wesentlicher Bedeutung sind.

Wesentliche Ereignisse für die Beurteilung der Lage, die nach dem Bilanzstichtag eingetreten sind, sind im Gesamtlagebericht unter Angabe ihrer Auswirkungen im **Nachtragsbericht** anzugeben.

Bei der Darstellung der **Chancen und Risiken** ist auf eine ausgewogene Darstellung zu achten, die die Chancen nicht gegenüber den Risiken überbetont. Getroffene Annahmen zu Prognose und Planung der zukünftigen Gesamtentwicklung sind im Gesamtlagebericht offen zu legen.

Verständnisfragen zu Kapitel 11

1. Was besagt die Einheitstheorie für den Gesamtabschluss?
2. Was sind „verbundene Unternehmen“ und wie werden Sie konsolidiert?
3. Wann erfolgt im Rahmen der Kapitalkonsolidierung der Ansatz eines Firmen- oder Geschäftswertes?
4. Nennen Sie mögliche Ursachen für einen passiven Unterschiedsbetrag im Rahmen der Kapitalkonsolidierung.
5. Wie ist ein Firmen- oder Geschäftswert im Rahmen der Folgekonsolidierung zu behandeln?
6. Wodurch entstehen Zwischengewinne und warum ist ihre Eliminierung erforderlich? 8. Wann erfolgt eine erfolgsneutrale und wann eine erfolgswirksame Schuldenkonsolidierung?
7. Welche Beteiligungen werden nach der Equity-Methode konsolidiert?
8. Wann erhöht sich der Equity-Wert einer Beteiligung?

Siehe auch Übungsaufgaben 15-17 im Anhang.

12 Bilanzpolitik und Jahresabschlussanalyse

12.1 Bilanzpolitik

12.1.1 Grundlagen

Unter Bilanzpolitik versteht man die zweckorientierte Beeinflussung des im Jahresabschluss vermittelten Bildes der Vermögens-, Schulden-, Ertrags- und Finanzlage der Gemeinde, um das Verhalten von bestimmten Adressaten im Interesse der Gemeinde zu steuern (günstige Reaktionen hervorzurufen oder ungünstige Reaktionen zu vermeiden). Ziele und Instrumente der Bilanzpolitik können sich je nach Interessenlage und Sachkunde der Adressaten unterscheiden. Dabei setzt die beabsichtigte **Verhaltenssteuerung** voraus, dass die bilanzpolitischen Maßnahmen nicht oder zumindest nicht ganz von den Adressaten des Abschlusses durchschaut werden. Ansonsten müsste angenommen werden, dass bilanzpolitische Maßnahmen weitgehend wirkungslos sind. Bilanzpolitik bewegt sich im Rahmen der gesetzlichen Bestimmungen und der Grundsätze ordnungsmäßiger Buchführung. Sie unterscheidet sich insoweit von illegalen Bilanzfälschungen und -manipulationen.

Die Motive für bilanzpolitische Maßnahmen können vielfältig sein. Häufiges Motiv ist die **Ergebnisglättung**. In günstigen (ertragsstarken oder aufwandsschwachen) Zeiten werden durch eine besonders vorsichtige Bewertung stille Reserven aufgebaut, die dann in ungünstigen Zeiten aufgedeckt werden können – etwa um den Haushaltsplan einhalten oder den Haushaltsausgleich herstellen zu können. Die Bilanzpolitik richtet sich aber nicht notwendigerweise nur auf das Jahresergebnis. Bilanzpolitische Maßnahmen können etwa auch mit dem Ziel durchgeführt werden, das im Jahresabschluss vermittelte Bild der Liquiditätslage und entsprechende Kennzahlen zu beeinflussen.

Es kann zwischen formeller und materieller Bilanzpolitik unterschieden werden. Die **formelle Bilanzpolitik** zielt auf die Darstellung und äußere Form des Jahresabschlusses. Hierzu können Ausweis-, Erläuterungs- und Gliederungswahlrechte genutzt werden. **Materielle Bilanzpolitik** hingegen macht sich Ansatz- und Bewertungswahlrechte, Ermessensspielräume (Schätzungen und Prognosen) sowie sachverhaltsgestaltende Maßnahmen zunutze.

Der Spielraum für bilanzpolitische Maßnahmen wird durch die **Grundsätze ordnungsmäßiger Buchführung** begrenzt. Von besonderer Bedeutung sind hier die Grundsätze der Richtigkeit, Willkürfreiheit, Klarheit und Stetigkeit. Ferner setzt der Grundsatz der Vorsicht bzw. der Grundsatz der wirklichkeitsgetreuen Bewertung „geschönten“ Darstellungen der wirtschaftlichen Lage Grenzen.

Bei Entscheidungen im Rahmen von **Ermessenspielräumen** (Schätzungen und Prognosen) ist aus dem **Grundsatz der Richtigkeit** zumindest zu folgern, dass die Schätzungen innerhalb objektiv bestimmbarer sachbezogener Grenzen liegen und die Annahmen dem Adressaten bekannt sind oder (im Anhang) bekannt gemacht werden. Zudem verlangt der **Grundsatz der Willkürfreiheit,** dass der Bilanzierende keine Werte wählt, die er selbst für eine unzutreffende Aussage über die realen Verhältnisse hält.

Auch bei der Ausübung von **Wahlrechten** sind Angaben und Erläuterungen im Anhang vorzunehmen. Änderungen der Bilanzierungs- und Bewertungsmethoden sind dem **Grundsatz der Stetigkeit** folgend nur in sachlich begründeten Ausnahmefällen zulässig; die Gründe sind im Anhang zu erläutern und die betragsmäßigen Auswirkungen auf die Jahresabschlussposten anzugeben.

Schließlich sollte der Bilanzierende bei der Anwendung bilanzpolitischer Maßnahmen berücksichtigen: Die Wirkungen der Bilanzpolitik sind meist nur kurzfristiger Natur. In der Regel kehren sich die Effekte bilanzpolitischer Maßnahmen in den Folgejahren um.

12.1.2 Ansatz- und Bewertungswahlrechte

Zu den wenigen **Ansatzwahlrechten** im Gemeindehaushaltsrecht zählt das Wahlrecht zum Ansatz eines Disagios gemäß § 43 (2) KomHVO. Der Ansatz des Disagios entlastet die Ergebnisrechnung im Haushaltsjahr der Kreditaufnahme von periodenfremden Zinsaufwendungen. Der Zinsaufwand wird durch den Ansatz des Disagios und seine spätere zeitanteilige Auflösung periodengerecht über die Laufzeit der Verbindlichkeit verteilt.

Ferner besteht gemäß § 36 (3) KomHVO auch ein Ansatzwahlrecht für Vermögensgegenstände des Anlagevermögens, deren Anschaffungs- oder Herstellungskosten wertmäßig den Betrag von EUR 800 ohne Umsatzsteuer nicht überschreiten.

Zahlreicher sind die im Haushaltsrecht niedergelegten **Bewertungswahlrechte**:

- Nach § 34 (3) KomHVO kann die Bewertung der Herstellungskosten entweder zu Teilkosten, d. h. nur mit den zurechenbaren Einzelkosten, oder zu Vollkosten unter Einbeziehung von Gemeinkosten erfolgen.
- Vermögensgegenstände des Sachanlagevermögens, Roh-, Hilfs- und Betriebsstoffe, die regelmäßig ersetzt werden und deren Gesamtwert von nachrangiger Bedeutung ist, können nach § 29 (1) Nr. 1 KomHVO mit einem Festwert angesetzt werden.
- Gleichartige Vermögensgegenstände des Vorratsvermögens und andere gleichartige oder annähernd gleichwertige bewegliche Vermögensgegenstände und Schulden können nach § 29 (1) Nr. 3 KomHVO zu einer Gruppe

zusammengefasst und mit dem gewogenen Durchschnitt angesetzt werden (Gruppenbewertung).

- Nach § 36 (6) KomHVO besteht ein Bewertungswahlrecht bezüglich der außerplanmäßigen Abschreibung von Finanzanlagen bei voraussichtlich nur vorübergehender Wertminderung.
- Ferner kann nach § 36 (7) KomHVO die voraussichtliche Wertminderung von Grund und Boden durch Anschaffung oder Herstellung von Infrastrukturvermögen linear über den Zeitraum bis zur Inbetriebnahme der Vermögensgegenstände verteilt werden.
- Bei der Bewertung von Beihilferückstellungen wird durch § 37 (1) KomHVO das Wahlrecht zur Anwendung eines prozentualen Anteils der Rückstellungen für Versorgungsbezüge gewährt.
- Bei Gebäuden, Straßen, Wegen Plätzen darf der Komponentenansatz angewendet werden (§ 36 (2) KomHVO).

12.1.3 Nutzung von Ermessensspielräumen

Von größerer bilanzpolitischer Bedeutung als die Ansatz- und Bewertungswahlrechte dürften Ermessensspielräume bei der Bewertung von Vermögensgegenständen und Schulden sein. Häufig gibt es nicht **die** richtigen Werte für Vermögensgegenstände und Schulden, sondern Bandbreiten zulässiger Einschätzungen, die für bilanzpolitische Zwecke genutzt werden können.

Schon im Rahmen der Eröffnungsbilanzierung bestanden erhebliche Ermessensspielräume, etwa bei der Ermittlung der vorsichtig geschätzten Zeitwerte der Vermögensgegenstände.

Aber auch in der laufenden Bilanzierung bedingen eine Reihe von Sachverhalten Ermessenspielräume:

- die Festlegung der Nutzungsdauern abnutzbarer Vermögensgegenstände nach § 36 (4) KomHVO innerhalb der Rahmentabelle des Innenministeriums;
- die Festlegung der Abschreibungsmethoden gemäß § 36 (1) KomHVO nach Einschätzung des Abnutzungsverlaufs (lineare und degressive Abschreibung sowie Leistungsabschreibung);
- die Bestimmung des niedrigeren beizulegenden Werts im Rahmen von (außerplanmäßigen) Abschreibungen nach § 36 (6) und (8) KomHVO (etwa bei der Bestimmung der Parameter in Ertragswertkalkülen zur Bewertung von Finanzanlagen);
- die Bemessung von Rückstellungen basierend auf Annahmen und Schätzungen zum Grund und / oder der Höhe der Verpflichtungen.

12.1.4 Sachverhaltsgestaltende Maßnahmen

Die Nutzung von Wahlrechten und Ermessenspielräumen für bilanzpolitische Zwecke erfolgt mit der Absicht, die Abbildung der Realität im Jahresabschluss zu beeinflussen. Sachverhaltsgestaltende Maßnahmen hingegen bezwecken die Realität selbst – aus einer bilanzpolitischen Motivation heraus – durch rechtliche und wirtschaftliche Handlungen auf ein gewünschtes Bilanzbild hin zu verändern.

Zu den gängigen sachverhaltsgestaltenden Maßnahmen zählen Windowdressing, Sale-and-lease-back-Geschäfte, Factoring und die Beeinflussung von Zahlungsterminen.

Unter **Windowdressing** werden Transaktionen verstanden, die kurz vor dem Bilanzstichtag durchgeführt werden und ausschließlich dazu dienen, das Bilanzbild zu gestalten und nicht die Bilanzstruktur dauerhaft zu verbessern. Beispielsweise könnte vor dem Bilanzstichtag ein Darlehen aufgenommen werden, um kurzfristige Deckungsgrade (Verhältnis von Umlaufvermögen zu kurzfristigen Verbindlichkeiten) zu verbessern.

Sale-and-lease-back-Geschäfte können eingesetzt werden, um die Eigenkapitalquote zu verbessern. Dabei werden Vermögensgegenstände des Anlagevermögens von der Gemeinde an eine Leasinggesellschaft veräußert und gleichzeitig zur fortgesetzten Nutzung zurückgeleast. Die Verkaufserlöse können zur Schuldentilgung eingesetzt werden, was in der dann „kürzeren" Bilanz zu einer höheren Eigenkapitalquote führt.

Beim **Factoring** werden Forderungen an einen Forderungskäufer (Factor) verkauft. Der Bilanzierende kann dadurch einen höheren Bestand an liquiden Mitteln oder geringere kurzfristige Verbindlichkeiten ausweisen.

Ferner können im Wege einer Ausnutzung der Bestimmungen zum Konsolidierungskreis Vermögensgegenstände und Schulden durch die Gründung von **Zweckgesellschaften** (Special Purpose Entities) aus der Gesamtbilanz der Kommune eliminiert werden.

Durch die bewusste Auswahl von **Zahlungsterminen** kann der Bilanzierende Einfluss auf den Liquiditätsausweis nehmen. Die Verschiebung von Zahlungsterminen über den Bilanzstichtag hinaus ermöglicht es, zum Bilanzstichtag einen höheren Bestand an liquiden Mitteln auszuweisen und den in der Finanzrechnung ermittelten Cashflow (aus laufender Verwaltungstätigkeit) zu verbessern.

12.2 Jahresabschlussanalyse

12.2.1 Ziele und Grundlagen der Jahresabschlussanalyse

Der Jahresabschluss der Gemeinde bildet einen Ausschnitt der Wirklichkeit in ganz bestimmter Weise und mit einer ganz bestimmten Technik zum Zwecke der Rechenschaft und der Kapitalerhaltung ab. Der Jahresabschluss ist **richtig**, wenn die Wirklichkeit im Sinne der geltenden Normen (Grundsätze und Detailvorschriften) abgebildet wurde. Richtigkeit sichert aber noch keine adressatengerechte Information für einzelne Abschlussadressaten. Hierzu ist der Jahresabschluss schon deshalb nicht in der Lage, weil sich die Informationsziele der Abschlussadressaten untereinander nicht unwesentlich voneinander unterscheiden können. „Richtigkeit" soll dem Adressaten vielmehr ermöglichen, aus dem Abbildungsmodell „Jahresabschluss" **Rückschlüsse** auf die zugrunde liegenden realen Sachverhalte zu ziehen und sich so ein **eigenes Urteil** über die wirtschaftliche Lage der Gemeinde zu bilden. Hierzu muss der Jahresabschlussadressat das Informationspaket „Jahresabschluss" aufschnüren und die enthaltenen Informationen im Hinblick auf seine jeweils eigenen Informationsziele aufbereiten und interpretieren.

Dieser Prozess der Informationsverarbeitung wird als **Jahresabschlussanalyse** bezeichnet. Häufig wird auch der Begriff „**Bilanzanalyse**" verwendet. Dies ist insoweit nicht ganz zutreffend, als neben der Bilanz auch die übrigen Bestandteile des Jahresabschlusses (Ergebnisrechnung, Finanzrechnung, Anhang) in die Analyse einbezogen werden. Ferner kann auch auf Informationen im Lagebericht zurückgegriffen werden.

Gemäß der Generalnorm des § 95 (1) GO muss der Jahresabschluss der Gemeinde unter Beachtung der **Grundsätze ordnungsmäßiger Buchführung** ein den tatsächlichen Verhältnissen entsprechendes Bild der Vermögens-, Schulden-, Ertrags- und Finanzlage der Gemeinde vermitteln. Bereits die Pflicht zur Beachtung der Grundsätze ordnungsmäßiger Buchführung schränkt die Aussagekraft des Jahresabschlusses im Hinblick auf bestimmte Informationsziele ein, was im Rahmen der Bilanzanalyse zu berücksichtigen ist. So beeinträchtigt etwa die – durch das Realisationsprinzip bedingte – Bildung und Auflösung stiller Reserven eine periodengerechte Erfolgsermittlung und führt zu **Informationsverzerrungen** bei der Darstellung der Vermögens- und Schuldenlage.

Neben diesen „systembedingten" Informationsverzerrungen kann das im Jahresabschluss vermittelte Bild auch nicht unwesentlich durch **bilanzpolitische Maßnahmen** beeinflusst sein. Um entscheidungsrelevante Informationen zu gewinnen, muss der Adressat des Jahresabschlusses im Rahmen der Jahresabschlussanalyse bestrebt sein, diese Maßnahmen aufzudecken und deren Einfluss auf die Jahresabschlusszahlen zu ermitteln. Entsprechende Hinweise können die Angaben und Erläuterungen im Anhang des Jahresabschlusses liefern. Der Anhang ist daher eine wesentliche Informationsgrundlage der Jahresabschlussanalyse.

Externe Adressaten des Jahresabschlusses sind bei der Bilanzanalyse sehr wesentlich auf die im Jahresabschluss offen gelegten Informationen angewiesen (**externe Bilanzanalyse**). Dagegen können Bilanzanalysten, die Einblick in das interne Rechnungswesen der Gemeinde oder an der Aufstellung des Jahresabschlusses mitgewirkt haben, zusätzliche Informationen in die Analyse einfließen lassen (Planungsrechnungen, Investitionsrechnungen, Prüfungsberichte u. a.). Zur Gruppe derer, die eine derartige **interne Bilanzanalyse** vornehmen können, zählen bestimmte Verwaltungsmitarbeiter, Bürgermeister, ferner auch Rechnungsprüfungsämter und Wirtschaftsprüfer, ggf. auch einzelne Mitglieder des Rates. Eine externe Bilanzanalyse führen hingegen Banken, Wissenschaftler, Medien, Rating-Agenturen, Bürger u. a. durch. Die Befriedigung ihrer Informationsziele kann durch die Bilanzpolitik nicht unwesentlich beeinträchtigt sein.

Bei der Analyse der Vermögens-, Schulden-, Ertrags- und Finanzlage spielen **Kennzahlen** eine wichtige Rolle. Mit Hilfe von Kennzahlen können Jahresabschlussinformationen verdichtet, hervorgehoben oder überhaupt erst sichtbar gemacht werden, um letztlich klarere und bessere entscheidungsrelevante Informationen zu erhalten, als in einem nicht entsprechend aufbereiteten Jahresabschluss.

Die Aufbereitung des Jahresabschlusses im Hinblick auf die Kennzahlenbildung schließt die Aufspaltung oder Umgruppierung von Posten, die Bildung von Salden und Summen sowie ggf. auch Korrekturen von Ansatz und Bewertung ein. Letztere Maßnahmen können etwa dazu dienen, Einflüsse der Bilanzpolitik zu neutralisieren.

Eine Kennzahl sollte die wirtschaftliche Lage der Gemeinde ausreichend indizieren. Dies setzt voraus, dass der Kennzahl eine sachlogisch oder empirisch plausibilisierte **Arbeitshypothese** zugrunde gelegt werden kann, die angibt, ob ein hoher/niedriger Wert positiv oder negativ zu beurteilen ist.

Kennzahlen werden grundsätzlich in zwei Arten – Grundzahlen und Verhältniszahlen – unterteilt. Als **Grundzahlen** werden Einzelwerte, Summen, Differenzen und Mittelwerte bezeichnet. Die Bedeutung einer Grundzahl wird häufig erst dann erkennbar, wenn sie zu anderen Zahlen ins Verhältnis gesetzt wird. So entstehen **Verhältniszahlen**, bei denen i. d. R. die Darstellungsgröße im Zähler und die relevante Bezugsgröße im Nenner steht. Verhältniszahlen können in Gliederungs-, Beziehungs- und Indexzahlen eingeteilt werden. **Gliederungszahlen** (Intensitäten, Quoten) geben Auskunft über den Anteil einer Teilgröße an der zugehörigen Gesamtgröße (z. B. Eigenkapital zu Gesamtkapital). **Beziehungszahlen** stellen die Relation zweier verschiedenartiger Größen dar; sie geben meist einen (vermuteten) Ursache-Wirkungszusammenhang wieder (z. B. Eigenkapitalrentabilität). Dagegen beschreiben **Indexzahlen** die Veränderung einer Kennzahl gegenüber einem normierten Anfangsbestand, z. B. die Veränderung des Schuldenstands einer Gemeinde gegenüber einem Vergleichsjahr, wobei der Schuldenstand des Vergleichsjahres auf 100 normiert wird.

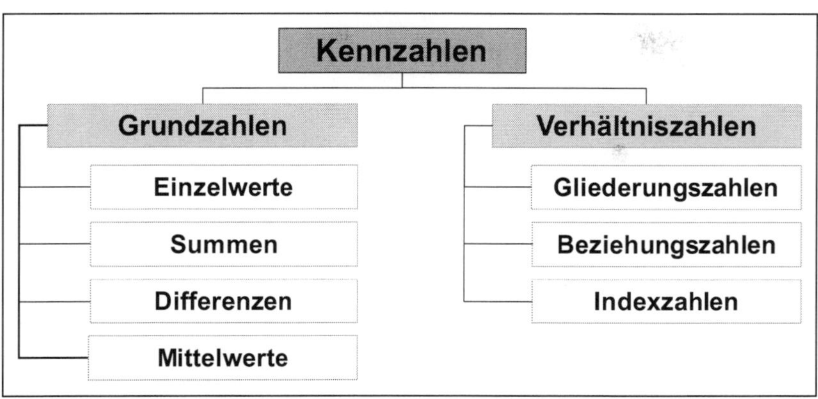

Abbildung 22: Kennzahlenarten

An die Bildung von Kennzahlen schließt sich die Auswertung und Beurteilung der Kennzahlen zur Gewinnung von entscheidungsrelevanten Aussagen an. Hierzu werden **Vergleichsrechnungen** angestellt. Sie können in unterschiedlicher Form durchgeführt werden:

Abbildung 23: Vergleichsrechnungen

Bei **Zeitreihenvergleichen** wird die Kennzahl den Ist-Werten früherer Perioden gegenübergestellt. So lassen sich Tendenzen und ggf. Fehlentwicklungen erkennen. Beim **Soll-Ist-Vergleich** wird der Ist-Wert der Kennzahl mit einem (normativen) Soll-Wert verglichen. Bei **interkommunalen Vergleichen** wird der Ist-Wert einer Gemeinde dem Ist-Wert einer anderen oder dem Durchschnittswert mehrerer anderer Gemeinden gegenübergestellt.

Die Jahresabschlussanalyse und die jeweiligen Kennzahlen können entsprechend ihrer Aussagen in die Analyse der Finanzlage und der Ertragslage unterteilt werden. Die Analyse der Finanzlage lässt sich weiter unterteilen in die Investitionsanalyse, die Finanzierungsanalyse und die Liquiditätsanalyse.

Die folgende Übersicht zeigt die Kennzahlen, die nachfolgend vorgestellt und auf ihren Aussagewert hin überprüft werden.

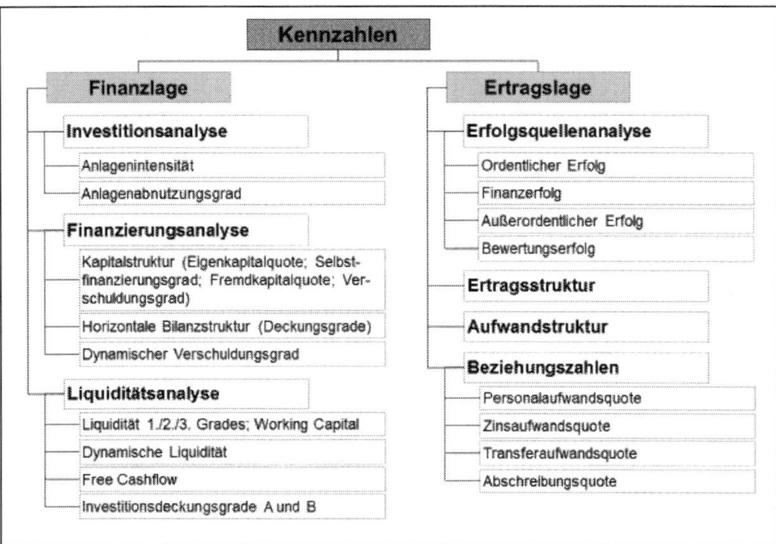

Abbildung 24: Kennzahlen zur Finanz- und Ertragslage

Dem von Aufsichtsbehörden der Gemeinden sowie der Gemeindeprüfungsanstalt als überörtliche Prüfungseinrichtung und Vertretern der örtlichen Rechnungsprüfung erarbeiteten „NKF-Kennzahlenset Nordrhein Westfalen“ liegt eine andere Systematik zugrunde. Es enthält 18 Kennzahlen, die in vier Analysebereiche aufgeteilt sind: haushaltswirtschaftliche Gesamtsituation, Vermögens-, Finanz- und Ertragslage. Kennzahlen, die im NKF-Kennzahlenset enthalten sind und nachfolgend besprochen werden, sind mit einem Stern (*) gekennzeichnet.

12.2.2 Finanzlage

12.2.2.1 Überblick

Die Analyse der Finanzlage zielt auf die Beurteilung der **finanziellen Stabilität** der Gemeinde. Im Vordergrund stehen Fragen zur **Schuldendeckungsfähigkeit** und **Liquidität** der Gemeinde. Finanzielle Stabilität kann als Grundvoraussetzung für die stetige Aufgabenerfüllung angesehen werden. Die Gemeinde wird (deshalb) in § 75 (6) GO ausdrücklich verpflichtet, ihre Liquidität und die Finanzierung der Investitionen sicherzustellen. Ferner ist in § 75 (7) S. 1 GO festgelegt, dass sich die Gemeinde nicht überschulden darf. Sie ist nach § 75 (7) S. 2 GO überschuldet, „wenn nach der Bilanz das Eigenkapital aufgebraucht wird“.

Damit sind die Vertretungsorgane der Gemeinde bereits gesetzlich verpflichtet, die Finanzlage laufend zu überwachen. An der Beurteilung der Finanzlage der Gemeinde sind aber auch externe Abschlussadressarten interessiert. So können sich etwa für Gläubiger (Banken, Unternehmen) aus der Analyse der Finanzlage Hinweise auf drohende Forderungsausfälle oder Zahlungsverzögerungen ergeben. Auch Bürger könnten daran interessiert sein, einen besseren Einblick in die Finanzlage der Gemeinde zu erhalten. Sie müssen möglicherweise mit höheren Abgaben oder Leistungseinschränkungen rechnen, wenn die finanzielle Stabilität der Gemeinde nicht mehr gesichert ist.

Die Analyse der Finanzlage schließt die Untersuchung und Beurteilung der Mittelherkunft, der Mittelverwendung sowie die Interdependenzen zwischen Mittelherkunft und -verwendung ein. Dabei beschäftigt sich die **Investitionsanalyse** mit der Mittelverwendung; sie kann auch als Vermögens(struktur)analyse bezeichnet werden. Dagegen werden im Rahmen der **Finanzierungs- und Liquiditätsanalysen** die Mittelherkunft und die Interdependenzen zwischen Mittelherkunft und -verwendung untersucht. Dabei gibt die Analyse der Kapitalstruktur Auskunft über die Zusammensetzung der Passivseite der Bilanz. Die Analyse der horizontalen Bilanzstruktur betrachtet das Verhältnis einzelner Bestandteile der Aktivseite zu Bestandteilen der Passivseite der Bilanz, um daraus Rückschlüsse auf die (künftige) Schuldendeckungsfähigkeit und Liquidität der Gemeinde zu ziehen. Weitere Informationen im Hinblick auf die Liquidität können aus der Finanzrechnung gewonnen werden.

12.2.2.2 Investitionsanalyse

Die Investitionsanalyse oder Vermögens(struktur)analyse übernimmt bei der Untersuchung und Beurteilung der Finanz- und Ertragslage eine Hilfsfunktion. Aussagefähige Kennzahlen lassen sich durch eine isolierte Betrachtung der Vermögensstruktur kaum gewinnen. Erst durch die Verknüpfung mit Aussagen zur Kapital-, Aufwands- und Ertragsstruktur kann die Analyse der Vermögenslage bessere Einblicke in die wirtschaftliche Lage der Gemeinde vermitteln.

Das Vermögen der Gemeinde kann unter verschiedenen Blickwinkeln betrachtet werden: Einerseits dient es der Sicherung der Aufgabenerfüllung und der Erzielung von Erträgen; andererseits stellt es – sofern und insoweit es in Geld umgewandelt werden kann – auch ein Liquiditäts- und Haftungspotential dar.

Das Vermögen der Gemeinde wird auf der Aktivseite der Bilanz nach der Bindungsdauer der Mittelverwendung und dem Liquiditätsgrad der Vermögensgegenstände gegliedert. Von grundlegender Bedeutung ist die Trennung in Anlagevermögen und Umlaufvermögen.

Als Anlagevermögen werden Vermögensgegenstände ausgewiesen, die dazu bestimmt sind, der Aufgabenerfüllung der Gemeinde dauerhaft zu dienen. Vielfach kann von den im Anlagevermögen investierten Mitteln angenommen werden, dass sie ungeeignet sind, einen kurzfristigen Bedarf an liquiden Mittel zu decken: Zum einen kann die Veräußerung der Vermögensgegenstände die stetige Aufgabenerfüllung gefährden. Zum anderen entziehen sich die Vermögensgegenstände nicht selten einer kurzfristigen Liquidierbarkeit, da kein Markt für die Veräußerung besteht; oder die Veräußerung wäre mit erheblichen Verlusten verbunden. Die im Anlagevermögen gebundenen Mittel sind deshalb auch nur sehr eingeschränkt geeignet, zur Tilgung von kurzfristig fälligen Verbindlichkeiten eingesetzt zu werden.

Zur Abbildung der Vermögensstruktur werden **vertikale Bilanzstrukturkennzahlen** verwendet. Sie geben die Anteile einzelner Gruppen von Aktiva am Gesamtvermögen an (Intensitäten). Zur Beschreibung der groben Vermögensstruktur kann die **Anlagenintensität** verwendet werden. Sie gibt den Anteil des Anlagevermögens am Gesamtvermögen der Gemeinde an.

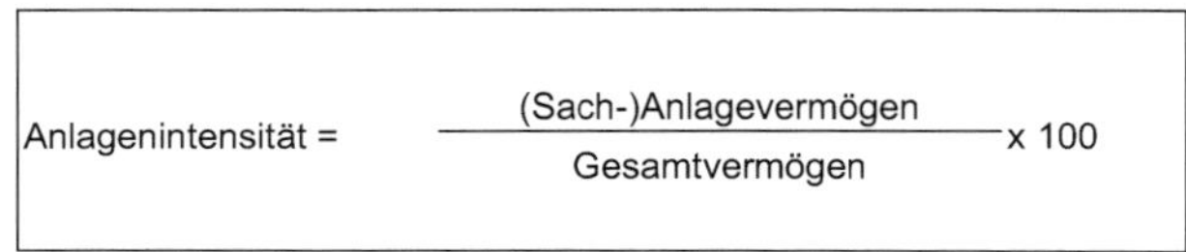

Üblicherweise zeichnen sich Gemeinden durch eine sehr hohe Anlagenintensität aus. Nicht selten nehmen die Anlagenintensitäten der Gemeinden Werte von über 90 % an. Umgekehrt bedeutet dies: Das Vermögen der Gemeinden besteht in aller Regel nur zu einem geringen Anteil aus leicht liquidierbarem Umlaufvermögen. Dies ist ein Grundsachverhalt, der bei der Beurteilung der Liquidität von Gemeinden zu berücksichtigen ist.

Da die im Anlagevermögen gebundenen Mittel nur langfristig in andere Verwendungen gelenkt werden können, schränkt die hohe Anlagenintensität der Gemeinden ihre Flexibilität und Anpassungsfähigkeit an Veränderungen ihres Umfelds ein. Zudem bedingt eine hohe Anlagenintensität in der Regel hohe Fixkosten in Form von Abschreibungen und Unterhaltungsaufwendungen, die bei schwer liquidierbaren Anlagegütern auch dann noch anfallen können, wenn sie zur Aufgabenerfüllung gar nicht mehr benötigt werden.

Die Gemeinde kann ihre Anlagenintensität verringern, indem sie sich zur Erfüllung ihrer Aufgaben stärker Dritter bedient, Vermögensgegenstände mietet oder Leasingverträge mit kürzeren Laufzeiten nutzt und Projekte über Öffentlich-Private-Partnerschaften (Public Private Partnerships, PPP) durchführt. Bei diesen Maßnahmen sind aber die Auswirkungen auf die Ertragslage zu berücksichtigen und gegen die Vorteile aus einer höheren Anpassungsfähigkeit und (kurzfristigen) Verbesserungen der Liquidität abzuwägen. So kann etwa der Umstieg von Eigentum auf teure Miet- und Leasingverträge zwar die Anlagenintensität verringern; die Maßnahmen belasten aber die Ergebnisrechnungen in künftigen Haushaltsjahren und können damit den Haushaltsausgleich gefährden.

Neben der Anlagenintensität und zur besseren Beurteilung derselben ist u. a. auch die **Struktur des Anlagevermögens** in die Investitionsanalyse einzubeziehen. Es trifft zwar vielfach zu, dass Vermögensgegenstände des Anlagevermögens nur sehr schwer veräußerbar sind – etwa Infrastrukturvermögen und kommunalnutzungsorientierte Liegenschaften; es kann jedoch nicht bei allen Vermögensgegenständen des Anlagevermögens zwingend von einer langfristigen Mittelbindung und eingeschränkter Liquidierbarkeit ausgegangen werden: So können im Anlagevermögen durchaus leicht veräußerbare Reservegrundstücke oder Finanzanlagen enthalten sein, bei deren Veräußerung nicht selten auch noch Buchgewinne erzielt werden können (Aufdeckung stiller Reserven). Diese Umstände können bei der Bilanzanalyse berücksichtigt werden, indem **spezielle Anlagenintensitäten** gebildet werden: So kann etwa der Anteil des Infrastrukturvermögens und der kommunalnutzungsorientierten Liegenschaften am Gesamtvermögen der Gemeinde berechnet werden, um einen besseren Einblick in das (eingeschränkte) Liquiditätspotential des kommunalen Vermögens zu gewinnen.

Generell empfiehlt es sich, das **Sach**anlagevermögen und das **Finanz**anlagevermögen – aufgrund des unterschiedlichen Einflusses auf die Finanz- und Ertragslage der Gemeinde – gesondert zu untersuchen: Laufende Aufwendungen in Form von Abschreibungen und Erhaltungsaufwendungen (die weitgehend Fixkostencharakter haben) sowie Liquiditätsbedarfe für Ersatzinvestitionen und Erhaltungsmaßnahmen sind insbesondere mit dem **Sach**anlagevermögen der Gemeinde verbunden. Deshalb ist im Rahmen der Investitionsanalyse insbesondere die Höhe und Entwicklung des Sachanlagevermögens sowie die Altersstruktur des Sachanlagevermögens von Interesse.

Als Kennzahl für die Altersstruktur kann der **Anlagenabnutzungsgrad** herangezogen werden. Die notwendigen Informationen zur Berechnung des Anlagenabnutzungsgrads können dem Anlagenspiegel entnommen werden.

Der Anlagenabnutzungsgrad zeigt die kumulierten Abschreibungen im Verhältnis zu den Anschaffungs- und Herstellungskosten des Sachanlagevermögens.

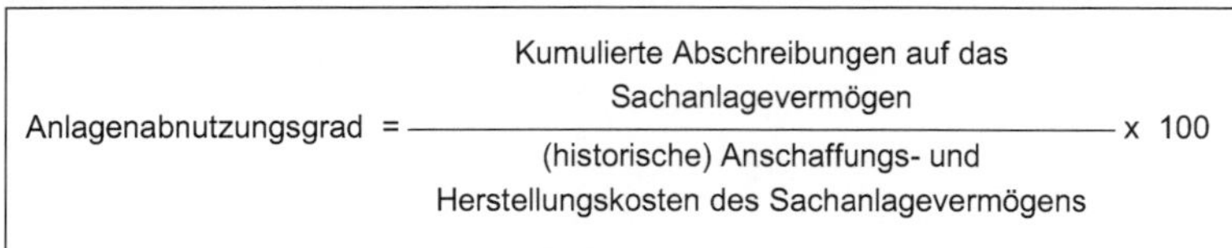

$$\text{Anlagenabnutzungsgrad} = \frac{\text{Kumulierte Abschreibungen auf das Sachanlagevermögen}}{\text{(historische) Anschaffungs- und Herstellungskosten des Sachanlagevermögens}} \times 100$$

Ein hoher Abnutzungsgrad deutet darauf hin, dass in absehbarer Zeit Ersatzinvestitionen erforderlich sind, wozu die Gemeinde Liquidität benötigt. Dabei liefert der Abnutzungsgrad bessere Informationen, wenn die nicht abnutzbaren Grundstücke (anhand des Anlagenspiegels) aus der Bezugsgröße (dem Nenner) heraus gerechnet werden.

Zu berücksichtigen ist: Der Abnutzungsgrad kann über die gewählten Abschreibungsmethoden (lineare, degressive Abschreibung, Leistungsabschreibung) sowie über die zugrunde gelegten Nutzungsdauern beeinflusst werden. Nicht selten liegen die tatsächlichen Restnutzungsdauern erheblich über den bilanziellen Restnutzungsdauern.

12.2.2.3 Finanzierungsanalyse

Im Mittelpunkt der **Kapitalstrukturanalyse** stehen die Anteile von Eigenkapital und Fremdkapital am Gesamtkapital der Gemeinde, die sich in den Kennzahlen „**Eigenkapitalquote**“, „**kurzfristige Fremdkapitalquote**“ und dem „**statischen Verschuldungsgrad**“ niederschlagen.

$$\text{Eigenkapitalquote*} = \frac{\text{Eigenkapital}}{\text{Gesamtkapital}} \times 100$$

$$\text{kurzfristige Fremdkapitalquote} = \frac{\text{kurzfristiges Fremdkapital}}{\text{Gesamtkapital}} \times 100$$

$$\text{statischer Verschuldungsgrad} = \frac{\text{Fremdkapital}}{\text{Eigenkapital}} \times 100$$

Anstelle des bilanziellen Eigenkapitals wird häufig auch das wirtschaftliche Eigenkapital bestehend aus dem bilanziellen Eigenkapital und dem Sonderposten für Zuwendungen und Beiträgen ins Verhältnis zum Gesamtkapital gesetzt (Eigenkapitalquote 2*).

Eine relativ hohe Eigenkapitalquote wird im Hinblick auf die finanzielle Stabilität der Gemeinde im Allgemeinen als positiv bewertet. Das Eigenkapital steht der Gemeinde langfristig zur Verfügung, es sichert damit den Bestand der Gemeinde und deren stetige Aufgabenerfüllung.

Eine hohe Eigenkapitalquote

- verringert die Abhängigkeit von Kapitalgebern bei Investitionen,
- kann helfen günstigere Finanzierungskonditionen zu erhalten und
- entlastet die Kommune von festen Rückzahlungsverpflichtungen und Aufwendungen für Zinsen.

Das Eigenkapital stellt zudem ein Sicherungspotenzial dar: Es schützt die Gemeinde vor Überschuldung und kann insoweit als **Verlustpuffer** fungieren. Ein unausgeglichener Haushalt einer Gemeinde mit einer hohen Eigenkapitalquote ist anders zu bewerten als ein Haushaltsdefizit in einer Gemeinde mit einer niedrigen Eigenkapitalquote. Allerdings kann nicht allein auf die Eigenkapital**quote** abgestellt werden. Vielmehr sind auch die absolute Höhe des Eigenkapitals und die durch die Verluste aufgezehrten Anteile zu berücksichtigen.

Im Hinblick auf die Verlustausgleichsfunktion des Eigenkapitals ist neben der Höhe des Eigenkapitals und der Eigenkapitalquote auch auf die **Zusammensetzung** des Eigenkapitals (**Eigenkapitalstruktur**) abzustellen.

Während die **Ausgleichsrücklage** von der Gemeinde ohne Genehmigung der Aufsichtsbehörde zur Deckung von Fehlbeträgen verwendet werden kann (§ 75 (2) GO), bedarf eine vorgesehene Verringerung der allgemeinen Rücklage zum Verlustausgleich der Genehmigung durch die Aufsichtsbehörde (§ 75 (4) GO).

Die in der **allgemeinen Rücklage** enthaltenen und über „Davon"-Vermerk angegebenen zweckgebundenen Deckungsrücklagen stehen ebenso wie die Sonderrücklage für die Anschaffung oder Herstellung von Vermögensgegenständen nicht für den Ausgleich von Fehlbeträgen zur Verfügung.

Die Eigenkapitalquote kann durch **bilanzpolitische Maßnahmen** beeinflusst werden. So können etwa Ermessensspielräume bei der Bewertung von Vermögensgegenständen in der Eröffnungsbilanz genutzt werden, um das ausgewiesene Vermögen und damit die Eigenkapitalquote der Gemeinde zu erhöhen. Allerdings erschwert eine hohe Bewertung der abnutzbaren Vermögensgegenstände in der Eröffnungsbilanz über höhere Abschreibungen in den Folgejahren den Haushaltsausgleich.

Die Eigenkapitalquote kann zusätzlich durch erfolgsneutrale Bilanzverlängerungen oder -verkürzungen beeinflusst werden. Der Umstieg von Eigentum auf Miet- oder Leasingverträge (Sale-and-lease-back) verkürzt – sofern die freigesetzten Mittel zur Schuldentilgung eingesetzt werden – die Bilanz und erhöht damit die Eigenkapitalquote.

Die Schuldendeckungsfähigkeit der Gemeinde lässt sich anhand der Eigenkapitalquote nur eingeschränkt beurteilen. Neben der Eigenkapitalquote ist stets auch die Vermögensstruktur (Bindungsdauer, Liquidierbarkeit) in Betracht zu ziehen.

Als zusätzliches Indiz für die finanzielle Stabilität der Gemeinde, kann ihre Fähigkeit angesehen werden, im Zeitablauf Rücklagen (Eigenkapital) anzusammeln und zur Selbstfinanzierung einzusetzen. Der **Selbstfinanzierungsgrad** bildet den durch Überschüsse erwirtschafteten Anteil am Eigenkapital ab. Anstelle der in der Privatwirtschaft betrachteten Gewinnrücklagen ist im kommunalen Bereich die Veränderung des Eigenkapitals gegenüber dem in der ursprünglichen Eröffnungsbilanz ausgewiesenen Eigenkapital zu betrachten.

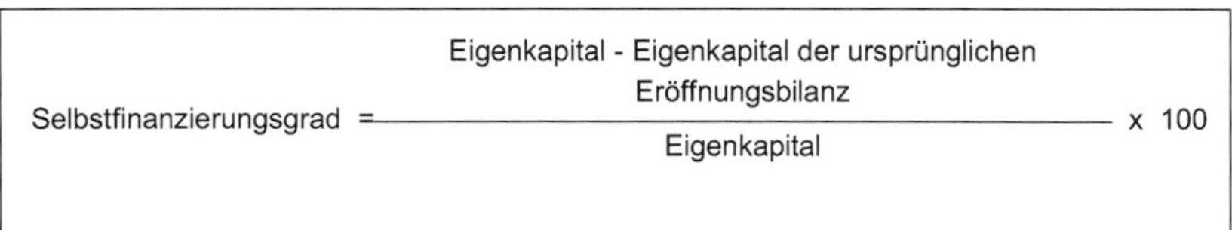

Stille Reserven werden im Selbstfinanzierungsgrad nicht berücksichtigt. Insoweit erlaubt auch der Selbstfinanzierungsgrad nur eingeschränkt Rückschlüsse auf die finanzielle Stabilität der Gemeinde.

Die **Analyse der horizontalen Bilanzstruktur** setzt die Bestandteile der Aktivseite und der Passivseite mit gleicher Laufzeit in ein Verhältnis zueinander, um dadurch Aussagen über die zukünftige Zahlungsfähigkeit zu erhalten. Nach dem **Grundsatz der Fristenkongruenz** sind Schulden mit einem bestimmten Zeitraum der **Kapitalüberlassung** mit Vermögensgegenständen, die den gleichen Zeitraum der **Kapitalbindung** aufweisen, zu analysieren.

Bei den **Aktiva** wird generell davon ausgegangen, dass Kapital im Anlagevermögen langfristig gebunden ist, während Kapital im Umlaufvermögen eher kurzfristig gebunden ist und schneller wieder in Finanzmittel umgewandelt werden kann. Forderungen werden gesondert betrachtet: Sie können anhand des Forderungsspiegels entsprechend ihrer Restlaufzeiten in kurz-, mittel- und langfristige Forderungen aufgeteilt werden.

Bei den **Passiva** geht man von den folgenden Annahmen zur Überlassungsdauer aus: Das Eigenkapital steht der Gemeinde langfristig zur Verfügung. Ferner werden die Pensionsrückstellungen der langfristigen Kapitalüberlassung zugeordnet. Die übrigen Rückstellungen werden in Ermangelung weiterer Informationen in der Praxis als kurzfristige Kapitalüberlassung angesehen. Die Verbindlichkeiten werden anhand des Verbindlichkeitenspiegels entsprechend den dort ausgewiesen Restlaufzeiten der kurz-, mittel- oder langfristigen Kapitalüberlassung zugeordnet.

Die **Finanzierungsregeln** beziehen sich auf **langfristige Deckungsgrade**: Die Kennzahlen dienen der Analyse, inwieweit langfristig gebundenes Vermögen (Anlagevermögen) durch langfristig überlassenes Kapital gedeckt wird.

Durch die fristenkongruente Finanzierung des langfristig gebundenen Vermögens mit langfristig überlassenem Kapital sollen Liquiditätsprobleme vermieden werden, die sich durch eine Rückzahlungsverpflichtung des überlassenen Kapitals vor Liquidierbarkeit des gebundenen Vermögens ergeben können. In der Praxis finden vor allem die zwei im Folgenden dargestellten Deckungsgrade Verwendung.

Der **Deckungsgrad A** (Anlagendeckungsgrad 1) gibt den Anteil des Anlagevermögens an, der durch das Eigenkapital gedeckt ist.

$$\text{Deckungsgrad A} = \frac{\text{Eigenkapital}}{\text{Anlagevermögen}} \times 100$$

Der **Deckungsgrad B** (Anlagendeckungsgrad 2 oder Goldene Bilanzregel) zeigt, inwieweit das Anlagevermögen durch Eigenkapital und langfristig überlassenes Kapital gedeckt wird.

$$\text{Deckungsgrad B*} = \frac{\text{Eigenkapital + langfristiges Fremdkapital}}{\text{Anlagevermögen}} \times 100$$

12.2.2.4 Liquiditätsanalyse

Die Liquiditätsanalyse bezieht sich im Unterschied zu der Finanzierungsanalyse auf die **kurzfristigen Deckungsgrade** (Liquiditätsgrade). Die Liquiditätsgrade geben an, inwieweit dem kurzfristigen Fremdkapital ausreichende Deckungsmittel in Form liquider Mittel oder kurzfristig liquidierbarer Vermögenswerte gegenüberstehen.

Im Allgemeinen werden drei Grade der Liquidität ermittelt. Die **Liquidität 1. Grades** (Barliquidität) gibt den Grad der Deckung des kurzfristigen Fremdkapitals durch sofort zur Rückzahlung einsetzbare flüssige Mittel an:

$$\text{Liquidität 1. Grades} = \frac{\text{Flüssige Mittel}}{\text{Kurzfristiges Fremdkapital}} \times 100$$

Zu den flüssigen (liquiden) Mitteln zählen Schecks, Kassenbestände, Bundesbankguthaben, Guthaben bei Kreditinstituten und Wertpapiere des Umlaufvermögens. Das kurzfristige Fremdkapital setzt sich aus den Verbindlichkeiten mit einer Restlaufzeit von bis zu einem Jahr zusammen.

Die **Liquidität 2. Grades** (kurzfristige Liquidität) bezieht neben den flüssigen Mitteln die kurzfristigen Forderungen ein:

$$\text{Liquidität 2. Grades*} = \frac{\text{flüssige Mittel + kurzfristige Forderungen}}{\text{Kurzfristiges Fremdkapital}} \times 100$$

Zu den kurzfristigen Forderungen zählen alle im Forderungsspiegel enthaltenen Forderungen mit einer Restlaufzeit von bis zu einem Jahr. Es wird davon ausgegangen, dass der Gemeinde aus kurzfristigen Forderungen flüssige Mittel zufließen, die zur Rückzahlung des kurzfristigen Fremdkapitals eingesetzt werden können.

Die **Liquidität 3. Grades** zählt auch die Vorräte zum kurzfristig liquidierbaren Vermögen.

$$\text{Liquidität 3. Grades} = \frac{\text{flüssige Mittel + kurzfristige Forderungen + Vorräte}}{\text{Kurzfristiges Fremdkapital}} \times 100$$

Gemeinden verfügen üblicherweise nicht über größere Vorratsbestände. Die Liquidität 3. Grades dürfte daher i. d. R. nicht wesentlich über der Liquidität 2. Grades liegen.

Statt mit Liquiditäts**graden** (Prozentzahlen) kann die Über- oder Unterdeckung kurzfristiger Verbindlichkeiten durch liquide Vermögenswerte auch in Form von Differenzen dargestellt werden. Die Differenz aus kurzfristigem Vermögen und kurzfristigen Verbindlichkeiten wird als **Nettoumlaufvermögen** (Working Capital) bezeichnet.

$$\text{Nettoumlaufvermögen} = \text{Kurzfristiges Vermögen} - \text{kurzfristige Verbindlichkeiten}$$

Ein positives Nettoumlaufvermögen ist gleichbedeutend mit einem entsprechenden Liquiditätsgrad von über 100 %, während ein negatives Nettoumlaufvermögen einem Liquiditätsgrad von unter 100 % entspricht. Ein Liquiditätsgrad von unter 100 % lässt sich durch die Aufnahme zusätzlicher kurzfristiger Kredite vor dem Bilanzstichtag (Windowdressing) verbessern. Das Nettoumlaufvermögen erweist sich solchen bilanzpolitischen Maßnahmen gegenüber als immun.

Der **Aussagewert** der dargestellten Liquiditätskennzahlen ist **beschränkt**. Während bei den Finanzierungskennzahlen eher davon ausgegangen werden kann, dass sie über den Abschlussstichtag und die Veröffentlichung des Jahresabschlusses hinaus noch Gültigkeit haben, zeigen die Liquiditätskennzahlen nur die Deckungsverhältnisse am Bilanzstichtag, die sich bereits zum Zeitpunkt der Veröffentlichung des Abschlusses wesentlich geändert haben können. Die künftige Liquidität lässt sich mit

Hilfe der Kennzahlen aber nicht einmal am Bilanzstichtag genau einschätzen. Neben der Beeinflussbarkeit der Kennzahlen durch bilanzpolitische Maßnahmen liegt dies u. a. an den folgenden Umständen:

- Die Bilanzzahlen sagen nichts über die genaue unterjährige Fälligkeit der kurzfristigen Forderungen und Verbindlichkeiten aus. Die Kennzahlen können daher nur das durchschnittliche Deckungsverhältnis angeben.
- Neben der Rückzahlung kurzfristiger Verbindlichkeiten sind für die Beurteilung der Liquidität auch andere künftige Auszahlungsverpflichtungen zu berücksichtigen – etwa Lohn- und Zinszahlungen.
- Vermögensgegenstände und Schulden können unter Liquiditätsgesichtspunkten nicht richtig ausgewiesen oder bewertet sein.
- Die Kennzahlen berücksichtigen nicht, inwieweit die Gemeinde offene Kreditlinien zur Sicherung der Zahlungsfähigkeit einsetzen kann.

Die Aussagekraft der Liquiditätskennzahlen ist damit fragwürdig. Zur Beurteilung der Liquiditätslage sollten daher unbedingt zusätzlich die Zahlungsströme analysiert werden.

Die **Analyse der Zahlungsströme** erfolgt anhand der Finanzrechnung. Sie wird auf Grund ihrer Zeitraumbezogenheit auch als **dynamische Liquiditätsanalyse** bezeichnet – im Gegensatz zur stichtagsbezogenen, statischen Liquiditätsanalyse der vertikalen Kapitalstruktur und der horizontalen Bilanzstruktur.

Die Finanzrechnung selbst enthält mit dem Cashflow aus laufender Geschäftstätigkeit, dem Cashflow aus Investitionstätigkeit sowie dem Cashflow aus Finanzierungstätigkeit bereits wichtige Kennzahlen zur Analyse der Zahlungsströme. Zur Interpretation dieser Größen wird auf die Ausführungen in Abschnitt 9.4 verwiesen.

Der **dynamische Verschuldungsgrad** – vereinzelt auch als dynamischer Entschuldungsgrad bezeichnet – setzt die zum Stichtag bestehende Effektive Verschuldung ins Verhältnis zum Mittelzufluss, der aus laufender Verwaltungstätigkeit generiert wurde.

$$\text{dynamischer Verschuldungsgrad}^* = \frac{\text{Effektive Verschuldung}}{\text{Cashflow aus laufender Verwaltungstätigkeit}}$$

Effektive Verschuldung ist definiert als das gesamte verzinsliche Fremdkapital (ohne Einbeziehung der Pensionsrückstellungen) abzüglich der flüssigen Mittel und der kurzfristigen Forderungen.

Der dynamische Verschuldungsgrad gibt – unter der Annahme, dass der Cashflow aus laufender Geschäftigkeit konstant bleibt und keine neuen Schulden aufgenommen werden – die Dauer bis zur vollständigen Schuldentilgung in Jahren an. Ein niedriger dynamischer Verschuldungsgrad kann damit als Indiz für die finanzielle Stabilität der Gemeinde angesehen werden.

Der dynamische Verschuldungsgrad kann somit Hinweise darauf liefern, ob die von der Gemeinde aufgenommenen Investitionskredite – wie in § 86 (1) GO gefordert – im Einklang mit der dauernden Leistungsfähigkeit der Gemeinde stehen. Belastbarere Aussagen setzen allerdings voraus, dass auch die Nachhaltigkeit des zugrunde gelegten Cashflows aus laufender Verwaltungstätigkeit untersucht wird.

Der **dynamische Liquiditätsgrad** gibt an, inwieweit die **kurzfristigen** Netto-Verbindlichkeiten durch den Cashflow aus laufender Verwaltungstätigkeit gedeckt sind.

$$\text{dynamischer Liquiditätsgrad} = \frac{\text{Cashflow aus laufender Verwaltungstätigkeit}}{\text{Kurzfristige Verbindlichkeiten} - \text{Liquide Mittel}}$$

Ein dynamischer Liquiditätsgrad größer 1 bedeutet, dass im Folgejahr – unter der Annahme eines konstanten Cashflows – sämtliche kurzfristigen Verbindlichkeiten zurückgezahlt werden können. Ein hoher dynamischer Liquiditätsgrad ist somit ein Indiz für die Liquidität der Gemeinde.

Der **Investitionsdeckungsgrad A** gibt an, inwieweit die Gemeinde die Mittel für Investitionen (abzüglich der Einzahlungen aus Investitionstätigkeit) selbst erwirtschaften konnte und insoweit nicht auf eine Fremdfinanzierung angewiesen war. Die Kennzahl wird deshalb auch als Innenfinanzierungskraft oder Innenfinanzierungsgrad bezeichnete. Es wird nachfolgend unterstellt, dass der Cashflow aus Investitionstätigkeit negativ ist.

$$\text{Investitionsdeckungsgrad A} = \frac{\text{Cashflow aus laufender Verwaltungstätigkeit}}{|\ \text{Cashflow aus Investitionstätigkeit}\ |}$$

Hohe Werte des Investitionsdeckungsgrads A sind grundsätzlich als positiv im Hinblick auf die finanzielle Stabilität der Gemeinde einzustufen. Übersteigt die Kennzahl den Wert von 1, ist die Gemeinde in der Lage, Schulden abzubauen.

Bildet man die Summe aus dem Cashflow aus laufender Verwaltungstätigkeit und dem (negativen!) Cashflow aus Investitionstätigkeit, erhält man (als absolute Größe) den **Free Cashflow**. Ein positiver Free Cashflow entspricht einem Investitionsdeckungsgrad A größer 1 und zeigt somit wiederum an, dass die Gemeinde in der Lage ist, Schulden abzubauen.

$$\text{Free Cashflow} = \text{Cashflow aus laufender Verwaltungstätigkeit} + \text{Cashflow aus Investitionstätigkeit}$$

Der Free Cashflow ist **nicht** mit der sog. **freien Spitze** gleichzusetzen. Die freie Spitze entspricht – unter Vernachlässigung von Feinheiten – der (positiven) Differenz aus dem Cashflow aus laufender Verwaltungstätigkeit abzüglich der ordentlichen Tilgung im Haushaltsjahr. Eine frei Spitze signalisiert, dass Investitionen zumindest zum Teil eigenfinanziert werden konnten; sie bedeutet aber nicht notwendigerweise, dass im Haushaltsjahr für die gesamten Investitionen keine neuen Kredite aufgenommen werden mussten und damit Mittel zum Schuldenabbau zur Verfügung standen.

Inwieweit Investitionen durch Neuverschuldung finanziert wurden, zeigt der **Investitionsdeckungsgrad B.** Er setzt den Cashflow aus Investitionstätigkeit ins Verhältnis zum Cashflow aus Finanzierungstätigkeit (Neuverschuldung).

$$\text{Investitionsdeckungsgrad B} = \frac{|\text{ Cashflow aus Investitionstätigkeit }|}{\text{Cashflow aus Finanzierungstätigkeit}}$$

Hohe Werte des Investitionsdeckungsgrads B sind grundsätzlich positiv zu bewerten. Niedrige Werte hingegen – vor allem Werte unter 1 – können signalisieren, dass die Gemeinde gegen die Bestimmung des § 86 (1) GO verstößt, wonach Kredite nur für Investitionen und zur Umschuldung aufgenommen werden dürfen.

Auskunft darüber, in welchem Umfang Neuinvestitionen durch die jährlichen Abschreibungen „erwirtschaftet" bzw. finanziert werden konnten, gibt die Reinvestitionsquote.

$$\text{Reinvestitionsquote} = \frac{\text{Nettoinvestionen}}{\text{Jahresabschreibungen auf Anlagevermögen}} \text{ X } 100$$

Die Nettoinvestitionen ermitteln sich als Differenz zwischen den Zugängen des Anlagevermögens und den Jahresabschreibungen sowie den sonstigen Abgängen von Vermögensgegenständen.

12.2.3 Ertragslage

Bei der Analyse der Ertragslage ist zu berücksichtigen, dass für Gemeinden i. d. R. weniger Rentabilitätsziele als vielmehr **Leistungserstellungsziele** im Vordergrund stehen. Aus der Privatwirtschaft bekannte Rentabilitätskennzahlen sind für Gemeinden daher nur eingeschränkt aussagekräftig; deshalb wird auf ihre Darstellung nachfolgend verzichtet.

Im Mittelpunkt der kommunalen Ertragsanalyse steht die Frage, inwieweit die Gemeinde in der Lage ist (oder sein wird), den **Haushaltsausgleich** (künftig) herzustellen. Nach § 75 (2) GO muss der Haushalt in jedem Jahr in Planung und Rechnung ausgeglichen sein. Er ist ausgeglichen, wenn der Gesamtbetrag der Erträge die Höhe des Gesamtbetrages der Aufwendungen erreicht oder übersteigt. Die Regeln zum Haushaltsausgleich bezwecken, die stetige Aufgabenerfüllung der Gemeinde zu sichern. Dabei setzt die Herstellung des Haushaltsausgleichs regelmäßig voraus, dass die Gemeinde ihre Haushaltswirtschaft wirtschaftlich, effizient und sparsam führt, wozu sie nach § 75 (1) S. 2 GO ohnehin zusätzlich verpflichtet ist.

Zur Darstellung der Ertragslage werden in der **Ergebnisrechnung** die im Rahmen der Aufgabenerfüllung angefallenen Aufwendungen der Gemeinde den Erträgen gegenübergestellt. Um einen tieferen Einblick in die Ertragslage zu gewinnen, nutzt der Bilanzanalytiker die **Erfolgsquellenanalyse** und die Analyse der **Ertrags- und Aufwandsstruktur**. Ferner können auch **Beziehungszahlen**, die Aufwandsgrößen ins Verhältnis zum ordentlichen Ertrag setzen, sowie **spezielle Mittelwerte** herangezogen werden, um den Einblick in die Ertragslage zu verbessern.

12.2.3.1 Erfolgsquellenanalyse

Die Erfolgsquellenanalyse untersucht das Jahresergebnis unter dem Gesichtspunkt der **Nachhaltigkeit** einzelner Ergebnisbeiträge. Hierzu wird das Jahresergebnis im Wege der **Erfolgsspaltung** in die Bestandteile ordentlicher Erfolg, Finanzerfolg, außerordentlicher Erfolg und Bewertungserfolg zerlegt. Im Ergebnis erhält man die Anteile der einzelnen Erfolgsbestandteile am gesamten Jahresergebnis.

Der **ordentliche Erfolg** bildet das Ergebnis aller nachhaltigen d. h. regelmäßigen Erträge und Aufwendungen der gewöhnlichen Verwaltungstätigkeit ab. Der **Finanzerfolg** beinhaltet die nachhaltigen Erträge und Aufwendungen aus Kapitalanlage und Kapitalaufnahme. Im Einzelabschuss der Kernverwaltung fallen hier insbesondere Erträge aus den verselbständigten Aufgabenbereichen sowie Aufwendungen für den Ausgleich von Verlusten ins Gewicht. Der **außerordentliche Erfolg** umfasst alle einmaligen oder seltenen Erträge und Aufwendungen, die nicht als nachhaltig einzustufen sind. Diese Abgrenzung geht über das in der Ergebnisrechnung ausgewiesene außerordentliche Ergebnis hinaus, das nur Erträge und Aufwendungen enthält, die gleichsam untypisch sind **und** selten (unregelmäßig) anfallen. Insbesondere zählen im Rahmen der Erfolgsquellenanalyse auch **periodenfremde Erträge und Aufwendungen** sowie Erträge und Verluste aus dem **Abgang von Gegenständen des Anlagevermögens** zum außerordentlichen Erfolg. Der **Bewertungserfolg** stellt den Ergebnisbeitrag bilanzpolitischer Maßnahmen dar. Im Ergebnis erhält man die folgenden Kennzahlen.

$$\text{Anteil des ordentlichen Erfolgs} = \frac{\text{Ordentlicher Erfolg}}{\text{Jahresergebnis}} \times 100$$

$$\text{Anteil des Finanzerfolgs} = \frac{\text{Finanzerfolg}}{\text{Jahresergebnis}} \times 100$$

$$\text{Anteil des außerordentlichen Erfolgs} = \frac{\text{Außerordentlicher Erfolg}}{\text{Jahresergebnis}} \times 100$$

$$\text{Anteil des Bewertungserfolgs} = \frac{\text{Bewertungserfolg}}{\text{Jahresergebnis}} \times 100$$

Zur besseren Interpretation der Erfolgsquellen sollten **Vergleichsrechnungen** in Form von Zeitreihen oder Vergleichen mit anderen Gemeinden durchgeführt werden. Aus Zeitreihenanalysen können sich etwa Hinweise auf eine Verschlechterung der nachhaltigen Ertragslage ergeben, die von der Entwicklung des Jahresergebnisses insgesamt verdeckt werden. So könnte ein Rückgang des ordentlichen Erfolgs durch einen höheren außerordentlichen Erfolg oder einen höheren Bewertungserfolg kompensiert (verdeckt) worden sein.

Der externe Bilanzanalytiker kann eine Erfolgsquellenanalyse nur eingeschränkt durchführen. Zum einen stellt der Jahresabschluss nicht immer hinreichend detaillierte Informationen bereit, die zur genauen Trennung der Erfolgsquellen erforderlich wären (etwa bezogen auf periodenfremde Erträge und Aufwendungen). Zum anderen lässt sich der Einfluss der Bilanzpolitik auf das Jahresergebnis vom externen Bilanzleser i. d. R. nur unvollständig aufdecken.

Der externe Bilanzleser kann aber zumindest auf Basis der Jahresabschlussposten die Ergebnisquote der laufenden Verwaltungstätigkeit ermitteln, um besser beurteilen zu können, welchen Ergebnisbeitrag das Kerngeschäft der Kommune liefert und ob ggf. ein strukturelles Defizit besteht.

$$\text{Ergebnisquote der lfd. Verwaltungstätigkeit} = \frac{\text{Ergebnis der lfd. Verwaltungstätigkeit}}{\text{Jahresergebnis}} \times 100$$

Generell schränkt die Vergangenheitsbezogenheit der Erfolgsquellenanalyse ihre Aussagekraft im Hinblick auf die Beurteilung der künftigen Ertragslage ein.

12.2.3.2 Analyse der Ertrags- und Aufwandsstruktur

Die Analyse der Ertrags- und Aufwandsstruktur erfolgt über entsprechende Gliederungszahlen. Als Bezugsgrößen dienen dabei meist die ordentlichen Erträge bzw. die ordentlichen Aufwendungen.

Ertragsstruktur

Die Erträge der Kommune setzen sich im Wesentlichen aus Steuern und ähnlichen Abgaben, Zuwendungen und allgemeinen Umlagen, sonstigen Transfererträgen und öffentlich-rechtlichen Leistungsentgelten zusammen. Der Einblick in die Ertragslage lässt sich verbessern, indem diese Ertragsbestandteile ins Verhältnis zu den gesamten ordentlichen Erträgen gesetzt werden. Damit wird die Bedeutung einzelner Ertragsarten für die Ertragslage der Gemeinde insgesamt leichter erkennbar. Zur Analyse der Ertragsstruktur eignen sich etwa die folgenden Kennzahlen:

$$\text{Steuerquote*} = \frac{\text{Erträge aus Steuern (und ähnlichen Abgaben)}}{\text{Ordentliche Erträge}} \times 100$$

$$\text{allgemeine Umlagenquote*} = \frac{\text{Erträge aus allgemeinen Umlagen}}{\text{Ordentliche Erträge}} \times 100$$

$$\text{Zuwendungsquote*} = \frac{\text{Erträge aus Zuwendungen}}{\text{Ordentliche Erträge}} \times 100$$

Die Kennzahlen sollten insbesondere im Zeitvergleich betrachtet werden, um Anzeichen für positive oder negative Entwicklungen zu erhalten. Risiken ergeben sich für die Gemeinde, wenn bedeutsame Ertragsarten größeren Schwankungen ausgesetzt sind. So stellt etwa der hohe Anteil der stark konjunkturabhängigen Gewerbesteuereinnahmen ein Risiko für die Ertragslage (und Finanzlage) vieler Gemeinden dar.

Ferner kann der Vergleich mit anderen Kommunen ggf. zusätzliche Rückschlüsse auf Fehlentwicklungen und Effizienzpotentiale ermöglichen.

Aufwandsstruktur

Die Aufwendungen der Kommune setzen sich im Wesentlichen aus Personalaufwendungen und Versorgungsaufwendungen, Aufwendungen für Sach- und Dienstleistungen, bilanziellen Abschreibungen und Transferaufwendungen zusammen.

Zum besseren Einblick in die Aufwandsstruktur können etwa die folgenden Kennzahlen gebildet werden.

$$\text{Personalintensität*} = \frac{\text{Personal- (und Versorgungs)aufwendungen}}{\text{Ordentliche Aufwendungen}} \times 100$$

$$\text{Sach- und Dienstleistungsintensität*} = \frac{\text{Aufwendungen für Sach- und Dienstleistungen}}{\text{Ordentliche Aufwendungen}} \times 100$$

$$\text{Transferaufwandsintensität/-quote*} = \frac{\text{Transferaufwendungen}}{\text{Ordentliche Aufwendungen}} \times 100$$

Einen Einblick in die Belastungen aus Zinszahlungen vermittelt die als **Zinslastquote** bezeichnete Kennzahl. Sie gibt den Anteil der Finanzaufwendungen an den ordentlichen Aufwendungen wieder.

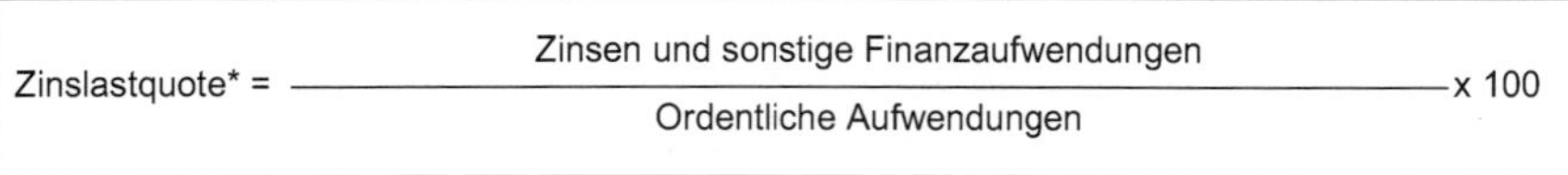

$$\text{Zinslastquote*} = \frac{\text{Zinsen und sonstige Finanzaufwendungen}}{\text{Ordentliche Aufwendungen}} \times 100$$

Die Abschreibungslastquote gibt an, um wieviel die bilanziellen Abschreibungen die Erträge aus der Auflösung von Sonderposten übersteigen.

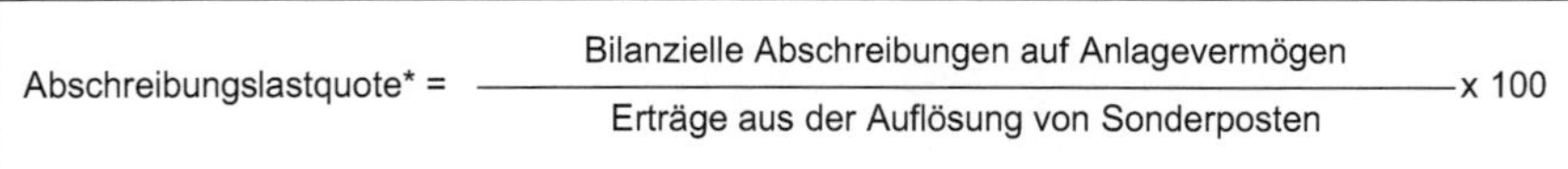

$$\text{Abschreibungslastquote*} = \frac{\text{Bilanzielle Abschreibungen auf Anlagevermögen}}{\text{Erträge aus der Auflösung von Sonderposten}} \times 100$$

12.2.3.3 Beziehungszahlen

Der Haushaltsausgleich und die stetige Aufgabenerfüllung der Gemeinde sind nur dann nachhaltig gesichert, wenn die ordentlichen Erträge ausreichen, die ordentlichen Aufwendungen zu decken. Kritisch im Hinblick auf die Ertragslage der Gemeinde ist es zu beurteilen, wenn große Anteile der ordentlichen Erträge zur Deckung einzelner Aufwandsarten „verbraucht" werden, die ihrerseits nur in losem Zusammenhang zur Erzielung der Erträge beitragen und von der Gemeinde kaum kurzfristig in ihrer Höhe beeinflusst werden können.

Um den Einblick in die Ertragslage bzw. die Anpassungsfähigkeit der Gemeinde an Ertragsschwankungen zu verbessern, können etwa die folgenden Beziehungszahlen gebildet werden:

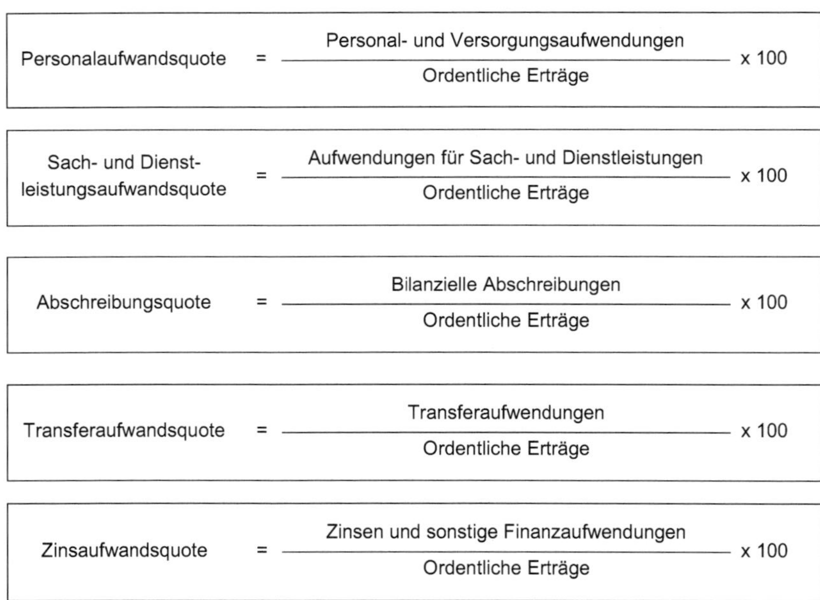

$$\text{Personalaufwandsquote} = \frac{\text{Personal- und Versorgungsaufwendungen}}{\text{Ordentliche Erträge}} \times 100$$

$$\text{Sach- und Dienstleistungsaufwandsquote} = \frac{\text{Aufwendungen für Sach- und Dienstleistungen}}{\text{Ordentliche Erträge}} \times 100$$

$$\text{Abschreibungsquote} = \frac{\text{Bilanzielle Abschreibungen}}{\text{Ordentliche Erträge}} \times 100$$

$$\text{Transferaufwandsquote} = \frac{\text{Transferaufwendungen}}{\text{Ordentliche Erträge}} \times 100$$

$$\text{Zinsaufwandsquote} = \frac{\text{Zinsen und sonstige Finanzaufwendungen}}{\text{Ordentliche Erträge}} \times 100$$

Insbesondere die Abschreibungen und die Zinsaufwendungen, aber auch die Personal- und Versorgungsaufwendungen, können von der Gemeinde nicht kurzfristig reduziert werden, um mögliche Ertragseinbrüche haushaltsausgleichskonform abzufedern. Ferner sind auch die Transferaufwendungen durch die Gemeinde selbst überhaupt nur in engen Grenzen beeinflussbar. Sie verändern sich im Wesentlichen durch gesetzliche Änderungen oder Schwankungen der Zahl der Anspruchsberechtigten – vorwiegend in Abhängigkeit von der allgemeinen wirtschaftlichen Entwicklung.

Hohe oder im Zeitablauf ansteigende Werte der entsprechenden Kennzahlen sind daher kritisch zu beurteilen. Sie können signalisieren, dass die Anpassungsfähigkeit der Gemeinde herabgesetzt ist oder sich verschlechtert.

So werden die finanziellen Anpassungsspielräume vieler Gemeinden derzeit durch hohe und weiter wachsende Schuldenstände teils empfindlich eingeschränkt: Wesentliche Ertragsanteile der Gemeinde werden beansprucht, um Zinszahlungen und andere Finanzaufwendungen decken zu können.

Als zusätzliche Kennzahl zur Beurteilung der (Entwicklung der) Zinslasten kann hier die **Zinssteuerquote** dienen. Sie gibt an, wie hoch der Anteil der Steuererträge und allgemeinen Zuwendungen – als den üblicherweise wesentlichen Ertragsquellen der Gemeinde – ist, der zur Deckung der **Zinsaufwendungen** benötigt wird.

$$\text{Zinssteuerquote} = \frac{\text{Zinsen und sonstige Finanzaufwendungen}}{\text{Steuererträge und allgemeine Zuwendungen}} \times 100$$

12.2.3.4 Weitere Kennzahlen zur Analyse der Ertragslage

Bewertung eines negativen Jahresergebnisses

Für die Bewertung eines negativen Jahresergebnisses kann nur eingeschränkt die absolute Höhe herangezogen werden. Vielmehr ist es erforderlich, das negative Jahresergebnis im Verhältnis zum Eigenkapital zu betrachten, da eine Gemeinde mit einem hohem Eigenkapital ein negatives Jahresergebnis ausgleichen kann. Unter Berücksichtigung der Regelungen zum Haushaltsausgleich sollten einzelne Bestandteile des Eigenkapitals gesondert betrachtet werden. Durch die Kennzahl Fehlbetragsquote 1 wird die Inanspruchnahme der Ausgleichsrücklage durch das negative Jahresergebnis ausgewiesen.

$$\text{Fehlbetragsquote 1}^{*} = \frac{\text{Negatives Jahresergebnis}}{\text{Ausgleichsrücklage}} \times 100$$

Die Fehlbetragsquote 2 gibt die Inanspruchnahme der allgemeinen Rücklage durch das negative Jahresergebnis an, sofern die Ausgleichsrücklage bereits verbraucht ist.

$$\text{Fehlbetragsquote 2*} = \frac{\text{Negatives Jahresergebnis}}{\text{Allgemeine Rücklage}} \times 100$$

Zusätzlich sollte bei der Beurteilung des negativen Jahresergebnisses betrachtet werden, nach wie vielen Jahren das vorhandene Eigenkapital voraussichtlich aufgebraucht sein wird. Allerdings wird bei der Betrachtung der Eigenkapitalreichweite unterstellt, dass sich das negative Jahresergebnis betragsmäßig nicht verändert.

$$\text{Eigenkapitalreichweite} = \frac{\text{Eigenkapital}}{\text{Negatives Jahresergebnis}} \times 100$$

Spezielle Mittelwerte

Im Rahmen von Vergleichsrechnungen ist in Betracht zu ziehen, dass sich die Rahmenbedingungen und Strukturen einer Gemeinde im Zeitablauf verändern und nicht unwesentlich von denen anderer Gemeinden unterscheiden können. So können etwa interkommunale Kennzahlenvergleiche zwischen ländlichen und städtischen Gemeinden oder zwischen kleinen und großen Gemeinden (etwa gemessen an der Einwohnerzahl) zu Fehlinterpretationen führen. Gleichsam können lange Zeitreihenvergleiche bezogen auf eine Gemeinde zu nicht sachgerechten Rückschlüssen führen, wenn außer Acht gelassen wird, dass sich wichtige Rahmendaten der Gemeinde zwischenzeitlich verändert haben (etwa die Gemeindefläche oder die Anzahl der Arbeitslosen).

Sofern zwischen den Ausprägungen bestimmter Rahmenbedingungen/Strukturen und einzelnen Aufwands- oder Ertragsgrößen Ursache-Wirkungszusammenhänge vermutet werden können, erscheint es sinnvoll, spezielle Verhältniszahlen zu bilden, bei denen die als relevant angesehenen Rahmen-/Strukturdaten als Bezugsgrößen fungieren. Entsprechende Bezugsgrößen können vielfältig sein.

So könnten etwa

- die Einwohnerzahl,
- die Anzahl der Mitarbeiterinnen und Mitarbeiter,
- die Arbeitslosenzahl

als Bezugsgrößen für bestimmte Grundzahlen des Jahresabschlusses verwendet werden.

Die so gebildeten Verhältniszahlen können dann dazu dienen, bestimmte Arbeitshypothesen über funktionale Zusammenhänge zwischen den Jahresabschlussgrößen und den jeweiligen Bezugsgrößen zu untermauern bzw. zu widerlegen. Daraus lassen sich dann ggf. wiederum Rückschlüsse auf die wirtschaftliche Lage und Entwicklung der Gemeinde ableiten. Sofern es sachgerecht erscheint, zwischen den Grundzahlen des Jahresabschlusses und den jeweils ausgewählten Bezugsgrößen (Rahmen-/Strukturdaten) einen einfachen proportionalen Zusammenhang zu unterstellen, können die Kennzahlen auch dazu verwendet werden, Gemeinden mit unterschiedlichen Rahmenbedingungen und Strukturen besser miteinander vergleichbar zu machen.

Nachfolgend werden exemplarisch einige Kennzahlen vorgestellt. Dabei werden die Zahl der Beschäftigten in der Verwaltung bzw. die Einwohnerzahl als Bezugsgrößen verwendet.

So kann etwa die Beschäftigtenzahl als Bezugsgröße verwendet werden, um die Höhe und Entwicklung der **durchschnittlichen Personalkosten pro Mitarbeiter** darzustellen. Die Kennzahl erlaubt einen besseren Einblick in die Auswirkungen der Tarifsteigerungen (Lohnerhöhungen) auf die gesamten Lohnkosten.

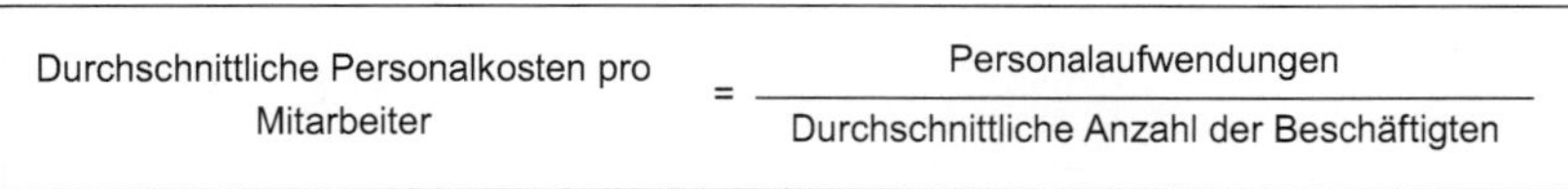

Ferner kann die Beschäftigtenzahl herangezogen werden, um Produktivitätskennzahlen zu ermitteln. Als Darstellungsgröße könnten dabei etwa die ordentlichen Erträge verwendet werden.

$$\text{Produktivität} = \frac{\text{Ordentliche Erträge}}{\text{Durchschnittliche Anzahl der Beschäftigten}}$$

Der Aussagewert einer solchen Produktivitätskennzahl ist jedoch sehr eingeschränkt, da die Leistungen der Verwaltung nicht in erster Linie dazu dienen, Erträge zu erzielen. Zudem werden Qualitätsaspekte bei den Verwaltungsleistungen nicht berücksichtigt.

Als eine weitere Produktivitätskennzahl kann die **Beschäftigtenzahl je Einwohner** aufgefasst werden.

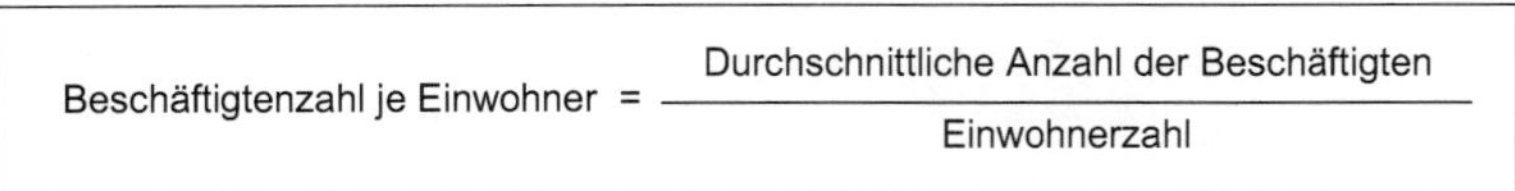

Allerdings wird auch hier die Qualität der Verwaltungsleistungen nicht berücksichtigt. Die Kennzahl ist insoweit mit Vorsicht zu interpretieren.

Die **Einwohnerzahl** bietet sich als Bezugsgröße für die Bildung weiterer Kennzahlen an. So kann die Höhe und Entwicklung der Verschuldung der Gemeinde anhand der **Pro-Kopf-Verschuldung** dargestellt und interkommunal vergleichbar gemacht werden.

$$\text{Pro-Kopf-Verschuldung} = \frac{\text{Fremdkapital}}{\text{Einwohnerzahl}}$$

Basierend auf der Kameralistik wurde die Pro-Kopf-Verschuldung nur unvollständig abgebildet. Insbesondere wurden die Pensionsrückstellungen nicht berücksichtigt. Basierend auf dem NKF können die Schulden (inkl. Rückstellungen) nunmehr vollständig berücksichtigt werden. Dadurch erhöht sich die Aussagekraft der Kennzahl.

Kreditverbindlichkeiten belasten den kommunalen Haushalt in Form von Zinsaufwendungen. Diese Belastungen können nachvollziehbarer dargestellt sowie intertemporal und interkommunal vergleichbar gemacht werden, wenn sie auf die Einwohnerzahl bezogen werden (**Zinsaufwand pro Einwohner**).

$$\text{Durchschnittlicher Zinsaufwand pro Einwohner} = \frac{\text{Zinsen und andere Finanzaufwendungen}}{\text{Durchschnittliche Einwohnerzahl}}$$

Um einen besseren Einblick in die Ertragslage der Gemeinde zu erhalten, sollten nicht nur Aufwandsgrößen, sondern auch Ertragsgrößen auf die Einwohnerzahl bezogen werden. Als ein Indikator für die Ertragskraft kann etwa die Kennzahl „**Steuererträge pro Einwohner**" verwendet werden.

$$\text{Durchschnittliche Steuererträge pro Einwohner} = \frac{\text{Steuern und ähnliche Abgaben}}{\text{Durchschnittliche Einwohnerzahl}}$$

Sinkende Steuerträge pro Einwohner können eine Verschlechterung der Ertragslage indizieren. Dies trifft insbesondere dann zu, wenn gleichzeitig bestimmte bedeutsame Aufwandsarten pro Einwohner zunehmen, die von der Gemeinde kaum kurzfristig gesenkt werden können (etwa die Zinsaufwendungen pro Einwohner).

12.2.4 Interkommunale Vergleiche

Interkommunale Kennzahlenvergleiche können

- Verwaltungen bei der Einschätzung ihrer Leistungsfähigkeit unterstützen,
- Stärken und Schwächen der eigenen Verwaltung erkennbar machen sowie
- auf Möglichkeiten hinweisen, von anderen Verwaltungen zu lernen.

Interkommunale Vergleiche können jedoch zu Fehleinschätzungen verleiten, wenn der Kreis der teilnehmenden Gemeinden sehr heterogen ist und daher tatsächlich Unvergleichbares miteinander verglichen wird. In interkommunale Vergleiche sollten nur Gemeinden eingeschlossen werden, die sich in den relevanten Rahmenbedingungen nicht wesentlich unterscheiden und in Art und Umfang ähnliche Aufgaben wahrnehmen.

Vollständige Vergleichbarkeit wird es in der Praxis allerdings nicht geben; sie ist zudem auch gar nicht unbedingt anzustreben, weil der Erkenntnisgewinn aus interkommunalen Vergleichen gerade aus der Analyse von festgestellten Unterschieden resultiert. So lässt es sich beispielsweise nicht ausschließen, dass etwas kleinere und etwas größere Gemeinden voneinander lernen können. Grundsätzlich sollten aber Gemeinden ähnlicher Größenordnung verglichen werden. Gewisse verfälschende Einwirkungen von Größen- und Strukturunterschieden auf den Kennzahlenvergleich können bereits durch die Verwendung von Verhältniszahlen (die bestimmte Rahmen-/Strukturdaten als Bezugsgrößen aufweisen) neutralisiert werden. Stets sollten aber zusätzlich möglicherweise relevante Unterschiede in den lokalen Gegebenheiten („Besonderheiten“) bei der Interpretation der Kennzahlenvergleiche adäquat gewürdigt werden.

Um im Rahmen von interkommunalen Vergleichen von den jeweils besten Gemeinden lernen zu können, ist es notwendig, die Bestleistung zu identifizieren. Dabei kann nicht immer davon ausgegangen werden, dass der höchste oder niedrigste Wert einer Kennzahl die anzustrebende Bestleistung darstellt. Häufig ergibt sich die Bestleistung aus dem Gesamtbild eines Bündels von Kennzahlen. Nicht selten bestehen zwischen einzelnen „Bestleistungen“ Zielkonflikte. So sind etwa sehr hohe Liquiditätsgrade nicht notwendigerweise positiv zu bewerten; schließlich kann eine übermäßige Liquidität die Ertragslage der Gemeinde verschlechtern.

Ein möglicher Erkenntnisgewinn aus interkommunalen Vergleichen hängt maßgeblich von der Qualität der erhobenen Daten ab. Es muss sichergestellt werden, dass sich die erhobenen Daten auf den denselben Betrachtungszeitraum beziehen und die gleichen Berechnungs- und Erhebungsmethoden angewendet werden. Interkommunale Vergleiche sollten mit Zeitreihenvergleichen kombiniert werden, um möglicherweise bestimmte Trends feststellen zu können. Interkommunale Vergleiche sollten daher regelmäßig durchgeführt werden.

Ferner sollte berücksichtigt werden, dass die Kennzahlen auf der Basis des Einzelabschlusses der Gemeinde nicht unwesentlich durch Ausgliederungen von Aufgaben in verselbständigte Aufgabenbereiche beeinflusst sein können. Einen besseren Einblick gewähren die Kennzahlen daher, wenn als Datengrundlage der Gesamtabschluss verwendet wird.

12.2.5 Plan-Ist-Abweichungsanalyse

Im Jahresabschluss sind in einer eigenen Spalte der Ergebnis- und Finanzrechnung sowie der jeweiligen Teilrechnungen die fortgeschriebenen Ansätze des Haushaltsplans anzugeben und in einer weiteren Spalte ein Vergleich von Planansätzen und Ist-Zahlen vorzunehmen. Die fortgeschriebenen Planansätze berücksichtigen u. a. außerplanmäßige Aufwendungen; diese sind gemäß § 83 GO nur zulässig, wenn sie unabweisbar sind. Hierüber entscheidet der Kämmerer. Sofern diese Aufwendungen erheblich sind, ist eine vorherige Zustimmung des Rates erforderlich.

Die Vergleichsspalte ist insbesondere ein Instrument der Rechenschaft über die Einhaltung des Haushaltsplans zwischen Verwaltung und Bürgermeister als Rechenschaftspflichtigen auf der einen Seite und dem Rat als Adressaten auf der anderen Seite. Beim Vergleich der Ist-Zahlen mit den fortgeschriebenen Planzahlen ist zu berücksichtigen, dass die Ist-Zahlen durch bilanzpolitische Maßnahmen beeinflusst sein könnten. Ein qualifiziertes Urteil über die Einhaltung des Haushaltsplans setzt daher prinzipiell voraus, dass bilanzpolitische Maßnahmen aufgedeckt und deren Auswirkungen auf die Jahresabschlusszahlen quantifiziert werden.

Zur ersten Einschätzung der Plan-Ist-Abweichung sollten die aggregierten Größen betrachtet werden: ordentliche Erträge, ordentliche Aufwendungen und Jahresergebnis sowie Cashflow aus laufender Geschäftstätigkeit, Cashflow aus Investitionstätigkeit und Cashflow aus Finanzierungstätigkeit. Bei größeren Abweichungen sind dann die einzelnen Posten und gegebenenfalls auch die Teilpläne näher zu untersuchen.

Neben der Analyse der Abweichung von Ist-Zahlen und fortgeschriebenen Planansätzen, kann der Leser des Jahresabschlusses durch Vergleich der Ist-Zahlen mit den ursprünglichen Planzahlen (die er allerdings dem Haushaltsplan entnehmen muss) Informationen über die Qualität der Haushaltsplanung erhalten.

12.2.6 Analyse der Produktbereiche

In gewisser Weise vergleichbar mit der Segmentberichterstattung im Konzernabschluss der Privatwirtschaft liefert der Jahresabschluss der Kommune Informationen über die im NKF verbindlich vorgeschriebenen Produktbereiche:

(1) Innere Verwaltung,
(2) Sicherheit und Ordnung,
(3) Schulträgeraufgaben,
(4) Kultur und Wissenschaft,
(5) Soziale Leistungen,
(6) Kinder-, Jugend- und Familienhilfe,
(7) Gesundheitsdienste,
(8) Sportförderung,
(9) Räumliche Planung und Entwicklung, Geoinformationen,
(10) Bauen und Wohnen,
(11) Ver- und Entsorgung,
(12) Verkehrsflächen und -anlagen, ÖPNV,
(13) Natur- und Landschaftspflege,
(14) Umweltschutz,
(15) Wirtschaft und Tourismus,
(16) Allgemeine Finanzwirtschaft und
(17) Stiftungen.

Über die Produktbereiche hinaus kann die Kommune ihren Haushalt weiter untergliedern. Hierzu kann sie Produktgruppen bilden, in denen einzelne Produkte der Kommune zusammengefasst werden. Zur Erhöhung der Flexibilität der Mittelbewirtschaftung können Budgets gebildet werden. Zur Unterstützung der Outputorientierung und Budgetierung ist die interne Kosten- und Leistungsrechnung entsprechend auszurichten.

Zur Analyse der Produktbereiche kann zunächst auf die Ist-Zahlen zu den Leistungsmengen und Kennzahlen zurückgegriffen werden, die gemäß § 41 (2) KomHVO in den Teilrechnungen auszuweisen sind. Bei der Interpretation der Kennzahlen kann der **Lagebericht** hinzugezogen werden. Nach § 49 KomHVO hat der Lagebericht eine ausgewogene und umfassende Analyse der Haushaltswirtschaft zu enthalten. In die Analyse sollen die produktorientierten Ziele und Kennzahlen, soweit sie für die Beurteilung der Vermögens-, Schulden-, Ertrags- und Finanzlage der Gemeinde bedeutsam sind, einbezogen und erläutert werden.

In die Analyse können gegebenenfalls weitere aussagekräftige Kennzahlen einbezogen werden. Da keine Teilbilanzen für die Produktbereiche aufgestellt werden, entfällt dabei die Analyse der Vermögenslage. Auch die Teilfinanzrechnungen sind nur eingeschränkt für eine Kennzahlenanalyse geeignet, da sie sich auf die Darstellung der Investitionstätigkeit konzentrieren. Prinzipiell anwendbar sind hingegen in den Produktbereichen **Kennzahlen zur Ertrags- und Aufwandsstruktur**.

Die Analyse der Produktbereiche kann wesentlich zu einem verbesserten Einblick in die Ertragslage beitragen. Sie kann Schwachstellen, Fehlentwicklungen oder Effizienzpotentiale in Teilbereichen aufdecken, die in den aggregierten Größen der Gesamtverwaltung nicht sichtbar werden.

Auch in den Teilrechnungen werden die Ist-Zahlen und die fortgeschriebenen Planansätze ausgewiesen und Abweichungen dargestellt. Dies ermöglicht es, Ursachen für Planabweichungen besser als in den (Gesamt-)Ergebnis- und Finanzrechnungen festzustellen und zu beurteilen.

Zur Beurteilung der Kennzahlen in einzelnen Produktbereichen eignen sich zunächst Zeitreihenvergleiche, um (Fehl-)Entwicklungen erkennen zu können. Ferner bieten sich die Teilrechnungen und entsprechende Kennzahlen auch für interkommunale Vergleiche an. Nicht selten kann es auf der Ebene einzelner Produktbereiche leichter gelingen, adäquate Vergleichskommunen auszuwählen.

12.2.7 Grenzen der Jahresabschlussanalyse

Die Jahresabschlussanalyse dient dem Abschlussadressaten dazu, sich ein Urteil über die wirtschaftliche Lage und die (künftige) Entwicklung der Gemeinde zu bilden. Der Aussagewert der Jahresabschlussanalyse wird allerdings durch die **Informationsmängel** begrenzt, die dem Jahresabschluss immanent sind. Zudem treten bei der Jahresabschlussanalyse **methodische Probleme** auf, die den Aussagewert einschränken.

Die **Informationsmängel** des Jahresabschlusses ergeben sich zunächst aus der **stichtagsbezogenen** und überwiegend **vergangenheitsbezogenen** Abbildung des wirtschaftlichen Geschehens im Jahresabschluss. Zudem wird der Jahresabschluss erst mit mehrmonatiger „Verspätung" veröffentlicht. Kennzahlen, die basierend auf der Momentaufnahme zum Stichtag des Jahresabschlusses gebildet wurden, können sich bis zum Analysezeitpunkt verändert haben.

Mängel der Datenbasis zeigen sich auch in anderer Hinsicht:

- Durch die Nutzung von **bilanzpolitischen Spielräumen** können die tatsächlichen Verhältnisse zumindest zeitweilig vor dem Bilanzanalytiker verschleiert werden.
- **Wichtige Informationen** zur Beurteilung der wirtschaftlichen Lage und künftigen Entwicklung der Gemeinde werden im Jahresabschluss **gar nicht oder nur unzulänglich erfasst**: etwa die Qualität der Verwaltungsführung und der Mitarbeiterinnen und Mitarbeiter, freie Kreditlinien sowie das Image der Gemeinde.
- Die enge Definition der außerordentlichen Erträge und Aufwendungen erschwert eine sachgerechte Erfolgsspaltung.

Neben den Informationsmängeln treten bei der Jahresabschlussanalyse eine Reihe von **methodischen Schwierigkeiten** auf:

- So erweisen sich die Voraussetzungen für **Vergleichsrechnungen** im Rahmen der Kennzahlenanalyse in der Praxis selten als erfüllbar. Sinnvolle Vergleichsrechnungen setzen voraus, dass Ansatz und Bewertung in den zugrunde gelegten Jahresabschlüssen unter gleichen Bedingungen vorgenommen wurden bzw. die Grundsätze der Stetigkeit und der Erläuterung von Unstetigkeiten eingehalten wurden. Diese Voraussetzungen lassen sich indes häufig nicht erfüllen.
- Bei interkommunalen Vergleichen kommt hinzu, dass kaum ausgeschlossenen werden kann, dass „Besonderheiten" einzelner Gemeinden beim Kennzahlenvergleich übergangen werden.
- Vielfach wird im Rahmen der Kennzahlenanalyse (implizit) unterstellt, dass sich Entwicklungen der Vergangenheit in der Zukunft fortsetzen. Diese Annahme relativiert viele Aussagen der Kennzahlenanalyse.

Ein methodisches Grundproblem der Jahresabschlussanalyse besteht darin, aus der Vielzahl der Einzelinformationen des Jahresabschlusses und den daraus gebildeten Kennzahlen ein ausgewogenes **Gesamturteil** über die Finanz- und Ertragslage der Gemeinde zu fällen. Hierzu ist es prinzipiell erforderlich, die Kennzahlen nach bestimmten Analysezwecken zu gewichten und damit zu einem Kennzahlensystem zu verbinden. Sachlogische Erwägungen helfen bei der Identifikation und Gewichtung relevanter Kennzahlen nur begrenzt weiter. Objektivierte, empirisch gestützte Erkenntnisse über die Relevanz einzelner Kennzahlen liegen für Gemeinden indes (noch) nicht vor. Insoweit ist die Gewichtung der einzelnen Kennzahlen auf subjektive Einschätzungen angewiesen.

Die Entwicklung eines empirisch-statistisch gestützten Kennzahlensystems für Gemeinden unter Berücksichtigung der Haushaltsgrundsätze sowie der kommunalspezifischen Ziele und Rahmenbedingungen steht also noch aus.

Verständnisfragen zu Kapitel 12:

1. Was versteht man unter dem Begriff „Bilanzpolitik"?
2. Nennen Sie Ansatzpunkte der materiellen Bilanzpolitik und geben Sie jeweils Beispiele an.
3. Wann handelt es sich bei einer Kennzahl um eine Gliederungszahl?
4. Was versteht man unter der Arbeitshypothese einer Kennzahl?
5. Welche Arten von Vergleichsrechnungen können bei der Interpretation von Kennzahlen durchgeführt werden?
6. Erläutern Sie die drei Bereiche der Analyse der Finanzlage und geben Sie für jeden Bereich eine Kennzahl an.
7. Beschreiben Sie Ziel und Inhalt der Erfolgsquellenanalyse.
8. Wichtige Informationen zur Beurteilung der wirtschaftlichen Lage der Gemeinde sind im Jahresabschluss nicht enthalten. Nennen Sie Beispiele.

Siehe auch Übungsaufgabe 18 im Anhang.

Übungsaufgaben

1 Ansatzgrundsätze und -vorschriften

Für welche der folgenden Posten besteht im Jahresabschluss der Gemeinde

- Ansatzpflicht (P)
- Ansatzwahlrecht (W)
- Ansatzverbot (V)?

Nennen Sie jeweils die gesetzlichen Grundlagen.

1. Selbst erstellte immaterielle Vermögensgegenstände des Anlagevermögens.
2. Vermögensgegenstände des Anlagevermögens mit Anschaffungs- oder Herstellungskosten von bis zu EUR 800.
3. Anteile an Sparkassen.
4. Entgeltlich erworbene immaterielle Vermögensgegenstände des Anlagevermögens.
5. Unentgeltlich erworbene immaterielle Vermögensgegenstände des Umlaufvermögens.
6. Disagio.
7. Bürgschaften.
8. Instandhaltungsrückstellung.
9. Erhaltene, aber noch nicht bezahlte Vermögensgegenstände.
10. Rückstellungen für die Rekultivierung und Nachsorge von Deponien.

2 Anschaffungskosten

Doppik City hat ein neues Löschfahrzeug angeschafft. Mit der Auswahl des Fahrzeugs war die Beschaffungsabteilung vier Monate beschäftigt. In Einzelnen sind die folgenden Kosten angefallen:

1	Kaufpreis des Fahrzeugs	EUR 180.000
2	Überführungskosten	EUR 1.500
3	Kosten für die Montage einer zusätzlichen Löschvorrichtung	EUR 8.200
4	anteilige Kosten der Beschaffungsabteilung (Ausschreibungen u. a)	EUR 8.800
5	Kosten für die Verbreiterung der Garageneinfahrt	EUR 15.000

Mit welchem Betrag ist das Löschfahrzeug in der Bilanz anzusetzen?

3 Herstellungskosten

Doppik City hat durch seinen Bauhof eine Kletteranlage auf einem Spielplatz errichten lassen. Hierfür sind die folgenden Kosten angefallen:

1	verwendete Holzbauteile und andere Materialien	EUR 19.500
2	Arbeitslöhne der eingesetzten Mitarbeiter	EUR 12.000
3	anteilige zeitabhängige Abschreibungen auf Maschinen (Sägemaschinen u. a)	EUR 110
4	anteilige Kosten Beschaffungsabteilung für die Angebotseinholung zu 1	EUR 220
5	anteiliger Meisterlohn für die Beaufsichtigung der Arbeiten	EUR 2.000
6	anteilige Kosten der Personalabteilung und des Rechnungswesens	EUR 500
7	Stromkosten für die Beleuchtung des Arbeitsortes und den Betrieb der Maschinen (überschlägig ermittelt)	EUR 35
8	Kosten für Anzeigen in der Lokalpresse zur Bekanntmachung der Fertigstellung des Spielplatzes	EUR 120

Welche Kostenbestandteile sind als Herstellungskosten aktivierungspflichtig oder können aktiviert werden (Wahlrecht)? Welche Kostenbestandteile sind nicht aktivierungsfähig.

4 Abschreibungen auf Maschinen und technische Anlagen

Doppik City kauft am 2. Januar 10 eine Kehrmaschine: Anschaffungskosten EUR 12.500, Nutzungsdauer sechs Jahre, Schrottwert von EUR 500. Die Maschine soll linear abgeschrieben werden.

Erstellen Sie den Abschreibungsplan.

Im Jahre 12 wird offenbar, dass die Nutzungsdauer ursprünglich falsch eingeschätzt wurde. Es muss davon ausgegangen werden, dass die Nutzungsdauer tatsächlich nur vier Jahre beträgt und der Restwert nach Ablauf dieser Nutzungsdauer null beträgt.

5 Bewertungsvereinfachungsverfahren

Im Lager des Bauhofs von Doppik City befanden sich zum 1. Januar 10 150 Ztr. Spezialsplitt für Wege und Plätze zum Preis EUR 25 / Ztr. Aus der Buchhaltung ergeben sich die unten angeführten Lagerzugänge und -abgänge für das Haushaltsjahr 10.

Wie hoch sind die Anschaffungskosten des Lagerbestandes zum Bilanzstichtag am 31. Dezember 10. Verwenden Sie zur Ermittlung das Sammelbewertungsverfahren des § 34 (3) KomHVO (gewogener Durchschnittswert).

Monat	1	2	3	4	5	6	7	8	9	10	11	12
Zugang (Ztr.)	200	200				300				100		
Abgang (Ztr.)			260	140	120		100		80		50	
Preis(EUR/Ztr.)	25	28				30				32		

6 Softwarelizenzen

Eine Kreisverwaltung beschafft 90 Lizenzen für ein Softwareprogramm, das in der Bauverwaltung genutzt werden soll. Die Lizenzen haben einen Stückpreis von EUR 350 netto. Dem Kreis wird ein Stückrabatt von 25 % eingeräumt. Beschreiben Sie die konkrete bilanzielle Behandlung des Geschäftsvorfalls!

7 Umbau einer Sporthalle

Eine Stadt verfügt über eine in Massivbau errichtete Sporthalle. Die Sporthalle weist zum Abschlussstichtag 09 einen Restbuchwert von EUR 200.000 aus, der über die Restnutzungsdauer von 10 Jahren planmäßig abgeschrieben wird.

Aufgrund eines Ratsbeschlusses wird die Sporthalle im Haushaltsjahr 10 zu einer Mehrzweckhalle umgebaut. Ein neues variables Bodensystem sowie weitere Baumaßnahmen ermöglichen nun nicht mehr nur sportliche Aktivitäten, sondern auch Versammlungen, Ausstellungen usw. Die beauftragten Baumaßnahmen (externe Bauunternehmen) wurden im Haushaltsjahr 10 weitestgehend abgeschlossen, so dass die Mehrzweckhalle noch im Dezember 10 in Betrieb genommen werden konnte. Die gesamten – im Haushaltsjahr 10 kassenwirksam gewordenen – Baukosten belaufen sich auf EUR 800.000. Im Haushaltjahr 11 sind nur noch kleinere Restarbeiten zu erledigen, die einen Auftragswert von EUR 30.000 haben und in den bereits im Vorjahr gezahlten EUR 800.000 enthalten sind. Das Bauamt hat ermittelt, dass sich durch die Baumaßnahmen die Restnutzungsdauer auf 30 Jahren verlängert.

Welche bilanziellen Auswirkungen ergeben sich für den Jahresabschluss 10?

8 Rückstellung für unterlassene Instandhaltungen

Für eine Grundschule wurden im Rahmen der Eröffnungsbilanz zum 1. Januar 08 Rückstellungen für unterlassene Instandhaltungen von EUR 200.000 ordnungsmäßig gebildet. Die unterlassenen Instandhaltungen betreffen die Erneuerung des Dachs der Schule. Die Nachholung der Maßnahme ist laut des mittelfristigen Finanz- und Investitionsplans für die Sommerferien 11 vorgesehen.

a) Welche bilanziellen Auswirkungen ergeben sich, wenn die Dacherneuerung in den Sommerferien 11 durchgeführt wird und sich die tatsächlichen Erhaltungsaufwendungen auf EUR 230.000 belaufen?

b) Welche bilanziellen Auswirkungen ergeben sich, wenn Gemeinde im Haushaltsjahr 11 beschließt, die Maßnahmen doch nicht durchzuführen?

9 Rückstellung für drohende Verluste

Eine Kreisverwaltung hat im Sommer 2010 gegenüber einem Bauherrn ein Bußgeld in Höhe von EUR 30.000 festgesetzt, da sie eine Ordnungswidrigkeit nach der Landesbauordnung erkannt haben will.
Gegen den entsprechenden Bescheid hat der Bauherr fristgerecht Widerspruch eingelegt. Da der Kreis dem Widerspruch nicht abgeholfen hat und der Kläger seinen Widerspruch aufrecht erhalten hat, wurde die Aufsichtsbehörde des Kreises mit der Angelegenheit betraut. Die Überprüfung der Aufsichtsbehörde bestätigte die Rechtsauffassung des Kreises – es wurde ein entsprechender Widerspruchsbescheid erlassen. Der Bauherr hat nunmehr fristgerecht Klage gegen den Kreis bei dem zuständigen Verwaltungsgericht erhoben.

Im Rahmen des noch nicht abgeschlossenen Verwaltungsgerichtsverfahrens ergibt sich seitens des Gerichts Anfang Dezember 2010 plötzlich der Verdacht, dass sowohl der Kreis als auch die Aufsichtsbehörde wichtige Details übersehen haben könnten, die dem Tatbestand der Ordnungswidrigkeit entgegen stehen. Darüber hinaus ließ der zuständige Richter am gleichen Verhandlungstag durchblicken, dass auch gewisse Formfehler vorgelegen haben könnten, die ebenfalls einer weiteren Würdigung bedürfen. Die nächste Verhandlung wurde daher für den März 2011 anberaumt.

Welche bilanziellen Auswirkungen ergeben sich aufgrund des Sachverhalts im Jahresabschluss des Kreises für das Haushaltsjahr 2010?

10 Transitorische und antizipative Rechnungsabgrenzung

1. Um welche Art von Rechnungsabgrenzungsposten handelt es sich bei den folgenden Geschäftsvorfällen in der Bilanz von Doppik City zum 31. Dezember 10?

   a) Erhaltene Pachtvorauszahlung in Höhe von EUR 600 für das erste Quartal 11.

   b) Aufnahme eines Investitionskredits in Höhe von EUR 850.000, Laufzeit 15 Jahre, Auszahlungsbetrag EUR 775.000.

   c) Die Firma „Event Management“ hat die Weihnachtsfeier der Verwaltung organisiert. Die Rechnung in Höhe von EUR 6.500 ist noch offen.

   d) Am 1. Juli 10 wurde der neue Dienstwagen des Bürgermeisters angemeldet. Die Kfz-Steuer in Höhe von EUR 600 ist jährlich im Voraus zu entrichten.

   e) Doppik City tätigt im Dezember 10 eine Mietvorauszahlung in Höhe von EUR 18.000 für das erste Quartal 11.

   f) Doppik City hat Ackerland verpachtet. Die Pacht für das zweite Halbjahr 10 in Höhe von EUR 450 ist im Februar 11 fällig.

g) Doppik-City bezahlt zum Jahresende EUR 1.000 für die noch ausstehende Lieferung eines PCs. Lieferung Mitte Januar des Folgejahres.

11 Transitorische Rechnungsabgrenzung

Doppik-City erhebt für einen Doppelgrabplatz Nutzungsgebühren in Höhe von EUR 1.500. Durch die einmalige Zahlung der Gebühren zum Zeitpunkt des Erwerbs wird ein 25-jähriges Grabnutzungsrecht erworben. Im Oktober 10 werden Nutzungsrechte für fünf Doppelgrabplätze erworben. Wie sind die vereinnahmten Gebühren bilanziell zu erfassen?

12 Geleistete Zuwendungen

Im Rahmen der Planung einer städtischen Sportinitiative für Kinder und Jugendliche wird festgestellt, dass die derzeitigen Sportstätten nicht ausreichen, um ein adäquates flächendeckendes Sportangebot zu realisieren. Die Stadt vereinbart daher u. a., dass nicht sie, sondern der ortsansässige Sportverein Concordia einen weiteren Sportplatz baut, um diesen Bedarf abzudecken. Hierfür erhält der Sportverein eine Zuwendung in Höhe von EUR 30.000. Es wird vertraglich vereinbart, dass der Verein über einen Zeitraum von zehn Jahren den Sportplatz auch den umliegenden zwei Schulen zur Nutzung überlassen muss (jeden Werktag von 08.00 bis 16.00 Uhr); ansonsten ist die Zuwendung (zeitanteilig) zu erstatten. Der Sportverein verfügt bereits über ein eigenes Grundstück, das zum Bau des Platzes geeignet ist. Die Kosten zur Errichtung des Sportplatzes belaufen sich auf EUR 50.000. Der Sportplatz wird im Juli 10 feierlich eröffnet. Welche bilanziellen Auswirkungen ergeben sich für die Stadt?

13 Finanzrechnung

Im Rahmen der Aufstellung des Jahresabschlusses wurde eine vorläufige Finanzrechnung erstellt. Diese weist einen Cashflow aus laufender Verwaltungstätigkeit in Höhe von EUR 489.000 aus. Es stellt sich nun heraus, dass einige Geschäftsvorfälle aus dem abgelaufenen Haushaltsjahr noch nicht gebucht wurden. Ermitteln Sie, wie sich der Cashflow aus laufender Verwaltungstätigkeit unter Berücksichtigung dieser Geschäftsvorfälle verändert.

Es handelt sich um die folgenden Geschäftsvorfälle aus dem abgelaufenen Haushaltsjahr:

a) Außerplanmäßige Abschreibung auf ein Gebäude in Höhe von EUR 150.000.
b) Verkauf eines Grundstücks: Buchwert EUR 125.000, Verkaufserlös EUR 110.000.
c) Kauf einer Kehrmaschine in bar zum Preis von EUR 17.500.

d) Kauf von Wertpapieren zur langfristigen Kapitalanlage in Höhe von EUR 315.000.

e) Aufnahme eines Investitionskredites in Höhe von EUR 400.000. Der Auszahlungsbetrag betrug EUR 360.000.

f) Einige säumige Gewerbesteuerzahler hatten im abgelaufenen Haushaltsjahr doch noch gezahlt. Einzahlungen in Höhe von EUR 220.000. Es bestehen aber immer noch offene Gewerbesteuerforderungen in Höhe von EUR 450.000.

g) Von den Bürgern entrichtete Verwaltungsgebühren in Höhe von EUR 15.000.

h) Eine Mietverbindlichkeit wurde im abgelaufenen Haushaltsjahr nicht gebucht. Die Zahlung in Höhe von EUR 15.000 wurde von der Gemeinde jedoch am 3. Januar des neuen Haushaltsjahres geleistet.

i) Die Gebäudereinigungsfirma hat im Januar die Rechnung für den Dezember des abgelaufenen Haushaltsjahres gestellt. Die Rechnung beläuft sich auf EUR 12.500.

j) Eine Finanzanlage wurde veräußert: Buchwert EUR 600.000, Verkaufserlös 780.000, davon im abgelaufenen Haushaltsjahr eingegangen: EUR 390.000.

14 Anhang

Im Anhang des Jahresabschlusses von Doppik City finden sich u. a. die folgenden Ausführungen:

a) „Im Haushaltsjahr angeschaffte Vermögensgegenstände des Anlagevermögens wurden unter den Voraussetzungen des § 36 (3) KomHVO unmittelbar als Aufwand verbucht."

b) „Im Haushaltsjahr wurden Rückstellungen für unterlassene Instandhaltungen in Höhe von EUR 500.000 gebildet."

c) „Vermögensgegenstände des Anlagevermögens, deren zeitliche Nutzung begrenzt ist, wurden grundsätzlich linear abgeschrieben. Nur in seltenen einzelnen Fällen wurde die degressive oder die Leistungsabschreibung angewandt."

d) „Gleichartige bewegliche Vermögensgegenstände wurden jeweils zu Gruppen zusammengefasst und mit gewogenen Durchschnittswerten angesetzt."

e) „An Gebäuden wurden außerplanmäßige Abschreibungen in Höhe von EUR 235.000 vorgenommen."

f) „Zu den angewandten Bewertungsmethoden wird auf die Angaben im Anhang des Vorjahres verwiesen."

Entsprechen diese Angaben den gesetzlichen Anforderungen?

15 Veräußerung von Geschäftsanteilen

Eine Stadt hält eine 80 %-Beteiligung an der Stadtwerke GmbH, die vor allem im Bereich der Ver- und Entsorgung tätig ist. Die übrigen 20 % der Geschäftsanteile werden von einer benachbarten Gemeinde gehalten. Die im Rechnungswesen der Stadt als Anteile an verbundenen Unternehmen ausgewiesene Beteiligung weist derzeit einen Buchwert von EUR 80 Mio. aus.

Der Stadtrat beschließt nunmehr, einen Geschäftsanteil von 50 % an eine private Gesellschaft zu veräußern, die ebenfalls in der Versorgungsbranche tätig ist. Ein von der Stadt beauftragter Wirtschaftsprüfer hat anhand eines Ertragswertverfahrens ermittelt, dass die Stadt einen Verkaufspreis von EUR 100 Mio. verlangen sollte. Der Käufer akzeptiert aufgrund der von ihm durchgeführten Analyse („Due Diligence") diesen Preis und das Geschäft wird am 10. Oktober 2010 rechtskräftig vollzogen.

a) Welche bilanziellen Auswirkungen ergeben sich für den Einzelabschluss der Stadt?
b) Welche bilanziellen Auswirkungen hat der Verkauf der Geschäftsanteile auf den Gesamtabschluss der Stadt?

16 Kapitalkonsolidierung

In Doppik City wird der Stadtentwässerungsbetrieb als Eigenbetrieb geführt. Zum 31. Dezember 10 stellt Doppik City den ersten Gesamtabschluss auf. Der Stadtentwässerungsbetrieb gehört als verselbständigter – aber rechtlich unselbständiger – Aufgabenbereich zum Konsolidierungskreis. Naturgemäß gibt es keine Minderheitsgesellschafter.

Der Eigenbetrieb wurde in der Eröffnungsbilanz von Doppik City zum 1. Januar 09 mit einem Ertragswert von TEUR 1.000 bewertet. Eine Abschreibung dieses Wertes war bislang nicht erforderlich.

Bilanz des Einzelabschlusses von Doppik City zum 1. Januar 10			
Aktiva	**TEUR**	**Passiva**	**TEUR**
Anlagevermögen	45.000	Eigenkapital	5.000
Finanzanlagen	2.000	Fremdkapital	45.000
Umlaufvermögen	3.000		
	50.000		**50.000**

Bilanz des Einzelabschlusses des Stadtentwässerungsbetriebs zum 1. Januar 10			
Aktiva	**TEUR**	**Passiva**	**TEUR**
Anlagevermögen	1.500	Eigenkapital	700
Umlaufvermögen	600	Fremdkapital	1.400
	2.100		**2.100**

Anlagevermögen des Eigenbetriebs zum 1. Januar 10:

	Buchwert	Zeitwert	Stille Reserven
Grundstücke	EUR 700	EUR 800	EUR 100
Technische Anlagen und Maschinen	EUR 500	EUR 550	EUR 50
Andere Anlagen, Betriebs- u. Geschäftsausstattung	EUR 300	EUR 300	EUR 0
	EUR 1.500	**EUR 1.650**	**EUR 150**

a) Führen Sie die Kapitalkonsolidierung im Rahmen der Erstkonsolidierung zum fiktiven Erwerbszeitpunkt 1. Januar 10 nach der Neubewertungsmethode durch.
b) Nehmen Sie anschließend die Kapitalkonsolidierung im Rahmen der Folgekonsolidierung zum 31. Dezember 10 vor.

Ein gegebenenfalls entstehender Geschäfts- oder Firmenwert ist über die planmäßige Nutzungsdauer von 5 Jahren abzuschreiben.

Die Restnutzungsdauer der technischen Anlagen und Maschinen sowie der anderen Anlagen und der Betriebs- und Geschäftsausstattung beträgt annahmegemäß 5 Jahre.

Im Geschäftsjahr 10 erwirtschaftet der Eigenbetrieb einen Gewinn von TEUR 100, durch den sich das Eigenkapital und das Umlaufvermögen gegenüber dem 1. Januar 10 um jeweils TEUR 100 erhöhen. Ansonsten ändern sich die Buchwerte gegenüber dem 1. Januar 10 nicht.

17 Equity-Methode

Doppik City hält eine Beteiligung von 40 % an der Regionalen Energie- und Wasserversorgungs AG (REWAG). Da Doppik City auf die REWAG einen maßgeblichen Einfluss ausübt, ist die REWAG in den Gesamtabschluss von Doppik City nach der Equity-Methode einzubeziehen.

Die Beteiligung an der REWAG wurde in der Eröffnungsbilanz von Doppik City zum 1. Januar 09 nach dem Ertragswertverfahren mit TEUR 1.000 bewertet. Eine Abschreibung dieses Werts war bislang nicht erforderlich.

Das Eigenkapital der REWAG beträgt zum 1. Januar 10 TEUR 1.500. In den Gebäuden der REWAG sind zudem stille Reserven in Höhe von TEUR 500 enthalten. Die Gebäude der REWAG, in denen die stillen Reserven enthalten sind, haben zum 1. Januar 10 noch eine Restnutzungsdauer von 10 Jahren. Ein gegebenenfalls auftretender Geschäfts- oder Firmenwert soll über die planmäßige Nutzungsdauer von 5 Jahren abgeschrieben werden.

Im Jahr 10 erwirtschaftet die REWAG einen Jahresüberschuss von TEUR 300. Der Jahresüberschuss des Jahres 10 von TEUR 100 wird am 16. Mai 11 an die Anteilseigner ausgeschüttet.

Zum 1. Januar 10 wird die Beteiligung der REWAG zum fiktiven Erwerbszeitpunkt erstmals nach der Equity-Methode einbezogen.

Ermitteln Sie den Wertansatz der Beteiligung an der REWAG im Gesamtabschluss von Doppik City zum 1. Januar 10 und zum 31. Dezember 10 nach der Buchwertmethode.

18 Jahresabschlussanalyse

Dem Jahresabschluss von Doppik City zum 31. Dezember 09 können u. a. die folgenden Informationen entnommen werden:

Bilanz zum 31. Dezember 2009			
Aktiva	**TEUR**	**Passiva**	**TEUR**
Immaterielle Vermögensgegenstände	500	Allgemeine Rücklage	106.500
Sachanlagen	270.000	Ausgleichsrücklage	10.000
Finanzanlagen	19.500	Jahresfehlbetrag	- 6.500
Anlagevermögen	290.000	***Eigenkapital***	110.000
Vorräte	50	***Sonderposten***	40.000
Forderungen und sonstige Vermögensgegenstände	7.500	Pensionsrückstellungen	25.000
Liquide Mittel	2.000	Sonstige Rückstellungen	75.000
Umlaufvermögen	9.550	***Rückstellungen***	100.000
		Verbindlichkeiten	40.000
Aktive Rechnungsabgrenzung	450	***Passive Rechnungsabgrenzung***	10.000
Bilanzsumme	**300.000**	**Bilanzsumme**	**300.000**

Ergebnisrechnung	TEUR	Finanzrechnung	TEUR
Steuern und ähnliche Abgaben	30.000	***Saldo (Cashflow) aus laufender Verwaltungstätigkeit***	***- 7.500***
Übrige ordentliche Erträge	24.500	Saldo (Cashflow) aus Investitionstätigkeit	- 7.200
Ordentliche Erträge	***54.500***	Saldo (Cashflow) aus Finanzierungstätigkeit	1.000
Personalaufwendungen	20.000	***Änderungen des Bestands an eigenen Finanzmitteln***	***- 13.700***
Bilanzielle Abschreibungen	4.000	Anfangsbestand an Finanzmitteln	15.700
Transferaufwendungen	25.000	**Liquide Mittel**	**2.000**
Übrige ordentliche Aufwendungen	13.000		
Ordentliche Aufwendungen	***62.000***		
Ergebnis der laufenden Verwaltungstätigkeit	**- 7.500**		
Finanzerträge	3.000		
Zinsaufwendungen	2.000		
Finanzergebnis	***1.000***		
Jahresergebnis	**- 6.500**		

Im **Anhang** finden Sie u. a. die folgenden Angaben:

- Auswirkungen der Änderung der Bilanzierungs- und Bewertungsmethoden: insgesamt Aufwand von TEUR 1.000
- Periodenfremde Erträge: TEUR 1.000
- Periodenfremde Aufwendungen: TEUR 200
- Verbindlichkeiten mit einer Restlaufzeit
- kleiner 1 Jahr: TEUR 5.000
- zwischen 1 Jahr und 5 Jahren: TEUR 20.000
- größer 5 Jahren: TEUR 15.000
- Durchschnittliche Mitarbeiterzahl: 500
- Anlagenspiegel
- Zugänge: TEUR 10.000
- Abgänge zu Restbuchwerten: TEUR 500 (Abgänge hist. AK/HK abzgl. Abgänge Abschreibungen)

Die Einwohnerzahl von Doppik City wird im **Lagebericht** mit 45.000 angegeben.

Berechnen und analysieren Sie die folgenden Kennzahlen:

1. Sachanlagenintensität
2. Eigenkapitalquote
3. Pro-Kopf-Verschuldung
4. Deckungsgrad A: Anlagendeckung
5. Deckungsgrad B: Goldene Bilanzregel
6. Liquidität 1. Grades
7. Liquidität 2. Grades
8. Personalaufwandsquote
9. Transferaufwandsquote
10. Zinssteuerquote
11. Steuererträge pro Einwohner
12. Erfolgsspaltung jeweils in Bezug zum Jahresergebnis
    a) Ordentlicher Erfolg
    b) Finanzerfolg
    c) Außerordentlicher Erfolg
    d) Bewertungserfolg

Lösungshinweise

1 Ansatzgrundsätze und -vorschriften

1. Ansatzverbot, 44 (1) KomHVO.
2. Ansatzwahlrecht, § 36 (3) KomHVO.
3. Ansatzverbot, § 1 (1) S. 2 SpkG NRW.
4. Ansatzpflicht (Vollständigkeitsgebot), § 44 (1) KomHVO greift nicht.
5. Ansatzgebot (Vollständigkeitsgebot), § 44 (1) KomHVO greift nicht.
6. Aktivierungswahlrecht nach § 43 (2) KomHVO.
7. Eventualverbindlichkeiten werden solange nicht passiviert, wie eine Inanspruchnahme nicht wahrscheinlich erscheint (siehe § 37 (5) KomHVO).
8. Passivierungspflicht, sofern die Nachholung der Instandhaltung hinreichend konkret beabsichtigt ist und als bisher unterlassen bewertet werden muss, § 37 (4) KomHVO.
9. Wirtschaftliches Eigentum liegt bei der Gemeinde, deshalb Ansatzpflicht nach § 34 (1) KomHVO.
10. Passivierungspflicht, § 37 (3) KomHVO

2 Anschaffungskosten

Zu den Anschaffungskosten gehören nach § 34 (2) KomHVO:

Anschaffungspreis	EUR 180.000
Überführungskosten	EUR 1.500
Montagekosten	EUR 8.200
Anschaffungskosten	EUR 189.700

Zu den Anschaffungskosten zählen nur Kosten, die dem Vermögensgegenstand **einzeln** zugeordnet werden können. Die anteiligen Kosten der Beschaffungsabteilung müssen deshalb als Aufwand verbucht werden. Die Kosten für die Verbreiterung der Garageneinfahrt gehören nicht zu den Anschaffungskosten. Sie könnten allenfalls aktivierungsfähige Herstellungskosten am Gebäude darstellen.

3 Herstellungskosten

Nach § 34 (3) KomHVO sind die Kostenbestandteile wie folgt einzustufen:

1	Materialeinzelkosten	Einbeziehungs**pflicht**
2	Fertigungseinzelkosten	Einbeziehungs**pflicht**
3	Werteverzehr AV	Einbeziehungs**wahlrecht**

4	Verwaltungskosten	Einbeziehungs**wahlrecht**
5	Fertigungsgemeinkosten	Einbeziehungs**wahlrecht**
6	Verwaltungskosten	Einbeziehungs**wahlrechtverbot**
7	Fertigungseinzelkosten („unechte" Gemeinkosten)	Einbeziehungs**pflicht**
8	„Vertriebskosten"	Einbeziehungs**verbot**

4 Abschreibungen auf Maschinen und technische Anlagen

a) Die planmäßigen linearen Abschreibungen bemessen sich nach den Anschaffungskosten (EUR 12.500), dem Restbuchwert (EUR 500) und der Nutzungsdauer (6 Jahre) und betragen somit jährlich:

(EUR 12.500 – EUR 500) / 6 Jahre = EUR 2.000 / Jahr.

b) Bei von Anfang an richtiger Einschätzung der Restnutzungsdauer (und des Restwerts) hätten jährlich abgeschrieben werden müssen: EUR 12.500 / 4 Jahre = EUR 3.125 / Jahr. In den Jahren 10 und 11 wurden insgesamt nur EUR 4.000 abgeschrieben. Es hätten aber bei richtiger Einschätzung der Nutzungsdauer EUR 6.250 abgeschrieben werden müssen.

Die Differenz aus EUR 6.250 – EUR 4.000 = EUR 2.250 ist in 12 als außerplanmäßige Abschreibung (auf den niedrigeren beizulegenden Wert) zu berücksichtigen.

Zusätzlich werden in 12 EUR 3.125 als planmäßige Abschreibung verrechnet.

Im nächsten Jahr wird dann der Restwert der Maschine von EUR 3.125 vollständig abgeschrieben.

Anders gelagert ist der Fall, wenn die Verkürzung der Restnutzungsdauer auf einer zunächst nicht vorhersehbaren erhöhten Inanspruchnahme der Maschine in den Jahren 12 und 13 beruht. In diesem Fall würde der Restwert der Maschine in Höhe von EUR 8.500 zu Anfang des Jahres 12 über die Jahre 12 und 13 zu gleichen Teilen abgeschrieben (EUR 4.250 / Jahr).

5 Bewertungsvereinfachungsverfahren

	Anfangsbestand	150 Ztr.	EUR 25 / Ztr.	=	EUR 3.750
+	Zugang	200 Ztr.	EUR 24 / Ztr.	=	EUR 4.800
+	Zugang	200 Ztr.	EUR 28 / Ztr.	=	EUR 5.600
+	Zugang	300 Ztr.	EUR 22 / Ztr.	=	EUR 6.600
+	Zugang	100 Ztr.	EUR 32 / Ztr.	=	EUR 3.200
=		**950 Ztr.**			**EUR 23.950**

Durchschnittspreis pro Ztr. = EUR 23.950 / 950 Ztr. = **EUR 25,21 / Ztr.**

-	Abgänge	750 Ztr.	EUR 25,21 / Ztr.	=	EUR 18.907,5
=	**Endbestand**	200 Ztr.	EUR 25,21 / Ztr.	=	**EUR 5.042**

6 Softwarelizenzen

Die Softwarelizenzen sind als immaterielle Vermögensgegenstände zu bilanzieren.

Die Anschaffungskosten stellen sich wie folgt dar:

Anschaffungspreis (netto)	EUR 350,00
Mehrwertsteuer (19%)	EUR 66,50
Bruttopreis	EUR 416,50
Rabatt (25%)	EUR 104,13
Anschaffungskosten	**EUR 312,38**

Die Anschaffungskosten pro Lizenz liegen unterhalb von EUR 800; Lizenzen sind dem Anlagevermögen zuzurechnen. Auch die übrigen Anforderungen des § 36 (3) KomHVO sind erfüllt. Somit könnten (Wahlrecht) die Anschaffungskosten unmittelbar als Aufwand verbucht werden (sofern der Gesamtbetrag einen nicht unerheblichen Wert in der Bilanz der Gemeinde ausmachen würde).

Im Falle der Aktivierung sind die erworbenen Lizenzen mit ihren Anschaffungskosten in Höhe von insgesamt EUR 28.114,20 unter den immateriellen Vermögensgegenständen auszuweisen und planmäßig abzuschreiben. Die vom Innenministerium bekannt gegebene Abschreibungstabelle macht keine Angaben zur Nutzungsdauer von Software. Somit ist bei der Bestimmung der Nutzungsdauer allein auf die tatsächlichen örtlichen Verhältnisse abzustellen. In Übereinstimmung mit neueren steuerrechtlichen Entscheidungen könnte etwa eine Nutzungsdauer von fünf Jahren als sachgerecht angesehen werden.

7 Umbau einer Sporthalle

Der Umbau der Sporthalle zu einer Mehrzweckhalle beinhaltet eine Veränderung der Wesensart des Gebäudes; durch die in Auftrag gegebenen Baumaßnahmen wird letztlich ein neuer Vermögensgegenstand hergestellt. Es liegt somit aktivierungsfähiger Herstellungsaufwand vor. Die angefallenen Baukosten gelten nach § 34 (2) KomHVO als nachträgliche Anschaffungskosten.

Allerdings ist zu beachten, dass zwar die gesamten Baukosten von EUR 800.000 bis zum Abschlussstichtag 10 gezahlt worden sind, aber Arbeiten in Höhe eines Auftragswerts von EUR 30.000 erst im Haushaltsjahr 11 durchgeführt werden. Daher dürfen für die Halle zunächst nur nachträgliche Anschaffungskosten von EUR 770.000 aktiviert werden; die restlichen EUR 30.000 werden in der Schlussbilanz 10 als geleistete Anzahlungen (Sachanlagen) gezeigt (eine Umbuchung erfolgt nach Abschluss der Arbeiten im Haushaltsjahr 11).

Die Restnutzungsdauer wurde nach § 36 (5) neu bestimmt. Sie beträgt 30 Jahre. Abschreibungsbeginn ist Dezember 10.

Für die Schlussbilanz 10 ergeben sich folgende Ansätze:

Sachanlagen **Mehrzweckhalle**	in Euro
Restbuchwert zum 31. Dezember 06	200.000,00
AfA Monate Januar 07 - November 07	18.333,33
Restbuchwert zum 01. Dezember 07	181.666,67
nachträgliche AK	770.000,00
	951.666,67
AfA Monat Dezember 07	2.643,52
Restbuchwert zum 31. Dezember 07	**949.023,15**
Geleistete Anzahlungen	**30.000,00**

Nach Abschluss der verbleibenden Arbeiten im Haushaltsjahr 11 werden die geleisteten Anzahlungen in Höhe von EUR 30.000 zugunsten der Sachanlagen (sonstige Dienst-, Geschäfts- und Betriebsgebäude) umgebucht.

8 Rückstellung für unterlassene Instandhaltungen

a) Für die in den Sommerferien 11 durchgeführte Dacherneuerung werden Finanzmittel in Höhe von EUR 230.000 benötigt, die vollständig im Haushaltsjahr 11 abfließen (Finanzrechnung). In der Ergebnisrechnung 11 entstehen Aufwendungen von EUR 30.000. Die übrigen Ausgaben in Höhe von EUR 200.000 werden wegen der Inanspruchnahme der Rückstellung nicht ergebniswirksam. Es ergibt sich daher der nachstehende, vereinfachte Buchungssatz:

Instandhaltungsrückstellungen	EUR 200.000		
Erhaltungsaufwendungen	EUR 30.000 an		
		Auszahlungen für Gebäudeunterhaltung *(stat. Kontierung des Bankkontos)*	EUR 230.000

Durch die Inanspruchnahme der Rückstellung konnte die Erneuerung des Schuldaches somit weitgehend erfolgsneutral im Haushaltsjahr 11 durchgeführt werden.

b) Sofern die Dacherneuerung nicht durchgeführt wird, ist die Rückstellung erfolgswirksam aufzulösen.

Instandhaltungsrückstellungen	EUR 200.000 an		
		Erträge aus der Auflösung von Rückstellungen	EUR 200.000

Zu prüfen wäre weiterhin, ob der Umstand, dass die unterlassene Instandhaltung nun doch nicht nachgeholt wird, die Notwendigkeit einer außerplanmäßigen Abschreibung nach § 36 (6) KomHVO begründet.

9 Rückstellung für drohende Verluste

Nach § 37 (6) KomHVO sind auch für drohende Verluste aus laufenden Verfahren Rückstellungen anzusetzen, sofern der voraussichtliche Verlust nicht geringfügig sein wird.

Ferner gelten die allgemeinen Voraussetzungen zur Rückstellungsbildung nach § 37 (6) KomHVO. Diese scheinen im vorliegenden Fall erfüllt zu sein:

– Sollte der Kreis das Verfahren verlieren, werden Verbindlichkeit entstehen: Der Kreis wird neben den eigenen Kosten (etwa Kosten für Rechtsanwälte und Gutachter) auch die Kosten des Verfahrens und des Klägers zu tragen haben.
– Nach den geschilderten Umständen erscheint es zudem durchaus wahrscheinlich, dass der Kreis den Rechtsstreit verliert.
– Es handelt sich ferner um eine Verpflichtung gegenüber Dritten (Verwaltungsgericht, Kläger), wobei in beiden Fällen davon auszugehen ist, dass auch eine tatsächliche Inanspruchnahme des Kreises erfolgt.
– Die wirtschaftliche Verursachung ist eindeutig dem Haushaltsjahr 2010 zuzuordnen, da der Bußgeldbescheid, der ja Gegenstand des Verfahrens ist, im Sommer 2010 seitens des Kreises erlassen worden ist.

Damit ist im Jahresabschluss 2010 eine Rückstellung für drohende Verluste aus laufenden Verfahren zu bilden. Die Rückstellung ist in angemessener Höhe zu bilden; sie sollte alle entstehenden Ausgaben abdecken.

Die Bildung der Rückstellung erfolgt unabhängig von der bestehenden Bußgeldforderung i. H. v. EUR 30.000. Verdichten sich die Hinweise auf einen Forderungsausfall, muss die Gemeinde die Forderung wertberichtigen. Und sobald das Verwaltungsgericht entscheiden sollte, dass der Bußgeldbescheid rechtswidrig ist und der

Kreis die Kosten des Verfahrens zu tragen hat, ist die Forderung vollständig abzuschreiben und die Rückstellung in Anspruch zu nehmen, um die Verfahrenskosten abzudecken.

10 Transitorische und antizipative Rechnungsabgrenzung

a) Einnahme jetzt, Ertrag später, strenger Zeitbezug, deshalb (transitorischer) Rechnungsabgrenzungsposten auf der Passivseite (EUR 600).

b) Wahlrecht zum Ansatz eines aktiven Rechnungsabgrenzungspostens in Höhe des Disagios von EUR 75.000 (§ 43 (2) KomHVO). Ansonsten sofortige aufwandswirksame Erfassung des Disagios (Kreditbeschaffungskosten).

c) Aufwand und Ausgabe heute, Auszahlung später, Ausweis als Verbindlichkeit (kein Rechnungsabgrenzungsposten).

d) Ausgabe jetzt, Aufwand später, strenger Zeitbezug, deshalb (transitorischer) Rechnungsabgrenzungsposten auf der Aktivseite (EUR 300).

e) Ausgabe jetzt, Aufwand später, strenger Zeitbezug, deshalb (transitorischer) Rechnungsabgrenzungsposten auf der Aktivseite (EUR 18.000).

f) Ertrag (wirtschaftliche Verursachung) heute, Einnahme später, deshalb antizipativer Rechnungsabgrenzung durch Ansatz eines sonstigen Vermögensgegenstands (EUR 450).

g) Ausgabe für einen später zu aktivierenden Vermögensgegenstand, also kein späterer Aufwand, somit kein aktiver Rechnungsabgrenzungsposten, sondern Erfassung als geleistete Anzahlung

11 Transitorische Rechnungsabgrenzung

Die Gemeinde vereinnahmt im Oktober 10 kassenwirksam Grabnutzungsgebühren für fünf Doppelgrabplätze in Höhe von insgesamt EUR 7.500 (EUR 1.500 / Grab).

Die vereinnahmten Grabnutzungsgebühren beziehen sich auf ein 25-jähriges Nutzungsrecht. Sie stellen also eine Vorauszahlung für eine entsprechende – streng zeitraumbezogene – künftige Nutzung dar.

Nach § 43 (3) KomHVO sind vor dem Abschlussstichtag eingegangene Einnahmen, soweit sie einen Ertrag für eine bestimmte Zeit nach diesem Tag darstellen, als passive (transitorische) Rechnungsabgrenzungsposten anzusetzen. In diesem Beispiel dürfen daher nur (anteilige) Grabnutzungsgebühren für die Monate Oktober bis Dezember 10 als Erträge in die (Teil-)Ergebnisrechnung des Haushaltsjahres 10 eingehen. Für die darüber hinausgehenden Einnahmen ist in der Schlussbilanz 10 ein passiver Rechnungsabgrenzungsposten zu bilden. Der passive Rechnungsabgrenzungsposten wird dann entsprechend der 25-jährigen Grabnutzungsdauer mit jährlich konstanten Beträgen (mit Ausnahme des ersten und letzten Jahres) ertragswirksam bis zum Jahre 35 aufgelöst.

Der in einem Haushaltsjahr aufzulösende Betrag (bei 12-monatiger Nutzung) errechnet sich folgendermaßen:

Einnahmen im Oktober 10	EUR 7.500
Nutzungsrecht in Jahren	EUR 25
Grabnutzungsgebühren / Jahr *(jährlicher Ertrag)*	EUR 300

Im Haushaltsjahr 10 dürfen lediglich EUR 75 ertragswirksam vereinnahmt werden:

Grabnutzungsgebühren / Jahr	EUR 300
Grabnutzungsgebühren / Monat	EUR 25
Ertrag des HH-Jahres 10 (3 Monate)	EUR 75

Zum Abschlussstichtag 10 ist somit ein passiver Rechnungsabgrenzungsposten in Höhe von EUR 7.425 (EUR 7.500 - EUR 75) zu bilden.

passiver RAP zum Stichtag 10	EUR 7.425

12 Geleistete Zuwendungen

Der von dem Sportverein errichtete Sportplatz ist dem wirtschaftlichen Eigentum des Vereins zuzuordnen, so dass eine Aktivierung nach § 44 (2) S. 1 KomHVO seitens der Stadt nicht erfolgen darf. Allerdings hat die Stadt die Zahlung der Zuwendung von EUR 30.000 an die vertragliche Auflage gebunden, dass der Platz über zehn Jahre werktags von 08.00 bis 16.00 Uhr zwei Schulen zur Nutzung zu überlassen ist. Sofern der Verein diese Auflage nicht erfüllt, ist er vertraglich verpflichtet, die Zuwendung (zeitanteilig) zurück zu zahlen.

Da die Bewilligung der Zuwendung (Vorausleistung) mit einer mehrjährigen (zeitraumbezogenen) und einklagbaren Gegenleistungsverpflichtung des Zuwendungsempfängers verbunden wurde, ist nach § 44 (2) S. 2 KomHVO ein Rechnungsabgrenzungsposten in Höhe von EUR 30.000 in der städtischen Bilanz zu bilden. Der Rechnungsabgrenzungsposten wird entsprechend der Erfüllung der Gegenleistungsverpflichtung aufgelöst, d. h., sofern der Sportverein seinen Verpflichtungen vertragsgemäß nachkommt, wird der RAP um jährlich EUR 3.000 aufwandswirksam vermindert.

Zuwendung	EUR 30.000
Gegenleistungsverpflichtung in Jahren	10
Aufwand / Jahr	**EUR 3.000**

Die Gegenleistungsverpflichtung des Vereins beginnt mit Inbetriebnahme des Sportplatzes im Juli 10. Somit ist die geleistete Zuwendung im Haushaltsjahr 10 für sechs Monate aufwandswirksam zu berücksichtigen. Entsprechend weist die Gemeinde in ihrer Bilanz zum 31. Dezember 10 einen aktiven Rechnungsabgrenzungsposten in Höhe von EUR 28.500 aus.

Aufwand / Jahr	EUR 3.000
Aufwand 10	**EUR 1.500**
Zuwendung	EUR 30.000
ARAP zum Abschlussstichtag 10	**EUR 28.500**

13 Finanzrechnung

a) Finanzrechnung nicht betroffen.
b) Einzahlung aus Investitionstätigkeit EUR 110.00.
c) Auszahlung aus Investitionstätigkeit EUR 17.500.
d) Auszahlung aus Investitionstätigkeit EUR 315.000.
e) Einzahlung aus Finanzierungstätigkeit EUR 360.000.
f) Einzahlung aus laufender Verwaltungstätigkeit EUR 220.000.
g) Einzahlung aus laufender Verwaltungstätigkeit EUR 15.000.
h) Finanzrechnung des abgelaufenen Haushaltsjahres nicht betroffen.
i) Finanzrechnung des abgelaufenen Haushaltsjahres nicht betroffen.
j) Einzahlung aus Investitionstätigkeit EUR 390.000

Ergebnis: Nur die Geschäftsvorfälle f) und g) verändern den Cashflow aus laufender Verwaltungstätigkeit. Der Cashflow aus laufender Verwaltungstätigkeit erhöht sich insgesamt um EUR 235.000.

14 Anhang

a) Die Angabe entspricht der Berichtspflicht des § 45 (1) S. 1 KomHVO.
b) Die Angabe ist zu unspezifisch. Rückstellungen für unterlassene Instandhaltungen müssen nach § 37 (4) S. 2 KomHVO einzeln bestimmt und wertmäßig beziffert sein. Sie sind im Anhang unter Angabe des Rückstellungsbetrages anzugeben und zu erläutern (§ 45 (2) Nr. 4 KomHVO).

c) Die Angaben sind zu ungenau. Abweichungen von der standardmäßig vorgeschriebenen linearen Abschreibung sind nach § 45 (2) Nr. 6 KomHVO gesondert anzugeben und zu erläutern. Das impliziert, dass einzeln angegeben wird, bei welchen Vermögensgegenständen die degressive Abschreibung oder die Leistungsabschreibung verwendet wurde. Ferner sind die Gründe zu erläutern, die die Verwaltung bewogen haben, von der standardmäßig vorgeschriebenen linearen Abschreibung abzuweichen.

d) Der Hinweis ist zu pauschal. Abweichungen vom Grundsatz der Einzelbewertung – hierzu gehört auch die Gruppenbewertung – sind nach § 45 (2) Nr. 3 KomHVO gesondert anzugeben und zu erläutern.

e) Die Angabe ist zu unspezifisch. Außerplanmäßige Abschreibungen sind nach § 36 (6) S. 3 KomHVO im Anhang zu erläutern. Das impliziert, dass die außerplanmäßigen Abschreibungen nicht nur wertmäßig beziffert werden, sondern auch einzelnen Vermögensgegenständen zugeordnet werden und die Gründe für die außerplanmäßige Abschreibung erläutert werden.

f) Nach § 45 (1) KomHVO sind im Anhang „zu den Posten der Bilanz die verwendeten Bilanzierungs- und Bewertungsmethoden anzugeben". Die Vorschrift bezweckt eine verbesserte Rechenschaft gegenüber den Jahresabschlussadressaten. Verweise auf Angaben und Erläuterungen in Vorjahresabschlüssen werden diesem Zweck nach allgemeiner Auffassung nicht gerecht. Die angewandten Bilanzierungsmethoden sind deshalb jedes Jahr aufs Neue im Anhang anzugeben und zu erläutern.

15 Veräußerung von Geschäftsanteilen

a)

Durch den Verkauf von 50 % der Geschäftsanteile an der Stadtwerke GmbH reduzieren sich die städtischen Anteile an der Gesellschaft auf 30 %. Hierdurch ist die Stadt nicht mehr Mehrheitsgesellschafter der Stadtwerke GmbH – Mehrheitsgesellschafter ist nunmehr die private Versorgungsgesellschaft, so dass die Stadt keinen beherrschenden Einfluss nach dem „Control-Konzept" (Mehrheit der Stimmrechte der Gesellschafter) mehr auf die Gesellschaft ausüben kann. Die 30%-ige Beteiligung im städtischen Einzelabschluss ist somit nicht mehr als Anteile an verbundenen Unternehmen, sondern als Beteiligung auszuweisen.

Der Buchwert der Beteiligung beträgt nach dem Verkauf EUR 30 Mio. Die buchhalterische Abwicklung des Anteilsverkaufs erfolgt mittels des folgenden, vereinfachten Buchungssatzes:

Einzahlungen aus der Veräußerung von Finanzanlagen	EUR 100 Mio.

(stat. Kontierung des Bankkontos)			
	an	Anteile an verb. Unternehmen	EUR 50 Mio.
	an	Erträge aus der Veräußerung von Finanzanlagen	EUR 50 Mio.

Die Umbuchung zur Korrektur des Bilanzausweises geschieht mittels des folgenden, vereinfachten Buchungssatzes:

Beteiligungen	EUR 30 Mio.		
	an	Anteile an verb. Unternehmen	EUR 30 Mio.

b)
Bis zum Verkauf von 50 % der Geschäftsanteile an der Stadtwerke GmbH vereinigte die Stadt aufgrund ihres 80%-igen Anteilsbesitzes die Mehrheit der Stimmrechte der Gesellschafter auf sich, so dass sie eine „Beherrschung" nach dem „Control-Konzept" vorlag. Daher wurden die Geschäftsanteile an der Stadtwerke GmbH bis zur Anteilsveräußerung im städtischen Gesamtabschluss entsprechend den §§ 300 – 309 HGB voll konsolidiert.

Nach dem Anteilsverkauf besteht eine 30%-ige Beteiligung an der Gesellschaft. Es wird unterstellt, dass die Stadt aufgrund ihres Anteilsbesitzes nunmehr nur noch einen maßgeblichen Einfluss auf die Gesellschaft ausüben kann, da sie im Vorstand oder Aufsichtsrat der Stadtwerke GmbH vertreten ist oder an den Entscheidungen über die Verwendung von Jahresüberschüssen, an bedeutenden Personalfragen oder an der Besetzung der Organe (z. B. Geschäftsführung und Aufsichtsrat) mitwirkt. Aufgrund des vorliegenden maßgeblichen Einflusses gilt ab dem Gesamtabschluss für das Haushaltsjahr 2010, dass die Beteiligung lediglich mittels der „Equity-Methode" (besondere Bewertung der Beteiligung im Gesamtabschluss) entsprechend den §§ 311 und 312 HGB konsolidiert wird.

16 Kapitalkonsolidierung

a) Erstkonsolidierung zum 1. Januar 10

1. Schritt: Vollständige Aufdeckung der stillen Reserven in der Summenbilanz (Gemeindebilanz II)

Summenbilanz von Doppik City zum 1. Januar 10			
Aktiva	**TEUR**	**Passiva**	**TEUR**
Anlagevermögen	46.650	Eigenkapital	5.850
Finanzanlagen	2.000	Fremdkapital	46.400
Sonstige Aktiva	3.600		
	52.250		**52.250**

2. Schritt: Verrechnung des Beteiligungsbuchwerts der Kernverwaltung mit dem anteiligen, neubewerteten Eigenkapital des Eigenbetriebs auf der Grundlage der Wertansätze zum Zeitpunkt der erstmaligen Einbeziehung (1. Januar 2010).

Eigenkapital	EUR 850		
Aktiver Unterschiedsbetrag	EUR 150 An		
		Finanzanlagen	EUR 1.000

3. Schritt: Ausweis eines Geschäfts- oder Firmenwerts in der Gesamtbilanz zum 1. Januar 10.

Gesamtbilanz von Doppik City zum 1. Januar 10			
Aktiva	**TEUR**	**Passiva**	**TEUR**
Geschäfts- oder Firmenwert	150	Eigenkapital	5.000
Anlagevermögen	46.650	Fremdkapital	46.400
Finanzanlagen	1.000		
Sonstige Aktiva	3.600		
	51.400		**51.400**

b) Folgekonsolidierung

1. Schritt: Erstellung der Summenbilanz unter Aufdeckung der bei der Erstkonsolidierung aufgedeckten stillen Reserven.

Summenbilanz von Doppik City zum 31. Dezember 10			
Aktiva	**TEUR**	**Passiva**	**TEUR**
Anlagevermögen	46.650	Eigenkapital	5.950
Finanzanlagen	2.000	Fremdkapital	46.400

Sonstige Aktiva	3.700		
	52.350		**52.350**

2. Schritt: Wiederholung der Buchungen aus der Erstkonsolidierung

Verrechnung von Beteiligungsbuchwert und Eigenkapital

Eigenkapital	EUR 850		
Aktiver Unterschiedsbetrag	EUR 150 An		
		Finanzanlagen	EUR 1.000

3. Schritt: Fortschreibung der aufgedeckten stillen Reserven und des Geschäfts- oder Firmenwerts

Bilanzielle Abschreibung	EUR 10 An		
		Maschinen	EUR 10

Bilanzielle Abschreibung	EUR 30		
		Geschäfts- oder Firmenwert	EUR 30

Gesamtbilanz von Doppik City zum 31. Dezember 10			
Aktiva	**TEUR**	**Passiva**	**TEUR**
Geschäfts- oder Firmenwert	120	Eigenkapital	5.060
Anlagevermögen	46.640	Fremdkapital	46.400
Finanzanlagen	1.000		
Sonstige Aktiva	3.700		
	51.460		**51.460**

17 Equity-Methode

1. **Januar** 10

Beteiligungsansatz	=	Anteiliges, neubewertetes Eigenkapital
	=	40 % x (TEUR 1.500 + TEUR 500)
	=	TEUR 800
Geschäfts- oder Firmenwert	=	Anschaffungskosten bzw. Buchwert – anteiliges, neubewertetes Eigenkapital
	=	TEUR 1.000 – TEUR 800
	=	TEUR 200

Gesamtbilanz von Doppik City zum 1. Januar 10			
Aktiva	**TEUR**	**Passiva**	**TEUR**
Geschäfts- oder Firmenwert	150	Eigenkapital	5.000
Anlagevermögen	46.650	Fremdkapital	46.400
Finanzanlagen (Anteile an assoziierten Unternehmen)	1.000		
Sonstige Aktiva	3.600		
	51.400		**51.400**

Der Geschäfts- oder Firmenwert gibt den Geschäfts- oder Firmenwert des Stadtentwässerungsbetriebs in Höhe von TEUR 150 wieder. Der Geschäfts- oder Firmenwert der REWAG in Höhe von TEUR 200 wird lediglich zusammen mit dem Beteiligungsansatz unter den Finanzanlagen ausgewiesen.

31. Dezember 10

1. Schritt: Ermittlung des Beteiligungsbuchwerts zum 31. Dezember 10:

Beteiligungsbuchwert zum 1. Januar 10	EUR 800	
+ Jahresüberschuss 10	EUR 120	(40 % von TEUR 300)
- Anteilige Gewinnausschüttung des Gewinns 09	EUR 40	(40 % von TEUR 100)
- Abschreibung der anteiligen stillen Reserven	EUR 20	(0,1 x 0,4 x TEUR 500)
= Beteiligungsbuchwert zum 31. Dezember 10	**EUR 860**	

2. Schritt: Fortschreibung des Geschäfts- oder Firmenwerts

Geschäfts- oder Firmenwert zum 1. Januar 10	EUR 200	
- Abschreibung des Geschäfts- oder Firmenwerts in 10	EUR 40	(20 % von TEUR 200)
= Geschäfts- oder Firmenwert zum 31. Dezember 1	**EUR 160**	

Gesamtbilanz von Doppik City zum 31. Dezember 10			
Aktiva	**TEUR**	**Passiva**	**TEUR**
Geschäfts- oder Firmenwert	120	Eigenkapital	5.080
Anlagevermögen	46.640	Fremdkapital	46.400
Finanzanlagen (Anteile an assoziierten Unternehmen)	1.020		
Sonstige Aktiva	3.700		
	51.480		**51.480**

Der Geschäfts- oder Firmenwert gibt den Geschäfts- oder Firmenwert des Stadtentwässerungsbetriebs in Höhe von TEUR 120 wieder. Der Geschäfts- oder Firmenwert der REWAG in Höhe von TEUR 160 wird zusammen mit dem Beteiligungsansatz unter den Finanzanlagen ausgewiesen.

18 Jahresabschlussanalyse

1. Sachanlagenintensität = 90,0 %

$$\text{Sachanlagenintensität} = \frac{270.000 \text{ TEUR}}{300.000 \text{ TEUR}} \text{ x } 100$$

2. Eigenkapitalquote = 36,7 %

$$\text{Eigenkapitalquote} = \frac{110.000 \text{ TEUR}}{300.000 \text{ TEUR}} \text{ x } 100$$

3. Pro-Kopf-Verschuldung = EUR 3.333,33

$$\text{Pro-Kopf-Verschuldung} = \frac{100.000 + 40.000 + 10.000 \text{ TEUR}}{45.000}$$

4. Deckungsgrad A (Anlagendeckung) = 37,9 %

$$\text{Deckungsgrad A} = \frac{110.000 \text{ TEUR}}{290.000 \text{ TEUR}} \text{ x } 100$$

5. Deckungsgrad B (Goldene Bilanzregel) = 65,5 %

$$\text{Deckungsgrad B} = \frac{110.000 + 40.000 + 25.000 + 15.000 \text{ TEUR}}{290.000 \text{ TEUR}} \text{ x } 100$$

6. Liquidität 1. Grades = 2,5 %

$$\text{Liquidität 1. Grades} = \frac{2.000 \text{ TEUR}}{75.000 + 5.000 \text{ TEUR}} \times 100$$

7. Liquidität 2. Grades = 11,9 %

$$\text{Liquidität 2. Grades} = \frac{2.000 + 7.500 \text{ TEUR}}{75.000 + 5.000 \text{ TEUR}} \times 100$$

8. Personalaufwandsquote = 36,7 %

$$\text{Personalaufwandsquote} = \frac{20.000 \text{ TEUR}}{54.500 \text{ TEUR}} \times 100$$

9. Transferaufwandsquote = 45,9 %

$$\text{Transferaufwandsquote} = \frac{25.000 \text{ TEUR}}{54.500 \text{ TEUR}} \times 100$$

10. Zinssteuerquote = 6,7 %

$$\text{Zinssteuerquote} = \frac{2.000 \text{ TEUR}}{30.000 \text{ TEUR}} \times 100$$

11. Steuererträge pro Einwohner = EUR 666,67

$$\text{Steuererträge pro Einw.} = \frac{30.000 \text{ TEUR}}{45.000} \text{ X } 100$$

12. a) Anteil des ordentlichen Erfolgs = 112,3 %

$$\text{Ordentlicher Erfolg} = \frac{-7.500 - 1.000 + 200 + 1.000 \text{ TEUR}}{-6.500 \text{ TEUR}} \text{ X } 100$$

Beim ordentlichen Erfolg wurden berücksichtigt:

Ergebnis der laufenden Verwaltungstätigkeit:	- 7.500 TEUR
Periodenfremde Erträge :	1.000 TEUR
Periodenfremde Aufwendungen:	200 TEUR
Aufwand aus Änderung Bilanzierungs- u. Bewertungsmethoden:	1.000 TEUR

b) Anteil des Finanzerfolgs = -15,4 %

$$\text{Finanzerfolg} = \frac{1.000 \text{ TEUR}}{-6.500 \text{ TEUR}} \text{ x } 100$$

c) Anteil des außerordentlichen Erfolgs = -12,3 %

$$\text{Außerordentlicher Erfolg} = \frac{1.000 – 200 \text{ TEUR}}{-6.500 \text{ TEUR}} \text{ x } 100$$

d) Anteil des Bewertungserfolgs = 15,4 %

$$\text{Bewertungserfolg} = \frac{-1.000 \text{ TEUR}}{-6.500 \text{ TEUR}} \text{ x } 100$$

Doppik City schließt das Geschäftsjahr mit einem Jahresfehlbetrag von TEUR 6.500 ab. Die Erfolgsspaltung zeigt, dass das negative Ergebnis aus der ordentlichen Geschäftstätigkeit resultiert, die bereinigt um den Finanzerfolg, den außerordentlichen Erfolg sowie den Bewertungserfolg sogar einen Jahresfehlbetrag von TEUR 7.300 verursacht. Der Haushalt von Doppik City besitzt damit ein strukturelles Defizit, das auf Grund einer hohen Personalaufwandsquote von 36,7 % und einer hohen Transferaufwandsquote von 45,9 % nur sehr langfristig durch die Kommune abgebaut werden kann, da auch die Handlungsmöglichkeiten zur Erhöhung der Einnahmen beschränkt sind. Ferner müssen bereits 6,7 % der Erträge aus Steuern und ähnlichen Abgaben zur Deckung des Zinsaufwands verwendet werden.

Im Jahr 09 kann das Defizit durch die Ausgleichsrücklage von TEUR 10.000 gedeckt werden, allerdings wäre dies für ein ähnliches Jahresergebnis im Jahr 10 nicht mehr möglich. Doppik City weist aber trotz des Jahresfehlbetrags noch eine Eigenkapitalquote von 36,7 % aus. Bei gleich bleibenden Verlusten ist eine bilanzielle Überschuldung von Doppik City daher erst in einigen Jahren zu erwarten.

Der Schuldenstand je Einwohner beträgt EUR 3.333 und damit das 5-fache der jährlichen Steuern und ähnlichen Abgaben je Einwohner.

Doppik City besitzt eine für Kommunen typische hohe Sachanlagenintensität von 90 %. Dabei ist das Anlagevermögen zu 37,9 % bzw. 65,5 % durch Eigenkapital bzw. langfristiges Kapital gedeckt und damit weitgehend fristenkongruent finanziert.

Die Liquidität von Doppik City ist kritisch zu beurteilen. Hierfür spricht der negative Cashflow aus laufender Verwaltungstätigkeit sowie der geringe Bestand an liquiden Mitteln, der sich auch in der geringen Deckung der kurzfristigen Verbindlichkeiten durch liquide Mittel (2,5 %) bzw. kurzfristiges Vermögen (11,9 %) niederschlägt. Allerdings ist die Fristigkeit der Verbindlichkeiten, insbesondere der sonstigen Rückstellungen, dem Jahresabschluss nur eingeschränkt zu entnehmen.

Insgesamt ist festzustellen, dass Doppik City schwere Jahre der Haushaltskonsolidierung vor sich hat, um die Aufgabenerfüllung wieder nachhaltig zu sichern.

Anlagen

Anlage 1: Auszüge aus der Gemeindeordnung Nordrhein Westfalens (GO): §§ 75-105; 116-118 (Stand:7.9.2022)

i. F. v. 14. Juli 1994
Aufgrund des Artikels VIII des Gesetzes zur Änderung der Kommunalverfassung vom 17. Mai 1994 (GV. NW. S. 270) wird nachstehend der Wortlaut der Gemeindeordnung für das Land Nordrhein-Westfalen (GO) in der ab dem 17. Oktober 1994 geltenden Fassung bekanntgemacht. Die Neufassung berücksichtigt die durch Artikel I des eingangs erwähnten Gesetzes neu gefaßte Gemeindeordnung für das Land Nordrhein-Westfalen.

8. Teil Haushaltswirtschaft

§ 75 Allgemeine Haushaltsgrundsätze

(1) Die Gemeinde hat ihre Haushaltswirtschaft so zu planen und zuführen, dass die stetige Erfüllung ihrer Aufgaben gesichert ist. Die Haushaltswirtschaft ist wirtschaftlich, effizient und sparsam zu führen. Dabei ist den Erfordernissen des gesamtwirtschaftlichen Gleichgewichts Rechnung zu tragen.
(2) Der Haushalt muss in jedem Jahr in Planung und Rechnung ausgeglichen sein. Er ist ausgeglichen, wenn der Gesamtbetrag der Erträge die Höhe des Gesamtbetrages der Aufwendungen erreicht oder übersteigt. Die Verpflichtung des Satzes 1 gilt als erfüllt, wenn der Fehlbedarf im Ergebnisplan und der Fehlbetrag in der Ergebnisrechnung durch Inanspruchnahme der Ausgleichsrücklage gedeckt werden können. Anstelle einer bestehenden oder fehlenden Ausgleichsrücklage oder zusätzlich zur Verwendung der Ausgleichsrücklage kann im Ergebnisplan auch eine pauschale Kürzung von Aufwendungen bis zu einem Betrag von 1 Prozent der Summe der ordentlichen Aufwendungen unter Angabe der zu kürzenden Teilpläne veranschlagt werden (globaler Minderaufwand).
(3) In der Bilanz ist eine Ausgleichsrücklage zusätzlich zur allgemeinen Rücklage als gesonderter Posten des Eigenkapitals anzusetzen. Der Ausgleichsrücklage können Jahresüberschüsse durch Beschluss nach § 96 Absatz 1 Satz 2 zugeführt werden, soweit die allgemeine Rücklage einen Bestand in Höhe von mindestens 3 Prozent der Bilanzsumme des Jahresabschlusses der Gemeinde aufweist.
(4) Wird bei der Aufstellung der Haushaltssatzung eine Verringerung der allgemeinen Rücklage vorgesehen, bedarf dies der Genehmigung der Aufsichtsbehörde. Die Genehmigung gilt als erteilt, wenn die Aufsichtsbehörde nicht innerhalb eines Monats nach Eingang des Antrages der Gemeinde eine andere Entscheidung trifft. Die Genehmigung kann unter Bedingungen und mit Auflagen erteilt werden. Sie ist mit der Verpflichtung, ein Haushaltssicherungskonzept nach § 76 aufzustellen, zu verbinden, wenn die Voraussetzungen des § 76 Abs. 1 vorliegen.
(5) Weist die Ergebnisrechnung bei der Bestätigung des Jahresabschlusses gem. § 95 Abs. 3 trotz eines ursprünglich ausgeglichenen Ergebnisplans einen Fehlbetrag oder einen höheren Fehlbetrag als im Ergebnisplan ausgewiesen aus, so hat die Gemeinde dies der Aufsichtsbehörde unverzüglich anzuzeigen. Die Aufsichtsbehörde kann in diesem Fall Anordnungen treffen, erforderlichenfalls diese Anordnungen selbst durchführen oder – wenn und solange diese Befugnisse nicht ausreichen – einen Beauftragten bestellen, um eine geordnete Haushaltswirtschaft wieder herzustellen. §§123 und 124 gelten sinngemäß.
(6) Die Liquidität der Gemeinde einschließlich der Finanzierung der Investitionen ist sicherzustellen.
(7) Die Gemeinde darf sich nicht überschulden. Sie ist überschuldet, wenn nach der Bilanz das Eigenkapital aufgebraucht ist.

§ 76 Haushaltssicherungskonzept

(1) Die Gemeinde hat zur Sicherung ihrer dauerhaften Leistungsfähigkeit ein Haushaltssicherungskonzept aufzustellen und darin den nächstmöglichen Zeitpunkt zu bestimmen, bis zu dem der Haushaltsausgleich wieder hergestellt ist, wenn bei der Aufstellung der Haushaltssatzung

1. durch Veränderungen des Haushalts innerhalb eines Haushaltsjahres der in der Schlussbilanz des Vorjahres auszuweisende Ansatz der allgemeinen Rücklage um mehr als ein Viertel verringert wird oder
2. in zwei aufeinanderfolgenden Haushaltsjahren geplant ist, den in der Schlussbilanz des Vorjahres auszuweisenden Ansatz der allgemeinen Rücklage jeweils um mehr als ein Zwanzigstel zu verringern oder
3. innerhalb des Zeitraumes der mittelfristigen Ergebnis- und Finanzplanung die allgemeine Rücklage aufgebraucht wird. Dies gilt entsprechend bei der Bestätigung über den Jahresabschluss gemäß § 95 Absatz 3.

(2) Das Haushaltsicherungskonzept dient dem Ziel, im Rahmen einer geordneten Haushaltswirtschaft die künftige, dauernde Leistungsfähigkeit der Gemeinde zu erreichen. Es bedarf der Genehmigung der Aufsichtsbehörde. Die Genehmigung soll nur erteilt werden, wenn aus dem Haushaltssicherungskonzept hervorgeht, dass spätestens im zehnten auf das Haushaltsjahr folgende Jahr der Haushaltsausgleich nach § 75 Absatz 2 wieder erreicht wird. Im Einzelfall kann durch Genehmigung der Bezirksregierung auf der Grundlage eines individuellen Sanierungskonzeptes von diesem Konsolidierungszeitraum abgewichen werden. Die Genehmigung des Haushaltssicherungskonzeptes kann unter Bedingungen und mit Auflagen erteilt werden.

§ 77 Grundsätze der Finanzmittelbeschaffung

(1) Die Gemeinde erhebt Abgaben nach den gesetzlichen Vorschriften.

(2) Sie hat die zur Erfüllung ihrer Aufgaben erforderlichen Finanzmittel

1. soweit vertretbar und geboten, aus selbst zu bestimmenden Entgelten für die von ihr erbrachte Leistungen, sowie
2. im Übrigen aus Steuern zu beschaffen, soweit die sonstigen Finanzmittel nicht ausreichen.

(3) Die Gemeinde hat bei der Finanzmittelbeschaffung auf die wirtschaftlichen Kräfte ihrer Abgabepflichtigen Rücksicht zu nehmen.

(4) Die Gemeinde darf Kredite nur aufnehmen, wenn eine andere Finanzierung nicht möglich ist oder wirtschaftlich unzweckmäßig wäre.

§ 78 Haushaltssatzung

(1) Die Gemeinde hat für jedes Haushaltsjahr eine Haushaltssatzung zu erlassen.

(2) Die Haushaltssatzung enthält die Festsetzung

1. des Haushaltsplans
   a) im Ergebnisplan unter Angabe des Gesamtbetrages der Erträge und der Aufwendungen des Haushaltsjahres,
   b) im Finanzplan unter Angabe des Gesamtbetrages der Einzahlungen und Auszahlungen aus laufender Verwaltungstätigkeit, des Gesamtbetrages der Einzahlungen und Auszahlungen aus der Investitionstätigkeit und aus der Finanzierungstätigkeit des Haushaltsjahres,
   c) unter Angabe der vorgesehenen Kreditaufnahmen für Investitionen (Kreditermächtigung),
   d) unter Angabe der vorgesehenen Ermächtigungen zum Eingehen von Verpflichtungen, die künftige Haushaltsjahre mit Auszahlungen für Investitionen belasten (Verpflichtungsermächtigungen),
2. der Inanspruchnahme der Ausgleichsrücklage und der Verringerung der allgemeinen Rücklage,
3. des Höchstbetrages der Kredite zur Liquiditätssicherung,
4. der Steuersätze, die für jedes Haushaltsjahr neu festzusetzen sind,
5. des Jahres, in dem der Haushaltsausgleich wieder hergestellt ist.

Sie kann weitere Vorschriften enthalten, die sich auf die Erträge und die Aufwendungen, Einzahlungen und Auszahlungen, den Stellenplan des Haushaltsjahres und das Haushaltssicherungskonzept beziehen.

(3) Die Haushaltssatzung tritt mit Beginn des Haushaltsjahres in Kraft und gilt für das Haushaltsjahr. Sie kann Festsetzungen für zwei Haushaltsjahre, nach Jahren getrennt, enthalten.
(4) Haushaltsjahr ist das Kalenderjahr, soweit für einzelne Bereiche durch Gesetz oder Rechtsverordnung nichts anderes bestimmt ist.

§ 79 Haushaltsplan

(1) Der Haushaltsplan enthält alle im Haushaltsjahr für die Erfüllung der Aufgaben der Gemeinde voraussichtlich

1. anfallenden Erträge und eingehenden Einzahlungen,
2. entstehenden Aufwendungen und zu leistenden Auszahlungen,
3. notwendigen Verpflichtungsermächtigungen.

Die Vorschriften über die Sondervermögen der Gemeinde bleiben unberührt.
(2) Der Haushaltsplan ist in einen Ergebnisplan und einen Finanzplan sowie in Teilpläne zu gliedern. Das Haushaltssicherungskonzept gemäß § 76 ist Teil des Haushaltsplans; der Stellenplan für die Bediensteten ist Anlage des Haushaltsplans.
(3) Der Haushaltsplan ist Grundlage für die Haushaltswirtschaft der Gemeinde. Er ist nach Maßgabe dieses Gesetzes und der aufgrund dieses Gesetzes erlassenen Vorschriften für die Haushaltsführung verbindlich. Ansprüche und Verbindlichkeiten Dritter werden durch ihn weder begründet noch aufgehoben.

§ 80 Erlass der Haushaltssatzung

(1) Der Entwurf der Haushaltssatzung mit ihren Anlagen wird vom Kämmerer aufgestellt und dem Bürgermeister zur Bestätigung vorgelegt.
(2) Der Bürgermeister leitet den von ihm bestätigten Entwurf dem Rat zu. Soweit er von dem ihm vorgelegten Entwurf abweicht, kann der Kämmerer dazu eine Stellungnahme abgeben. Wird von diesem Recht Gebrauch gemacht, hat der Bürgermeister die Stellungnahme mit dem Entwurf dem Rat vorzulegen.
(3) Nach Zuleitung des Entwurfs der Haushaltssatzung mit ihren Anlagen an den Rat ist dieser unverzüglich bekannt zu geben und während der Dauer des Beratungsverfahrens im Rat zur Einsichtnahme verfügbar zu halten. In der öffentlichen Bekanntgabe ist eine Frist von mindestens vierzehn Tagen festzulegen, in der Einwohner oder Abgabepflichtige gegen den Entwurf Einwendungen erheben können und die Stelle anzugeben, bei der die Einwendungen zu erheben sind. Die Frist für die Erhebung von Einwendungen ist so festzusetzen, dass der Rat vor der Beschlussfassung über die Haushaltssatzung mit ihren Anlagen in öffentlicher Sitzung darüber beschließen kann.
(4) Der Entwurf der Haushaltssatzung mit ihren Anlagen ist vom Rat in öffentlicher Sitzung zu beraten und zu beschließen. In der Beratung des Rates kann der Kämmerer seine abweichende Auffassung vertreten.
(5) Die vom Rat beschlossene Haushaltssatzung mit ihren Anlagen ist der Aufsichtsbehörde anzuzeigen. Die Anzeige soll spätestens einen Monat vor Beginn des Haushaltsjahres erfolgen. Die Haushaltssatzung darf frühestens einen Monat nach der Anzeige bei der Aufsichtsbehörde öffentlich bekannt gemacht werden. Die Anzeigefrist beginnt erst zu laufen, wenn die gemäß Satz 1 anzuzeigenden Unterlagen der Aufsichtsbehörde vollständig vorgelegt wurden. Die Aufsichtsbehörde kann im Einzelfall aus besonderem Grund die Anzeigefrist verkürzen oder verlängern. Ist ein Haushaltssicherungskonzept nach § 76 aufzustellen, so darf die Haushaltssatzung erst nach Erteilung der Genehmigung bekannt gemacht werden.
(6) Die Haushaltssatzung mit ihren Anlagen ist im Anschluss an die öffentliche Bekanntmachung bis zum Ende der in § 96 Abs. 2 benannten Frist zur Einsichtnahme verfügbar zu halten.

§ 81 Nachtragssatzung

(1) Die Haushaltssatzung kann nur durch Nachtragssatzung geändert werden, die spätestens bis zum Ablauf des Haushaltsjahres zu beschließen ist. Für die Nachtragssatzung gelten die Vorschriften für die Haushaltssatzung entsprechend.

(2) Die Gemeinde hat unverzüglich eine Nachtragssatzung zu erlassen, wenn

1. sich zeigt, dass trotz Ausnutzung jeder Sparmöglichkeit

a) ein erheblicher Jahresfehlbetrag entstehen wird und der Haushaltsausgleich nur durch eine Änderung der Haushaltssatzung erreicht werden kann oder

b) ein erheblich höherer Jahresfehlbetrag als geplant entstehen wird und der höhere Fehlbetrag nur durch eine Änderung der Haushaltssatzung vermieden werden kann,

2. bisher nicht veranschlagte oder zusätzliche Aufwendungen oder Auszahlungen bei einzelnen Haushaltspositionen in einem im Verhältnis zu den Gesamtaufwendungen oder Gesamtauszahlungen erheblichen Umfang geleistet werden müssen,

3. Auszahlungen für bisher nicht veranschlagte Investitionen geleistet werden sollen.

Dies gilt nicht für überplanmäßige Auszahlungen im Sinne des § 83 Abs. 3.

(3) Absatz 2 Nrn. 2 und 3 findet keine Anwendung auf

1. geringfügige Investitionen und Instandsetzungen an Bauten, die unabweisbar sind,
2. Umschuldung von Krediten für Investitionen.

(4) Im Übrigen kann, wenn die Entwicklung der Erträge oder der Aufwendungen oder die Erhaltung der Liquidität es erfordert, der Rat die Inanspruchnahme von Ermächtigungen sperren. Er kann seine Sperre und die des Kämmerers oder des Bürgermeisters aufheben.

(5) Im Zuge der Ausbreitung der COVID-19-Pandemie findet im Haushaltsjahr 2020 Absatz 4 keine Anwendung.

§ 82 Vorläufige Haushaltsführung

(1) Ist die Haushaltssatzung bei Beginn des Haushaltsjahres noch nicht bekannt gemacht, so darf die Gemeinde ausschließlich

1. Aufwendungen entstehen lassen und Auszahlungen leisten, zu denen sie rechtlich verpflichtet ist oder die für die Weiterführung notwendiger Aufgaben unaufschiebbar sind; sie darf insbesondere Bauten, Beschaffungen und sonstige Investitionsleistungen, für die im Haushaltsplan des Vorjahres Finanzpositionen oder Verpflichtungsermächtigungen vorgesehen waren, fortsetzen,
2. Realsteuern nach den Sätzen des Vorjahres erheben,
3. Kredite umschulden.

(2) Reichen die Finanzmittel für die Fortsetzung der Bauten, der Beschaffungen und der sonstigen Leistungen des Finanzplans nach Absatz 1 Nr. 1 nicht aus, so darf die Gemeinde mit Genehmigung der Aufsichtsbehörde Kredite für Investitionen bis zu einem Viertel des Gesamtbetrages der in der Haushaltssatzung des Vorjahres festgesetzten Kredite aufnehmen. Die Gemeinde hat dem Antrag auf Genehmigung eine nach Dringlichkeit geordnete Aufstellung der vorgesehenen unaufschiebbaren Investitionen beizufügen. Die Genehmigung soll unter dem Gesichtspunkt einer geordneten Haushaltswirtschaft erteilt oder versagt werden; sie kann unter Bedingungen und mit Auflagen erteilt werden. Sie ist in der Regel zu versagen, wenn die Kreditverpflichtungen mit der dauernden Leistungsfähigkeit der Gemeinde nicht in Einklang stehen.

(3) Ist im Fall des § 76 Abs. 1 die Haushaltssatzung bei Beginn des Haushaltsjahres noch nicht bekannt gemacht, gelten ergänzend zu den Regelungen der Absätze 1 und 2 die nachfolgenden Bestimmungen vom Beginn des Haushaltsjahres - bei späterer Beschlussfassung über die Haushaltssatzung vom Zeitpunkt der Beschlussfassung - bis zur Genehmigung des Haushaltssicherungskonzeptes:

1. Die Gemeinde hat weitergehende haushaltswirtschaftliche Beschränkungen für die Besetzung von Stellen, andere personalwirtschaftliche Maßnahmen und das höchstzulässige Aufwandsvolumen des Ergebnishaushalts sowie die Regelungen zur Nachweisführung gegenüber der Aufsichtsbehörde zu beachten, die durch Rechtsverordnung des für Kommunales zuständigen Ministeriums im Einvernehmen mit dem für Finanzen zuständigen Ministerium festgelegt werden.
2. Der in Absatz 2 festgelegte Kreditrahmen kann mit Genehmigung der Aufsichtsbehörde überschritten werden, wenn das Verbot der Kreditaufnahme anderenfalls zu einem nicht auflösbaren Konflikt zwischen verschiedenen gleichrangigen Rechtspflichten der Gemeinde führen würde. Die Genehmigung kann unter Bedingungen und mit Auflagen erteilt werden.

(4) Die Bestimmungen des Absatzes 3 gelten ab dem 1. April des Haushaltsjahres bis zur Beschlussfassung über einen ausgeglichenen Haushalt oder bis zur Erteilung der Genehmigung für ein Haushaltssicherungskonzept auch dann, wenn bis zu dem Termin kein ausgeglichener Haushalt beschlossen worden ist.

§ 83 Überplanmäßige und außerplanmäßige Aufwendungen und Auszahlungen

(1) Überplanmäßige und außerplanmäßige Aufwendungen und Auszahlungen sind nur zulässig, wenn sie unabweisbar sind. Die Deckung soll jeweils im laufenden Haushaltsjahr gewährleistet sein. Über die Leistung dieser Aufwendungen und Auszahlungen entscheidet der Kämmerer, soweit der Rat keine andere Regelung trifft. Der Kämmerer kann mit Zustimmung des Bürgermeisters und des Rates die Entscheidungsbefugnis auf andere Bedienstete übertragen.
(2) Sind die überplanmäßigen und außerplanmäßigen Aufwendungen und Auszahlungen erheblich, bedürfen sie der vorherigen Zustimmung des Rates; im Übrigen sind sie dem Rat zur Kenntnis zu bringen. § 81 Abs. 2 bleibt unberührt.
(3) Für Investitionen, die im folgenden Jahr fortgesetzt werden, sind überplanmäßige Auszahlungen auch dann zulässig, wenn ihre Deckung erst im folgenden Jahr gewährleistet ist. Absatz 1 Sätze 3 und 4 und Absatz 2 gelten sinngemäß.
(4) Die Absätze 1 bis 3 finden entsprechende Anwendung auf Maßnahmen, durch die später über- oder außerplanmäßige Aufwendungen und Auszahlungen entstehen können.

§ 84 Mittelfristige Ergebnis- und Finanzplanung

Die Gemeinde hat ihrer Haushaltswirtschaft eine fünfjährige Ergebnis- und Finanzplanung zu Grunde zu legen und in den Haushaltsplan einzubeziehen. Das erste Planungsjahr ist das laufende Haushaltsjahr. Die Ergebnis- und Finanzplanung für die dem Haushaltsjahr folgenden drei Planungsjahre soll in den einzelnen Jahren ausgeglichen sein. Sie ist mit der Haushaltssatzung der Entwicklung anzupassen und fortzuführen.

§ 85 Verpflichtungsermächtigungen

(1) Verpflichtungen zur Leistung von Auszahlungen für Investitionen in künftigen Jahren dürfen grundsätzlich nur eingegangen werden, wenn der Haushaltsplan hierzu ermächtigt. Sie dürfen ausnahmsweise auch überplanmäßig oder außerplanmäßig eingegangen werden, wenn sie unabweisbar sind und der in der Haushaltssatzung festgesetzte Gesamtbetrag der Verpflichtungsermächtigungen nicht überschritten wird. § 83 Abs. 1 Sätze 3 und 4 gelten sinngemäß.
(2) Die Verpflichtungsermächtigungen gelten bis zum Ende des auf das Haushaltsjahr folgenden Jahres und, wenn die Haushaltssatzung für das übernächste Jahr nicht rechtzeitig öffentlich bekannt gemacht wird, bis zum Erlass dieser Haushaltssatzung.

§ 86 Kredite

(1) Kredite dürfen nur für Investitionen unter der Voraussetzung des §77 Absatz 4 und zur Umschuldung aufgenommen werden. Die daraus übernommenen Verpflichtungen müssen mit der dauernden Leistungsfähigkeit der Gemeinde in Einklang stehen. Die Kreditaufnahme erfolgt grundsätzlich in Euro. In anderen Währungen ist die Kreditaufnahme nur in Verbindung mit einem Währungssicherungsgeschäft zulässig.
(2) Die Kreditermächtigung gilt bis zum Ende des auf das Haushaltsjahr folgenden Jahres und, wenn die Haushaltssatzung für das übernächste Jahr nicht rechtzeitig öffentlich bekannt gemacht wird, bis zum Erlass dieser Haushaltssatzung.
(3) Die Aufnahme einzelner Kredite bedarf der Genehmigung der Aufsichtsbehörde, sobald die Kreditaufnahme nach § 19 des Gesetzes zur Förderung der Stabilität und des Wachstums der Wirtschaft beschränkt worden ist. Die Einzelgenehmigung kann nach Maßgabe der Kreditbeschränkungen versagt werden.

(4) Entscheidungen der Gemeinde über die Begründung einer Zahlungsverpflichtung, die wirtschaftlich einer Kreditverpflichtung gleichkommt, sind der Aufsichtsbehörde unverzüglich, spätestens einen Monat vor der rechtsverbindlichen Eingehung der Verpflichtung, anzuzeigen. Absatz 1 Satz 2 gilt sinngemäß. Eine Anzeige ist nicht erforderlich für die Begründung von Zahlungsverpflichtungen im Rahmen der laufenden Verwaltung.
(5) Die Gemeinde darf zur Sicherung des Kredits keine Sicherheiten bestellen. Die Aufsichtsbehörde kann Ausnahmen zulassen, wenn die Bestellung von Sicherheiten der Verkehrsübung entspricht.

§ 87 Sicherheiten und Gewährleistung für Dritte

(1) Die Gemeinde darf keine Sicherheiten zugunsten Dritter bestellen. Die Aufsichtsbehörde kann Ausnahmen zulassen. Für die Bestellung von Sicherheiten zur Finanzierung des Erwerbs von Grundstücken der Gemeinde durch Dritte finden die Sätze 1 und 2 keine Anwendung.
(2) Die Gemeinde darf Bürgschaften und Verpflichtungen aus Gewährverträgen nur im Rahmen der Erfüllung ihrer Aufgaben übernehmen. Die Entscheidung der Gemeinde zur Übernahme ist der Aufsichtsbehörde unverzüglich, spätestens einen Monat vor der rechtsverbindlichen Übernahme, anzuzeigen.
(3) Absatz 2 gilt sinngemäß für Rechtsgeschäfte, die den in Absatz 2 genannten Rechtsgeschäften wirtschaftlich gleichkommen, insbesondere für die Zustimmung zu Rechtsgeschäften Dritter, aus denen der Gemeinde in künftigen Haushaltsjahren Verpflichtungen zu Leistungen erwachsen können.

§ 88 Rückstellungen

(1) Rückstellungen sind für ungewisse Verbindlichkeiten, für drohende Verluste aus schwebenden Geschäften und für hinsichtlich ihrer Höhe oder des Zeitpunktes ihres Eintritts unbestimmte Aufwendungen in angemessener Höhe zu bilden.
(2) Rückstellungen dürfen nur aufgelöst werden, soweit der Grund hierfür entfallen ist.

§ 89 Liquidität

(1) Die Gemeinde hat ihre Zahlungsfähigkeit durch eine angemessene Liquiditätsplanung sicherzustellen.
(2) Zur rechtzeitigen Leistung ihrer Auszahlungen kann die Gemeinde Kredite zur Liquiditätssicherung bis zu dem in der Haushaltssatzung festgesetzten Höchstbetrag aufnehmen, soweit dafür keine anderen Mittel zur Verfügung stehen. Diese Ermächtigung gilt über das Haushaltsjahr hinaus bis zum Erlass der neuen Haushaltssatzung.

§ 90 Vermögensgegenstände

(1) Die Gemeinde soll Vermögensgegenstände nur erwerben, soweit dies zur Erfüllung ihrer Aufgaben erforderlich ist oder wird.
(2) Die Vermögensgegenstände sind pfleglich und wirtschaftlich zu verwalten. Bei Geldanlagen ist auf eine ausreichende Sicherheit zu achten; sie sollen einen angemessenen Ertrag erbringen.
(3) Die Gemeinde darf Vermögensgegenstände, die sie zur Erfüllung ihrer Aufgaben in absehbarer Zeit nicht braucht, veräußern. Vermögensgegenstände dürfen in der Regel nur zu ihrem vollen Wert veräußert werden. Ausnahmen sind im besonderen öffentlichen Interesse zulässig. Dies gilt insbesondere für Veräußerungen zur Förderung von sozialen Einrichtungen, des sozialen Wohnungsbaus, des Denkmalschutzes und der Bildung privaten Eigentums unter sozialen Gesichtspunkten. Vor dem Unterwertverkauf eines Grundstücks an Unternehmen ist die Vereinbarkeit der Vergünstigung mit dem Binnenmarkt sicherzustellen.
(4) Für die Überlassung der Nutzung eines Vermögensgegenstandesgilt Absatz 3 sinngemäß.
(5) Für die Verwaltung und Bewirtschaftung von Gemeindewaldungen gelten die Vorschriften dieses Gesetzes und des Landesforstgesetzes.

§ 91 Inventar, Inventur und allgemeine Bewertungsgrundsätze

(1) Die Gemeinde hat zum Schluss eines jeden Haushaltsjahres ihre Grundstücke und grundstücksgleichen Rechte, ihre Forderungen und Schulden, den Betrag des baren Geldes sowie ihre sonstigen Vermögensgegenstände genau zu verzeichnen und dabei den Wert der einzelnen Vermögensgegenstände und Schulden anzugeben (Inventar).
(2) Körperliche Vermögensgegenstände sind durch eine körperliche Bestandsaufnahme zu erfassen, soweit durch Gesetz oder Rechtsverordnung nichts anderes bestimmt ist.
(3) Das Inventar ist innerhalb der einem ordnungsgemäßen Geschäftsgang entsprechenden Zeit aufzustellen.
(4) Die Bewertung des in der Bilanz auszuweisenden Vermögens, der
Sonderposten, der Rückstellungen, der Verbindlichkeiten und der Rechnungsabgrenzungsposten richtet sich nach den Grundsätzen ordnungsmäßiger Buchführung. Dabei gilt insbesondere:

1. Die Wertansätze in der Eröffnungsbilanz des Haushaltsjahresmüssen mit denen der Schlussbilanz des vorhergehenden Haushaltsjahres übereinstimmen;
2. die Vermögensgegenstände, Sonderposten, Rückstellungen,
Verbindlichkeiten und Rechnungsabgrenzungsposten sind zum Abschlussstichtag einzeln zu bewerten;
3. es ist wirklichkeitsgetreu zu bewerten; vorhersehbare Risiken und Verluste, die bis zum Abschlussstichtag entstanden sind, sind zu berücksichtigen, selbst wenn diese erst zwischen dem Abschlussstichtag und dem Tag der Aufstellung des Jahresabschlusses bekannt geworden sind; Gewinne sind nur zu berücksichtigen, sofern sie am Abschlussstichtag realisiert sind;
4. Aufwendungen und Erträge des Haushaltsjahres sind unabhängig von den Zeitpunkten der entsprechenden Zahlungen im
Jahresabschluss zu berücksichtigen und
5. die auf den vorhergehenden Jahresabschluss angewandten Bewertungsmethoden sollen beibehalten werden.

(5) Von den Grundsätzen des Absatzes 4 darf nur in begründeten Ausnahmefällen abgewichen werden.

§ 92 Eröffnungsbilanz

(1) Die Gemeinde hat zu Beginn des Haushaltsjahres, in dem sie erstmals ihre Geschäftsvorfälle nach dem System der doppelten Buchführung erfasst, eine Eröffnungsbilanz aufzustellen. Auf die Eröffnungsbilanz sind die für den Jahresabschluss geltenden
Vorschriften mit Ausnahme des § 95 Absatz 2 Satz 1 Nummern 1 bis 3 entsprechend anzuwenden. Die Vorschriften der § 95 Absatz 3 und § 96 sind entsprechend anzuwenden.
(2) Die Ermittlung der Wertansätze für die Eröffnungsbilanz ist auf der Grundlage von vorsichtig geschätzten Zeitwerten vorzunehmen. Die in der Eröffnungsbilanz angesetzten Werte für die Vermögensgegenstände gelten für die künftigen Haushaltsjahre als Anschaffungs- oder Herstellungskosten, soweit nicht Wertberichtigungen nach Absatz 5 vorgenommen werden.
(3) Die Eröffnungsbilanz einschließlich des Anhangs mit allen Anlagenunterliegt der örtlichen Prüfung nach §§ 101 bis 104, § 59 Absatz 3 gilt entsprechend.
(4) Die Eröffnungsbilanz einschließlich des Anhangs mit allen Anlagenunterliegt der überörtlichen Prüfung nach § 105.
(5) Ergibt sich bei der Aufstellung späterer Jahresabschlüsse, dass in der Eröffnungsbilanz Vermögensgegenstände oder Sonderposten oder Schulden fehlerhaft angesetzt worden sind, so ist der Wertansatz zu berichtigen oder nachzuholen. Die Eröffnungsbilanz gilt dann als geändert. Eine Berichtigung kann letztmals im vierten der Eröffnungsbilanz folgenden Jahresabschluss vorgenommen werden. Vorherige Jahresabschlüsse sind nicht zu berichtigen.

§ 93 Finanzbuchhaltung

(1) Die Finanzbuchhaltung hat die Buchführung und die Zahlungsabwicklung der Gemeinde zu erledigen. Die Buchführung muss unter Beachtung der Grundsätze ordnungsmäßiger Buchführung so beschaffen sein, dass innerhalb einer angemessenen Zeit ein Überblick über die wirtschaftliche Lage der Gemeinde gegeben werden kann. Die Zahlungsabwicklung ist ordnungsgemäß und sicher zu erledigen.
(2) Die Gemeinde hat, wenn sie ihre Finanzbuchhaltung nicht nach §94 durch eine Stelle außerhalb der Gemeindeverwaltung besorgen lässt, dafür einen Verantwortlichen und einen Stellvertreter zu bestellen.
(3) Soweit die ordnungsgemäße Erledigung und die Prüfung gewährleistet sind, kann die Finanzbuchhaltung für funktional begrenzte Aufgabenbereiche auch durch mehrere Stellen der Verwaltung erfolgen. Absatz 2 bleibt unberührt.
(4) Die mit der Prüfung und Feststellung des Zahlungsanspruches und der Zahlungsverpflichtung beauftragten Bediensteten dürfen nicht die Zahlungen der Gemeinde abwickeln. Das Gleiche gilt für die mit der Rechnungsprüfung beauftragten Bediensteten.
(5) Der Verantwortliche für die Zahlungsabwicklung und sein Stellvertreter dürfen nicht Angehörige des Bürgermeisters, des Kämmerers, der Leitung und der Prüfer der örtlichen Rechnungsprüfung sowie mit der Prüfung beauftragter Dritter sein.
(6) Die Geschäftsvorfälle der Sondervermögen und der Treuhandvermögen sind gesondert abzuwickeln, wenn für diese gesonderte Jahresabschlüsse aufgestellt werden.

§ 94 Übertragung der Finanzbuchhaltung

(1) Soweit die Gemeinde die Erfüllung ihrer Verpflichtungen im Rahmen der Finanzbuchhaltung nach § 93 nicht selbst besorgt, hat sie diese auf eine andere juristische Person des öffentlichen Rechts zu übertragen. Die ordnungsgemäße Erledigung und die Prüfung nach den für die Gemeinde geltenden Vorschriften ist zu gewährleisten. Der Beschluss über die Besorgung ist der Aufsichtsbehörde anzuzeigen.
(2) Für die automatisierte Ausführung der Geschäfte der kommunalen Haushaltswirtschaft dürfen nur Fachprogramme verwendet werden, die von der Gemeindeprüfungsanstalt Nordrhein-Westfalen zugelassen sind. Gleiches gilt für die Verwendung dieser Fachprogramme nach wesentlichen Programmänderungen. Die Gültigkeit der Zulassung soll befristet werden. Bei Programmen, die für mehrere Gemeinden Anwendung finden sollen, genügt eine Zulassung. Die technischen Standards, die erforderlich sind, um die gesetzlichen Voraussetzungen für die Programmzulassung zu erfüllen, werden von der Gemeindeprüfungsanstalt Nordrhein Westfalen im Benehmen mit dem für Kommunales zuständigen Ministerium im Rahmen einer Verwaltungsvorschrift als Prüfhandbuch niedergelegt.

§ 95 Jahresabschluss

(1) Die Gemeinde hat zum Schluss eines jeden Haushaltsjahres einen Jahresabschluss aufzustellen. Der Jahresabschluss muss klar und übersichtlich sein. Der Jahresabschluss hat sämtliche Vermögensgegenstände, Schulden, Rechnungsabgrenzungsposten, Erträge, Aufwendungen, Einzahlungen und Auszahlungen zu enthalten, soweit nichts anderes bestimmt ist. Er hat unter Beachtung der Grundsätze ordnungsmäßiger Buchführung ein den tatsächlichen Verhältnissen entsprechendes Bild der Vermögens-, Finanz- und Ertragslage der Gemeinde zu vermitteln.

(2) Der Jahresabschluss besteht aus

1. der Ergebnisrechnung,
2. der Finanzrechnung,
3. den Teilrechnungen und
4. der Bilanz.

Der Jahresabschluss ist um einen Anhang zu erweitern, der mit den Bestandteilen des Jahresabschlusses nach Satz 1 eine Einheit bildet. Darüber hinaus hat die Gemeinde einen Lagebericht aufzustellen.

(3) Am Schluss des Anhangs sind für die Mitglieder des Verwaltungsvorstands nach § 70, soweit dieser nicht zu bilden ist für den Bürgermeister und den Kämmerer, sowie für die Ratsmitglieder, auch wenn die Personen im Haushaltsjahr ausgeschieden sind, anzugeben,

1. Familienname mit mindestens einem ausgeschriebenen Vornamen,
2. der ausgeübte Beruf,
3. die Mitgliedschaft in Aufsichtsräten und anderen Kontrollgremien im Sinne des § 125 Absatz 1 Satz 5 des Aktiengesetzes vom 6. September 1965 (BGBl. I S. 1089), das zuletzt durch Artikel 9 des Gesetzes vom 17. Juli 2017 (BGBl. I S. 2446) geändert worden ist,
4. die Mitgliedschaft in Organen von verselbstständigten Aufgabenbereichen der Gemeinde in öffentlich-rechtlicher oder privatrechtlicher Form,
5. die Mitgliedschaft in Organen sonstiger privatrechtlicher Unternehmen.

§ 43 Abs. 2 Nrn. 5 und 6 gelten entsprechend.

(4) Dem Anhang sind als Anlagen beizufügen

1. ein Anlagenspiegel,
2. ein Forderungsspiegel,
3. ein Eigenkapitalspiegel,
4. ein Verbindlichkeitenspiegel und
5. eine Übersicht über die in das folgende Jahr übertragenen Haushaltsermächtigungen.

(5) Der Entwurf des Jahresabschlusses und des Lageberichtes wird vom Kämmerer aufgestellt und dem Bürgermeister zur Bestätigung vorgelegt. Der Bürgermeister leitet den von ihm bestätigten Entwurf innerhalb von drei Monaten nach Ablauf des Haushaltsjahres dem Rat zur Feststellung zu. Soweit er von dem ihm vorgelegten Entwurf abweicht, kann der Kämmerer dazu eine Stellungnahme abgeben. Wird von diesem Recht Gebrauch gemacht, hat der Bürgermeister die Stellungnahme mit dem Entwurf dem Rat vorzulegen.

§ 96 Feststellung des Jahresabschlusses und Entlastung

(1) Der Rat stellt bis spätestens 31. Dezember des auf das Haushaltsjahr folgenden Jahres den vom Rechnungsprüfungsausschuss geprüften Jahresabschluss durch Beschluss fest. Zugleich beschließt er über die Verwendung des Jahresüberschusses oder die Behandlung des Jahresfehlbetrages. Soweit in den Jahresabschlüssen der letzten drei vorhergehenden Haushaltsjahre aufgrund entstandener Fehlbeträge der Ergebnisrechnung die allgemeine Rücklage reduziert wurde, ist ein Jahresüberschuss insoweit zunächst der allgemeinen Rücklage zuzuführen. In der Beratung des Rates über den Jahresabschluss kann der Kämmerer seine abweichende Auffassung vertreten. Die Ratsmitglieder entscheiden über die Entlastung des Bürgermeisters. Verweigern sie die Entlastung oder sprechen sie diese mit Einschränkungen aus, so haben sie dafür die Gründe anzugeben. Wird die Feststellung des Jahresabschlusses vom Rat verweigert, so sind die Gründe dafür gegenüber dem Bürgermeister anzugeben.

(2) Der vom Rat festgestellte Jahresabschluss ist der Aufsichtsbehörde unverzüglich anzuzeigen. Der Jahresabschluss ist öffentlich bekannt zu machen und danach bis zur Feststellung des folgenden Jahresabschlusses zur Einsichtnahme verfügbar zu halten.

§ 96a Abweichungsbefugnis in besonderen Ausnahmefällen

Das für Kommunales zuständige Ministerium wird ermächtigt, in Ausnahmefällen wie Katastrophen, einer epidemischen Lage von landesweiter Tragweite oder eines außergewöhnlichen Notstandes nach Artikel 115 des Grundgesetzes durch Rechtsverordnung, die mit Zustimmung des Landtags erlassen wird, Abweichendes zum Achten Teil dieses Gesetzes zu regeln.

9. Teil Sondervermögen, Treuhandvermögen

§ 97 Sondervermögen

(1) Sondervermögen der Gemeinde sind

1. das Gemeindegliedervermögen,

2. das Vermögen der rechtlich unselbstständigen örtlichen Stiftungen,
3. wirtschaftliche Unternehmen (§ 114) und organisatorisch verselbstständigte Einrichtungen (§ 107 Abs. 2) ohne eigene Rechtspersönlichkeit,
4. rechtlich unselbstständige Versorgungs- und Versicherungseinrichtungen.

(2) Sondervermögen nach Absatz 1 Nrn. 1 und 2 unterliegen den Vorschriften über die Haushaltswirtschaft. Sie sind im Haushaltsplan und im Jahresabschluss der Gemeinde gesondert nachzuweisen.
(3) Für Sondervermögen nach Absatz 1 Nr. 3 sind die Vorschriften des§ 75 Abs. 1, Abs. 2 Sätze 1 und 2, Abs. 6 und 7, der §§ 84 bis 90, des § 92 Abs. 3 und 7 und der §§ 93, 94 und 96 sinngemäß anzuwenden.
(4) Für Sondervermögen nach Absatz 1 Nr. 4 können die für die Wirtschaftsführung und das Rechnungswesen der Eigenbetriebe geltenden Vorschriften sinngemäß angewendet werden. Absatz 3 gilt sinngemäß.

§ 98 Treuhandvermögen

(1) Für rechtlich selbständige örtliche Stiftungen sowie Vermögen, die die Gemeinde nach besonderem Recht treuhänderisch zu verwalten hat, sind besondere Haushaltspläne aufzustellen und Sonderrechnungen zu führen. Die Vorschriften des § 75 Abs. 1, Abs. 2 Sätze 1 und 2, Abs. 6 und 7, der §§ 78 bis 80, 82 bis 87, 89, 90, 93 und 94 sowie § 96 Abs. 1 sind sinngemäß anzuwenden, soweit nicht Vorschriften des Stiftungsgesetzes entgegen stehen. Die §§ 78 und 80 sind mit der Maßgabe sinngemäß anzuwenden, dass an die Stelle der Haushaltssatzung der Beschluss über den Haushaltsplan tritt und von der öffentlichen Bekanntgabe und dem Verfügbarhalten zur Einsichtnahme nach § 80 Abs. 3 und 6 abgesehen werden kann.
(2) Unbedeutendes Treuhandvermögen kann im Haushalt der Gemeinde gesondert nachgewiesen werden.
(3) Mündelvermögen sind abweichend von den Absätzen 1 und 2 nur im Jahresabschluss gesondert nachzuweisen.
(4) Besondere gesetzliche Vorschriften oder Bestimmungen des Stifters bleiben unberührt.

§ 99 Gemeindegliedervermögen

(1) Für die Nutzung des Gemeindevermögens, dessen Ertrag nachbisherigem Recht nicht der Gemeinde, sondern sonstigen Berechtigten zusteht (Gemeindegliedervermögen), bleiben die bisherigen Vorschriften und Gewohnheiten unberührt.
(2) Gemeindegliedervermögen darf nicht in Privatvermögen der Nutzungsberechtigten umgewandelt werden. Es kann in freies Gemeindevermögen umgewandelt werden, wenn die Umwandlung aus Gründen des Gemeinwohls geboten ist. Den bisher Berechtigten ist ein Einkaufsgeld zurückzuzahlen, durch welches sie das Recht zur Teilnahme an der Nutzung des Gemeindegliedervermögens erworben haben. Soweit nach den bisher geltenden rechtlichen Vorschriften Nutzungsrechte am Gemeindegliedervermögen den Berechtigten gegen ihren Willen nicht entzogen oder geschmälert werden dürfen, muß von der Gemeinde bei der Umwandlung eine angemessene Entschädigung gezahlt werden. Handelt es sich um Nutzungsrechte an landwirtschaftlich genutzten Grundstücken, so kann die Entschädigung auch durch Hergabe eines Teils derjenigen Grundstücke gewährt werden, an denen die Nutzungsrechte bestehen.
(3) Gemeindevermögen darf nicht in Gemeindegliedervermögenumgewandelt werden.

§ 100 Örtliche Stiftungen

(1) Örtliche Stiftungen sind die Stiftungen des privaten Rechts, die nach dem Willen des Stifters von einer Gemeinde verwaltet werden und die überwiegend örtlichen Zwecken dienen. Die Gemeinde hat die örtlichen Stiftungen nach den Vorschriften dieses Gesetzes zu verwalten, soweit nicht durch Gesetz oder Stifter anderes bestimmt ist. Das Stiftungsvermögen ist von dem übrigen

Gemeindevermögen getrennt zu halten und so anzulegen, daß es für seinen Verwendungszweck greifbar ist.
(2) Die Umwandlung des Stiftungszwecks, die Zusammenlegung und die Aufhebung von rechtlich unselbständigen Stiftungen stehen der Gemeinde zu; sie bedürfen der Genehmigung der Aufsichtsbehörde.
(3) Gemeindevermögen darf nur im Rahmen der Aufgabenerfüllung der Gemeinde und nur dann in Stiftungsvermögen eingebracht werden, wenn der mit der Stiftung verfolgte Zweck auf andere Weise nicht erreicht werden kann.

10. Teil Rechnungsprüfung

§ 101 Örtliche Rechnungsprüfung

(1) Kreisfreie Städte, Große und Mittlere kreisangehörige Städtehaben eine örtliche Rechnungsprüfung einzurichten. Große und Mittlere kreisangehörige Städte können sich durch eine öffentlich-rechtliche Vereinbarung zur Erfüllung dieser Pflicht einer anderen örtlichen Rechnungsprüfung bedienen. Gemeinden ohne örtliche Rechnungsprüfung können einen geeigneten Bediensteten als Rechnungsprüferin oder als Rechnungsprüfer bestellen oder sich eines anderen kommunalen Rechnungsprüfers oder eines Wirtschaftsprüfers oder einer Wirtschaftsprüfungsgesellschaft bedienen. Die Vorschriften des Gesetzes über kommunale Gemeinschaftsarbeit gelten entsprechend. Für den Rechnungsprüfer gelten Absätze 2, 5 und 6 sowie §§ 102 bis 104, für den Wirtschaftsprüfer und die Wirtschaftsprüfungsgesellschaft Absätze 2 und 6 sowie §§ 102 bis 104 mit Ausnahme von § 104 Absatz 2 Satz 1 entsprechend.
(2) Die örtliche Rechnungsprüfung ist bei der Erfüllung der ihr zugewiesenen Prüfungsaufgaben unabhängig und an Weisungen nicht gebunden. Im Übrigen ist die örtliche Rechnungsprüfung dem Rat unmittelbar verantwortlich und in ihrer sachlichen Tätigkeit ihm unmittelbar unterstellt.
(3) Die Leiterin oder der Leiter der örtlichen Rechnungsprüfung musshauptamtlich bei der Gemeinde bedienstet sein. Sie oder er muss die für das Amt erforderliche Vorbildung, Erfahrung und Eignung besitzen.
(4) Der Rat bestellt die Leitung der örtlichen Rechnungsprüfung sowie die Prüfer und beruft sie ab. Die Leitung und die Prüfer können nicht Mitglieder des Rates sein und dürfen eine andere Stellung in der Gemeinde nur innehaben, wenn dies mit ihren Prüfungsaufgaben vereinbar ist.
(5) Die Leitung der örtlichen Rechnungsprüfung kann nur durch Beschluss des Gemeinderats und nur dann abberufen werden, wenn die ordnungsgemäße Erfüllung der Aufgaben nicht mehr gewährleistet ist. Der Beschluss muss mit einer Mehrheit von zwei Dritteln der Stimmen aller Mitglieder des Gemeinderates gefasst werden und ist der Aufsichtsbehörde anzuzeigen.
(6) Die Leitung und die Prüfer der örtlichen Rechnungsprüfung dürfen zum Bürgermeister, zu einem Beigeordneten, einem Stellvertreter des Bürgermeisters, zum Kämmerer und zu anderen Bediensteten der Finanzbuchhaltung nicht in einem die Befangenheit begründenden Verhältnis nach § 31 Absatz 1 und 2 stehen. Sofern von der Möglichkeit des § 102 Absatz 2 und 10, des § 103 Absatz 2 Satz 2 oder des § 103 Absatz 5 Gebrauch gemacht wird, erstreckt sich Satz 1 auch auf die jeweiligen Leitungen sowie auf die Bediensteten der Finanzbuchhaltung der dort genannten Sondervermögen, Eigenbetriebe oder Einrichtungen. Sie dürfen eine andere Stellung in der Gemeinde nur innehaben, wenn dies mit der Unabhängigkeit und den Aufgaben der Rechnungsprüfung vereinbar ist. Sie dürfen Zahlungen für die Gemeinde weder anordnen noch ausführen.

§ 102 Örtliche Prüfung des Jahresabschlusses und des Gesamtabschlusses

(1) Der Jahresabschluss und der Lagebericht sind, vor Feststellungdurch den Rat, durch die örtliche Rechnungsprüfung zu prüfen (Jahresabschlussprüfung). Hat keine Prüfung stattgefunden, so kann der Jahresabschluss nicht festgestellt werden. Wird der Jahresabschluss oder der Lagebericht nach Vorlage des Prüfberichtes geändert, so sind diese Unterlagen erneut zu prüfen, soweit es die Änderung erfordert. Über das Ergebnis der Prüfung ist zu berichten, der Bestätigungsvermerk ist entsprechend zu ergänzen.

(2) Die Gemeinde kann mit der Durchführung der Jahresabschlussprüfung einen Wirtschaftsprüfer, eine Wirtschaftsprüfungsgesellschaft oder die Gemeindeprüfungsanstalt nach vorheriger Beschlussfassung durch den Rechnungsprüfungsausschuss beauftragen. Gemeinden ohne eigene Rechnungsprüfung können sich zudem für die Durchführung der Jahresabschlussprüfung einer anderen örtlichen Rechnungsprüfung bedienen.
(3) In die Prüfung des Jahresabschlusses ist die Buchführung einzubeziehen. Die Prüfung des Jahresabschlusses hat sich darauf zu erstrecken, ob die gesetzlichen Vorschriften und sie ergänzenden ortsrechtlichen Bestimmungen oder sonstigen Satzungen beachtet worden sind. Die Prüfung ist so anzulegen, dass Unrichtigkeiten und Verstöße gegen die in Satz 2 aufgeführten Bestimmungen, die sich auf die Darstellung des sich nach § 95 Absatz 1 Satz 4 ergebenden Bildes der Vermögens-, Finanz- und Ertragslage der Gemeinde wesentlich auswirken, bei gewissenhafter Berufsausübung erkannt werden.
(4) In die Prüfung des Jahresabschlusses sind die Entscheidungen und Verwaltungsvorgänge aus delegierten Aufgaben auch dann einzubeziehen, wenn die Zahlungsvorgänge selbst durch den Träger der Aufgabe vorgenommen werden und insgesamt finanziell von erheblicher Bedeutung sind.
(5) Der Lagebericht ist darauf zu prüfen, ob er mit dem Jahresabschluss sowie mit den bei der Prüfung gewonnenen Erkenntnissen in Einklang steht und ob er insgesamt ein zutreffendes Bild von der Lage der Gemeinde vermittelt. Dabei ist auch zu prüfen, ob die Chancen und Risiken der künftigen Entwicklung zutreffend dargestellt sind. Die Prüfung des Lageberichts hat sich auch darauf zu erstrecken, ob die gesetzlichen Vorschriften zu seiner Aufstellung beachtet worden sind.
(6) Die Bürgermeisterin oder der Bürgermeister haben dafür Sorge zutragen, dass den mit der Jahresabschlussprüfung Beauftragten die Entwürfe des Jahresabschlusses und des Lageberichtes unverzüglich nach der Bestätigung vorgelegt werden. Sie haben den Beauftragten zu gestatten, die Bücher und Schriften der Gemeinde sowie die Vermögensgegenstände und Schulden zu prüfen.
(7) Die mit der Jahresabschlussprüfung Beauftragten können von der Bürgermeisterin oder dem Bürgermeister alle Aufklärungen und Nachweise verlangen, die für eine sorgfältige Prüfung notwendig sind. Soweit es die Vorbereitung der Jahresabschlussprüfung erfordert, haben die mit der Jahresabschlussprüfung Beauftragten die Rechte auch schon vor Aufstellung des Jahresabschlusses. Soweit es für eine sorgfältige Prüfung erforderlich ist, haben die mit der Jahresabschlussprüfung Beauftragten die Rechte auch gegenüber Mutter- und Tochterunternehmen.
(8) Die mit der Jahresabschlussprüfung Beauftragten haben über Art und Umfang sowie über das Ergebnis der Prüfung zu berichten. §§ 321 und 322 des Handelsgesetzbuches in der im Bundesgesetzblatt Teil III, Gliederungsnummer 4100-1, veröffentlichten bereinigten Fassung, das zuletzt durch Artikel 11 Absatz 28 des Gesetzes vom 18. Juli 2017 (BGBl. I S. 2745) geändert worden ist, gelten entsprechend.
(9) Die mit der Jahresabschlussprüfung Beauftragten dürfen an der Führung der Bücher und an der Aufstellung des Jahresabschlusses und des Lageberichtes nicht mitgewirkt haben.
(10) Für die Prüfung der Jahresabschlüsse der in § 97 Absatz 1 Nummer 1, 2 und 4 benannten Sondervermögen finden die Absätze 1 bis 9 entsprechende Anwendung, § 101 Absatz 6 ist zu beachten.
(11) Sofern ein Gesamtabschluss und ein Gesamtlageberichtaufgestellt werden, finden die Absätze 1 bis 9 entsprechende Anwendung.

§ 103 Örtliche Prüfung der Eigenbetriebe

(1) Zur Vorbereitung der Beschlussfassung des Rates über den Jahresabschluss und den Lagebericht ist der Jahresabschluss und der Lagebericht zu prüfen (Jahresabschlussprüfung).
(2) Die Betriebsleitung kann mit der Durchführung der Jahresabschlussprüfung einen Wirtschaftsprüfer, eine Wirtschaftsprüfungsgesellschaft oder die Gemeindeprüfungsanstalt nach vorheriger Beschlussfassung durch den Betriebsausschuss beauftragen. Wird die Buchführung des Eigenbetriebs nach den für Gemeinden geltenden Vorschriften geführt, so kann abweichend dazu auch die örtliche Rechnungsprüfung mit der Prüfung nach Absatz 1 beauftragt werden.
(3) Für die Prüfung nach Absatz 1 gilt § 102 entsprechend. Im Rahmen der Jahresabschlussprüfung ist in entsprechender Anwendung des § 53 Absatz 1 Nummer 1 und 2 des Haushaltsgrundsätzegesetzes vom 19. August 1969 (BGBl. I S. 1273), das zuletzt durch Artikel 10 des Gesetzes vom 14.

August 2017 (BGBl. I S. 3122) geändert worden ist, ferner die Ordnungsmäßigkeit der Geschäftsführung zu prüfen und über die wirtschaftlich bedeutsamen Sachverhalte zu berichten. Die Kosten der Jahresabschlussprüfung trägt der Betrieb.
(4) In dem Bericht über die Prüfung des Jahresabschlusses und des Lageberichtes ist ferner darauf einzugehen, ob das von der Gemeinde zur Verfügung gestellte Eigenkapital angemessen verzinst wird.
(5) Die Absätze 1 bis 4 gelten entsprechend für Einrichtungen, die gemäß § 107 Absatz 2 entsprechend den Vorschriften über das Rechnungswesen der Eigenbetriebe geführt werden, § 101 Absatz 6 ist zu beachten.

§ 104 Weitere Aufgaben der örtlichen Rechnungsprüfung

(1) Weitere Aufgaben der örtlichen Rechnungsprüfung sind:
1. die laufende Prüfung der Vorgänge in der Finanzbuchhaltung zur Vorbereitung der Prüfung des Jahresabschlusses,
2. die dauernde Überwachung der Zahlungsabwicklung der Gemeinde und ihrer Sondervermögen sowie die Vornahme der Prüfungen,
3. bei Durchführung der Finanzbuchhaltung mit Hilfe automatisierter Datenverarbeitung (DV-Buchführung) der Gemeinde und ihrer Sondervermögen die Prüfung der Programme vor ihrer Anwendung,
4. die Prüfung der Finanzvorfälle gemäß § 100 Absatz 4 der Landeshaushaltsordnung in der Fassung der Bekanntmachung vom 26. April 1999 (GV. NRW. S. 158) in der jeweils geltenden Fassung,
5. die Prüfung von Vergaben und
6. die Wirksamkeit interner Kontrollen im Rahmen des internen Kontrollsystems.

(2) Die örtliche Rechnungsprüfung kann ferner folgende Aufgaben wahrnehmen:
1. die Prüfung der Zweckmäßigkeit und der Wirtschaftlichkeit der Verwaltung,
2. die Prüfung der Wirtschaftsführung und des Rechnungswesens der Eigenbetriebe und anderer Einrichtungen der Gemeinde nach § 107 Absatz 2,
3. die Prüfung der Betätigung der Gemeinde als Gesellschafterin, Aktionärin oder Mitglied in Gesellschaften und anderen Vereinigungen des privaten Rechts oder in der Rechtsform der Anstalt des öffentlichen Rechts gemäß § 114a sowie die Buch- und Betriebsprüfung, die sich die Gemeinde bei einer Beteiligung, bei der Hingabe eines Darlehens oder sonst vorbehalten hat.

(3) Der Rat kann der örtlichen Rechnungsprüfung weitere Aufgabenübertragen.
(4) Der Bürgermeister kann innerhalb seines Amtsbereichs unter Mitteilung an den Rechnungsprüfungsausschuss der örtlichen Rechnungsprüfung Aufträge zur Prüfung erteilen.
(5) Der Prüfer kann für die Durchführung seiner Prüfung nach den Absätzen 1 bis 4 Aufklärung und Nachweise verlangen, die für eine sorgfältige Prüfung notwendig sind. Der Prüfer hat die Rechte nach Satz 1 auch gegenüber den Abschlussprüfern der verselbstständigten Aufgabenbereiche.
(6) Die örtliche Rechnungsprüfung kann sich mit Zustimmung des Rechnungsprüfungsausschusses Dritter als Prüfer bedienen.
(7) Ein Dritter darf nicht Prüfer sein,
1. wenn er Mitglied des Rates, Angehöriger des Bürgermeisters, des Kämmerers oder des Verantwortlichen für die Zahlungsabwicklung oder seines Stellvertreters ist,
2. wenn er Beschäftigter der verselbstständigten Aufgabenbereiche der Gemeinde ist, die in öffentlich-rechtlicher oder privatrechtlicher Form geführt werden, oder diesen in den letzten drei Jahren vor der Bestellung als Prüfer angehört hat,
3. wenn er in den letzten fünf Jahren mehr als 30 Prozent der Gesamteinnahmen aus seiner beruflichen Tätigkeit aus der Prüfung und Beratung der zu prüfenden Gemeinde und der verselbstständigten Aufgabenbereiche der Gemeinde, die in öffentlich-rechtlicher oder in privatrechtlicher Form geführt werden, bezogen hat und dies auch im laufenden Jahr zu erwarten ist; verselbstständigte Aufgabenbereiche der Gemeinde in privatrechtlicher Form müssen nur einbezogen werden, wenn die Gemeinde mehr als 20 Prozent der Anteile daran besitzt.

§ 102 Absatz 9 gilt entsprechend.

§ 105 Überörtliche Prüfung

(1) Die überörtliche Prüfung als Teil der allgemeinen Aufsicht des Landes über die Gemeinden ist Aufgabe der Gemeindeprüfungsanstalt.
(2) Die Gemeindeprüfungsanstalt ist bei der Durchführung ihrer Aufgaben unabhängig und an Weisungen nicht gebunden.
(3) Die überörtliche Prüfung erstreckt sich darauf, ob
1. bei der Haushaltswirtschaft der Gemeinden sowie ihrer Sondervermögen die Gesetze und die zur Erfüllung von Aufgaben ergangenen Weisungen (§ 3 Absatz 2) eingehalten worden sind und
2. die zweckgebundenen Staatszuweisungen bestimmungsgemäß verwendet worden sind.

Die überörtliche Prüfung stellt zudem fest, ob die Gemeinde sachgerecht und wirtschaftlich verwaltet wird. Dies kann auch auf vergleichender Grundlage geschehen. Bei der Prüfung sind vorhandene Ergebnisse der Prüfung des Jahresabschlusses und des Lageberichtes, des Gesamtabschlusses und des Gesamtlageberichtes, der Jahresabschlüsse der Eigenbetriebe, Sonder- und Treuhandvermögen sowie, wenn eine Befreiung für die Erstellung eines Gesamtabschlusses und eines Gesamtlageberichtes vorliegen, der Beteiligungsbericht und Ergebnisse der örtlichen Rechnungsprüfung aus der Aufgabenwahrnehmung nach § 103 zu berücksichtigen.
(4) Die überörtliche Prüfung soll in jeder Gemeinde alle fünf Jahre unter Einbeziehung sämtlicher vorliegender Jahresabschlüsse und Lageberichte, Gesamtabschlüsse und Gesamtlageberichte, Beteiligungsberichte sowie Jahresabschlüssen der Sondervermögen, Treuhandvermögen, Unternehmen und Beteiligungen stattfinden.
(5) Die Gemeindeprüfungsanstalt teilt das Prüfungsergebnis in Formeines Prüfungsberichts
1. der geprüften Gemeinde,
2. den Aufsichtsbehörden und
3. den Fachaufsichtsbehörden, soweit ihre Zuständigkeit berührt ist, mit.

(6) Der Bürgermeister legt den Prüfungsbericht dem Rechnungsprüfungsausschuss zur Beratung vor. Die Bürgermeisterin oder der Bürgermeister hat zu den Feststellungen und Empfehlungen, die im Prüfungsbericht gegenständlich sind, Stellung zu nehmen. Der Rechnungsprüfungsausschuss unterrichtet den Rat über das Ergebnis seiner Beratungen.
(7) Der Rat beschließt über die gegenüber der Gemeindeprüfungsanstalt und der Aufsichtsbehörde abzugebende Stellungnahme in Bezug auf die im Prüfungsbericht enthaltenen Feststellungen und Empfehlungen in öffentlicher Sitzung innerhalb einer dafür bestimmten Frist, das Ergebnis aus der Vorberatung im Rechnungsprüfungsausschuss kann einbezogen werden.
(8) Die Gemeindeprüfungsanstalt soll Gemeinden, Körperschaften, Anstalten, Stiftungen, Verbände und Einrichtungen des öffentlichen Rechts auf Antrag in Fragen
1. der Organisation und Wirtschaftlichkeit der Verwaltung,
2. der Rechnungslegung und der Rechnungsprüfung und
3. solchen, die mit der Ausschreibung, Vergabe und Abrechnung von baulichen Maßnahmen zusammenhängen, beraten. Sonstige im öffentlichen Interesse tätige juristische Personen kann sie in diesen Fragen auf Antrag beraten.

(9) Werden Prüfungsaufgaben nach § 92 Absatz 3 oder nach § 102 Absatz 1, § 103 Absatz 1 durch die Gemeindeprüfungsanstalt bei den Gemeinden durchgeführt, dürfen die mit diesen Aufgaben befassten Prüfer nicht gleichzeitig in diesen Gemeinden die überörtliche Prüfung nach Absatz 3 oder Beratungstätigkeiten nach Absatz 8 wahrnehmen. Die Gemeindeprüfungsanstalt hat insofern ein geeignetes Rotationsverfahren zur Anwendung zu bringen.

12. Teil Gesamtabschluss

§ 116 Gesamtabschluss

(1) Die Gemeinde hat in jedem Haushaltsjahr für den Abschlussstichtag 31. Dezember einen Gesamtabschluss aufzustellen. § 95 Absatz 1 gilt entsprechend.
(2) Der Gesamtabschluss besteht aus
1. der Gesamtergebnisrechnung,

2. der Gesamtbilanz,
3. dem Gesamtanhang,
4. der Kapitalflussrechnung und
5. dem Eigenkapitalspiegel.

Darüber hinaus hat die Gemeinde einen Gesamtlagebericht aufzustellen.

(3) Zum Zwecke der Aufstellung des Gesamtabschlusses sind die Jahresabschlüsse aller verselbständigten Aufgabenbereiche in öffentlich-rechtlicher oder privatrechtlicher Form mit dem Jahresabschluss der Gemeinde zu konsolidieren, sofern im Gesetz oder durch Rechtsverordnung nicht anderes bestimmt ist. Für mittelbare Beteiligungen gilt § 290 Absatz 3 des Handelsgesetzbuches entsprechend.

(4) Auf den Gesamtabschluss sind, soweit seine Eigenart keine Abweichung bedingt oder im Gesetz oder durch Rechtsverordnung nichts anderes bestimmt ist, die Vorschriften über den gemeindlichen Jahresabschluss entsprechend anzuwenden.

(5) Hat sich die Zusammensetzung der in den Gesamtabschluss einbezogenen verselbständigten Aufgabenbereiche gemäß Absatz 3 im Laufe des Haushaltsjahres wesentlich geändert, so sind in den Gesamtabschluss Angaben aufzunehmen, die es ermöglichen, die aufeinanderfolgenden Gesamtabschlüsse sinnvoll zu vergleichen.

(6) Die in den Gesamtabschluss einzubeziehenden verselbständigten Aufgabenbereiche nach Absatz 3 haben der Gemeinde ihre Jahresabschlüsse, Lageberichte, und wenn eine Abschlussprüfung stattgefunden hat, die Prüfungsberichte sowie, wenn ein Zwischenabschluss aufzustellen ist, einen auf den Stichtag des Gesamtabschlusses aufgestellten Abschluss unverzüglich einzureichen. Die Gemeinde kann von jedem verselbständigten Aufgabenbereich nach Absatz 3 alle Aufklärungen und Nachweise verlangen, welche die Aufstellung des Gesamtabschlusses und des Gesamtlageberichtes erfordert.

(7) Am Schluss des Gesamtanhangs sind für die Mitglieder des Verwaltungsvorstands nach § 70, soweit dieser nicht zu bilden ist für den Bürgermeister und den Kämmerer, sowie für die Ratsmitglieder, auch wenn die Personen im Haushaltsjahr ausgeschieden sind, anzugeben:

1. der Familienname mit mindestens einem ausgeschriebenen Vornamen,
2. der ausgeübte Beruf,
3. die Mitgliedschaften in Aufsichtsräten und anderen Kontrollgremien im Sinne des § 125 Absatz 1 Satz 5 des Aktiengesetzes,
4. die Mitgliedschaft in Organen von verselbstständigten Aufgabenbereichen der Gemeinde in öffentlich-rechtlicher oder privatrechtlicher Form,
5. die Mitgliedschaft in Organen sonstiger privatrechtlicher Unternehmen.

(8) Der Gesamtabschluss und der Gesamtlagebericht sind innerhalb der ersten neun Monate nach dem Abschlussstichtag aufzustellen, § 95 Absatz 5 findet für deren Aufstellung entsprechende Anwendung.

(9) Für die Prüfung des Gesamtabschlusses und des Gesamtlageberichtes gilt § 59 Absatz 3 entsprechend. Der Rat bestätigt den geprüften Gesamtabschluss durch Beschluss, § 96 Absatz 1 Sätze 1, 4 und 7 und Absatz 2 finden entsprechende Anwendung.

§ 116a Größenabhängige Befreiungen

(1) Eine Gemeinde ist von der Pflicht, einen Gesamtabschluss und einen Gesamtlagebericht aufzustellen, befreit, wenn am Abschlussstichtag ihres Jahresabschlusses und am vorhergehenden Abschlussstichtag jeweils mindestens zwei der nachstehenden Merkmale zutreffen:

1. die Bilanzsummen in den Bilanzen der Gemeinde und der einzubeziehenden verselbständigten Aufgabenbereiche nach § 116 Absatz 3 übersteigen insgesamt nicht mehr als 1 500 000 000 Euro,
2. die der Gemeinde zuzurechnenden Erträge aller vollkonsolidierungspflichtigen verselbständigten Aufgabenbereiche nach § 116 Absatz 3 machen weniger als 50 Prozent der ordentlichen Erträge der Ergebnisrechnung der Gemeinde aus,
3. die der Gemeinde zuzurechnenden Bilanzsummen aller vollkonsolidierungspflichtigen verselbständigten Aufgabenbereiche nach § 116 Absatz 3 machen insgesamt weniger als 50 Prozent der Bilanzsumme der Gemeinde aus.

(2) Über das Vorliegen der Voraussetzungen für die Befreiung von der Pflicht zur Aufstellung eines Gesamtabschlusses entscheidet der Rat für jedes Haushaltsjahr bis zum 30. September des auf das Haushaltsjahr folgenden Jahres. Das Vorliegen der Voraussetzungen nach Absatz 1 ist gegenüber dem Rat anhand geeigneter Unterlagen nachzuweisen. Die Entscheidung des Rates ist der Aufsichtsbehörde jährlich mit der Anzeige des durch den Rat festgestellten Jahresabschlusses der Gemeinde vorzulegen.
(3) Sofern eine Gemeinde von der größenabhängigen Befreiung im Zusammenhang mit der Erstellung eines Gesamtabschlusses Gebrauch macht, ist ein Beteiligungsbericht gemäß § 117 zu erstellen.

§ 116b Verzicht auf die Einbeziehung

In den Gesamtabschluss und den Gesamtlagebericht müssen verselbstständigte Aufgabenbereiche nach § 116 Absatz 3 nicht einbezogen werden, wenn sie für die Verpflichtung, ein den tatsächlichen Verhältnissen entsprechendes Bild der Vermögens-, Finanz- und Ertragslage der Gemeinde zu vermitteln, von untergeordneter Bedeutung sind. Die Anwendung des Satzes 1 ist im Gesamtanhang anzugeben und zu begründen. Aufgabenträger mit dem Zweck der unmittelbaren oder mittelbaren Trägerschaft an Sparkassen sind nicht im Gesamtabschluss zu konsolidieren.

§ 117 Beteiligungsbericht

1) In den Fällen, in denen eine Gemeinde von der Aufstellung eines Gesamtabschlusses unter den Voraussetzungen des § 116a befreit ist, ist in dem Jahr ein Beteiligungsbericht zu erstellen. Für die Erstellung des Beteiligungsberichtes gilt § 116 Absatz 6 Satz 2 entsprechend. Über den Beteiligungsbericht ist ein gesonderter Beschluss des Rates in öffentlicher Sitzung herbeizuführen.
2) Der Beteiligungsbericht hat folgende Informationen zu sämtlichen verselbständigten Aufgabenbereichen in öffentlich-rechtlicher und privatrechtlicher Form zu enthalten, sofern in diesem Gesetz oder in einer Rechtsverordnung nichts anderes bestimmt wird:

1. die Beteiligungsverhältnisse,
2. die Jahresergebnisse der verselbständigten Aufgabenbereiche,
3. eine Übersicht über den Stand der Verbindlichkeiten und die Entwicklung des Eigenkapitals jedes verselbständigten Aufgabenbereiches sowie
4. eine Darstellung der wesentlichen Finanz- und Leistungsbeziehungen der Beteiligungen untereinander und mit der Gemeinde.

Anlage 2: Auszüge aus der Verordnung über das Haushaltswesen der Kommunen im Land Nordrhein Westfalens KomHVO NRW: §§28-58

Vom 12. Dezember 2018

Auf Grund des § 133 Absatz 1 und 2 der Gemeindeordnung für das Land Nordrhein-Westfalen in der Fassung der Bekanntmachung vom 14. Juli 1994 (GV. NRW. S. 666), der zuletzt durch Artikel 15 des Gesetzes vom 23. Januar 2018 (GV. NRW. S. 90) geändert worden ist, verordnet das Ministerium für Heimat, Kommunales, Bau und Gleichstellung im Einvernehmen mit dem Ministerium der Finanzen:

Teil 4 Buchführung, Inventar, Zahlungsabwicklung

§ 28 Buchführung

(1) Alle Geschäftsvorfälle sowie die Vermögens- und Schuldenlage sind nach dem System der doppelten Buchführung und unter Beachtung der Grundsätze ordnungsmäßiger Buchführung in den Büchern klar ersichtlich und nachprüfbar aufzuzeichnen. Die Bücher müssen Auswertungen nach der Haushaltsgliederung, nach der sachlichen Ordnung sowie in zeitlicher Ordnung zulassen.

(2) Die Eintragungen in die Bücher müssen vollständig, richtig, zeitgerecht und geordnet vorgenommen werden, so dass die Geschäftsvorfälle in ihrer Entstehung und Abwicklung nachvollziehbar sind. Eine Eintragung oder eine Aufzeichnung in den Büchern darf nicht in einer Weise verändert werden, dass der ursprüngliche Inhalt nicht mehr feststellbar ist. Auch solche Veränderungen dürfen nicht vorgenommen werden, deren Beschaffenheit es ungewiss lässt, ob sie ursprünglich oder erst später gemacht worden sind.

(3) Den Buchungen sind Belege, durch die der Nachweis der richtigen und vollständigen Ermittlung der Ansprüche und Verpflichtungen zu erbringen ist, zu Grunde zu legen (begründende Unterlagen). Die Buchungsbelege müssen Hinweise enthalten, die eine Verbindung zu den Eintragungen in den Büchern herstellen.

(4) Aus den Buchungen der zahlungswirksamen Geschäftsvorfälle sind die Zahlungen für den Ausweis in der Finanzrechnung durch eine von der Kommune bestimmte Buchungsmethode zu ermitteln. Die Ermittlung darf nicht durch eine indirekte Rückrechnung aus dem in der Ergebnisrechnung ausgewiesenen Jahresergebnis erfolgen.

(5) Bei der Buchführung mit Hilfe automatisierter Datenverarbeitung (DV-Buchführung) muss unter Beachtung der Grundsätze zur ordnungsmäßigen Führung und Aufbewahrung von Büchern, Aufzeichnungen und Unterlagen in elektronischer Form sowie zum Datenzugriff (GoBD) sichergestellt werden, dass

1. fachlich geprüfte Programme und freigegebene Verfahren eingesetzt werden,
2. die Daten vollständig und richtig erfasst, eingegeben, verarbeitet und ausgegeben werden,
3. nachvollziehbar dokumentiert ist, wer, wann, welche Daten eingegeben oder verändert hat,
4. in das automatisierte Verfahren nicht unbefugt eingegriffen werden kann,
5. die gespeicherten Daten nicht verloren gehen und nicht unbefugt verändert werden können,
6. die gespeicherten Daten bis zum Ablauf der Aufbewahrungsfristen jederzeit in angemessener Frist lesbar und maschinell auswertbar sind,
7. Berichtigungen der Bücher protokolliert und die Protokolle wie Belege aufbewahrt werden,
8. elektronische Signaturen mindestens während der Dauer der Aufbewahrungsfristen nachprüfbar sind,
9. die Unterlagen, die für den Nachweis der richtigen und vollständigen Ermittlung der Ansprüche oder Zahlungsverpflichtungen sowie für die ordnungsgemäße Abwicklung der Buchführung und des Zahlungsverkehrs erforderlich sind, einschließlich eines Verzeichnisses über den Aufbau der

Datensätze und die Dokumentation der eingesetzten Programme und Verfahren bis zum Ablauf der Aufbewahrungsfrist verfügbar bleiben, § 59 bleibt unberührt,

10. die Verwaltung von Informationssystemen und automatisierten Verfahren von der fachlichen Sachbearbeitung und der Erledigung von Aufgaben der Finanzbuchhaltung verantwortlich abgegrenzt wird.

(6) Für durchlaufende Finanzmittel sowie andere haushaltsfremde Vorgänge sind gesonderte Nachweise zu führen.

(7) Der Buchführung ist der vom für Kommunales zuständigen Ministerium bekannt gegebene Kontenrahmen zu Grunde zu legen. Der Kontenrahmen kann bei Bedarf ergänzt werden. Die eingerichteten Konten sind in einem Verzeichnis (Kontenplan) aufzuführen.

§ 29 Inventar, Inventur

(1) Für die Aufstellung des Inventars und die Durchführung der Inventur gemäß § 91 Absatz 1 und 2 der Gemeindeordnung gilt:

1. Vermögensgegenstände des Sachanlagevermögens sowie Roh-, Hilfs- und Betriebsstoffe können, wenn sie regelmäßig ersetzt werden und ihr Gesamtwert für die Kommune von nachrangiger Bedeutung ist, mit einer gleichbleibenden Menge und einem gleichbleibenden Wert (Festwert) angesetzt werden, sofern ihr Bestand in seiner Größe, seinem Wert und seiner Zusammensetzung nur geringen Veränderungen unterliegt, jedoch ist in der Regel alle fünf Jahre eine körperliche Bestandsaufnahme durchzuführen;
2. wird für Aufwuchs ein pauschaliertes Festwertverfahren angewendet, ist eine Revision nach zehn Jahren und eine Neuberechnung des Forsteinrichtungswerks alle 20 Jahre durchzuführen und
3. gleichartige Vermögensgegenstände des Vorratsvermögens sowie andere gleichartige oder annähernd gleichwertige bewegliche Vermögensgegenstände und Schulden können jeweils zu einer Gruppe zusammengefasst und mit dem gewogenen Durchschnittswert angesetzt werden.

(2) Die Hauptverwaltungsbeamtin oder der Hauptverwaltungsbeamte regelt das Nähere über die Durchführung der Inventur.

(3) Das Verfahren und die Ergebnisse der Inventur sind so zu dokumentieren, dass diese für sachverständige Dritte in angemessener Zeit nachvollziehbar sind.

§ 30 Inventurvereinfachungsverfahren

(1) Bei der Aufstellung des Inventars darf der Bestand der Vermögensgegenstände nach Art, Menge und Wert auch mit Hilfe anerkannter mathematisch-statistischer Methoden auf Grund von Stichproben ermittelt werden. Das Verfahren muss den Grundsätzen ordnungsmäßiger Buchführung entsprechen. Der Aussagewert des auf diese Weise aufgestellten Inventars muss dem Aussagewert eines auf Grund einer körperlichen Bestandsaufnahme aufgestellten Inventars gleichkommen.

(2) Bei der Aufstellung des Inventars für den Schluss eines Haushaltsjahres bedarf es einer körperlichen Bestandsaufnahme der Vermögensgegenstände für diesen Zeitpunkt nicht, soweit durch Anwendung eines den Grundsätzen ordnungsmäßiger Buchführung entsprechenden anderen Verfahrens gesichert ist, dass der Bestand der Vermögensgegenstände nach Art, Menge und Wert auch ohne die körperliche Bestandsaufnahme für diesen Zeitpunkt festgestellt werden kann. Bei Anwendung des Buchinventurverfahrens soll das Intervall für die körperliche Bestandsaufnahme bei körperlichen beweglichen Vermögensgegenständen des Anlagevermögens fünf Jahre und bei körperlichen unbeweglichen Vermögensgegenständen des Anlagevermögens zehn Jahre nicht überschreiten.

(3) In dem Inventar für den Schluss eines Haushaltsjahres brauchen Vermögensgegenstände nicht verzeichnet zu werden, wenn

1. die Kommune ihren Bestand auf Grund einer körperlichen Bestandsaufnahme oder auf Grund eines nach Absatz 2 zulässigen anderen Verfahrens nach Art, Menge und Wert in einem besonderen Inventar verzeichnet hat, das für einen Tag innerhalb der letzten drei Monate vor oder der ersten beiden Monate nach dem Schluss des Haushaltsjahres aufgestellt ist, und

2. auf Grund des besonderen Inventars durch Anwendung eines den Grundsätzen ordnungsmäßiger Buchführung entsprechenden Fortschreibungs- oder Rückrechnungsverfahrens gesichert ist, dass der am Schluss des Haushaltsjahres vorhandene Bestand der Vermögensgegenstände für diesen Zeitpunkt ordnungsgemäß bewertet werden kann.

(4) Die Hauptverwaltungsbeamtin oder der Hauptverwaltungsbeamte kann für bewegliche Gegenstände des Sachanlagevermögens, deren Anschaffungs- oder Herstellungskosten im Einzelnen wertmäßig den Betrag von 800 Euro ohne Umsatzsteuer nicht überschreiten, Befreiungen von § 91 Absatz 1 und 2 der Gemeindeordnung vorsehen.

(5) Sofern Vorratsbestände von Roh-, Hilfs- und Betriebsstoffen, Waren sowie unfertige und fertige Erzeugnisse bereits dem Lager entnommen sind, gelten sie als verbraucht und dürfen nicht erfasst und bewertet werden.

§ 31 Zahlungsabwicklung, Liquiditätsplanung

(1) Zur Zahlungsabwicklung gehören die Annahme von Einzahlungen, die Leistung von Auszahlungen und die Verwaltung der Finanzmittel. Jeder Zahlungsvorgang ist zu erfassen und zu dokumentieren, dabei sind die durchlaufenden und die fremden Finanzmittel nach § 15 Absatz 1 gesondert zu erfassen.

(2) Jeder Zahlungsanspruch und jede Zahlungsverpflichtung sind auf ihren Grund und ihre Höhe zu prüfen und festzustellen (sachliche und rechnerische Feststellung). Die Hauptverwaltungsbeamtin oder der Hauptverwaltungsbeamte regelt die Befugnis für die sachliche und rechnerische Feststellung.

(3) Zahlungsabwicklung und Buchführung dürfen nicht von demselben Beschäftigten wahrgenommen werden. Beschäftigten, denen die Buchführung oder die Abwicklung von Zahlungen obliegt, darf die Befugnis zur sachlichen und rechnerischen Feststellung nur übertragen werden, wenn und soweit der Sachverhalt nur von ihnen beurteilt werden kann. Zahlungsaufträge sind von zwei Beschäftigten freizugeben.

(4) Die Finanzmittelkonten sind am Schluss des Buchungstages oder vor Beginn des folgenden Buchungstages mit den Bankkonten abzugleichen. Am Ende des Haushaltsjahres sind sie für die Aufstellung des Jahresabschlusses abzuschließen und der Bestand an Finanzmitteln ist festzustellen.

(5) Die Zahlungsabwicklung ist mindestens einmal jährlich unvermutet zu prüfen. Überwacht die örtliche Rechnungsprüfung dauernd die Zahlungsabwicklung, kann von der unvermuteten Prüfung abgesehen werden.

(6) Die Kommune hat ihre Zahlungsfähigkeit durch eine angemessene Liquiditätsplanung unter Einbeziehung der im Finanzplan ausgewiesenen Einzahlungen und Auszahlungen sicherzustellen.

§ 32 Sicherheitsstandards und interne Aufsicht

(1) Um die ordnungsgemäße Erledigung der Aufgaben der Finanzbuchhaltung unter besonderer Berücksichtigung des Umgangs mit Zahlungsmitteln sowie die Verwahrung und Verwaltung von Wertgegenständen sicherzustellen, sind von der Hauptverwaltungsbeamtin oder dem Hauptverwaltungsbeamten nähere Vorschriften unter Berücksichtigung der örtlichen Gegebenheiten zu erlassen. Die Vorschriften können ein Weisungsrecht oder einen Zustimmungsvorbehalt der Hauptverwaltungsbeamtin oder des Hauptverwaltungsbeamten vorsehen, müssen inhaltlich hinreichend bestimmt sein und bedürfen der Schriftform. Sie sind dem Vertretungsorgan zur Kenntnis zu geben.

(2) Die örtlichen Vorschriften nach Absatz 1 müssen mindestens Bestimmungen in Ausführung des § 23 Absatz 1 und der §§ 28, 31 und 59 sowie über

1. die Aufbau- und Ablauforganisation der Finanzbuchhaltung (Geschäftsablauf) mit Festlegungen über

1.1 sachbezogene Verantwortlichkeiten,

1.2 schriftliche Unterschriftsbefugnisse oder elektronische Signaturen mit Angabe von Form und Umfang,

1.3 zentrale oder dezentrale Erledigung der Zahlungsabwicklung mit Festlegung eines Verantwortlichen für die Sicherstellung der Zahlungsfähigkeit,

1.4 Buchungsverfahren mit und ohne Zahlungsabwicklung sowie die Identifikation von Buchungen, die tägliche Abstimmung der Konten mit Ermittlung der Liquidität,
1.5 die Jahresabstimmung der Konten für den Jahresabschluss,
1.6 die Behandlung von Kleinbeträgen,
1.7 Stundung, Niederschlagung und Erlass von Ansprüchen der Kommune,
1.8 Mahn- und Vollstreckungsverfahren mit Festlegung einer zentralen Stelle sowie gegebenenfalls weiterer Stellen mit deren abweichend davon festgelegten Einzelzuständigkeiten,
2. den Einsatz von automatisierter Datenverarbeitung in der Finanzbuchhaltung mit Festlegungen über
2.1 die Freigabe von Verfahren,
2.2 Berechtigungen im Verfahren,
2.3 Dokumentation der eingegebenen Daten und ihrer Veränderungen,
2.4 Identifikationen innerhalb der sachlichen und zeitlichen Buchung,
2.5 Nachprüfbarkeit von elektronischen Signaturen,
2.6 Sicherung und Kontrolle der Verfahren,
2.7 die Abgrenzung der Verwaltung von Informationssystemen und automatisierten Verfahren von der fachlichen Sachbearbeitung und der Erledigung der Aufgaben der Finanzbuchhaltung,
3. die Verwaltung der Zahlungsmittel mit Festlegungen über
3.1 Einrichtung von Bankkonten,
3.2 Unterschriften von zwei Beschäftigten im Bankverkehr,
3.3 Aufbewahrung, Beförderung und Entgegennahme von Zahlungsmitteln durch Beschäftigte und Automaten,
3.4 Einsatz von Geldkarte, Debitkarte oder Kreditkarte sowie Schecks,
3.5 Anlage nicht benötigter Zahlungsmittel,
3.6 Aufnahme und Rückzahlung von Krediten zur Liquiditätssicherung,
3.7 die durchlaufende Zahlungsabwicklung und fremde Finanzmittel,
3.8 die Bereitstellung von Liquidität im Rahmen eines Liquiditätsverbundes, wenn ein solcher eingerichtet ist,
4. die Sicherheit und Überwachung der Finanzbuchhaltung mit Festlegungen über
4.1 ein Verbot bestimmter Tätigkeiten in Personalunion,
4.2 die Sicherheitseinrichtungen,
4.3 die Aufsicht und Kontrolle über Buchführung und Zahlungsabwicklung,
4.4 regelmäßige und unvermutete Prüfungen,
4.5 die Beteiligung der örtlichen Rechnungsprüfung und der Kämmerin oder des Kämmerers,
5. die sichere Verwahrung und die Verwaltung von Wertgegenständen sowie von Unterlagen nach § 59 enthalten.

(3) Beschäftigte, denen die Abwicklung von Zahlungen obliegt, können mit der Stundung, Niederschlagung und dem Erlass von kommunalen Ansprüchen beauftragt werden, wenn dies der Verwaltungsvereinfachung dient und eine ordnungsgemäße Erledigung gewährleistet ist.

(4) Die Hauptverwaltungsbeamtin oder der Hauptverwaltungsbeamte hat die Aufsicht über die Finanzbuchhaltung. Sie oder er kann die Aufsicht einer Beigeordneten oder einem Beigeordneten oder einer oder einem sonstigen Beschäftigten übertragen, der oder dem nicht die Abwicklung von Zahlungen obliegt. Ist eine Kämmerin oder ein Kämmerer bestellt, so hat sie oder er die Aufsicht über die Finanzbuchhaltung, sofern sie oder er nicht nach § 93 Absatz 2 der Gemeindeordnung als Verantwortliche oder als Verantwortlicher für die Finanzbuchhaltung bestellt ist.

Teil 5 Vermögen und Schulden

§ 33 Allgemeine Bewertungsanforderungen

(1) Die Bewertung des im Jahresabschluss auszuweisenden Vermögens und der Schulden ist unter Beachtung der Grundsätze ordnungsmäßiger Buchführung vorzunehmen. Dabei gilt insbesondere:

1. Die Wertansätze der Eröffnungsbilanz des Haushaltsjahres müssen mit denen der Schlussbilanz des vorhergehenden Haushaltsjahres übereinstimmen.
2. Die Vermögensgegenstände und die Schulden sind zum Abschlussstichtag einzeln zu bewerten.
3. Es ist wirklichkeitsgetreu zu bewerten, namentlich sind alle vorhersehbaren Risiken und Verluste, die bis zum Abschlussstichtag entstanden sind, zu berücksichtigen, selbst wenn diese erst zwischen dem Abschlussstichtag und dem Tag der Aufstellung des Jahresabschlusses bekannt geworden sind; Risiken und Verluste, für deren Verwirklichung im Hinblick auf die besonderen Verhältnisse der öffentlichen Haushaltswirtschaft nur eine geringe Wahrscheinlichkeit spricht, bleiben außer Betracht. Gewinne sind nur zu berücksichtigen, wenn sie am Abschlussstichtag realisiert sind.
4. Im Haushaltsjahr entstandene Aufwendungen und erzielte Erträge sind unabhängig von den Zeitpunkten der entsprechenden Zahlungen im Jahresabschluss zu berücksichtigen.
5. Die auf den vorhergehenden Jahresabschluss angewandten Bewertungsmethoden sollen beibehalten werden.

(2) Von den Grundsätzen des Absatzes 1 darf nur in begründeten Ausnahmefällen abgewichen werden.

§ 33a

Aufwendungen für die Erhaltung der gemeindlichen Leistungsfähigkeit
(1) In den Jahresabschlüssen 2020 bis 2022 sind Aufwendungen zur Erhaltung der gemeindlichen Leistungsfähigkeit, soweit sie nicht bilanzierungsfähig sind, als Bilanzierungshilfe zu aktivieren. Der Posten ist in der Bilanz unter der Bezeichnung „Aufwendungen zur Erhaltung der gemeindlichen Leistungsfähigkeit“ vor dem Anlagevermögen auszuweisen und im Anhang zu erläutern.
(2) Die Bewertung der nach Absatz 1 zu aktivierenden Bilanzierungshilfen erfolgt gemäß § 5 des NKF-COVID-19- Isolierungsgesetzes in der Fassung der Bekanntmachung vom 29. September 2020 (GV. NRW. S. 916), das durch Artikel 1 des Gesetzes vom 1. Dezember 2021 (GV. NRW. S. 1346) geändert worden ist.
(3) Die weitere bilanzielle Behandlung der in den Jahresabschlüssen der Haushaltsjahre 2020 bis 2022 aktivierten Bilanzierungshilfen in den Haushaltsjahren nach 2022 richtet sich nach § 6 des NKF- COVID-19-Isolierungsgesetzes.

§ 34 Wertansätze für Vermögensgegenstände

(1) Ein Vermögensgegenstand ist in die Bilanz aufzunehmen, wenn die Kommune das wirtschaftliche Eigentum daran inne hat und dieser selbstständig verwertbar ist. Als Anlagevermögen sind nur die Gegenstände auszuweisen, die dazu bestimmt sind, dauernd der Aufgabenerfüllung der Kommune zu dienen.
(2) Anschaffungskosten sind die Aufwendungen, die geleistet werden, um einen Vermögensgegenstand zu erwerben und ihn in einen betriebsbereiten Zustand zu versetzen, soweit sie dem Vermögensgegenstand einzeln zugeordnet werden können. Zu den Anschaffungskosten gehören auch die Nebenkosten sowie die nachträglichen Anschaffungskosten. Minderungen des Anschaffungspreises sind abzusetzen.
(3) Herstellungskosten sind die Aufwendungen, die durch den Verbrauch von Gütern und die Inanspruchnahme von Diensten für die Herstellung eines Vermögensgegenstands, seine Erweiterung oder für eine über seinen ursprünglichen Zustand hinausgehende wesentliche Verbesserung entstehen. Dazu gehören die Materialkosten, die Fertigungskosten und die Sonderkosten der Fertigung. Bei der Berechnung der Herstellungskosten dürfen auch angemessene Teile der notwendigen Materialgemeinkosten, der notwendigen Fertigungsgemeinkosten und des Wertverzehrs des Anlagevermögens, soweit er durch die Fertigung veranlasst ist, eingerechnet werden. Kosten der allgemeinen Verwaltung sowie Aufwendungen für soziale Einrichtungen der Verwaltung, für freiwillige soziale Leistungen und für betriebliche Altersversorgung brauchen nicht eingerechnet zu werden. Aufwendungen im Sinne der Sätze 3 und 4 dürfen nur insoweit berücksichtigt werden, als sie auf den Zeitraum der Herstellung entfallen.

(4) Zinsen für Fremdkapital gehören nicht zu den Herstellungskosten. Zinsen für Fremdkapital, welches zur Finanzierung der Herstellung eines Vermögensgegenstands verwendet wird, dürfen als Herstellungskosten angesetzt werden, soweit sie auf den Zeitraum der Herstellung entfallen.
(5) Forderungen sind mit dem Nominalbetrag anzusetzen. Soweit ein Ausfallrisiko besteht, ist der Nominalbetrag entweder durch Einzel- oder durch Pauschalwert- oder durch pauschale Einzelwertberichtigung zu vermindern.

§ 35 Bewertungsvereinfachungsverfahren

Soweit es den Grundsätzen ordnungsmäßiger Buchführung entspricht, kann für den Wertansatz gleichartiger Vermögensgegenstände des Vorratsvermögens unterstellt werden, dass die zuerst oder die zuletzt angeschafften oder hergestellten Vermögensgegenstände zuerst verbraucht oder veräußert worden sind. § 29 Absatz 1 Nummer 1 und 3 sind auch auf den Jahresabschluss anwendbar.

§ 35a Bildung von Bewertungseinheiten

Werden Kredite gemäß § 86 Absatz 1 Satz 4 der Gemeindeordnung aufgenommen, kann § 254 des Handelsgesetzbuchs angewandt werden. Sofern hiervon Gebrauch gemacht wird, sind § 88 Absatz 1 der Gemeindeordnung, § 33 Absatz 1 Nummer 2 und 3, § 36 Absatz 1 dieser Verordnung und § 256a des Handelsgesetzbuchs in dem Umfang und für den Zeitraum nicht anzuwenden, in dem die gegenläufigen Wertänderungen oder Zahlungsströme sich ausgleichen.

§ 36 Abschreibungen und Zuschreibungen

(1) Bei Vermögensgegenständen des Anlagevermögens, deren Nutzung zeitlich begrenzt ist, sind die Anschaffungs- oder Herstellungskosten um planmäßige Abschreibungen zu vermindern. Die Anschaffungs- oder Herstellungskosten sollen dazu linear auf die Haushaltsjahre verteilt werden, in denen der Vermögensgegenstand voraussichtlich genutzt wird. Die degressive Abschreibung oder die Leistungsabschreibung können dann angewandt werden, wenn dies dem tatsächlichen Ressourcenverbrauch besser entspricht.
(2) Bei Gebäuden dürfen für das Bauwerk und für die mit ihm verbundenen Gebäudeteile (Komponenten) Dach und Fenster unterschiedliche Nutzungsdauern bestimmt werden (Komponentenansatz). Darüber hinaus dürfen weitere Komponenten gebildet werden, soweit es sich um mit dem Gebäude verbundene physische Gebäudebestandteile handelt und deren Wert im Einzelnen mindestens 5 Prozent des Neubauwertes beträgt. Bei Straßen, Wegen und Plätzen in bituminöser Bauweise mit Unterbau dürfen für die Komponenten Deckschicht und Unterbau unterschiedliche Nutzungsdauern bestimmt werden. Für alle anderen Vermögensgegenstände ist die Anwendung des Komponentenansatzes ausgeschlossen.
(3) Vermögensgegenstände des Anlagevermögens, deren Anschaffungs- oder Herstellungskosten wertmäßig den Betrag von 800 Euro ohne Umsatzsteuer nicht übersteigen, die selbstständig genutzt werden können und einer Abnutzung unterliegen, können unmittelbar als Aufwand verbucht werden. In diesem Fall wird die Auszahlung der laufenden Verwaltungstätigkeit zugeordnet.
(4) Für die Bestimmung der wirtschaftlichen Nutzungsdauer von abnutzbaren Vermögensgegenständen ist die vom für Kommunales zuständigen Ministerium bekannt gegebene Abschreibungstabelle für Kommunen zu Grunde zu legen. Innerhalb des dort vorgegebenen Rahmens ist unter Berücksichtigung der tatsächlichen örtlichen Verhältnisse die Bestimmung der jeweiligen Nutzungsdauer so vorzunehmen, dass eine Stetigkeit für zukünftige Festlegungen von Abschreibungen gewährleistet wird. Eine Übersicht über die örtlich festgelegten Nutzungsdauern der Vermögensgegenstände (Abschreibungstabelle) sowie ihre nachträglichen Änderungen sind der Aufsichtsbehörde auf Anforderung vorzulegen.
(5) Wird, soweit nicht von der Möglichkeit des Absatzes 2 Gebrauch gemacht wird, durch Erhaltung oder Instandsetzung eines Vermögensgegenstandes des Anlagevermögens oder einer Komponente desselben, die im Sinne des Absatzes 2 als erheblich einzustufen wäre, eine Verlängerung seiner wirtschaftlichen Nutzungsdauer erreicht, ist er neu zu bewerten und die Restnutzungsdauer neu zu

bestimmen. Entsprechend ist zu verfahren, wenn in Folge einer voraussichtlich dauernden Wertminderung eine Verkürzung eintritt.
(6) Außerplanmäßige Abschreibungen sind bei einer voraussichtlich dauernden Wertminderung eines Vermögensgegenstandes des Anlagevermögens vorzunehmen, um diesen mit dem niedrigeren Wert anzusetzen, der diesem am Abschlussstichtag beizulegen ist. Bei Finanzanlagen können außerplanmäßige Abschreibungen auch bei einer voraussichtlich nicht dauernden Wertminderung vorgenommen werden. Außerplanmäßige Abschreibungen sind im Anhang zu erläutern.
(7) Bei einer voraussichtlich dauernden Wertminderung von Grund und Boden durch die Anschaffung oder Herstellung von Infrastrukturvermögen können außerplanmäßige Abschreibungen bis zur Inbetriebnahme der Vermögensgegenstände linear auf den Zeitraum verteilt werden, in dem die Vermögensgegenstände angeschafft oder hergestellt werden. Absatz 6 Satz 3 gilt entsprechend.
(8) Bei Vermögensgegenständen des Umlaufvermögens sind Abschreibungen vorzunehmen, um diese mit einem niedrigeren Wert anzusetzen, der sich aus einem beizulegenden Wert am Abschlussstichtag ergibt.
(9) Stellt sich in einem späteren Haushaltsjahr heraus, dass die Gründe für eine Wertminderung eines Vermögensgegenstandes des Anlagevermögens nicht mehr bestehen, so ist der Betrag der Abschreibung im Umfang der Werterhöhung unter Berücksichtigung der Abschreibungen, die inzwischen vorzunehmen gewesen wären, zuzuschreiben. Zuschreibungen sind im Anhang zu erläutern.

§ 37 Wertansätze für Rückstellungen

(1) Pensionsverpflichtungen nach den beamtenrechtlichen Vorschriften sind als Rückstellung anzusetzen. Zu den Rückstellungen nach Satz 1 gehören bestehende Versorgungsansprüche sowie sämtliche Anwartschaften und andere fortgeltende Ansprüche nach dem Ausscheiden aus dem Dienst. Für die Rückstellungen ist im Teilwertverfahren der Barwert zu ermitteln. Der Berechnung ist ein Rechnungszinsfuß von 5 Prozent zu Grunde zu legen. Der Barwert für Ansprüche auf Beihilfen nach § 75 des Gesetz über die Beamtinnen und Beamten des Landes Nordrhein-Westfalen sowie andere Ansprüche außerhalb des Beamtenversorgungsgesetz für das Land Nordrhein-Westfalen kann als prozentualer Anteil der Rückstellungen für Versorgungsbezüge nach Satz 1 ermittelt werden. Der Prozentsatz nach Satz 5 ist aus dem Verhältnis des Volumens der gezahlten Leistungen nach Satz 5 zu dem Volumen der gezahlten Versorgungsbezüge zu ermitteln. Er bemisst sich nach dem Durchschnitt dieser Leistungen in den drei dem Jahresabschluss vorangehenden Haushaltsjahren. Die Ermittlung des Prozentsatzes ist mindestens alle fünf Jahre vorzunehmen. Abweichend kann der Barwert für die gesamten zukünftigen Ansprüche nach Satz 5 auf Grundlage des Durchschnitts dieser Leistungen im vorgenannten Zeitraum ermittelt werden.
(2) Soweit auf Grund einer allgemeinen Besoldungsanpassung Zuführungen zu den Rückstellungen nach Absatz 1 erforderlich sind, können diese Beträge ratierlich über die drei auf das Jahr der Anpassung folgenden Haushaltsjahre in der Ergebnisplanung beziehungsweise der Ergebnisrechnung verteilt werden.
(3) Für die Rekultivierung und Nachsorge von Deponien sind Rückstellungen in Höhe der zu erwartenden Gesamtkosten zum Zeitpunkt der Rekultivierungs- und Nachsorgemaßnahmen anzusetzen. Das gilt entsprechend für die Sanierung von Altlasten.
(4) Für unterlassene Instandhaltung von Sachanlagen sind Rückstellungen anzusetzen, wenn die Nachholung der Instandhaltung hinreichend konkret beabsichtigt ist und als bisher unterlassen bewertet werden muss. Die vorgesehenen Maßnahmen müssen am Abschlussstichtag einzeln bestimmt und wertmäßig beziffert sein.
(5) Für Verpflichtungen, die dem Grunde oder der Höhe nach zum Abschlussstichtag noch nicht genau bekannt sind, müssen Rückstellungen angesetzt werden, sofern der zu leistende Betrag nicht geringfügig ist. Es muss wahrscheinlich sein, dass eine Verbindlichkeit zukünftig entsteht, die wirtschaftliche Ursache vor dem Abschlussstichtag liegt und die zukünftige Inanspruchnahme voraussichtlich erfolgen wird. Ferner können Rückstellungen gebildet werden für unbestimmte Aufwendungen in künftigen Haushaltsjahren für die erhöhte Heranziehung zu Umlagen nach § 56 Kreisordnung für das Land Nordrhein-Westfalen, § 22 Landschaftsverbandsordnung für das Land Nordrhein-

Westfalen, § 2 Städteregion Aachen Gesetz, § 19 des Gesetzes über den Regionalverband Ruhr aufgrund von ungewöhnlich hohen Steuereinzahlungen des Haushaltsjahres, die in die Berechnungen der Umlagegrundlage nach dem jeweils geltenden Gesetz zur Regelung der Zuweisungen des Landes Nordrhein- Westfalen an die Gemeinden und Gemeindeverbände einbezogen werden.
(6) Für drohende Verluste aus schwebenden Geschäften und aus laufenden Verfahren müssen Rückstellungen angesetzt werden, sofern der voraussichtliche Verlust nicht geringfügig sein wird.
(7) Sonstige Rückstellungen dürfen nur gebildet werden, soweit diese durch Gesetz oder Verordnung zugelassen sind. Rückstellungen sind aufzulösen, wenn der Grund hierfür entfallen ist.

Teil 6 Jahresabschluss

§ 38 Jahresabschluss

(1) Die Kommune hat zum Schluss eines jeden Haushaltsjahres einen Jahresabschluss unter Beachtung der Grundsätze ordnungsmäßiger Buchführung und der in dieser Verordnung enthaltenen Maßgaben aufzustellen. Der Jahresabschluss besteht aus

1. der Ergebnisrechnung,
2. der Finanzrechnung,
3. den Teilrechnungen,
4. der Bilanz und
5. dem Anhang.

(2) Dem Jahresabschluss ist ein Lagebericht nach § 49 beizufügen. Sofern eine Kommune von der größenabhängigen Befreiung im Zusammenhang mit der Erstellung des Gesamtabschlusses und des Gesamtlageberichtes Gebrauch macht, sind in den Anhang des kommunalen Jahresabschlusses Angaben zu Erträgen und Aufwendungen mit den einzubeziehenden vollkonsolidierungspflichtigen verselbständigten Aufgabenbereichen aufzunehmen.

§ 39 Ergebnisrechnung

(1) In der Ergebnisrechnung sind die dem Haushaltsjahr zuzurechnenden Erträge und Aufwendungen getrennt von einander nachzuweisen. Dabei dürfen Aufwendungen nicht mit Erträgen verrechnet werden, soweit durch Gesetz oder Verordnung nichts anderes zugelassen ist. Für die Aufstellung der Ergebnisrechnung gilt § 2 entsprechend.
(2) Den in der Ergebnisrechnung nachzuweisenden Ist-Ergebnissen sind die Ergebnisse der Rechnung des Vorjahres und die fortgeschriebenen Planansätze des Haushaltsjahres voranzustellen sowie ein Plan-/Ist-Vergleich anzufügen, der die nach § 22 Absatz 1 übertragenen Ermächtigungen gesondert auszuweisen hat.
(3) Erträge und Aufwendungen, die unmittelbar mit der allgemeinen Rücklage verrechnet werden, sind nachrichtlich nach dem Jahresergebnis auszuweisen.

§ 40 Finanzrechnung

In der Finanzrechnung sind die im Haushaltsjahr eingegangenen Einzahlungen und geleisteten Auszahlungen getrennt voneinander nachzuweisen. Dabei dürfen Auszahlungen nicht mit Einzahlungen verrechnet werden, soweit durch Gesetz oder Verordnung nicht anderes zugelassen ist. Für die Aufstellung der Finanzrechnung finden § 3 und § 39 Absatz 2 entsprechende Anwendung. In dieser Aufstellung sind die Zahlungen aus der Aufnahme und der Tilgung von Krediten zur Liquiditätssicherung gesondert auszuweisen. Fremde Finanzmittel nach § 15 Absatz 1 sind darin in Höhe der Änderung ihres Bestandes gesondert vor den gesamten liquiden Mitteln auszuweisen.

§ 41 Teilrechnungen

(1) Entsprechend den gemäß § 4 aufgestellten Teilplänen sind Teilrechnungen, gegliedert in Teilergebnisrechnung und Teilfinanzrechnung, aufzustellen. § 39 Absatz 2 findet entsprechende Anwendung.
(2) Die Teilrechnungen sind jeweils um Ist-Zahlen zu den in den Teilplänen ausgewiesenen Leistungsmengen und Kennzahlen zu ergänzen.

§ 42 Bilanz

(1) Die Bilanz hat sämtliche Vermögensgegenstände als Anlage- oder Umlaufvermögen, das Eigenkapital und die Schulden sowie die Rechnungsabgrenzungsposten zu enthalten und ist entsprechend den Absätzen 3 und 4 zu gliedern, soweit in der Gemeindeordnung oder in dieser Verordnung nichts anderes bestimmt ist.
(2) In der Bilanz dürfen Posten auf der Aktivseite nicht mit Posten auf der Passivseite sowie Grundstücksrechte nicht mit Grundstückslasten verrechnet werden.
(3) Die Aktivseite der Bilanz ist mindestens in die Posten

0. Aufwendungen zur Erhaltung der gemeindlichen Leistungsfähigkeit,
1. Anlagevermögen,
1.1 Immaterielle Vermögensgegenstände,
1.2 Sachanlagen,
1.2.1 Unbebaute Grundstücke und grundstücksgleiche Rechte,
1.2.1.1 Grünflächen,
1.2.1.2 Ackerland,
1.2.1.3 Wald, Forsten,
1.2.1.4 Sonstige unbebaute Grundstücke,
1.2.2 Bebaute Grundstücke und grundstücksgleiche Rechte,
1.2.2.1 Kinder- und Jugendeinrichtungen,
1.2.2.2 Schulen,
1.2.2.3 Wohnbauten,
1.2.2.4 Sonstige Dienst-, Geschäfts- und Betriebsgebäude,
1.2.3 Infrastrukturvermögen,
1.2.3.1 Grund und Boden des Infrastrukturvermögens,
1.2.3.2 Brücken und Tunnel,
1.2.3.3 Gleisanlagen mit Streckenausrüstung und Sicherheitsanlagen,
1.2.3.4 Entwässerungs- und Abwasserbeseitigungsanlagen,
1.2.3.5 Straßennetz mit Wegen, Plätzen und Verkehrslenkungsanlagen,
1.2.3.6 Sonstige Bauten des Infrastrukturvermögens,
1.2.4 Bauten auf fremdem Grund und Boden,
1.2.5 Kunstgegenstände, Kulturdenkmäler,
1.2.6 Maschinen und technische Anlagen, Fahrzeuge,
1.2.7 Betriebs- und Geschäftsausstattung,
1.2.8 Geleistete Anzahlungen, Anlagen im Bau,
1.3 Finanzanlagen,
1.3.1 Anteile an verbundenen Unternehmen,
1.3.2 Beteiligungen,
1.3.3 Sondervermögen,
1.3.4 Wertpapiere des Anlagevermögens,
1.3.5 Ausleihungen,
1.3.5.1 an verbundene Unternehmen,
1.3.5.2 an Beteiligungen,
1.3.5.3 an Sondervermögen,
1.3.5.4 Sonstige Ausleihungen,
2. Umlaufvermögen,

2.1 Vorräte,
2.1.1 Roh-, Hilfs- und Betriebsstoffe, Waren,
2.1.2 Geleistete Anzahlungen,
2.2 Forderungen und sonstige Vermögensgegenstände,
2.2.1 Öffentlich-rechtliche Forderungen und Forderungen aus Transferleistungen,
2.2.2 Privatrechtliche Forderungen,
2.2.3 Sonstige Vermögensgegenstände,
2.3 Wertpapiere des Umlaufvermögens,
2.4 Liquide Mittel,
3. Aktive Rechnungsabgrenzung,
zu gliedern und nach Maßgabe des § 44 Absatz 7 um den Posten
4. Nicht durch Eigenkapital gedeckter Fehlbetrag zu ergänzen.

(4) Die Passivseite der Bilanz ist mindestens in die Posten
1. Eigenkapital,
1.1 Allgemeine Rücklage,
1.2 Sonderrücklagen,
1.3 Ausgleichsrücklage,
1.4 Jahresüberschuss/Jahresfehlbetrag,
2. Sonderposten,
2.1 für Zuwendungen,
2.2 für Beiträge,
2.3 für den Gebührenausgleich,
2.4 Sonstige Sonderposten,
3. Rückstellungen,
3.1 Pensionsrückstellungen,
3.2 Rückstellungen für Deponien und Altlasten,
3.3 Instandhaltungsrückstellungen,
3.4 Sonstige Rückstellungen nach § 37 Absatz 5 und 6,
4. Verbindlichkeiten,
4.1 Anleihen,
4.1.1 für Investitionen,
4.1.2 zur Liquiditätssicherung,
4.2 Verbindlichkeiten aus Krediten für Investitionen,
4.2.1 von verbundenen Unternehmen,
4.2.2 von Beteiligungen,
4.2.3 von Sondervermögen,
4.2.4 vom öffentlichen Bereich,
4.2.5 von Kreditinstituten,
4.3 Verbindlichkeiten aus Krediten zur Liquiditätssicherung,
4.4 Verbindlichkeiten aus Vorgängen, die Kreditaufnahmen wirtschaftlich gleichkommen,
4.5 Verbindlichkeiten aus Lieferungen und Leistungen,
4.6 Verbindlichkeiten aus Transferleistungen,
4.7 Sonstige Verbindlichkeiten,
4.8 Erhaltene Anzahlungen,
5. Passive Rechnungsabgrenzung zu gliedern.

(5) In der Bilanz ist zu jedem Posten nach den Absätzen 3 und 4 der Betrag des Vorjahres anzugeben. Sind die Beträge nicht vergleichbar, ist dies im Anhang zu erläutern. Ein Posten der Bilanz, der keinen Betrag ausweist, kann entfallen, es sei denn, dass im vorhergehenden Haushaltsjahr unter diesem Posten ein Betrag ausgewiesen wurde.

(6) Neue Posten dürfen hinzugefügt werden, wenn ihr Inhalt nicht von einem vorgeschriebenen Posten der Absätze 3 und 4 erfasst wird. Dies gilt nicht für Wertberichtigungen zu Forderungen. Werden Posten hinzugefügt, ist dies im Anhang anzugeben.

(7) Die vorgeschriebenen Posten der Bilanz dürfen zusammengefasst werden, wenn sie einen Betrag enthalten, der für die Vermittlung eines den tatsächlichen Verhältnissen entsprechenden Bildes der Vermögens- und Schuldenlage der Kommune nicht erheblich ist oder dadurch die Klarheit der Darstellung vergrößert wird. Die Zusammenfassung von Posten der Bilanz ist im Anhang anzugeben. Dies gilt auch für die Mitzugehörigkeit zu anderen Posten, wenn Vermögensgegenstände oder Schulden unter mehrere Posten der Bilanz fallen.
(8) Die Zuordnung von Wertansätzen für Vermögensgegenstände und Schulden zu den Posten der Bilanz ist auf der Grundlage des vom für Kommunales zuständigen Ministerium bekannt gegebenen Kontierungsplans vorzunehmen.

§ 43 Rechnungsabgrenzungsposten

(1) Als aktive Rechnungsabgrenzungsposten sind vor dem Abschlussstichtag geleistete Ausgaben, soweit sie Aufwand für eine bestimmte Zeit nach diesem Tag darstellen, anzusetzen. Satz 1 gilt entsprechend, wenn Sachzuwendungen geleistet werden.
(2) Ist der Rückzahlungsbetrag einer Verbindlichkeit höher als der Auszahlungsbetrag, so darf der Unterschiedsbetrag in den aktiven Rechnungsabgrenzungsposten aufgenommen werden. Der Unterschiedsbetrag ist durch planmäßige jährliche Abschreibungen aufzulösen, die auf die gesamte Laufzeit der Verbindlichkeit verteilt werden können.
(3) Als passive Rechnungsabgrenzungsposten sind vor dem Abschlussstichtag eingegangene Einnahmen, soweit sie einen Ertrag für eine bestimmte Zeit nach diesem Tag darstellen, anzusetzen. Satz 1 gilt entsprechend, wenn erhaltene Zuwendungen für Investitionen an Dritte weitergeleitet werden.

§ 44 Weitere Vorschriften zu einzelnen Bilanzposten

(1) Immaterielle Vermögensgegenstände des Anlagevermögens, die nicht entgeltlich erworben oder selbst hergestellt wurden, dürfen nicht aktiviert werden.
(2) Bei geleisteten Zuwendungen für Vermögensgegenstände, an denen die Kommune das wirtschaftliche Eigentum hat, sind die Vermögensgegenstände zu aktivieren. Ist kein Vermögensgegenstand zu aktivieren, jedoch die geleistete Zuwendung mit einer mehrjährigen, zeitbezogenen Gegenleistungsverpflichtung verbunden, ist diese als Rechnungsabgrenzungsposten zu aktivieren und entsprechend der Erfüllung der Gegenleistungsverpflichtung aufzulösen. Besteht eine mengenbezogene Gegenleistungsverpflichtung, ist diese als immaterieller Vermögensgegenstand des Anlagevermögens zu bilanzieren. Ein Rechnungsabgrenzungsposten ist auch bei einer Sachzuwendung zu bilden.
(3) Erträge und Aufwendungen aus dem Abgang und der Veräußerung von Vermögensgegenständen nach § 90 Absatz 3 Satz 1 der Gemeindeordnung sowie aus Wertveränderungen von Finanzanlagen sind unmittelbar mit der allgemeinen Rücklage zu verrechnen. Die Verrechnungen sind im Anhang zu erläutern.
(4) Erhaltene Zuwendungen für die Anschaffung oder Herstellung von Vermögensgegenständen, deren ertragswirksame Auflösung durch den Zuwendungsgeber ausgeschlossen wurde, sind in Höhe des noch nicht aktivierten Anteils der Vermögensgegenstände in einer Sonderrücklage zu passivieren. Diese Sonderrücklage kann auch gebildet werden, um die vom Vertretungsorgan beschlossene Anschaffung oder Herstellung von Vermögensgegenständen zu sichern. In dem Jahr, in dem die vorgesehenen Vermögensgegenstände betriebsbereit sind, ist die Sonderrücklage durch Umschichtung in die allgemeine Rücklage insoweit aufzulösen. Sonstige Sonderrücklagen dürfen nur gebildet werden, soweit diese durch Gesetz oder Verordnung zugelassen sind.
(5) Für erhaltene und zweckentsprechend verwendete Zuwendungen und Beiträge für Investitionen sind Sonderposten auf der Passivseite zwischen dem Eigenkapital und den Rückstellungen anzusetzen. Die Auflösung der Sonderposten ist entsprechend der Abnutzung desgeförderten Vermögensgegenstandes vorzunehmen. Werden erhaltene Zuwendungen für Investitionen an Dritte weitergeleitet, darf ein Sonderposten nur gebildet werden, wenn die Kommune die geförderten Vermögensgegenstände nach Absatz 2 Satz 1 zu aktivieren hat.

(6) Kostenüberdeckungen der kostenrechnenden Einrichtungen am Ende eines Kalkulationszeitraumes, die nach § 6 des Kommunalabgabengesetzes für das Land Nordrhein-Westfalen ausgeglichen werden müssen, sind als Sonderposten für den Gebührenausgleich anzusetzen. Kostenunterdeckungen, die ausgeglichen werden sollen, sind im Anhang anzugeben.
(7) Ergibt sich in der Bilanz ein Überschuss der Passivposten über die Aktivposten, ist der entsprechende Betrag auf der Aktivseite der Bilanz unter der Bezeichnung „Nicht durch Eigenkapital gedeckter Fehlbetrag" gesondert auszuweisen.

§ 45 Anhang

(1) Im Anhang sind zu den Posten der Bilanz die verwendeten Bilanzierungs- und Bewertungsmethoden anzugeben. Die Positionen der Ergebnisrechnung und die in der Finanzrechnung nachzuweisenden Einzahlungen und Auszahlungen aus der Investitionstätigkeit und der Finanzierungstätigkeit sind zu erläutern. Die Anwendung von Vereinfachungsregelungen und Schätzungen ist zu beschreiben. Die Erläuterungen sind so zu fassen, dass sachverständige Dritte die Sachverhalte beurteilen können.
(2) Gesondert anzugeben und zu erläutern sind:

1. Besondere Umstände, die dazu führen, dass der Jahresabschluss nicht ein den tatsächlichen Verhältnissen entsprechendes Bild der Vermögens-, Schulden-, Ertrags- und Finanzlage der Kommune vermittelt,
2. die Verringerung der allgemeinen Rücklage und ihre Auswirkungen auf die weitere Entwicklung des Eigenkapitals innerhalb der auf das abgelaufene Haushaltsjahr bezogenen mittelfristigen Ergebnis- und Finanzplanung,
3. Abweichungen vom Grundsatz der Einzelbewertung und von bisher angewandten Bewertungs- und Bilanzierungsmethoden,
4. die Vermögensgegenstände des Anlagevermögens, für die Rückstellungen für unterlassene Instandhaltung gebildet worden sind, unter Angabe des Rückstellungsbetrages,
5. die Aufgliederung des Postens „Sonstige Rückstellungen" entsprechend § 37 Absatz 5 und 6, sofern es sich um wesentliche Beträge handelt,
6. Abweichungen von der standardmäßig vorgesehenen linearen Abschreibung sowie von der örtlichen Abschreibungstabelle bei der
Festlegung der Nutzungsdauer von Vermögensgegenständen,
7. noch nicht erhobene Beiträge aus fertiggestellten Erschließungsmaßnahmen,
8. bei Fremdwährungen der Kurs der Währungsumrechnung,
9. die Verpflichtungen aus Leasingverträgen,
10. Name und Sitz anderer Unternehmen, die Höhe des Anteils am Kapital, das Eigenkapital und das Ergebnis des letzten Geschäftsjahrs dieser Unternehmen, für das ein Jahresabschluss vorliegt, soweit es sich um Beteiligungen im Sinne des § 271 Absatz 1 des Handelsgesetzbuchs handelt,
11. bei Anwendung des § 35a,
a) mit welchem Betrag jeweils Vermögensgegenstände, Schulden, schwebende Geschäfte und mit hoher Wahrscheinlichkeit erwartete Transaktionen zur Absicherung welcher Risiken in welche Arten von Bewertungseinheiten einbezogen sind sowie die Höhe der mit Bewertungseinheiten abgesicherten Risiken,
b) für die jeweils abgesicherten Risiken, warum, in welchem Umfang und für welchen Zeitraum sich die gegenläufigen Wertänderungen oder Zahlungsströme künftig voraussichtlich ausgleichen einschließlich der Methode der Ermittlung,
c) eine Erläuterung der mit hoher Wahrscheinlichkeit erwarteten Transaktionen, die in Bewertungseinheiten einbezogen wurden, soweit die Angaben nicht im Lagebericht gemacht werden.

Im Anhang ist anzugeben, ob und für welchen Zeitraum ein gültiger Gleichstellungsplan gemäß § 5 des Gesetzes zur Gleichstellung von Frauen und Männern für das Land Nordrhein-Westfalen vorliegt.
Zu erläutern sind auch die im Verbindlichkeitenspiegel auszuweisenden Haftungsverhältnisse sowie alle Sachverhalte, aus denen sich künftig erhebliche finanzielle Verpflichtungen ergeben können,

und weitere wichtige Angaben, soweit sie nach Vorschriften der Gemeindeordnung oder dieser Verordnung für den Anhang vorgesehen sind.
(3) Dem Anhang ist ein Anlagenspiegel, ein Forderungsspiegel und ein Verbindlichkeitenspiegel nach den §§ 46 bis 48 sowie ein Eigenkapitalspiegel und eine Übersicht über die in das folgende Jahr übertragenen Haushaltsermächtigungen beizufügen.
(4) Kommunen, die ausschließlich Beteiligungen ohne beherrschenden Einfluss halten und somit von der Aufstellung eines Gesamtabschlusses und eines Beteiligungsberichtes befreit sind, müssen eine Übersicht sämtlicher verselbstständigter Aufgabenbereiche in öffentlich-rechtlicher und privatrechtlicher Form beifügen. Die Übersicht muss die Angaben nach § 117 Absatz 2 Gemeindeordnung enthalten.

§ 46 Anlagenspiegel

(1) Im Anlagenspiegel ist die Entwicklung der Posten des Anlagevermögens darzustellen.
(2) Im Anhang ist die Entwicklung der einzelnen Posten des Anlagevermögens in einer gesonderten Aufgliederung darzustellen. Dabei sind, ausgehend von den gesamten Anschaffungs- und Herstellungskosten, die Zugänge, Abgänge, Umbuchungen und Zuschreibungen des Geschäftsjahrs sowie die Abschreibungen gesondert aufzuführen. Zu den Abschreibungen sind gesondert folgende Angaben zu machen:

1. die Abschreibungen in ihrer gesamten Höhe zu Beginn und Ende des Geschäftsjahrs,
2. die im Laufe des Geschäftsjahrs vorgenommenen Abschreibungen und
3. Änderungen in den Abschreibungen in ihrer gesamten Höhe im Zusammenhang mit Zu- und Abgängen sowie Umbuchungen im Laufe des Geschäftsjahrs.

Sind in die Herstellungskosten Zinsen für Fremdkapital einbezogen worden, ist für jeden Posten des Anlagevermögens anzugeben, welcher Betrag an Zinsen im Geschäftsjahr aktiviert worden ist.

§ 47 Forderungsspiegel

(1) Im Forderungsspiegel sind die Forderungen der Kommune nachzuweisen. Er ist mindestens entsprechend § 42 Absatz 3 Nummer 2.2.1 und 2.2.2 zu gliedern.
(2) Zu den Posten nach Absatz 1 Satz 2 ist jeweils der Gesamtbetrag am Abschlussstichtag unter Angabe der Restlaufzeit, gegliedert in Betragsangaben für Forderungen mit Restlaufzeiten bis zu einem Jahr, von einem bis fünf Jahren und von mehr als fünf Jahren sowie der Gesamtbetrag am vorherigen Abschlussstichtag anzugeben.

§ 48 Verbindlichkeitenspiegel

(1) Im Verbindlichkeitenspiegel sind die Verbindlichkeiten der Kommune nachzuweisen. Er ist mindestens entsprechend § 42 Absatz 4 Nummer 4 zu gliedern. Nachrichtlich sind die Haftungsverhältnisse aus der Bestellung von Sicherheiten, gegliedert nach Arten und unter Angabe des jeweiligen Gesamtbetrages, auszuweisen.
(2) Zu den Posten nach Absatz 1 Satz 1 sind jeweils der Gesamtbetrag am Abschlussstichtag unter Angabe der Restlaufzeit, gegliedert in Betragsangaben für Verbindlichkeiten mit Restlaufzeiten bis zu einem Jahr, von einem bis zu fünf Jahren und von mehr als fünf Jahren sowie der Gesamtbetrag am vorherigen Abschlussstichtag anzugeben.

§ 49 Lagebericht

Der Lagebericht ist so zu fassen, dass ein den tatsächlichen Verhältnissen entsprechendes Bild der Vermögens-, Schulden-, Ertrags- und Finanzlage der Kommune vermittelt wird. Dazu ist ein Überblick über die wichtigen Ergebnisse des Jahresabschlusses und Rechenschaft über die Haushaltswirtschaft im abgelaufenen Jahr zu geben. Über Vorgänge von besonderer Bedeutung, auch solcher, die nach Schluss des Haushaltsjahres eingetreten sind, ist zu berichten. Außerdem hat der Lagebericht eine ausgewogene und umfassende, dem Umfang der kommunalen Aufgabenerfüllung entsprechende Analyse der Haushaltswirtschaft und der Vermögens-, Schulden-, Ertrags- und Finanzlage der Kommune zu enthalten. In die Analyse sollen produktorientierte Ziele und Kennzahlen, soweit sie bedeutsam für das Bild der Vermögens-, Schulden-, Ertrags- und Finanzlage der Kommune sind, einbezogen und unter Bezugnahme auf die im Jahresabschluss enthaltenen Ergebnisse erläutert werden. Auch ist auf die Chancen und Risiken für die künftige Entwicklung der Kommune einzugehen, zu Grunde liegende Annahmen sind anzugeben.

Teil 7 Gesamtabschluss

§ 50 Gesamtabschluss

(1) Der Gesamtabschluss besteht aus
1. der Gesamtergebnisrechnung,
2. der Gesamtbilanz,
3. dem Gesamtanhang,
4. der Kapitalflussrechnung und
5. dem Eigenkapitalspiegel.

(2) Dem Gesamtabschluss ist ein Gesamtlagebericht beizufügen.
(3) Auf den Gesamtabschluss sind, soweit seine Eigenart keine Abweichungen bedingt oder nichts anderes bestimmt ist, die §§ 33 bis 39, 42 bis 44 und 48 entsprechend anzuwenden.
(4) Sofern in diesem Abschnitt auf Vorschriften des Handelsgesetzbuchs verwiesen wird, finden diese in der Fassung des Handelsgesetzbuchs vom 10. Mai 1897 (RGBl. S. 105), zuletzt geändert durch Gesetz vom 23. Juni 2017 (BGBl. I S. 1693), entsprechende Anwendung.

§ 51 Konsolidierung

(1) Verselbstständigte Aufgabenbereiche in öffentlich-rechtlichen Organisationsformen sind entsprechend den §§ 300, 301, 303 bis 305 und 307 bis 309 des Handelsgesetzbuchs zu konsolidieren.
(2) Stehen Unternehmen und Einrichtungen des privaten Rechts unter der einheitlichen Leitung der Kommune, sind diese entsprechend Absatz 1 zu konsolidieren. Dies gilt auch, wenn der Kommune
1. die Mehrheit der Stimmrechte der Gesellschafter zusteht,
2. das Recht zusteht, die Mehrheit der Mitglieder des Verwaltungs-, Leitungs- oder Aufsichtsorgans zu bestellen oder abzuberufen und sie gleichzeitig Gesellschafterin ist oder
3. das Recht zusteht, einen beherrschenden Einfluss auf Grund eines mit diesem Unternehmen geschlossenen Beherrschungsvertrags oder auf Grund einer Satzungsbestimmung dieses Unternehmens auszuüben.

(3) Verselbstständigte Aufgabenbereiche unter maßgeblichem Einfluss der Kommune sind entsprechend den §§ 311 und 312 des Handelsgesetzbuchs zu konsolidieren.

§ 52 Gesamtlagebericht, Gesamtanhang

(1) Durch den Gesamtlagebericht ist das durch den Gesamtabschluss zu vermittelnde Bild der Vermögens-, Schulden-, Ertrags- und Finanzgesamtlage der Kommune einschließlich der verselbstständigten Aufgabenbereiche zu erläutern. Dazu sind in einem Überblick der Geschäftsablauf mit den wichtigsten Ergebnissen des Gesamtabschlusses und die Gesamtlage in ihren tatsächlichen Verhältnissen darzustellen. Außerdem hat der Lagebericht eine ausgewogene und umfassende, dem Umfang der kommunalen Aufgabenerfüllung entsprechende Analyse der Haushaltswirtschaft der Kommune unter Einbeziehung der verselbstständigten Aufgabenbereiche und der Gesamtlage der Kommune zu enthalten. In die Analyse sollen produktorientierte Ziele und Kennzahlen, soweit sie bedeutsam für das Bild der Vermögens-, Schulden-, Ertrags- und Finanzgesamtlage der Kommune sind, einbezogen und unter Bezugnahme auf die im Gesamtabschluss enthaltenen Ergebnisse erläutert werden. Auch ist auf die Chancen und Risiken für die künftige Gesamtentwicklung der Kommune einzugehen, zu Grunde liegende Annahmen sind anzugeben. Der Gesamtabschluss muss zu sämtlichen verselbstständigten Aufgabenbereichen in öffentlich- rechtlicher und privatrechtlicher Form die Angaben nach § 53 Absatz 1 bis 3 enthalten.

(2) Im Gesamtanhang sind zu den Posten der Gesamtbilanz und den Positionen der Gesamtergebnisrechnung die verwendeten Bilanzierungs- und Bewertungsmethoden anzugeben und so zu erläutern, dass sachverständige Dritte die Wertansätze beurteilen können. Die Anwendung von zulässigen Vereinfachungsregelungen und Schätzungen ist im Einzelnen anzugeben.
(3) Dem Gesamtanhang ist eine Kapitalflussrechnung unter Beachtung des Deutschen Rechnungslegungsstandards Nummer 21 (DRS 21) in der vom Bundesministerium der Justiz nach § 342 Absatz 2 des Handelsgesetzbuchs bekannt gemachten Form beizufügen.

§ 53 Beteiligungsbericht

Im Beteiligungsbericht nach § 117 der Gemeindeordnung sind in Form des vorgegebenen Musters nach § 133 Absatz 3 der Gemeindeordnung gesondert anzugeben und zu erläutern

1. die Beteiligungsverhältnisse,
2. die Ziele der Beteiligung und
3. die Erfüllung des öffentlichen Zwecks.

Teil 8 Sonderbestimmungen für die erstmalige Bewertung von Vermögen und die Eröffnungsbilanz

§ 54 Aufstellung der Eröffnungsbilanz

(1) Die Kommune hat eine Eröffnungsbilanz nach § 92 der Gemeindeordnung unter Beachtung der Grundsätze ordnungsmäßiger Buchführung und der in der Gemeindeordnung und dieser Verordnung enthaltenen Vorschriften aufzustellen. Die Eröffnungsbilanz ist entsprechend § 42 Absatz 3 und 4 zu gliedern, ihr ist ein Anhang entsprechend § 45 Absatz 1 und 2 sowie ein Forderungsspiegel nach § 47 und ein Verbindlichkeitenspiegel nach § 48 beizufügen. Sie ist durch einen Lagebericht entsprechend § 49 zu ergänzen.
(2) Vor der Aufstellung der Eröffnungsbilanz ist eine Inventur nach § 29 durchzuführen und ein Inventar aufzustellen. § 30 Absatz 2 bis 4 findet entsprechende Anwendung.

§ 55 Ermittlung der Wertansätze

(1) Die Ermittlung der Wertansätze für die Eröffnungsbilanz ist auf der Grundlage von vorsichtig geschätzten Zeitwerten durch geeignete Verfahren vorzunehmen. Bei der Bewertung der Vermögensgegenstände und Schulden finden die §§ 32 bis 37 und die§§ 42 bis 44 entsprechende Anwendung, soweit nicht nach den §§ 56 und 57 zu verfahren ist. Dabei ist bei den Vermögensgegenständen des Anlagevermögens, deren Nutzung zeitlich begrenzt ist, die Restnutzungsdauer festzulegen.
(2) Bei der Bewertung von Vermögensgegenständen dürfen Sachverhalte, für die Rückstellungen nach § 37 gebildet werden, nicht wertmindernd berücksichtigt werden.

§ 56 Besondere Bewertungsvorschriften

(1) Bei bebauten Grundstücken, die für die in § 107 Absatz 2 Nummer 2 der Gemeindeordnung, im Gesetz über den Brandschutz, die Hilfeleistung und den Katastrophenschutz vom 17. Dezember 2015 (GV. NRW. S. 886) in der jeweils geltenden Fassung und im Gesetz über den Rettungsdienst sowie die Notfallrettung und den Krankentransport durch Unternehmer vom 24. November 1992 (GV. NRW. S. 458) in der jeweils geltenden Fassung benannten Aufgabenbereiche genutzt werden, sollen die Gebäude anhand des Sachwertverfahrens bewertet werden. Dabei sind in der Regel die aktuellen Normalherstellungskosten zu Grunde zu legen, sofern nicht ausnahmsweise besser geeignete örtliche Grundlagen für die Wertermittlung verfügbar sind. Insbesondere Gebäude oder wesentliche Gebäudeteile, die in marktvergleichender Weise genutzt werden, können abweichend von Satz 2 anhand des Ertragswertverfahrens bewertet werden. Der Grund und Boden ist mit 25 bis 40 Prozent des aktuellen Werts des umgebenden erschlossenen Baulands in der bestehenden örtlichen Lage anzusetzen.

(2) Grund und Boden von Infrastrukturvermögen im planungsrechtlichen Innenbereich der Kommune ist mit 10 Prozent des nach § 13 Absatz 1 der Verordnung über die Gutachterausschüsse für Grundstückswerte abgeleiteten gebietstypischen Werts für das Gebiet der Kommune für baureifes Land für freistehende Ein- und Zweifamilienhäuser des individuellen Wohnungsbaus in mittlerer Lage anzusetzen. Grund und Boden von Infrastrukturvermögen im planungsrechtlichen Außenbereich ist mit 10 Prozent des Bodenrichtwerts für Ackerland anzusetzen, sofern nicht wegen der umliegenden Grundstücke andere Bodenrichtwerte gelten, mindestens jedoch mit einem Euro pro Quadratmeter anzusetzen.
(3) Für die Kulturpflege bedeutsame bewegliche Vermögensgegenstände sollen, wenn sie auf Dauer versichert sind, mit ihrem Versicherungswert, andernfalls mit dem einer dauerhaften Versicherung zu Grunde zu legenden Wert angesetzt werden. Sonstige Kunstgegenstände, Ausstellungsgegenstände und andere bewegliche Kulturobjekte können mit einem Erinnerungswert angesetzt werden.
(4) Baudenkmäler, die nicht als Gebäude oder als Teil eines Gebäudes genutzt werden, und Bodendenkmäler sind mit einem Erinnerungswert anzusetzen.
(5) Eine Aufteilung der Aufwendungen für Anlagen im Bau nach den einzelnen Posten des Sachanlagevermögens ist nicht vorzunehmen. Wertmindernde Umstände sind zu berücksichtigen.
(6) Beim Ansatz von Beteiligungen an Unternehmen in Form von Aktien oder anderen Wertpapieren, die an einer Börse zum amtlichen Handel oder zum geregelten Markt zugelassen oder in den Freiverkehr einbezogen sind, findet Absatz 7 entsprechende Anwendung. Beteiligungen an Unternehmen, die nach § 116 Absatz 3 der Gemeindeordnung nicht in den Gesamtabschluss einbezogen zu werden brauchen, sowie Sondervermögen und rechtlich unselbstständige Stiftungen können mit dem anteiligen Wert des Eigenkapitals angesetzt werden. Die übrigen Beteiligungen an Unternehmen sollen unter Beachtung ihrer öffentlichen Zwecksetzung anhand des Ertragswertverfahrens oder des Substanzwertverfahrens bewertet werden. Dabei darf die Wertermittlung auf die wesentlichen wertbildenden Faktoren unter Berücksichtigung vorhandener Planungsrechnungen beschränkt werden.
(7) Wertpapiere, die an einer Börse zum amtlichen Handel oder zum geregelten Markt zugelassen oder in den Freiverkehr einbezogen sind, sind mit dem Tiefstkurs der vergangenen zwölf Wochen ausgehend vom Bilanzstichtag anzusetzen, andere Wertpapiere mit ihren historischen Anschaffungskosten. Wertpapiere sind als Anlagevermögen zu aktivieren. Sie sind nur dann als Umlaufvermögen anzusetzen, wenn sie zur Veräußerung oder als kurzfristige Anlage liquider Mittel bis zu einem Jahr bestimmt sind.
(8) Für die Bestimmung der wirtschaftlichen Restnutzungsdauer von abnutzbaren Vermögensgegenständen findet § 36 Absatz 4 entsprechende Anwendung.
(9) Die Bewertung von Vermögensgegenständen und Schulden sowie die Zuordnung der ermittelten Wertansätze zu den Posten der Eröffnungsbilanz ist auf der Grundlage der vom für Kommunales zuständigen Ministerium bekannt gegebenen Bewertungsrichtlinie vorzunehmen.

§ 57

Vereinfachungsverfahren für die Ermittlung von Wertansätzen
(1) Vermögensgegenstände, für die ein Zeitwert von weniger als 800 Euro ohne Umsatzsteuer ermittelt wird, müssen nicht angesetzt werden. Sie können mit ihrem Zeitwert, wenn sie noch länger als ein Jahr genutzt werden, oder mit einem Erinnerungswert angesetzt werden.
(2) Am Bilanzstichtag auf ausländische Währung lautende Verbindlichkeiten und erhaltene Anzahlungen sind mit dem Briefkurs, Forderungen und geleistete Anzahlungen mit dem Geldkurs in Euro umzurechnen.
(3) Eine eigenständige Bewertung von Maschinen und technischen Anlagen, die Teil eines Gebäudes sind, sowie von selbstständigen
beweglichen Gebäudeteilen kann unterbleiben, wenn deren voraussichtliche Nutzungsdauer nicht erheblich von der des zugehörigen Gebäudes abweicht oder wenn diese keine wesentliche Bedeutung haben. Dies gilt nicht für Vermögensgegenstände, die nur vorübergehend in ein Gebäude eingebaut oder eingefügt sind (Scheinbestandteile).

(4) Zum Zwecke der Gebührenkalkulation ermittelte Wertansätze für Vermögensgegenstände können übernommen werden.
(5) Für gleichartige oder sachlich durch eine Fördermaßnahme verbundene Vermögensgegenstände kann der Prozentanteil der erhaltenen Zuwendungen und Beiträge an den Anschaffungs- und Herstellungskosten des geförderten Vermögensgegenstandes mit Hilfe mathematisch-statistischer Methoden auf Grund von Stichproben oder durch andere geeignete Verfahren pauschal ermittelt werden. Dieser Prozentanteil ist der Ermittlung des ansetzbaren Werts der Sonderposten unter Berücksichtigung des angesetzten Zeitwerts des Vermögensgegenstandes zu Grunde zu legen.

§ 58 Berichtigung von Wertansätzen nach Feststellung der Eröffnungsbilanz

(1) Ergibt sich bei der Aufstellung späterer Jahresabschlüsse, dass in der Eröffnungsbilanz Vermögensgegenstände oder Sonderposten oder Schulden

1. mit einem zu niedrigen Wert,
2. mit einem zu hohen Wert,
3. zu Unrecht oder
4. zu Unrecht nicht

angesetzt worden sind, so ist in der später aufzustellenden Bilanz der Wertansatz zu berichtigen, wenn es sich um einen wesentlichen Wertbetrag handelt. Eine Berichtigungspflicht besteht auch, wenn am späteren Abschlussstichtag die fehlerhaft angesetzten Vermögensgegenstände nicht mehr vorhanden sind oder die Schulden nicht mehr bestehen. Maßgeblich für die Beurteilung der Fehlerhaftigkeit sind die zum Eröffnungsbilanzstichtag bestehenden objektiven Verhältnisse.
(2) Ist eine Berichtigung vorzunehmen, so ist eine sich daraus ergebende Wertänderung ergebnisneutral mit der allgemeinen Rücklage zu verrechnen. Wertberichtigungen oder Wertnachholungen sind im Anhang der Bilanz zum aufzustellenden Jahresabschluss gesondert anzugeben. Eine Berichtigung von Wertansätzen durch eine neue Ausübung von Wahlrechten oder Ermessenspielräumen ist nicht zulässig.

Anlage 3: Auszüge aus dem Handelsgesetzbuch (HGB): §§ 238-256; 264-266, 275; 284-285; 289; 300-309; 312

Zuletzt geändert durch Art. 11 G v. 3.6.2021 I 1534

Drittes Buch Handelsbücher

Erster Abschnitt Vorschriften für alle Kaufleute

Erster Unterabschnitt Buchführung. Inventar

§ 238 Buchführungspflicht

(1) Jeder Kaufmann ist verpflichtet, Bücher zu führen und in diesen seine Handelsgeschäfte und die Lage seines Vermögens nach den Grundsätzen ordnungsmäßiger Buchführung ersichtlich zu machen. Die Buchführung muß so beschaffen sein, daß sie einem sachverständigen Dritten innerhalb angemessener Zeit einen Überblick über die Geschäftsvorfälle und über die Lage des Unternehmens vermitteln kann. Die Geschäftsvorfälle müssen sich in ihrer Entstehung und Abwicklung verfolgen lassen.
(2) Der Kaufmann ist verpflichtet, eine mit der Urschrift übereinstimmende Wiedergabe der abgesandten Handelsbriefe (Kopie, Abdruck, Abschrift oder sonstige Wiedergabe des Wortlauts auf einem Schrift-, Bild- oder anderen Datenträger) zurückzubehalten.

§ 239 Führung der Handelsbücher

(1) Bei der Führung der Handelsbücher und bei den sonst erforderlichen Aufzeichnungen hat sich der Kaufmann einer lebenden Sprache zu bedienen. Werden Abkürzungen, Ziffern, Buchstaben oder Symbole verwendet, muß im Einzelfall deren Bedeutung eindeutig festliegen.
(2) Die Eintragungen in Büchern und die sonst erforderlichen Aufzeichnungen müssen vollständig, richtig, zeitgerecht und geordnet vorgenommen werden.
(3) Eine Eintragung oder eine Aufzeichnung darf nicht in einer Weise verändert werden, daß der ursprüngliche Inhalt nicht mehr feststellbar ist. Auch solche Veränderungen dürfen nicht vorgenommen werden, deren Beschaffenheit es ungewiß läßt, ob sie ursprünglich oder erst später gemacht worden sind.
(4) Die Handelsbücher und die sonst erforderlichen Aufzeichnungen können auch in der geordneten Ablage von Belegen bestehen oder auf Datenträgern geführt werden, soweit diese Formen der Buchführung einschließlich des dabei angewandten Verfahrens den Grundsätzen ordnungsmäßiger Buchführung entsprechen. Bei der Führung der Handelsbücher und der sonst erforderlichen Aufzeichnungen auf Datenträgern muß insbesondere sichergestellt sein, daß die Daten während der Dauer der Aufbewahrungsfrist verfügbar sind und jederzeit innerhalb angemessener Frist lesbar gemacht werden können. Absätze 1 bis 3 gelten sinngemäß.

§ 240 Inventar

(1) Jeder Kaufmann hat zu Beginn seines Handelsgewerbes seine Grundstücke, seine Forderungen und Schulden, den Betrag seines baren Geldes sowie seine sonstigen Vermögensgegenstände genau zu verzeichnen und dabei den Wert der einzelnen Vermögensgegenstände und Schulden anzugeben.
(2) Er hat demnächst für den Schluß eines jeden Geschäftsjahrs ein solches Inventar aufzustellen. Die Dauer des Geschäftsjahrs darf zwölf Monate nicht überschreiten. Die Aufstellung des Inventars ist innerhalb der einem ordnungsmäßigen Geschäftsgang entsprechenden Zeit zu bewirken.
(3) Vermögensgegenstände des Sachanlagevermögens sowie Roh-, Hilfs- und Betriebsstoffe können, wenn sie regelmäßig ersetzt werden und ihr Gesamtwert für das Unternehmen von nachrangiger Bedeutung ist, mit einer gleichbleibenden Menge und einem gleichbleibenden Wert angesetzt werden, sofern ihr Bestand in seiner Größe, seinem Wert und seiner Zusammensetzung nur geringen

Veränderungen unterliegt. Jedoch ist in der Regel alle drei Jahre eine körperliche Bestandsaufnahme durchzuführen.
(4) Gleichartige Vermögensgegenstände des Vorratsvermögens sowie andere gleichartige oder annähernd gleichwertige bewegliche Vermögensgegenstände und Schulden können jeweils zu einer Gruppe zusammengefaßt und mit dem gewogenen Durchschnittswert angesetzt werden.

§ 241 Inventurvereinfachungsverfahren

(1) Bei der Aufstellung des Inventars darf der Bestand der Vermögensgegenstände nach Art, Menge und Wert auch mit Hilfe anerkannter mathematisch-statistischer Methoden auf Grund von Stichproben ermittelt werden. Das Verfahren muß den Grundsätzen ordnungsmäßiger Buchführung entsprechen. Der Aussagewert des auf diese Weise aufgestellten Inventars muß dem Aussagewert eines auf Grund einer körperlichen Bestandsaufnahme aufgestellten Inventars gleichkommen.
(2) Bei der Aufstellung des Inventars für den Schluß eines Geschäftsjahrs bedarf es einer körperlichen Bestandsaufnahme der Vermögensgegenstände für diesen Zeitpunkt nicht, soweit durch Anwendung eines den Grundsätzen ordnungsmäßiger Buchführung entsprechenden anderen Verfahrens gesichert ist, daß der Bestand der Vermögensgegenstände nach Art, Menge und Wert auch ohne die körperliche Bestandsaufnahme für diesen Zeitpunkt festgestellt werden kann.
(3) In dem Inventar für den Schluß eines Geschäftsjahrs brauchen Vermögensgegenstände nicht verzeichnet zu werden, wenn

1. der Kaufmann ihren Bestand auf Grund einer körperlichen Bestandsaufnahme oder auf Grund eines nach Absatz 2 zulässigen anderen Verfahrens nach Art, Menge und Wert in einem besonderen Inventar verzeichnet hat, das für einen Tag innerhalb der letzten drei Monate vor oder der ersten beiden Monate nach dem Schluß des Geschäftsjahrs aufgestellt ist, und
2. auf Grund des besonderen Inventars durch Anwendung eines den Grundsätzen ordnungsmäßiger Buchführung entsprechenden Fortschreibungs- oder Rückrechnungsverfahrens gesichert ist, daß der am Schluß des Geschäftsjahrs vorhandene Bestand der Vermögensgegenstände für diesen Zeitpunkt ordnungsgemäß bewertet werden kann.

§ 241a Befreiung von der Pflicht zur Buchführung und Erstellung eines Inventars

Einzelkaufleute, die an den Abschlussstichtagen von zwei aufeinander folgenden Geschäftsjahren nicht mehr als jeweils 600 000 Euro Umsatzerlöse und jeweils 60 000 Euro Jahresüberschuss aufweisen, brauchen die §§ 238 bis 241 nicht anzuwenden. Im Fall der Neugründung treten die Rechtsfolgen schon ein, wenn die Werte des Satzes 1 am ersten Abschlussstichtag nach der Neugründung nicht überschritten werden.

Zweiter Unterabschnitt Eröffnungsbilanz. Jahresabschluß

Erster Titel
Allgemeine Vorschriften

§ 242 Pflicht zur Aufstellung

(1) Der Kaufmann hat zu Beginn seines Handelsgewerbes und für den Schluß eines jeden Geschäftsjahrs einen das Verhältnis seines Vermögens und seiner Schulden darstellenden Abschluß (Eröffnungsbilanz, Bilanz) aufzustellen. Auf die Eröffnungsbilanz sind die für den Jahresabschluß geltenden Vorschriften entsprechend anzuwenden, soweit sie sich auf die Bilanz beziehen.
(2) Er hat für den Schluß eines jeden Geschäftsjahrs eine Gegenüberstellung der Aufwendungen und Erträge des Geschäftsjahrs (Gewinn- und Verlustrechnung) aufzustellen.
(3) Die Bilanz und die Gewinn- und Verlustrechnung bilden den Jahresabschluß.
(4) Die Absätze 1 bis 3 sind auf Einzelkaufleute im Sinn des § 241a nicht anzuwenden. Im Fall der Neugründung treten die Rechtsfolgen nach Satz 1 schon ein, wenn die Werte des § 241a Satz 1 am ersten Abschlussstichtag nach der Neugründung nicht überschritten werden.

§ 243 Aufstellungsgrundsatz

(1) Der Jahresabschluß ist nach den Grundsätzen ordnungsmäßiger Buchführung aufzustellen.
(2) Er muß klar und übersichtlich sein.
(3) Der Jahresabschluß ist innerhalb der einem ordnungsmäßigen Geschäftsgang entsprechenden Zeit aufzustellen.

§ 244 Sprache. Währungseinheit

Der Jahresabschluß ist in deutscher Sprache und in Euro aufzustellen.

§ 245 Unterzeichnung

Der Jahresabschluß ist vom Kaufmann unter Angabe des Datums zu unterzeichnen. Sind mehrere persönlich haftende Gesellschafter vorhanden, so haben sie alle zu unterzeichnen.

Zweiter Titel Ansatzvorschriften

§ 246 Vollständigkeit. Verrechnungsverbot

(1) Der Jahresabschluss hat sämtliche Vermögensgegenstände, Schulden, Rechnungsabgrenzungsposten sowie Aufwendungen und Erträge zu enthalten, soweit gesetzlich nichts anderes bestimmt ist. Vermögensgegenstände sind in der Bilanz des Eigentümers aufzunehmen; ist ein Vermögensgegenstand nicht dem Eigentümer, sondern einem anderen wirtschaftlich zuzurechnen, hat dieser ihn in seiner Bilanz auszuweisen. Schulden sind in die Bilanz des Schuldners aufzunehmen. Der Unterschiedsbetrag, um den die für die Übernahme eines Unternehmens bewirkte Gegenleistung den Wert der einzelnen Vermögensgegenstände des Unternehmens abzüglich der Schulden im Zeitpunkt der Übernahme übersteigt (entgeltlich erworbener Geschäfts- oder Firmenwert), gilt als zeitlich begrenzt nutzbarer Vermögensgegenstand.
(2) Posten der Aktivseite dürfen nicht mit Posten der Passivseite, Aufwendungen nicht mit Erträgen, Grundstücksrechte nicht mit Grundstückslasten verrechnet werden. Vermögensgegenstände, die dem Zugriff aller übrigen Gläubiger entzogen sind und ausschließlich der Erfüllung von Schulden aus Altersversorgungsverpflichtungen oder vergleichbaren langfristig fälligen Verpflichtungen dienen, sind mit diesen Schulden zu verrechnen; entsprechend ist mit den zugehörigen Aufwendungen und Erträgen aus der Abzinsung und aus dem zu verrechnenden Vermögen zu verfahren. Übersteigt der beizulegende Zeitwert der Vermögensgegenstände den Betrag der Schulden, ist der übersteigende Betrag unter einem gesonderten Posten zu aktivieren.
(3) Die auf den vorhergehenden Jahresabschluss angewandten Ansatzmethoden sind beizubehalten. § 252 Abs. 2 ist entsprechend anzuwenden.

§ 247 Inhalt der Bilanz

(1) In der Bilanz sind das Anlage- und das Umlaufvermögen, das Eigenkapital, die Schulden sowie die Rechnungsabgrenzungsposten gesondert auszuweisen und hinreichend aufzugliedern.
(2) Beim Anlagevermögen sind nur die Gegenstände auszuweisen, die bestimmt sind, dauernd dem Geschäftsbetrieb zu dienen.
(3) (weggefallen)

§ 248 Bilanzierungsverbote und -wahlrechte

(1) In die Bilanz dürfen nicht als Aktivposten aufgenommen werden:

1. Aufwendungen für die Gründung eines Unternehmens,
2. Aufwendungen für die Beschaffung des Eigenkapitals und
3. Aufwendungen für den Abschluss von Versicherungsverträgen.

(2) Selbst geschaffene immaterielle Vermögensgegenstände des Anlagevermögens können als Aktivposten in die Bilanz aufgenommen werden. Nicht aufgenommen werden dürfen selbst geschaffene Marken, Drucktitel, Verlagsrechte, Kundenlisten oder vergleichbare immaterielle Vermögensgegenstände des Anlagevermögens.

§ 249 Rückstellungen

(1) Rückstellungen sind für ungewisse Verbindlichkeiten und für drohende Verluste aus schwebenden Geschäften zu bilden. Ferner sind Rückstellungen zu bilden für
1. im Geschäftsjahr unterlassene Aufwendungen für Instandhaltung, die im folgenden Geschäftsjahr innerhalb von drei Monaten, oder für Abraumbeseitigung, die im folgenden Geschäftsjahr nachgeholt werden,
2. Gewährleistungen, die ohne rechtliche Verpflichtung erbracht werden.

(2) Für andere als die in Absatz 1 bezeichneten Zwecke dürfen Rückstellungen nicht gebildet werden. Rückstellungen dürfen nur aufgelöst werden, soweit der Grund hierfür entfallen ist.

§ 250 Rechnungsabgrenzungsposten

(1) Als Rechnungsabgrenzungsposten sind auf der Aktivseite Ausgaben vor dem Abschlußstichtag auszuweisen,
soweit sie Aufwand für eine bestimmte Zeit nach diesem Tag darstellen.
(2) Auf der Passivseite sind als Rechnungsabgrenzungsposten Einnahmen vor dem Abschlußstichtag auszuweisen, soweit sie Ertrag für eine bestimmte Zeit nach diesem Tag darstellen.
(3) Ist der Erfüllungsbetrag einer Verbindlichkeit höher als der Ausgabebetrag, so darf der Unterschiedsbetrag in den Rechnungsabgrenzungsposten auf der Aktivseite aufgenommen werden. Der Unterschiedsbetrag ist durch planmäßige jährliche Abschreibungen zu tilgen, die auf die gesamte Laufzeit der Verbindlichkeit verteilt werden können.

§ 251 Haftungsverhältnisse

Unter der Bilanz sind, sofern sie nicht auf der Passivseite auszuweisen sind, Verbindlichkeiten aus der Begebung und Übertragung von Wechseln, aus Bürgschaften, Wechsel- und Scheckbürgschaften und aus Gewährleistungsverträgen sowie Haftungsverhältnisse aus der Bestellung von Sicherheiten für fremde Verbindlichkeiten zu vermerken; sie dürfen in einem Betrag angegeben werden. Haftungsverhältnisse sind auch anzugeben, wenn ihnen gleichwertige Rückgriffsforderungen gegenüberstehen.

Dritter Titel Bewertungsvorschriften

§ 252 Allgemeine Bewertungsgrundsätze

(1) Bei der Bewertung der im Jahresabschluß ausgewiesenen Vermögensgegenstände und Schulden gilt insbesondere folgendes:
1. Die Wertansätze in der Eröffnungsbilanz des Geschäftsjahrs müssen mit denen der Schlußbilanz des vorhergehenden Geschäftsjahrs übereinstimmen.
2. Bei der Bewertung ist von der Fortführung der Unternehmenstätigkeit auszugehen, sofern dem nicht tatsächliche oder rechtliche Gegebenheiten entgegenstehen.
3. Die Vermögensgegenstände und Schulden sind zum Abschlußstichtag einzeln zu bewerten.
4. Es ist vorsichtig zu bewerten, namentlich sind alle vorhersehbaren Risiken und Verluste, die bis zum Abschlußstichtag entstanden sind, zu berücksichtigen, selbst wenn diese erst zwischen dem Abschlußstichtag und dem Tag der Aufstellung des Jahresabschlusses bekanntgeworden sind; Gewinne sind nur zu berücksichtigen, wenn sie am Abschlußstichtag realisiert sind.
5. Aufwendungen und Erträge des Geschäftsjahrs sind unabhängig von den Zeitpunkten der entsprechenden Zahlungen im Jahresabschluß zu berücksichtigen.

6. Die auf den vorhergehenden Jahresabschluss angewandten Bewertungsmethoden sind beizubehalten.

(2) Von den Grundsätzen des Absatzes 1 darf nur in begründeten Ausnahmefällen abgewichen werden.

§ 253 Zugangs- und Folgebewertung

(1) Vermögensgegenstände sind höchstens mit den Anschaffungs- oder Herstellungskosten, vermindert um die Abschreibungen nach den Absätzen 3 bis 5, anzusetzen. Verbindlichkeiten sind zu ihrem Erfüllungsbetrag und Rückstellungen in Höhe des nach vernünftiger kaufmännischer Beurteilung notwendigen Erfüllungsbetrages anzusetzen. Soweit sich die Höhe von Altersversorgungsverpflichtungen ausschließlich nach dem beizulegenden Zeitwert von Wertpapieren im Sinn des § 266 Abs. 2 A. III. 5 bestimmt, sind Rückstellungen hierfür zum beizulegenden Zeitwert dieser Wertpapiere anzusetzen, soweit er einen garantierten Mindestbetrag übersteigt. Nach § 246 Abs. 2 Satz 2 zu verrechnende Vermögensgegenstände sind mit ihrem beizulegenden Zeitwert zu bewerten. Kleinstkapitalgesellschaften (§ 267a) dürfen eine Bewertung zum beizulegenden Zeitwert nur vornehmen, wenn sie von keiner der in § 264 Absatz 1 Satz 5, § 266 Absatz 1 Satz 4, § 275 Absatz 5 und § 326 Absatz 2 vorgesehenen Erleichterungen Gebrauch machen. Macht eine Kleinstkapitalgesellschaft von mindestens einer der in Satz 5 genannten Erleichterungen Gebrauch, erfolgt die Bewertung der Vermögensgegenstände nach Satz 1, auch soweit eine Verrechnung nach § 246 Absatz 2 Satz 2 vorgesehen ist.

(2) Rückstellungen mit einer Restlaufzeit von mehr als einem Jahr sind abzuzinsen mit dem ihrer Restlaufzeit entsprechenden durchschnittlichen Marktzinssatz, der sich im Falle von Rückstellungen für Altersversorgungsverpflichtungen aus den vergangenen zehn Geschäftsjahren und im Falle sonstiger Rückstellungen aus den vergangenen sieben Geschäftsjahren ergibt. Abweichend von Satz 1 dürfen Rückstellungen für Altersversorgungsverpflichtungen oder vergleichbare langfristig fällige Verpflichtungen pauschal mit dem durchschnittlichen Marktzinssatz abgezinst werden, der sich bei einer angenommenen Restlaufzeit von 15 Jahren ergibt. Die Sätze 1 und 2 gelten entsprechend für auf Rentenverpflichtungen beruhende Verbindlichkeiten, für die eine Gegenleistung nicht mehr zu erwarten ist. Der nach den Sätzen 1 und 2 anzuwendende Abzinsungszinssatz wird von der Deutschen Bundesbank nach Maßgabe einer Rechtsverordnung ermittelt und monatlich bekannt gegeben. In der Rechtsverordnung nach Satz 4, die nicht der Zustimmung des Bundesrates bedarf, bestimmt das Bundesministerium der Justiz und für Verbraucherschutz im Benehmen mit der Deutschen Bundesbank das Nähere zur Ermittlung der Abzinsungszinssätze, insbesondere die Ermittlungsmethodik und deren Grundlagen, sowie die Form der Bekanntgabe.

(3) Bei Vermögensgegenständen des Anlagevermögens, deren Nutzung zeitlich begrenzt ist, sind die Anschaffungs- oder die Herstellungskosten um planmäßige Abschreibungen zu vermindern. Der Plan muss die Anschaffungs- oder Herstellungskosten auf die Geschäftsjahre verteilen, in denen der Vermögensgegenstand voraussichtlich genutzt werden kann. Kann in Ausnahmefällen die voraussichtliche Nutzungsdauer eines selbst geschaffenen immateriellen Vermögensgegenstands des Anlagevermögens nicht verlässlich geschätzt werden, sind planmäßige Abschreibungen auf die Herstellungskosten über einen Zeitraum von zehn Jahren vorzunehmen. Satz 3 findet auf einen entgeltlich erworbenen Geschäfts- oder Firmenwert entsprechende Anwendung. Ohne Rücksicht darauf, ob ihre Nutzung zeitlich begrenzt ist, sind bei Vermögensgegenständen des Anlagevermögens bei voraussichtlich dauernder Wertminderung außerplanmäßige Abschreibungen vorzunehmen, um diese mit dem niedrigeren Wert anzusetzen, der ihnen am Abschlussstichtag beizulegen ist. Bei Finanzanlagen können außerplanmäßige Abschreibungen auch bei voraussichtlich nicht dauernder Wertminderung vorgenommen werden.

(4) Bei Vermögensgegenständen des Umlaufvermögens sind Abschreibungen vorzunehmen, um diese mit einem niedrigeren Wert anzusetzen, der sich aus einem Börsen- oder Marktpreis am Abschlussstichtag ergibt. Ist ein Börsen- oder Marktpreis nicht festzustellen und übersteigen die Anschaffungs- oder Herstellungskosten den Wert, der den Vermögensgegenständen am Abschlussstichtag beizulegen ist, so ist auf diesen Wert abzuschreiben.

(5) Ein niedrigerer Wertansatz nach Absatz 3 Satz 5 oder 6 und Absatz 4 darf nicht beibehalten werden, wenn die Gründe dafür nicht mehr bestehen. Ein niedrigerer Wertansatz eines entgeltlich erworbenen Geschäfts- oder Firmenwertes ist beizubehalten.
(6) Im Falle von Rückstellungen für Altersversorgungsverpflichtungen ist der Unterschiedsbetrag zwischen dem Ansatz der Rückstellungen nach Maßgabe des entsprechenden durchschnittlichen Marktzinssatzes aus den vergangenen zehn Geschäftsjahren und dem Ansatz der Rückstellungen nach Maßgabe des entsprechenden durchschnittlichen Marktzinssatzes aus den vergangenen sieben Geschäftsjahren in jedem Geschäftsjahr zu ermitteln. Gewinne dürfen nur ausgeschüttet werden, wenn die nach der Ausschüttung verbleibenden frei verfügbaren Rücklagen zuzüglich eines Gewinnvortrags und abzüglich eines Verlustvortrags mindestens dem Unterschiedsbetrag nach Satz 1 entsprechen. Der Unterschiedsbetrag nach Satz 1 ist in jedem Geschäftsjahr im Anhang oder unter der Bilanz darzustellen.

§ 254 Bildung von Bewertungseinheiten

Werden Vermögensgegenstände, Schulden, schwebende Geschäfte oder mit hoher Wahrscheinlichkeit erwartete Transaktionen zum Ausgleich gegenläufiger Wertänderungen oder Zahlungsströme aus dem Eintritt vergleichbarer Risiken mit Finanzinstrumenten zusammengefasst (Bewertungseinheit), sind § 249 Abs. 1, § 252 Abs. 1 Nr. 3 und 4, § 253 Abs. 1 Satz 1 und § 256a in dem Umfang und für den Zeitraum nicht anzuwenden, in dem die gegenläufigen Wertänderungen oder Zahlungsströme sich ausgleichen. Als Finanzinstrumente im Sinn des Satzes 1 gelten auch Termingeschäfte über den Erwerb oder die Veräußerung von Waren.

§ 255 Bewertungsmaßstäbe

(1) Anschaffungskosten sind die Aufwendungen, die geleistet werden, um einen Vermögensgegenstand zu erwerben und ihn in einen betriebsbereiten Zustand zu versetzen, soweit sie dem Vermögensgegenstand einzeln zugeordnet werden können. Zu den Anschaffungskosten gehören auch die Nebenkosten sowie die nachträglichen
Anschaffungskosten. Anschaffungspreisminderungen, die dem Vermögensgegenstand einzeln zugeordnet werden können, sind abzusetzen.
(2) Herstellungskosten sind die Aufwendungen, die durch den Verbrauch von Gütern und die Inanspruchnahme von Diensten für die Herstellung eines Vermögensgegenstands, seine Erweiterung oder für eine über seinen ursprünglichen Zustand hinausgehende wesentliche Verbesserung entstehen. Dazu gehören die Materialkosten, die Fertigungskosten und die Sonderkosten der Fertigung sowie angemessene Teile der Materialgemeinkosten, der Fertigungsgemeinkosten und des Werteverzehrs des Anlagevermögens, soweit dieser durch die Fertigung veranlasst ist. Bei der Berechnung der Herstellungskosten dürfen angemessene Teile der Kosten der allgemeinen Verwaltung sowie angemessene Aufwendungen für soziale Einrichtungen des Betriebs, für freiwillige soziale Leistungen und für die betriebliche Altersversorgung einbezogen werden, soweit diese auf den Zeitraum der Herstellung entfallen. Forschungs- und Vertriebskosten dürfen nicht einbezogen werden.
(2a) Herstellungskosten eines selbst geschaffenen immateriellen Vermögensgegenstands des Anlagevermögens sind die bei dessen Entwicklung anfallenden Aufwendungen nach Absatz 2. Entwicklung ist die Anwendung von Forschungsergebnissen oder von anderem Wissen für die Neuentwicklung von Gütern oder Verfahren oder die Weiterentwicklung von Gütern oder Verfahren mittels wesentlicher Änderungen. Forschung ist die eigenständige und planmäßige Suche nach neuen wissenschaftlichen oder technischen Erkenntnissen oder Erfahrungen allgemeiner Art, über deren technische Verwertbarkeit und wirtschaftliche Erfolgsaussichten grundsätzlich keine Aussagen gemacht werden können. Können Forschung und Entwicklung nicht verlässlich voneinander unterschieden werden, ist eine Aktivierung ausgeschlossen.
(3) Zinsen für Fremdkapital gehören nicht zu den Herstellungskosten. Zinsen für Fremdkapital, das zur Finanzierung der Herstellung eines Vermögensgegenstands verwendet wird, dürfen angesetzt werden, soweit sie auf den Zeitraum der Herstellung entfallen; in diesem Falle gelten sie als Herstellungskosten des Vermögensgegenstands.

(4) Der beizulegende Zeitwert entspricht dem Marktpreis. Soweit kein aktiver Markt besteht, anhand dessen sich der Marktpreis ermitteln lässt, ist der beizulegende Zeitwert mit Hilfe allgemein anerkannter Bewertungsmethoden zu bestimmen. Lässt sich der beizulegende Zeitwert weder nach Satz 1 noch nach Satz 2 ermitteln, sind die Anschaffungs- oder Herstellungskosten gemäß § 253 Abs. 4 fortzuführen. Der zuletzt nach Satz 1 oder 2 ermittelte beizulegende Zeitwert gilt als Anschaffungs- oder Herstellungskosten im Sinn des Satzes 3.

§ 256 Bewertungsvereinfachungsverfahren

Soweit es den Grundsätzen ordnungsmäßiger Buchführung entspricht, kann für den Wertansatz gleichartiger Vermögensgegenstände des Vorratsvermögens unterstellt werden, daß die zuerst oder daß die zuletzt angeschafften oder hergestellten Vermögensgegenstände zuerst verbraucht oder veräußert worden sind. § 240 Abs. 3 und 4 ist auch auf den Jahresabschluß anwendbar.

§ 256a Währungsumrechnung

Auf fremde Währung lautende Vermögensgegenstände und Verbindlichkeiten sind zum Devisenkassamittelkurs am Abschlussstichtag umzurechnen. Bei einer Restlaufzeit von einem Jahr oder weniger sind § 253 Abs. 1 Satz 1 und § 252 Abs. 1 Nr. 4 Halbsatz 2 nicht anzuwenden.

Zweiter Abschnitt

Ergänzende Vorschriften für Kapitalgesellschaften (Aktiengesellschaften, Kommanditgesellschaften auf Aktien und Gesellschaften mit beschränkter Haftung) sowie bestimmte Personenhandelsgesellschaften

Erster Unterabschnitt Jahresabschluß der Kapitalgesellschaft und Lagebericht

Erster Titel Allgemeine Vorschriften

§ 264 Pflicht zur Aufstellung; Befreiung

(1) Die gesetzlichen Vertreter einer Kapitalgesellschaft haben den Jahresabschluß (§ 242) um einen Anhang zu erweitern, der mit der Bilanz und der Gewinn- und Verlustrechnung eine Einheit bildet, sowie einen Lagebericht aufzustellen. Die gesetzlichen Vertreter einer kapitalmarktorientierten Kapitalgesellschaft, die nicht zur Aufstellung eines Konzernabschlusses verpflichtet ist, haben den Jahresabschluss um eine Kapitalflussrechnung und einen Eigenkapitalspiegel zu erweitern, die mit der Bilanz, Gewinn- und Verlustrechnung und dem Anhang eine Einheit bilden; sie können den Jahresabschluss um eine Segmentberichterstattung erweitern. Der Jahresabschluß und der Lagebericht sind von den gesetzlichen Vertretern in den ersten drei Monaten des Geschäftsjahrs für das vergangene Geschäftsjahr aufzustellen. Kleine Kapitalgesellschaften (§ 267 Abs. 1) brauchen den Lagebericht nicht aufzustellen; sie dürfen den Jahresabschluß auch später aufstellen, wenn dies einem ordnungsgemäßen Geschäftsgang entspricht, jedoch innerhalb der ersten sechs Monate des Geschäftsjahres. Kleinstkapitalgesellschaften (§ 267a) brauchen den Jahresabschluss nicht um einen Anhang zu erweitern, wenn sie

1. die in § 268 Absatz 7 genannten Angaben,
2. die in § 285 Nummer 9 Buchstabe c genannten Angaben und
3. im Falle einer Aktiengesellschaft die in § 160 Absatz 3 Satz 2 des Aktiengesetzes genannten Angaben unter der Bilanz angeben.

(1a) In dem Jahresabschluss sind die Firma, der Sitz, das Registergericht und die Nummer, unter der die Gesellschaft in das Handelsregister eingetragen ist, anzugeben. Befindet sich die Gesellschaft in Liquidation oder Abwicklung, ist auch diese Tatsache anzugeben.

(2) Der Jahresabschluß der Kapitalgesellschaft hat unter Beachtung der Grundsätze ordnungsmäßiger Buchführung ein den tatsächlichen Verhältnissen entsprechendes Bild der Vermögens-, Finanz- und Ertragslage der Kapitalgesellschaft zu vermitteln. Führen besondere Umstände dazu, daß der

Jahresabschluß ein den tatsächlichen Verhältnissen entsprechendes Bild im Sinne des Satzes 1 nicht vermittelt, so sind im Anhang zusätzliche Angaben zu machen. Die Mitglieder des vertretungsberechtigten Organs einer Kapitalgesellschaft, die als Inlandsemittent (§ 2 Absatz 14 des Wertpapierhandelsgesetzes) Wertpapiere (§ 2 Absatz 1 des Wertpapierhandelsgesetzes) begibt und keine Kapitalgesellschaft im Sinne des § 327a ist, haben in einer dem Jahresabschluss beizufügenden schriftlichen Erklärung zu versichern, dass der Jahresabschluss nach bestem Wissen ein den tatsächlichen Verhältnissen entsprechendes Bild im Sinne des Satzes 1 vermittelt oder der Anhang Angaben nach Satz 2 enthält. Macht eine Kleinstkapitalgesellschaft von der Erleichterung nach Absatz 1 Satz 5 Gebrauch, sind nach Satz 2 erforderliche zusätzliche Angaben unter der Bilanz zu machen. Es wird vermutet, dass ein unter Berücksichtigung der Erleichterungen für Kleinstkapitalgesellschaften aufgestellter Jahresabschluss den Erfordernissen des Satzes 1 entspricht.

(3) Eine Kapitalgesellschaft, die nicht im Sinne des § 264d kapitalmarktorientiert ist und als Tochterunternehmen in den Konzernabschluss eines Mutterunternehmens mit Sitz in einem Mitgliedstaat der Europäischen Union oder einem anderen Vertragsstaat des Abkommens über den Europäischen Wirtschaftsraum einbezogen ist, braucht die Vorschriften dieses Unterabschnitts und des Dritten und Vierten Unterabschnitts dieses Abschnitts nicht anzuwenden, wenn alle folgenden Voraussetzungen erfüllt sind:

1. alle Gesellschafter des Tochterunternehmens haben der Befreiung für das jeweilige Geschäftsjahr zugestimmt;
2. das Mutterunternehmen hat sich bereit erklärt, für die von dem Tochterunternehmen bis zum Abschlussstichtag eingegangenen Verpflichtungen im folgenden Geschäftsjahr einzustehen;
3. der Konzernabschluss und der Konzernlagebericht des Mutterunternehmens sind nach den Rechtsvorschriften des Staates, in dem das Mutterunternehmen seinen Sitz hat, und im Einklang mit folgenden Richtlinien aufgestellt und geprüft worden:
   a) Richtlinie 2013/34/EU des Europäischen Parlaments und des Rates vom 26. Juni 2013 über den Jahresabschluss, den konsolidierten Abschluss und damit verbundene Berichte von Unternehmen bestimmter Rechtsformen und zur Änderung der Richtlinie 2006/43/EG des Europäischen Parlaments und des Rates und zur Aufhebung der Richtlinien 78/660/EWG und 83/349/EWG des Rates (ABl. L 182 vom 29.6.2013, S. 19), die zuletzt durch die Richtlinie 2014/102/EU (ABl. L 334 vom 21.11.2014, S. 86) geändert worden ist,
   b) Richtlinie 2006/43/EG des Europäischen Parlaments und des Rates vom 17. Mai 2006 über Abschlussprüfungen von Jahresabschlüssen und konsolidierten Abschlüssen, zur Änderung der Richtlinien 78/660/EWG und 83/349/EWG des Rates und zur Aufhebung der Richtlinie 84/253/EWG des Rates (ABl. L 157 vom 9.6.2006, S. 87), die durch die Richtlinie 2013/34/EU (ABl. L 182 vom 29.6.2013, S. 19) geändert worden ist;
4. die Befreiung des Tochterunternehmens ist im Anhang des Konzernabschlusses des Mutterunternehmens angegeben und
5. für das Tochterunternehmen sind nach § 325 Absatz 1 bis 1b offengelegt worden:
   a) der Beschluss nach Nummer 1,
   b) die Erklärung nach Nummer 2,
   c) der Konzernabschluss,
   d) der Konzernlagebericht und
   e) der Bestätigungsvermerk zum Konzernabschluss und Konzernlagebericht des Mutterunternehmens nach Nummer 3.

Hat bereits das Mutterunternehmen einzelne oder alle der in Satz 1 Nummer 5 bezeichneten Unterlagen offengelegt, braucht das Tochterunternehmen die betreffenden Unterlagen nicht erneut offenzulegen, wenn sie im Unternehmensregister unter dem Tochterunternehmen auffindbar sind; § 326 Absatz 2 ist auf diese Offenlegung nicht anzuwenden. Satz 2 gilt nur dann, wenn das Mutterunternehmen die betreffende Unterlage in deutscher oder in englischer Sprache offengelegt hat oder das Tochterunternehmen zusätzlich eine beglaubigte Übersetzung dieser Unterlage in deutscher Sprache nach § 325 Absatz 1 bis 1b offenlegt.

(4) Absatz 3 ist nicht anzuwenden, wenn eine Kapitalgesellschaft das Tochterunternehmen eines Mutterunternehmens ist, das einen Konzernabschluss nach den Vorschriften des Publizitätsgesetzes

aufgestellt hat, und wenn in diesem Konzernabschluss von dem Wahlrecht des § 13 Absatz 3 Satz 1 des Publizitätsgesetzes Gebrauch gemacht worden ist; § 314 Absatz 3 bleibt unberührt.

§ 264a Anwendung auf bestimmte offene Handelsgesellschaften und Kommanditgesellschaften

(1) Die Vorschriften des Ersten bis Fünften Unterabschnitts des Zweiten Abschnitts sind auch anzuwenden auf offene Handelsgesellschaften und Kommanditgesellschaften, bei denen nicht wenigstens ein persönlich haftender Gesellschafter

1. eine natürliche Person oder
2. eine offene Handelsgesellschaft, Kommanditgesellschaft oder andere Personengesellschaft mit einer natürlichen Person als persönlich haftendem Gesellschafter

ist oder sich die Verbindung von Gesellschaften in dieser Art fortsetzt.
(2) In den Vorschriften dieses Abschnitts gelten als gesetzliche Vertreter einer offenen Handelsgesellschaft und Kommanditgesellschaft nach Absatz 1 die Mitglieder des vertretungsberechtigten Organs der vertretungsberechtigten Gesellschaften.

§ 264b Befreiung der offenen Handelsgesellschaften und Kommanditgesellschaften im Sinne des § 264a von der Anwendung der Vorschriften dieses Abschnitts

Eine Personenhandelsgesellschaft im Sinne des § 264a Absatz 1, die nicht im Sinne des § 264d kapitalmarktorientiert ist, ist von der Verpflichtung befreit, einen Jahresabschluss und einen Lagebericht nach den Vorschriften dieses Abschnitts aufzustellen, prüfen zu lassen und offenzulegen, wenn alle folgenden Voraussetzungen erfüllt sind:

1. die betreffende Gesellschaft ist einbezogen in den Konzernabschluss und in den Konzernlagebericht
   a) eines persönlich haftenden Gesellschafters der betreffenden Gesellschaft oder
   b) eines Mutterunternehmens mit Sitz in einem Mitgliedstaat der Europäischen Union oder einem anderen Vertragsstaat des Abkommens über den Europäischen Wirtschaftsraum, wenn in diesen Konzernabschluss eine größere Gesamtheit von Unternehmen einbezogen ist;
2. die in § 264 Absatz 3 Satz 1 Nummer 3 genannte Voraussetzung ist erfüllt;
3. die Befreiung der Personenhandelsgesellschaft ist im Anhang des Konzernabschlusses angegeben und
4. für die Personenhandelsgesellschaft sind der Konzernabschluss, der Konzernlagebericht und der Bestätigungsvermerk nach § 325 Absatz 1 bis 1b offengelegt worden; § 264 Absatz 3 Satz 2 und 3 ist entsprechend anzuwenden.

§ 264c Besondere Bestimmungen für offene Handelsgesellschaften und Kommanditgesellschaften im Sinne des § 264a

(1) Ausleihungen, Forderungen und Verbindlichkeiten gegenüber Gesellschaftern sind in der Regel als solche jeweils gesondert auszuweisen oder im Anhang anzugeben. Werden sie unter anderen Posten ausgewiesen, so muss diese Eigenschaft vermerkt werden.
(2) § 266 Abs. 3 Buchstabe A ist mit der Maßgabe anzuwenden, dass als Eigenkapital die folgenden Posten gesondert auszuweisen sind:
I. Kapitalanteile
II. Rücklagen
III. Gewinnvortrag/Verlustvortrag
IV. Jahresüberschuss/Jahresfehlbetrag.
Anstelle des Postens "Gezeichnetes Kapital" sind die Kapitalanteile der persönlich haftenden Gesellschafter auszuweisen; sie dürfen auch zusammengefasst ausgewiesen werden. Der auf den Kapitalanteil eines persönlich haftenden Gesellschafters für das Geschäftsjahr entfallende Verlust ist von dem Kapitalanteil abzuschreiben. Soweit der Verlust den Kapitalanteil übersteigt, ist er auf der

Aktivseite unter der Bezeichnung "Einzahlungsverpflichtungen persönlich haftender Gesellschafter" unter den Forderungen gesondert auszuweisen, soweit eine Zahlungsverpflichtung besteht. Besteht keine Zahlungsverpflichtung, so ist der Betrag als "Nicht durch Vermögenseinlagen gedeckter Verlustanteil persönlich haftender Gesellschafter" zu bezeichnen und gemäß § 268 Abs. 3 auszuweisen. Die Sätze 2 bis 5 sind auf die Einlagen von Kommanditisten entsprechend anzuwenden, wobei diese insgesamt gesondert gegenüber den Kapitalanteilen der persönlich haftenden Gesellschafter auszuweisen sind. Eine Forderung darf jedoch nur ausgewiesen werden, soweit eine Einzahlungsverpflichtung besteht; dasselbe gilt, wenn ein Kommanditist Gewinnanteile entnimmt, während sein Kapitalanteil durch Verlust unter den Betrag der geleisteten Einlage herabgemindert ist, oder soweit durch die Entnahme der Kapitalanteil unter den bezeichneten Betrag herabgemindert wird. Als Rücklagen sind nur solche Beträge auszuweisen, die auf Grund einer gesellschaftsrechtlichen Vereinbarung gebildet worden sind. Im Anhang ist der Betrag der im Handelsregister gemäß § 172 Abs. 1 eingetragenen Einlagen anzugeben, soweit diese nicht geleistet sind.
(3) Das sonstige Vermögen der Gesellschafter (Privatvermögen) darf nicht in die Bilanz und die auf das Privatvermögen entfallenden Aufwendungen und Erträge dürfen nicht in die Gewinn- und Verlustrechnung aufgenommen werden. In der Gewinn- und Verlustrechnung darf jedoch nach dem Posten "Jahresüberschuss/ Jahresfehlbetrag" ein dem Steuersatz der Komplementärgesellschaft entsprechender Steueraufwand der Gesellschafter offen abgesetzt oder hinzugerechnet werden.
(4) Anteile an Komplementärgesellschaften sind in der Bilanz auf der Aktivseite unter den Posten A.III.1 oder A.III.3 auszuweisen. § 272 Abs. 4 ist mit der Maßgabe anzuwenden, dass für diese Anteile in Höhe des aktivierten Betrags nach dem Posten "Eigenkapital" ein Sonderposten unter der Bezeichnung "Ausgleichsposten für aktivierte eigene Anteile" zu bilden ist.
(5) Macht die Gesellschaft von einem Wahlrecht nach § 266 Absatz 1 Satz 3 oder Satz 4 Gebrauch, richtet sich die Gliederung der verkürzten Bilanz nach der Ausübung dieses Wahlrechts. Die Ermittlung der Bilanzposten nach den vorstehenden Absätzen bleibt unberührt.

§ 264d Kapitalmarktorientierte Kapitalgesellschaft

Eine Kapitalgesellschaft ist kapitalmarktorientiert, wenn sie einen organisierten Markt im Sinn des § 2 Absatz 11 des Wertpapierhandelsgesetzes durch von ihr ausgegebene Wertpapiere im Sinn des § 2 Absatz 1 des Wertpapierhandelsgesetzes in Anspruch nimmt oder die Zulassung solcher Wertpapiere zum Handel an einem organisierten Markt beantragt hat.

§ 265 Allgemeine Grundsätze für die Gliederung

(1) Die Form der Darstellung, insbesondere die Gliederung der aufeinanderfolgenden Bilanzen und Gewinn und Verlustrechnungen, ist beizubehalten, soweit nicht in Ausnahmefällen wegen besonderer Umstände Abweichungen erforderlich sind. Die Abweichungen sind im Anhang anzugeben und zu begründen.
(2) In der Bilanz sowie in der Gewinn- und Verlustrechnung ist zu jedem Posten der entsprechende Betrag des vorhergehenden Geschäftsjahrs anzugeben. Sind die Beträge nicht vergleichbar, so ist dies im Anhang anzugeben und zu erläutern. Wird der Vorjahresbetrag angepaßt, so ist auch dies im Anhang anzugeben und zu erläutern.
(3) Fällt ein Vermögensgegenstand oder eine Schuld unter mehrere Posten der Bilanz, so ist die Mitzugehörigkeit zu anderen Posten bei dem Posten, unter dem der Ausweis erfolgt ist, zu vermerken oder im Anhang anzugeben, wenn dies zur Aufstellung eines klaren und übersichtlichen Jahresabschlusses erforderlich ist.
(4) Sind mehrere Geschäftszweige vorhanden und bedingt dies die Gliederung des Jahresabschlusses nach verschiedenen Gliederungsvorschriften, so ist der Jahresabschluß nach der für einen Geschäftszweig vorgeschriebenen Gliederung aufzustellen und nach der für die anderen Geschäftszweige vorgeschriebenen Gliederung zu ergänzen. Die Ergänzung ist im Anhang anzugeben und zu begründen.
(5) Eine weitere Untergliederung der Posten ist zulässig; dabei ist jedoch die vorgeschriebene Gliederung zu beachten. Neue Posten und Zwischensummen dürfen hinzugefügt werden, wenn ihr Inhalt nicht von einem vorgeschriebenen Posten gedeckt wird.

(6) Gliederung und Bezeichnung der mit arabischen Zahlen versehenen Posten der Bilanz und der Gewinn- und Verlustrechnung sind zu ändern, wenn dies wegen Besonderheiten der Kapitalgesellschaft zur Aufstellung eines klaren und übersichtlichen Jahresabschlusses erforderlich ist.
(7) Die mit arabischen Zahlen versehenen Posten der Bilanz und der Gewinn- und Verlustrechnung können, wenn nicht besondere Formblätter vorgeschrieben sind, zusammengefaßt ausgewiesen werden, wenn

1. sie einen Betrag enthalten, der für die Vermittlung eines den tatsächlichen Verhältnissen entsprechenden Bildes im Sinne des § 264 Abs. 2 nicht erheblich ist,
oder
2. dadurch die Klarheit der Darstellung vergrößert wird; in diesem Falle müssen die zusammengefaßten Posten jedoch im Anhang gesondert ausgewiesen werden.

(8) Ein Posten der Bilanz oder der Gewinn- und Verlustrechnung, der keinen Betrag ausweist, braucht nicht aufgeführt zu werden, es sei denn, daß im vorhergehenden Geschäftsjahr unter diesem Posten ein Betrag ausgewiesen wurde.

Zweiter Titel Bilanz

§ 266 Gliederung der Bilanz

(1) Die Bilanz ist in Kontoform aufzustellen. Dabei haben mittelgroße und große Kapitalgesellschaften (§ 267 Absatz 2 und 3) auf der Aktivseite die in Absatz 2 und auf der Passivseite die in Absatz 3 bezeichneten Posten gesondert und in der vorgeschriebenen Reihenfolge auszuweisen. Kleine Kapitalgesellschaften (§ 267 Abs. 1) brauchen nur eine verkürzte Bilanz aufzustellen, in die nur die in den Absätzen 2 und 3 mit Buchstaben und römischen Zahlen bezeichneten Posten gesondert und in der vorgeschriebenen Reihenfolge aufgenommen werden. Kleinstkapitalgesellschaften (§ 267a) brauchen nur eine verkürzte Bilanz aufzustellen, in die nur die in den Absätzen 2 und 3 mit Buchstaben bezeichneten Posten gesondert und in der vorgeschriebenen Reihenfolge aufgenommen werden.
(2) Aktivseite

A. Anlagevermögen:
- I. Immaterielle Vermögensgegenstände:
  1. Selbst geschaffene gewerbliche Schutzrechte und ähnliche Rechte und Werte;
  2. entgeltlich erworbene Konzessionen, gewerbliche Schutzrechte und ähnliche Rechte und Werte sowie Lizenzen an solchen Rechten und Werten;
  3. Geschäfts- oder Firmenwert;
  4. geleistete Anzahlungen;
- II. Sachanlagen:
  1. Grundstücke, grundstücksgleiche Rechte und Bauten einschließlich der Bauten auf fremden Grundstücken;
  2. technische Anlagen und Maschinen;
  3. andere Anlagen, Betriebs- und Geschäftsausstattung;
  4. geleistete Anzahlungen und Anlagen im Bau;
- III. Finanzanlagen:
  1. Anteile an verbundenen Unternehmen;
  2. Ausleihungen an verbundene Unternehmen;
  3. Beteiligungen;
  4. Ausleihungen an Unternehmen, mit denen ein Beteiligungsverhältnis besteht;
  5. Wertpapiere des Anlagevermögens;
  6. sonstige Ausleihungen.

B. Umlaufvermögen:
- I. Vorräte:
  1. Roh-, Hilfs- und Betriebsstoffe;
  2. unfertige Erzeugnisse, unfertige Leistungen;
  3. fertige Erzeugnisse und Waren;

4. geleistete Anzahlungen;
II. Forderungen und sonstige Vermögensgegenstände:
1. Forderungen aus Lieferungen und Leistungen;
2. Forderungen gegen verbundene Unternehmen;
3. Forderungen gegen Unternehmen, mit denen ein Beteiligungsverhältnis besteht;
4. sonstige Vermögensgegenstände;
III. Wertpapiere:
1. Anteile an verbundenen Unternehmen;
2. sonstige Wertpapiere;
IV. Kassenbestand, Bundesbankguthaben, Guthaben bei Kreditinstituten und Schecks.
C. Rechnungsabgrenzungsposten.
D. Aktive latente Steuern.
E. Aktiver Unterschiedsbetrag aus der Vermögensverrechnung.
(3) Passivseite
A. Eigenkapital:
I. Gezeichnetes Kapital;
II. Kapitalrücklage;
III. Gewinnrücklagen:
1. gesetzliche Rücklage;
2. Rücklage für Anteile an einem herrschenden oder mehrheitlich beteiligten Unternehmen;
3. satzungsmäßige Rücklagen;
4. andere Gewinnrücklagen;
IV. Gewinnvortrag/Verlustvortrag;
V. Jahresüberschuß/Jahresfehlbetrag.
B. Rückstellungen:
1. Rückstellungen für Pensionen und ähnliche Verpflichtungen;
2. Steuerrückstellungen;
3. sonstige Rückstellungen.
C. Verbindlichkeiten:
1. Anleihen
davon konvertibel;
2. Verbindlichkeiten gegenüber Kreditinstituten;
3. erhaltene Anzahlungen auf Bestellungen;
4. Verbindlichkeiten aus Lieferungen und Leistungen;
5. Verbindlichkeiten aus der Annahme gezogener Wechsel und der Ausstellung eigener Wechsel;
6. Verbindlichkeiten gegenüber verbundenen Unternehmen;
7. Verbindlichkeiten gegenüber Unternehmen, mit denen ein Beteiligungsverhältnis besteht;
8. sonstige Verbindlichkeiten,
davon aus Steuern,
davon im Rahmen der sozialen Sicherheit.
D. Rechnungsabgrenzungsposten.
E. Passive latente Steuern.

Dritter Titel Gewinn- und Verlustrechnung

§ 275 Gliederung

(1) Die Gewinn- und Verlustrechnung ist in Staffelform nach dem Gesamtkostenverfahren oder dem Umsatzkostenverfahren aufzustellen. Dabei sind die in Absatz 2 oder 3 bezeichneten Posten in der angegebenen Reihenfolge gesondert auszuweisen.
(2) Bei Anwendung des Gesamtkostenverfahrens sind auszuweisen:
1. Umsatzerlöse
2. Erhöhung oder Verminderung des Bestands an fertigen und unfertigen Erzeugnissen

3. andere aktivierte Eigenleistungen
4. sonstige betriebliche Erträge
5. Materialaufwand:
a) Aufwendungen für Roh-, Hilfs- und Betriebsstoffe und für bezogene Waren
b) Aufwendungen für bezogene Leistungen
6. Personalaufwand:
a) Löhne und Gehälter
b) soziale Abgaben und Aufwendungen für Altersversorgung und für Unterstützung, davon für Altersversorgung
7. Abschreibungen:
a) auf immaterielle Vermögensgegenstände des Anlagevermögens und Sachanlagen
b) auf Vermögensgegenstände des Umlaufvermögens, soweit diese die in der Kapitalgesellschaft üblichen Abschreibungen überschreiten
8. sonstige betriebliche Aufwendungen
9. Erträge aus Beteiligungen,
davon aus verbundenen Unternehmen
10.Erträge aus anderen Wertpapieren und Ausleihungen des Finanzanlagevermögens,
davon aus verbundenen Unternehmen
11 sonstige Zinsen und ähnliche Erträge,
davon aus verbundenen Unternehmen
12.Abschreibungen auf Finanzanlagen und auf Wertpapiere des Umlaufvermögens
13.Zinsen und ähnliche Aufwendungen,
davon an verbundene Unternehmen
14.Steuern vom Einkommen und vom Ertrag
15.Ergebnis nach Steuern
16.sonstige Steuern
17.Jahresüberschuss/Jahresfehlbetrag.
(3) Bei Anwendung des Umsatzkostenverfahrens sind auszuweisen:
1. Umsatzerlöse
2. Herstellungskosten der zur Erzielung der Umsatzerlöse erbrachten Leistungen
3. Bruttoergebnis vom Umsatz
4. Vertriebskosten
5. allgemeine Verwaltungskosten
6. sonstige betriebliche Erträge
7. sonstige betriebliche Aufwendungen
8. Erträge aus Beteiligungen,
davon aus verbundenen Unternehmen
9. Erträge aus anderen Wertpapieren und Ausleihungen des Finanzanlagevermögens,
davon aus verbundenen Unternehmen
10.sonstige Zinsen und ähnliche Erträge,
davon aus verbundenen Unternehmen
11.Abschreibungen auf Finanzanlagen und auf Wertpapiere des Umlaufvermögens
12.Zinsen und ähnliche Aufwendungen,
davon an verbundene Unternehmen
13.Steuern vom Einkommen und vom Ertrag
14.Ergebnis nach Steuern
15.sonstige Steuern
16.Jahresüberschuss/Jahresfehlbetrag.
(4) Veränderungen der Kapital- und Gewinnrücklagen dürfen in der Gewinn- und Verlustrechnung erst nach dem Posten "Jahresüberschuß/ Jahresfehlbetrag" ausgewiesen werden.
(5) Kleinstkapitalgesellschaften (§ 267a) können anstelle der Staffelungen nach den Absätzen 2 und 3 die Gewinn- und Verlustrechnung wie folgt darstellen:
1. Umsatzerlöse,

2. sonstige Erträge,
3. Materialaufwand,
4. Personalaufwand,
5. Abschreibungen,
6. sonstige Aufwendungen,
7. Steuern,
8. Jahresüberschuss/Jahresfehlbetrag.

Fünfter Titel Anhang

§ 284 Erläuterung der Bilanz und der Gewinn- und Verlustrechnung

(1) In den Anhang sind diejenigen Angaben aufzunehmen, die zu den einzelnen Posten der Bilanz oder der Gewinn- und Verlustrechnung vorgeschrieben sind; sie sind in der Reihenfolge der einzelnen Posten der Bilanz und der Gewinn- und Verlustrechnung darzustellen. Im Anhang sind auch die Angaben zu machen, die in Ausübung eines Wahlrechts nicht in die Bilanz oder in die Gewinn- und Verlustrechnung aufgenommen wurden.
(2) Im Anhang müssen
1. die auf die Posten der Bilanz und der Gewinn- und Verlustrechnung angewandten Bilanzierungs- und Bewertungsmethoden angegeben werden;
2. Abweichungen von Bilanzierungs- und Bewertungsmethoden angegeben und begründet werden; deren Einfluß auf die Vermögens-, Finanz- und Ertragslage ist gesondert darzustellen;
3. bei Anwendung einer Bewertungsmethode nach § 240 Abs. 4, § 256 Satz 1 die Unterschiedsbeträge pauschal für die jeweilige Gruppe ausgewiesen werden, wenn die Bewertung im Vergleich zu einer Bewertung auf der Grundlage des letzten vor dem Abschlußstichtag bekannten Börsenkurses oder Marktpreises einen erheblichen Unterschied aufweist;
4. Angaben über die Einbeziehung von Zinsen für Fremdkapital in die Herstellungskosten gemacht werden.
(3) Im Anhang ist die Entwicklung der einzelnen Posten des Anlagevermögens in einer gesonderten Aufgliederung darzustellen. Dabei sind, ausgehend von den gesamten Anschaffungs- und Herstellungskosten, die Zugänge, Abgänge, Umbuchungen und Zuschreibungen des Geschäftsjahrs sowie die Abschreibungen gesondert aufzuführen. Zu den Abschreibungen sind gesondert folgende Angaben zu machen:
1. die Abschreibungen in ihrer gesamten Höhe zu Beginn und Ende des Geschäftsjahrs,
2. die im Laufe des Geschäftsjahrs vorgenommenen Abschreibungen und
3. Änderungen in den Abschreibungen in ihrer gesamten Höhe im Zusammenhang mit Zu- und Abgängen sowie Umbuchungen im Laufe des Geschäftsjahrs.

Sind in die Herstellungskosten Zinsen für Fremdkapital einbezogen worden, ist für jeden Posten des Anlagevermögens anzugeben, welcher Betrag an Zinsen im Geschäftsjahr aktiviert worden ist.

§ 285 Sonstige Pflichtangaben

Ferner sind im Anhang anzugeben:
1. zu den in der Bilanz ausgewiesenen Verbindlichkeiten
a) der Gesamtbetrag der Verbindlichkeiten mit einer Restlaufzeit von mehr als fünf Jahren,
b) der Gesamtbetrag der Verbindlichkeiten, die durch Pfandrechte oder ähnliche Rechte gesichert sind, unter Angabe von Art und Form der Sicherheiten;
2. die Aufgliederung der in Nummer 1 verlangten Angaben für jeden Posten der Verbindlichkeiten nach dem vorgeschriebenen Gliederungsschema;
3. Art und Zweck sowie Risiken, Vorteile und finanzielle Auswirkungen von nicht in der Bilanz enthaltenen Geschäften, soweit die Risiken und Vorteile wesentlich sind und die Offenlegung für die Beurteilung der Finanzlage des Unternehmens erforderlich ist;
3a. der Gesamtbetrag der sonstigen finanziellen Verpflichtungen, die nicht in der Bilanz enthalten sind und die nicht nach § 268 Absatz 7 oder Nummer 3 anzugeben sind, sofern diese Angabe für

die Beurteilung der Finanzlage von Bedeutung ist; davon sind Verpflichtungen betreffend die Altersversorgung und Verpflichtungen gegenüber verbundenen oder assoziierten Unternehmen jeweils gesondert anzugeben;

4. die Aufgliederung der Umsatzerlöse nach Tätigkeitsbereichen sowie nach geografisch bestimmten Märkten, soweit sich unter Berücksichtigung der Organisation des Verkaufs, der Vermietung oder Verpachtung von Produkten und der Erbringung von Dienstleistungen der Kapitalgesellschaft die Tätigkeitsbereiche und geografisch bestimmten Märkte untereinander erheblich unterscheiden;

5. (weggefallen)

6. (weggefallen)

7. die durchschnittliche Zahl der während des Geschäftsjahrs beschäftigten Arbeitnehmer getrennt nach Gruppen;

8. bei Anwendung des Umsatzkostenverfahrens (§ 275 Abs. 3)

a) der Materialaufwand des Geschäftsjahrs, gegliedert nach § 275 Abs. 2 Nr. 5,

b) der Personalaufwand des Geschäftsjahrs, gegliedert nach § 275 Abs. 2 Nr. 6;

9. für die Mitglieder des Geschäftsführungsorgans, eines Aufsichtsrats, eines Beirats oder einer ähnlichen Einrichtung jeweils für jede Personengruppe

a) die für die Tätigkeit im Geschäftsjahr gewährten Gesamtbezüge (Gehälter, Gewinnbeteiligungen, Bezugsrechte und sonstige aktienbasierte Vergütungen, Aufwandsentschädigungen, Versicherungsentgelte, Provisionen und Nebenleistungen jeder Art). In die Gesamtbezüge sind auch Bezüge einzurechnen, die nicht ausgezahlt, sondern in Ansprüche anderer Art umgewandelt oder zur Erhöhung anderer Ansprüche verwendet werden. Außer den Bezügen für das Geschäftsjahr sind die weiteren Bezüge anzugeben, die im Geschäftsjahr gewährt, bisher aber in keinem Jahresabschluss angegeben worden sind. Bezugsrechte und sonstige aktienbasierte Vergütungen sind mit ihrer Anzahl und dem beizulegenden Zeitwert zum Zeitpunkt ihrer Gewährung anzugeben; spätere Wertveränderungen, die auf einer Änderung der Ausübungsbedingungen beruhen, sind zu berücksichtigen;

b) die Gesamtbezüge (Abfindungen, Ruhegehälter, Hinterbliebenenbezüge und Leistungen verwandter Art) der früheren Mitglieder der bezeichneten Organe und ihrer Hinterbliebenen. Buchstabe a Satz 2 und 3 ist entsprechend anzuwenden. Ferner ist der Betrag der für diese Personengruppe gebildeten Rückstellungen für laufende Pensionen und Anwartschaften auf Pensionen und der Betrag der für diese Verpflichtungen nicht gebildeten Rückstellungen anzugeben;

c) die gewährten Vorschüsse und Kredite unter Angabe der Zinssätze, der wesentlichen Bedingungen und der gegebenenfalls im Geschäftsjahr zurückgezahlten oder erlassenen Beträge sowie die zugunsten dieser Personen eingegangenen Haftungsverhältnisse;

10.alle Mitglieder des Geschäftsführungsorgans und eines Aufsichtsrats, auch wenn sie im Geschäftsjahr oder später ausgeschieden sind, mit dem Familiennamen und mindestens einem ausgeschriebenen Vornamen, einschließlich des ausgeübten Berufs und bei börsennotierten Gesellschaften auch der Mitgliedschaft in Aufsichtsräten und anderen Kontrollgremien im Sinne des § 125 Abs. 1 Satz 5 des Aktiengesetzes. Der Vorsitzende eines Aufsichtsrats, seine Stellvertreter und ein etwaiger Vorsitzender des Geschäftsführungsorgans sind als solche zu bezeichnen;

11.Name und Sitz anderer Unternehmen, die Höhe des Anteils am Kapital, das Eigenkapital und das Ergebnis des letzten Geschäftsjahrs dieser Unternehmen, für das ein Jahresabschluss vorliegt, soweit es sich um Beteiligungen im Sinne des § 271 Absatz 1 handelt oder ein solcher Anteil von einer Person für Rechnung der Kapitalgesellschaft gehalten wird;

11a. Name, Sitz und Rechtsform der Unternehmen, deren unbeschränkt haftender Gesellschafter die Kapitalgesellschaft ist;

11b. von börsennotierten Kapitalgesellschaften sind alle Beteiligungen an großen Kapitalgesellschaftenanzugeben, die 5 Prozent der Stimmrechte überschreiten;

12.Rückstellungen, die in der Bilanz unter dem Posten "sonstige Rückstellungen" nicht gesondert ausgewiesen werden, sind zu erläutern, wenn sie einen nicht unerheblichen Umfang haben;

13.jeweils eine Erläuterung des Zeitraums, über den ein entgeltlich erworbener Geschäfts- oder Firmenwert abgeschrieben wird;

14. Name und Sitz des Mutterunternehmens der Kapitalgesellschaft, das den Konzernabschluss für den
größten Kreis von Unternehmen aufstellt, sowie der Ort, wo der von diesem Mutterunternehmen aufgestellte Konzernabschluss erhältlich ist;
14a. Name und Sitz des Mutterunternehmens der Kapitalgesellschaft, das den Konzernabschluss für den kleinsten Kreis von Unternehmen aufstellt, sowie der Ort, wo der von diesem Mutterunternehmen aufgestellte Konzernabschluss erhältlich ist;
15.soweit es sich um den Anhang des Jahresabschlusses einer Personenhandelsgesellschaft im Sinne des § 264a Abs. 1 handelt, Name und Sitz der Gesellschaften, die persönlich haftende Gesellschafter sind, sowie deren gezeichnetes Kapital;
15a. das Bestehen von Genussscheinen, Genussrechten, Wandelschuldverschreibungen, Optionsscheinen, Optionen, Besserungsscheinen oder vergleichbaren Wertpapieren oder Rechten, unter Angabe derAnzahl und der Rechte, die sie verbriefen;
16.dass die nach § 161 des Aktiengesetzes vorgeschriebene Erklärung abgegeben und wo sie öffentlich zugänglich gemacht worden ist;
17.das von dem Abschlussprüfer für das Geschäftsjahr berechnete Gesamthonorar, aufgeschlüsselt in das Honorar für
a) die Abschlussprüfungsleistungen,
b) andere Bestätigungsleistungen,
c) Steuerberatungsleistungen,
d) sonstige Leistungen,
soweit die Angaben nicht in einem das Unternehmen einbeziehenden Konzernabschluss enthalten sind;
18.für zu den Finanzanlagen (§ 266 Abs. 2 A. III.) gehörende Finanzinstrumente, die über ihrem beizulegenden Zeitwert ausgewiesen werden, da eine außerplanmäßige Abschreibung nach § 253 Absatz 3 Satz 6 unterblieben ist,
a) der Buchwert und der beizulegende Zeitwert der einzelnen Vermögensgegenstände oder angemessener Gruppierungen sowie
b) die Gründe für das Unterlassen der Abschreibung einschließlich der Anhaltspunkte, die darauf hindeuten, dass die Wertminderung voraussichtlich nicht von Dauer ist;
19.für jede Kategorie nicht zum beizulegenden Zeitwert bilanzierter derivativer Finanzinstrumente
a) deren Art und Umfang,
b) deren beizulegender Zeitwert, soweit er sich nach § 255 Abs. 4 verlässlich ermitteln lässt, unter Angabe der angewandten Bewertungsmethode,
c) deren Buchwert und der Bilanzposten, in welchem der Buchwert, soweit vorhanden, erfasst ist, sowie
d) die Gründe dafür, warum der beizulegende Zeitwert nicht bestimmt werden kann;
20.für mit dem beizulegenden Zeitwert bewertete Finanzinstrumente
a) die grundlegenden Annahmen, die der Bestimmung des beizulegenden Zeitwertes mit Hilfe allgemein anerkannter Bewertungsmethoden zugrunde gelegt wurden, sowie
b) Umfang und Art jeder Kategorie derivativer Finanzinstrumente einschließlich der wesentlichen Bedingungen, welche die Höhe, den Zeitpunkt und die Sicherheit künftiger Zahlungsströme beeinflussen können;
21.zumindest die nicht zu marktüblichen Bedingungen zustande gekommenen Geschäfte, soweit siewesentlich sind, mit nahe stehenden Unternehmen und Personen, einschließlich Angaben zur Art der Beziehung, zum Wert der Geschäfte sowie weiterer Angaben, die für die Beurteilung der Finanzlage notwendig sind; ausgenommen sind Geschäfte mit und zwischen mittel- oder unmittelbar in 100-prozentigem Anteilsbesitz stehenden in einen Konzernabschluss einbezogenen Unternehmen; Angaben über Geschäfte können nach Geschäftsarten zusammengefasst werden, sofern die getrennte Angabe für die Beurteilung der Auswirkungen auf die Finanzlage nicht notwendig ist;

22.im Fall der Aktivierung nach § 248 Abs. 2 der Gesamtbetrag der Forschungs- und Entwicklungskosten des Geschäftsjahrs sowie der davon auf die selbst geschaffenen immateriellen Vermögensgegenstände des Anlagevermögens entfallende Betrag;
23.bei Anwendung des § 254,
a) mit welchem Betrag jeweils Vermögensgegenstände, Schulden, schwebende Geschäfte und mit hoher Wahrscheinlichkeit erwartete Transaktionen zur Absicherung welcher Risiken in welche Arten von Bewertungseinheiten einbezogen sind sowie die Höhe der mit Bewertungseinheiten
b) für die jeweils abgesicherten Risiken, warum, in welchem Umfang und für welchen Zeitraum sich die gegenläufigen Wertänderungen oder Zahlungsströme künftig voraussichtlich ausgleichen einschließlich der Methode der Ermittlung,
c) eine Erläuterung der mit hoher Wahrscheinlichkeit erwarteten Transaktionen, die in Bewertungseinheiten einbezogen wurden, soweit die Angaben nicht im Lagebericht gemacht werden;
24.zu den Rückstellungen für Pensionen und ähnliche Verpflichtungen das angewandte versicherungsmathematische Berechnungsverfahren sowie die grundlegenden Annahmen der Berechnung, wie Zinssatz, erwartete Lohn- und Gehaltssteigerungen und zugrunde gelegte Sterbetafeln;
25.im Fall der Verrechnung von Vermögensgegenständen und Schulden nach § 246 Abs. 2 Satz 2 die Anschaffungskosten und der beizulegende Zeitwert der verrechneten Vermögensgegenstände, der Erfüllungsbetrag der verrechneten Schulden sowie die verrechneten Aufwendungen und Erträge; Nummer 20 Buchstabe a ist entsprechend anzuwenden;
26.zu Anteilen an Sondervermögen im Sinn des § 1 Absatz 10 des Kapitalanlagegesetzbuchs oder Anlageaktien an Investmentaktiengesellschaften mit veränderlichem Kapital im Sinn der §§ 108 bis 123 des Kapitalanlagegesetzbuchs oder vergleichbaren EU-Investmentvermögen oder vergleichbaren ausländischen Investmentvermögen von mehr als dem zehnten Teil, aufgegliedert nach Anlagezielen, deren Wert im Sinne der §§ 168, 278 oder 286 Absatz 1 des Kapitalanlagegesetzbuchs oder vergleichbarer ausländischer Vorschriften über die Ermittlung des Marktwertes, die Differenz zum Buchwert und die für das Geschäftsjahr erfolgte Ausschüttung sowie Beschränkungen in der Möglichkeit der täglichen Rückgabe; darüber hinaus die Gründe dafür, dass eine Abschreibung gemäß § 253 Absatz 3 Satz 6 unterblieben ist, einschließlich der Anhaltspunkte, die darauf hindeuten, dass die Wertminderung voraussichtlich nicht von Dauer ist; Nummer 18 ist insoweit nicht anzuwenden;
27.für nach § 268 Abs. 7 im Anhang ausgewiesene Verbindlichkeiten und Haftungsverhältnisse die Gründe der Einschätzung des Risikos der Inanspruchnahme;
28.der Gesamtbetrag der Beträge im Sinn des § 268 Abs. 8, aufgegliedert in Beträge aus der Aktivierung selbst geschaffener immaterieller Vermögensgegenstände des Anlagevermögens, Beträge aus der Aktivierung latenter Steuern und aus der Aktivierung von Vermögensgegenständen zum beizulegenden Zeitwert;
29.auf welchen Differenzen oder steuerlichen Verlustvorträgen die latenten Steuern beruhen und mit welchen Steuersätzen die Bewertung erfolgt ist;
30.wenn latente Steuerschulden in der Bilanz angesetzt werden, die latenten Steuersalden am Ende des Geschäftsjahrs und die im Laufe des Geschäftsjahrs erfolgten Änderungen dieser Salden;
31.jeweils der Betrag und die Art der einzelnen Erträge und Aufwendungen von außergewöhnlicher Größenordnung oder außergewöhnlicher Bedeutung, soweit die Beträge nicht von untergeordneter Bedeutung sind;
32.eine Erläuterung der einzelnen Erträge und Aufwendungen hinsichtlich ihres Betrags und ihrer Art, die einem anderen Geschäftsjahr zuzurechnen sind, soweit die Beträge nicht von untergeordneter Bedeutung sind;
33.Vorgänge von besonderer Bedeutung, die nach dem Schluss des Geschäftsjahrs eingetreten und weder in der Gewinn- und Verlustrechnung noch in der Bilanz berücksichtigt sind, unter Angabe ihrer Art und ihrer finanziellen Auswirkungen;
34.der Vorschlag für die Verwendung des Ergebnisses oder der Beschluss über seine Verwendung.

Sechster Titel Lagebericht

§ 289 Inhalt des Lageberichts

(1) Im Lagebericht sind der Geschäftsverlauf einschließlich des Geschäftsergebnisses und die Lage der Kapitalgesellschaft so darzustellen, dass ein den tatsächlichen Verhältnissen entsprechendes Bild vermittelt wird. Er hat eine ausgewogene und umfassende, dem Umfang und der Komplexität der Geschäftstätigkeit entsprechende Analyse des Geschäftsverlaufs und der Lage der Gesellschaft zu enthalten. In die Analyse sind die für die Geschäftstätigkeit bedeutsamsten finanziellen Leistungsindikatoren einzubeziehen und unter Bezugnahme auf die im Jahresabschluss ausgewiesenen Beträge und Angaben zu erläutern. Ferner ist im Lagebericht die voraussichtliche Entwicklung mit ihren wesentlichen Chancen und Risiken zu beurteilen und zu erläutern; zugrunde liegende Annahmen sind anzugeben. Die Mitglieder des vertretungsberechtigten Organs einer Kapitalgesellschaft, die als Inlandsemittent (§ 2 Absatz 14 des Wertpapierhandelsgesetzes) Wertpapiere (§ 2 Absatz 1 des Wertpapierhandelsgesetzes) begibt und keine Kapitalgesellschaft im Sinne des § 327a ist, haben in einer dem Lagebericht beizufügenden schriftlichen Erklärung zu versichern, dass im Lagebericht nach bestem Wissen der Geschäftsverlauf einschließlich des Geschäftsergebnisses und die Lage der Kapitalgesellschaft so dargestellt sind, dass ein den tatsächlichen Verhältnissen entsprechendes Bild vermittelt wird und dass die wesentlichen Chancen und Risiken im Sinne des Satzes 4 beschrieben sind.
(2) Im Lagebericht ist auch einzugehen auf:

1. a) die Risikomanagementziele und -methoden der Gesellschaft einschließlich ihrer Methoden zur Absicherung aller wichtigen Arten von Transaktionen, die im Rahmen der Bilanzierung von Sicherungsgeschäften erfasst werden, sowie
   b) die Preisänderungs-, Ausfall- und Liquiditätsrisiken sowie die Risiken aus Zahlungsstromschwankungen, denen die Gesellschaft ausgesetzt ist, jeweils in Bezug auf die Verwendung von Finanzinstrumenten durch die Gesellschaft und sofern dies für die Beurteilung der Lage oder der voraussichtlichen Entwicklung von Belang ist;
2. den Bereich Forschung und Entwicklung sowie
3. bestehende Zweigniederlassungen der Gesellschaft.
4. (weggefallen)

Sind im Anhang Angaben nach § 160 Absatz 1 Nummer 2 des Aktiengesetzes zu machen, ist im Lagebericht darauf zu verweisen.
(3) Bei einer großen Kapitalgesellschaft (§ 267 Abs. 3) gilt Absatz 1 Satz 3 entsprechend für nichtfinanzielle Leistungsindikatoren, wie Informationen über Umwelt- und Arbeitnehmerbelange, soweit sie für das Verständnis des Geschäftsverlaufs oder der Lage von Bedeutung sind.
(4) Kapitalgesellschaften im Sinn des § 264d haben im Lagebericht die wesentlichen Merkmale des internen Kontroll- und des Risikomanagementsystems im Hinblick auf den Rechnungslegungsprozess zu beschreiben.

§ 289a Ergänzende Vorgaben für bestimmte Aktiengesellschaften und Kommanditgesellschaften auf Aktien

Aktiengesellschaften und Kommanditgesellschaften auf Aktien, die einen organisierten Markt im Sinne des § 2 Absatz 7 des Wertpapiererwerbs- und Übernahmegesetzes durch von ihnen ausgegebene stimmberechtigte Aktien in Anspruch nehmen, haben im Lagebericht außerdem anzugeben:

1. die Zusammensetzung des gezeichneten Kapitals unter gesondertem Ausweis der mit jeder Gattung verbundenen Rechte und Pflichten und des Anteils am Gesellschaftskapital;
2. Beschränkungen, die Stimmrechte oder die Übertragung von Aktien betreffen, auch wenn sie sich aus Vereinbarungen zwischen Gesellschaftern ergeben können, soweit sie dem Vorstand der Gesellschaft bekannt sind;
3. direkte oder indirekte Beteiligungen am Kapital, die 10 Prozent der Stimmrechte überschreiten;

4. die Inhaber von Aktien mit Sonderrechten, die Kontrollbefugnisse verleihen, und eine Beschreibung dieser Sonderrechte;
5. die Art der Stimmrechtskontrolle, wenn Arbeitnehmer am Kapital beteiligt sind und ihre Kontrollrechte nicht unmittelbar ausüben;
6. die gesetzlichen Vorschriften und Bestimmungen der Satzung über die Ernennung und Abberufung der Mitglieder des Vorstands und über die Änderung der Satzung;
7. die Befugnisse des Vorstands insbesondere hinsichtlich der Möglichkeit, Aktien auszugeben oder zurückzukaufen;
8. wesentliche Vereinbarungen der Gesellschaft, die unter der Bedingung eines Kontrollwechsels infolge eines Übernahmeangebots stehen, und die hieraus folgenden Wirkungen;
9. Entschädigungsvereinbarungen der Gesellschaft, die für den Fall eines Übernahmeangebots mit den Mitgliedern des Vorstands oder mit Arbeitnehmern getroffen sind.

Die Angaben nach Satz 1 Nummer 1, 3 und 9 können unterbleiben, soweit sie im Anhang zu machen sind. Sind Angaben nach Satz 1 im Anhang zu machen, ist im Lagebericht darauf zu verweisen. Die Angaben nach Satz 1 Nummer 8 können unterbleiben, soweit sie geeignet sind, der Gesellschaft einen erheblichen Nachteil zuzufügen; die Angabepflicht nach anderen gesetzlichen Vorschriften bleibt unberührt.

§ 289b Pflicht zur nichtfinanziellen Erklärung; Befreiungen

(1) Eine Kapitalgesellschaft hat ihren Lagebericht um eine nichtfinanzielle Erklärung zu erweitern, wenn sie die folgenden Merkmale erfüllt:
1. die Kapitalgesellschaft erfüllt die Voraussetzungen des § 267 Absatz 3 Satz 1,
2. die Kapitalgesellschaft ist kapitalmarktorientiert im Sinne des § 264d und
3. die Kapitalgesellschaft hat im Jahresdurchschnitt mehr als 500 Arbeitnehmer beschäftigt.

§ 267 Absatz 4 bis 5 ist entsprechend anzuwenden. Wenn die nichtfinanzielle Erklärung einen besonderen Abschnitt des Lageberichts bildet, darf die Kapitalgesellschaft auf die an anderer Stelle im Lagebericht enthaltenen nichtfinanziellen Angaben verweisen.

(2) Eine Kapitalgesellschaft im Sinne des Absatzes 1 ist unbeschadet anderer Befreiungsvorschriften von der Pflicht zur Erweiterung des Lageberichts um eine nichtfinanzielle Erklärung befreit, wenn
1. die Kapitalgesellschaft in den Konzernlagebericht eines Mutterunternehmens einbezogen ist und
2. der Konzernlagebericht nach Nummer 1 nach Maßgabe des nationalen Rechts eines Mitgliedstaats der Europäischen Union oder eines anderen Vertragsstaats des Abkommens über den Europäischen Wirtschaftsraum im Einklang mit der Richtlinie 2013/34/EU aufgestellt wird und eine nichtfinanzielle Konzernerklärung enthält.

Satz 1 gilt entsprechend, wenn das Mutterunternehmen im Sinne von Satz 1 einen gesonderten nichtfinanziellen Konzernbericht nach § 315b Absatz 3 oder nach Maßgabe des nationalen Rechts eines Mitgliedstaats der Europäischen Union oder eines anderen Vertragsstaats des Abkommens über den Europäischen Wirtschaftsraum im Einklang mit der Richtlinie 2013/34/EU erstellt und öffentlich zugänglich macht. Ist eine Kapitalgesellschaft nach Satz 1 oder 2 von der Pflicht zur Erstellung einer nichtfinanziellen Erklärung befreit, hat sie dies in ihrem Lagebericht mit einer Erläuterung anzugeben, welches Mutterunternehmen den Konzernlagebericht oder den gesonderten nichtfinanziellen Konzernbericht öffentlich zugänglich macht und wo der Bericht in deutscher oder englischer Sprache offengelegt oder veröffentlicht ist.

(3) Eine Kapitalgesellschaft im Sinne des Absatzes 1 ist auch dann von der Pflicht zur Erweiterung des Lageberichts um eine nichtfinanzielle Erklärung befreit, wenn die Kapitalgesellschaft für dasselbe Geschäftsjahr einen gesonderten nichtfinanziellen Bericht außerhalb des Lageberichts erstellt und folgende Voraussetzungen erfüllt sind:
1. der gesonderte nichtfinanzielle Bericht erfüllt zumindest die inhaltlichen Vorgaben nach § 289c und
2. die Kapitalgesellschaft macht den gesonderten nichtfinanziellen Bericht öffentlich zugänglich durch
a) Offenlegung zusammen mit dem Lagebericht nach § 325 oder

b) Veröffentlichung auf der Internetseite der Kapitalgesellschaft spätestens vier Monate nach dem Abschlussstichtag und mindestens für zehn Jahre, sofern der Lagebericht auf diese Veröffentlichung unter Angabe der Internetseite Bezug nimmt.

Absatz 1 Satz 3 und die §§ 289d und 289e sind auf den gesonderten nichtfinanziellen Bericht entsprechend anzuwenden.

(4) Ist die nichtfinanzielle Erklärung oder der gesonderte nichtfinanzielle Bericht inhaltlich überprüft worden, ist auch die Beurteilung des Prüfungsergebnisses in gleicher Weise wie die nichtfinanzielle Erklärung oder der gesonderte nichtfinanzielle Bericht öffentlich zugänglich zu machen.

§ 289c Inhalt der nichtfinanziellen Erklärung

(1) In der nichtfinanziellen Erklärung im Sinne des § 289b ist das Geschäftsmodell der Kapitalgesellschaft kurz zu beschreiben.

(2) Die nichtfinanzielle Erklärung bezieht sich darüber hinaus zumindest auf folgende Aspekte:

1. Umweltbelange, wobei sich die Angaben beispielsweise auf Treibhausgasemissionen, den Wasserverbrauch, die Luftverschmutzung, die Nutzung von erneuerbaren und nicht erneuerbaren Energien oder den Schutz der biologischen Vielfalt beziehen können,
2. Arbeitnehmerbelange, wobei sich die Angaben beispielsweise auf die Maßnahmen, die zur Gewährleistung der Geschlechtergleichstellung ergriffen wurden, die Arbeitsbedingungen, die Umsetzung der grundlegenden Übereinkommen der Internationalen Arbeitsorganisation, die Achtung der Rechte der Arbeitnehmerinnen und Arbeitnehmer, informiert und konsultiert zu werden, den sozialen Dialog, die Achtung der Rechte der Gewerkschaften, den Gesundheitsschutz oder die Sicherheit am Arbeitsplatz beziehen können,
3. Sozialbelange, wobei sich die Angaben beispielsweise auf den Dialog auf kommunaler oder regionaler Ebene oder auf die zur Sicherstellung des Schutzes und der Entwicklung lokaler Gemeinschaften ergriffenen Maßnahmen beziehen können,
4. die Achtung der Menschenrechte, wobei sich die Angaben beispielsweise auf die Vermeidung von Menschenrechtsverletzungen beziehen können, und
5. die Bekämpfung von Korruption und Bestechung, wobei sich die Angaben beispielsweise auf die bestehenden Instrumente zur Bekämpfung von Korruption und Bestechung beziehen können.

(3) Zu den in Absatz 2 genannten Aspekten sind in der nichtfinanziellen Erklärung jeweils diejenigen Angaben zu machen, die für das Verständnis des Geschäftsverlaufs, des Geschäftsergebnisses, der Lage der Kapitalgesellschaft sowie der Auswirkungen ihrer Tätigkeit auf die in Absatz 2 genannten Aspekte erforderlich sind, einschließlich

1. einer Beschreibung der von der Kapitalgesellschaft verfolgten Konzepte, einschließlich der von der Kapitalgesellschaft angewandten Due-Diligence-Prozesse,
2. der Ergebnisse der Konzepte nach Nummer 1,
3. der wesentlichen Risiken, die mit der eigenen Geschäftstätigkeit der Kapitalgesellschaft verknüpft sind und die sehr wahrscheinlich schwerwiegende negative Auswirkungen auf die in Absatz 2 genannten Aspekte haben oder haben werden, sowie die Handhabung dieser Risiken durch die Kapitalgesellschaft,
4. der wesentlichen Risiken, die mit den Geschäftsbeziehungen der Kapitalgesellschaft, ihren Produkten und Dienstleistungen verknüpft sind und die sehr wahrscheinlich schwerwiegende negative Auswirkungen auf die in Absatz 2 genannten Aspekte haben oder haben werden, soweit die Angaben von Bedeutung sind und die Berichterstattung über diese Risiken verhältnismäßig ist, sowie die Handhabung dieser Risiken durch die Kapitalgesellschaft,
5. der bedeutsamsten nichtfinanziellen Leistungsindikatoren, die für die Geschäftstätigkeit der Kapitalgesellschaft von Bedeutung sind,
6. soweit es für das Verständnis erforderlich ist, Hinweisen auf im Jahresabschluss ausgewiesene Beträge und zusätzliche Erläuterungen dazu.

(4) Wenn die Kapitalgesellschaft in Bezug auf einen oder mehrere der in Absatz 2 genannten Aspekte kein Konzept verfolgt, hat sie dies anstelle der auf den jeweiligen Aspekt bezogenen Angaben nach Absatz 3 Nummer 1 und 2 in der nichtfinanziellen Erklärung klar und begründet zu erläutern.

§ 289d Nutzung von Rahmenwerken

Die Kapitalgesellschaft kann für die Erstellung der nichtfinanziellen Erklärung nationale, europäische oder internationale Rahmenwerke nutzen. In der Erklärung ist anzugeben, ob die Kapitalgesellschaft für die Erstellung der nichtfinanziellen Erklärung ein Rahmenwerk genutzt hat und, wenn dies der Fall ist, welches Rahmenwerk genutzt wurde, sowie andernfalls, warum kein Rahmenwerk genutzt wurde.

§ 289e Weglassen nachteiliger Angaben

(1) Die Kapitalgesellschaft muss in die nichtfinanzielle Erklärung ausnahmsweise keine Angaben zu künftigen Entwicklungen oder Belangen, über die Verhandlungen geführt werden, aufnehmen, wenn

1. die Angaben nach vernünftiger kaufmännischer Beurteilung der Mitglieder des vertretungsberechtigten Organs der Kapitalgesellschaft geeignet sind, der Kapitalgesellschaft einen erheblichen Nachteil zuzufügen, und
2. das Weglassen der Angaben ein den tatsächlichen Verhältnissen entsprechendes und ausgewogenes Verständnis des Geschäftsverlaufs, des Geschäftsergebnisses, der Lage der Kapitalgesellschaft und der Auswirkungen ihrer Tätigkeit nicht verhindert.

(2) Macht eine Kapitalgesellschaft von Absatz 1 Gebrauch und entfallen die Gründe für die Nichtaufnahme der Angaben nach der Veröffentlichung der nichtfinanziellen Erklärung, sind die Angaben in die darauf folgende nichtfinanzielle Erklärung aufzunehmen.

§ 289f Erklärung zur Unternehmensführung

(1) Börsennotierte Aktiengesellschaften sowie Aktiengesellschaften, die ausschließlich andere Wertpapiere als Aktien zum Handel an einem organisierten Markt im Sinn des § 2 Absatz 11 des Wertpapierhandelsgesetzes ausgegeben haben und deren ausgegebene Aktien auf eigene Veranlassung über ein multilaterales Handelssystem im Sinn des § 2 Absatz 8 Satz 1 Nummer 8 des Wertpapierhandelsgesetzes gehandelt werden, haben eine Erklärung zur Unternehmensführung in ihren Lagebericht aufzunehmen, die dort einen gesonderten Abschnitt bildet. Sie kann auch auf der Internetseite der Gesellschaft öffentlich zugänglich gemacht werden. In diesem Fall ist in den Lagebericht eine Bezugnahme aufzunehmen, welche die Angabe der Internetseite enthält.

(2) In die Erklärung zur Unternehmensführung sind aufzunehmen

1. die Erklärung gemäß § 161 des Aktiengesetzes;

1a eine Bezugnahme auf die Internetseite der Gesellschaft, auf der der Vergütungsbericht über das letzte Geschäftsjahr und der Vermerk des Abschlussprüfers gemäß § 162 des Aktiengesetzes, das geltende Vergütungssystem gemäß § 87a Absatz 1 und 2 Satz 1 des Aktiengesetzes und der letzte Vergütungsbeschluss gemäß § 113 Absatz 3 des Aktiengesetzes öffentlich zugänglich gemacht werden;

2. relevante Angaben zu Unternehmensführungspraktiken, die über die gesetzlichen Anforderungen hinaus angewandt werden, nebst Hinweis, wo sie öffentlich zugänglich sind;
3. eine Beschreibung der Arbeitsweise von Vorstand und Aufsichtsrat sowie der Zusammensetzung und Arbeitsweise von deren Ausschüssen; sind die Informationen auf der Internetseite der Gesellschaft öffentlich zugänglich, kann darauf verwiesen werden;
4. bei Aktiengesellschaften im Sinne des Absatzes 1, die nach § 76 Absatz 4 und § 111 Absatz 5 des Aktiengesetzes verpflichtet sind, Zielgrößen für den Frauenanteil und Fristen für deren Erreichung festzulegen und die Festlegung der Zielgröße Null zu begründen, die vorgeschriebenen Festlegungen und Begründungen und die Angabe, ob die festgelegten Zielgrößen während des Bezugszeitraums erreicht worden sind, und, wenn nicht, Angaben zu den Gründen;
5. bei börsennotierten Aktiengesellschaften, die nach § 96 Absatz 2 und 3 des Aktiengesetzes bei der Besetzung des Aufsichtsrats jeweils einen Mindestanteil an Frauen und Männern einzuhalten haben, die Angabe, ob die Gesellschaft im Bezugszeitraum den Mindestanteil eingehalten hat, und, wenn nicht, Angaben zu den Gründen; bei börsennotierten Europäischen Gesellschaften (SE) tritt

an die Stelle des § 96 Absatz 2 und 3 des Aktiengesetzes § 17 Absatz 2 oder § 24 Absatz 3 des SE-Ausführungsgesetzes;
5a. bei börsennotierten Aktiengesellschaften, die nach § 76 Absatz 3a des Aktiengesetzes mindestens eine Frau und mindestens einen Mann als Vorstandsmitglied bestellen müssen, die Angabe, ob die Gesellschaft im Bezugszeitraum diese Vorgabe eingehalten hat, und, wenn nicht, Angaben zu den Gründen; bei börsennotierten Europäischen Gesellschaften (SE) tritt an die Stelle des § 76 Absatz 3a des Aktiengesetzes § 16 Absatz 2 oder § 40 Absatz 1a des SE-Ausführungsgesetzes;
6. bei Aktiengesellschaften im Sinne des Absatzes 1, die nach § 267 Absatz 3 Satz 1 und Absatz 4 bis 5 große Kapitalgesellschaften sind, eine Beschreibung des Diversitätskonzepts, das im Hinblick auf die Zusammensetzung des vertretungsberechtigten Organs und des Aufsichtsrats in Bezug auf Aspekte wie beispielsweise Alter, Geschlecht, Bildungs- oder Berufshintergrund verfolgt wird, sowie der Ziele dieses Diversitätskonzepts, der Art und Weise seiner Umsetzung und der im Geschäftsjahr erreichten Ergebnisse.

(3) Auf börsennotierte Kommanditgesellschaften auf Aktien sind die Absätze 1 und 2 entsprechend anzuwenden.

(4) Andere Kapitalgesellschaften haben in ihren Lagebericht als gesonderten Abschnitt eine Erklärung zur Unternehmensführung mit den Festlegungen, Begründungen und Angaben nach Absatz 2 Nummer 4 aufzunehmen, wenn sie nach § 76 Absatz 4 oder § 111 Absatz 5 des Aktiengesetzes oder nach § 36 oder § 52 Absatz 2 des Gesetzes betreffend die Gesellschaften mit beschränkter Haftung verpflichtet sind, Zielgrößen für den Frauenanteil und Fristen für deren Erreichung festzulegen und die Festlegung der Zielgröße Null zu begründen. Absatz 1 Satz 2 und 3 gilt entsprechend. Kapitalgesellschaften, die nicht zur Aufstellung eines Lageberichts verpflichtet sind, haben eine Erklärung mit den Festlegungen, Begründungen und Angaben des Satzes 1 zu erstellen und auf der Internetseite der Gesellschaft zu veröffentlichen. Sie können diese Pflicht auch durch Offenlegung eines unter Berücksichtigung von Satz 1 aufgestellten Lageberichts erfüllen.

(5) Wenn eine Gesellschaft nach Absatz 2 Nummer 6, auch in Verbindung mit Absatz 3, kein Diversitätskonzept verfolgt, hat sie dies in der Erklärung zur Unternehmensführung zu erläutern.

Vierter Titel Vollkonsolidierung

§ 300 Konsolidierungsgrundsätze Vollständigkeitsgebot

(1) In dem Konzernabschluß ist der Jahresabschluß des Mutterunternehmens mit den Jahresabschlüssen der Tochterunternehmen zusammenzufassen. An die Stelle der dem Mutterunternehmen gehörenden Anteile an den einbezogenen Tochterunternehmen treten die Vermögensgegenstände, Schulden, Rechnungsabgrenzungsposten und Sonderposten der Tochterunternehmen, soweit sie nach dem Recht des Mutterunternehmens bilanzierungsfähig sind und die Eigenart des Konzernabschlusses keine Abweichungen bedingt oder in den folgenden Vorschriften nichts anderes bestimmt ist.

(2) Die Vermögensgegenstände, Schulden und Rechnungsabgrenzungsposten sowie die Erträge und Aufwendungen der in den Konzernabschluß einbezogenen Unternehmen sind unabhängig von ihrer Berücksichtigung in den Jahresabschlüssen dieser Unternehmen vollständig aufzunehmen, soweit nach dem Recht des Mutterunternehmens nicht ein Bilanzierungsverbot oder ein Bilanzierungswahlrecht besteht. Nach dem Recht des Mutterunternehmens zulässige Bilanzierungswahlrechte dürfen im Konzernabschluß unabhängig von ihrer Ausübung in den Jahresabschlüssen der in den Konzernabschluß einbezogenen Unternehmen ausgeübt werden. Ansätze, die auf der Anwendung von für Kreditinstitute oder Versicherungsunternehmen wegen der Besonderheiten des Geschäftszweigs geltenden Vorschriften beruhen, dürfen beibehalten werden; auf die Anwendung dieser Ausnahme ist im Konzernanhang hinzuweisen.

§ 301 Kapitalkonsolidierung

(1) Der Wertansatz der dem Mutterunternehmen gehörenden Anteile an einem in den Konzernabschluß einbezogenen Tochterunternehmen wird mit dem auf diese Anteile entfallenden Betrag des Eigenkapitals des Tochterunternehmens verrechnet. Das Eigenkapital ist mit dem Betrag anzusetzen, der dem Zeitwert der in den Konzernabschluss aufzunehmenden Vermögensgegenstände, Schulden, Rechnungsabgrenzungsposten und Sonderposten entspricht, der diesen an dem für die Verrechnung nach Absatz 2 maßgeblichen Zeitpunkt beizulegen ist. Rückstellungen sind nach § 253 Abs. 1 Satz 2 und 3, Abs. 2 und latente Steuern nach § 274 Abs. 2 zu bewerten.
(2) Die Verrechnung nach Absatz 1 ist auf Grundlage der Wertansätze zu dem Zeitpunkt durchzuführen, zu dem das Unternehmen Tochterunternehmen geworden ist. Können die Wertansätze zu diesem Zeitpunkt nicht endgültig ermittelt werden, sind sie innerhalb der darauf folgenden zwölf Monate anzupassen. Stellt ein Mutterunternehmen erstmalig einen Konzernabschluss auf, sind die Wertansätze zum Zeitpunkt der Einbeziehung des Tochterunternehmens in den Konzernabschluss zugrunde zu legen, soweit das Tochterunternehmen nicht in dem Jahr Tochterunternehmen geworden ist, für das der Konzernabschluss aufgestellt wird. Das Gleiche gilt für die erstmalige Einbeziehung eines Tochterunternehmens, auf die bisher gemäß § 296 verzichtet wurde. In Ausnahmefällen dürfen die Wertansätze nach Satz 1 auch in den Fällen der Sätze 3 und 4 zugrunde gelegt werden; dies ist im Konzernanhang anzugeben und zu begründen.
(3) Ein nach der Verrechnung verbleibender Unterschiedsbetrag ist in der Konzernbilanz, wenn er auf der Aktivseite entsteht, als Geschäfts- oder Firmenwert und, wenn er auf der Passivseite entsteht, unter dem Posten „Unterschiedsbetrag aus der Kapitalkonsolidierung“ nach dem Eigenkapital auszuweisen. Der Posten und wesentliche Änderungen gegenüber dem Vorjahr sind im Konzernanhang zu erläutern.
(4) Anteile an dem Mutterunternehmen, die einem in den Konzernabschluss einbezogenen Tochterunternehmen gehören, sind in der Konzernbilanz als eigene Anteile des Mutterunternehmens mit ihrem Nennwert oder, falls ein solcher nicht vorhanden ist, mit ihrem rechnerischen Wert, in der Vorspalte offen von dem Posten„Gezeichnetes Kapital“ abzusetzen.

§ 302 (weggefallen)

§ 303 Schuldenkonsolidierung

(1) Ausleihungen und andere Forderungen, Rückstellungen und Verbindlichkeiten zwischen den in den Konzernabschluß einbezogenen Unternehmen sowie entsprechende Rechnungsabgrenzungsposten sind wegzulassen.
(2) Absatz 1 braucht nicht angewendet zu werden, wenn die wegzulassenden Beträge für die Vermittlung eines den tatsächlichen Verhältnissen entsprechenden Bildes der Vermögens-, Finanz- und Ertragslage des Konzerns nur von untergeordneter Bedeutung sind.

§ 304 Behandlung der Zwischenergebnisse

(1) In den Konzernabschluß zu übernehmende Vermögensgegenstände, die ganz oder teilweise auf Lieferungen oder Leistungen zwischen in den Konzernabschluß einbezogenen Unternehmen beruhen, sind in der Konzernbilanz mit einem Betrag anzusetzen, zu dem sie in der auf den Stichtag des Konzernabschlusses aufgestellten Jahresbilanz dieses Unternehmens angesetzt werden könnten, wenn die in den Konzernabschluß einbezogenen Unternehmen auch rechtlich ein einziges Unternehmen bilden würden.
(2) Absatz 1 braucht nicht angewendet zu werden, wenn die Behandlung der Zwischenergebnisse nach Absatz 1 für die Vermittlung eines den tatsächlichen Verhältnissen entsprechenden Bildes der Vermögens-, Finanz- und Ertragslage des Konzerns nur von untergeordneter Bedeutung ist.

§ 305 Aufwands- und Ertragskonsolidierung

(1) In der Konzern-Gewinn- und Verlustrechnung sind
1. bei den Umsatzerlösen die Erlöse aus Lieferungen und Leistungen zwischen den in den Konzernabschluß einbezogenen Unternehmen mit den auf sie entfallenden Aufwendungen zu verrechnen, soweit sie nicht als Erhöhung des Bestands an fertigen und unfertigen Erzeugnissen oder als andere aktivierte Eigenleistungen auszuweisen sind,
2. andere Erträge aus Lieferungen und Leistungen zwischen den in den Konzernabschluß einbezogenen Unternehmen mit den auf sie entfallenden Aufwendungen zu verrechnen, soweit sie nicht als andere aktivierte Eigenleistungen auszuweisen sind.

(2) Aufwendungen und Erträge brauchen nach Absatz 1 nicht weggelassen zu werden, wenn die wegzulassenden Beträge für die Vermittlung eines den tatsächlichen Verhältnissen entsprechenden Bildes der Vermögens-, Finanz- und Ertragslage des Konzerns nur von untergeordneter Bedeutung sind.

§ 306 Latente Steuern

Führen Maßnahmen, die nach den Vorschriften dieses Titels durchgeführt worden sind, zu Differenzen zwischen den handelsrechtlichen Wertansätzen der Vermögensgegenstände, Schulden oder Rechnungsabgrenzungsposten und deren steuerlichen Wertansätzen und bauen sich diese Differenzen in späteren Geschäftsjahren voraussichtlich wieder ab, so ist eine sich insgesamt ergebende Steuerbelastung als passive latente Steuern und eine sich insgesamt ergebende Steuerentlastung als aktive latente Steuern in der Konzernbilanz anzusetzen. Die sich ergebende Steuerbe- und die sich ergebende Steuerentlastung können auch unverrechnet angesetzt werden. Differenzen aus dem erstmaligen Ansatz eines nach § 301 Abs. 3 verbleibenden Unterschiedsbetrages bleiben unberücksichtigt. Das Gleiche gilt für Differenzen, die sich zwischen dem steuerlichen Wertansatz einer Beteiligung an einem Tochterunternehmen, assoziierten Unternehmen oder einem Gemeinschaftsunternehmen im Sinn des § 310 Abs. 1 und dem handelsrechtlichen Wertansatz des im Konzernabschluss angesetzten Nettovermögens ergeben. § 274 Abs. 2 ist entsprechend anzuwenden. Die Posten dürfen mit den Posten nach § 274 zusammengefasst werden.

§ 307 Anteile anderer Gesellschafter

(1) In der Konzernbilanz ist für nicht dem Mutterunternehmen gehörende Anteile an in den Konzernabschluß einbezogenen Tochterunternehmen ein Ausgleichsposten für die Anteile der anderen Gesellschafter in Höhe ihres Anteils am Eigenkapital unter dem Posten „nicht beherrschende Anteile“ innerhalb des Eigenkapitals gesondert auszuweisen.

(2) In der Konzern-Gewinn- und Verlustrechnung ist der im Jahresergebnis enthaltene, anderen Gesellschaftern zustehende Gewinn und der auf sie entfallende Verlust nach dem Posten "Jahresüberschuß/Jahresfehlbetrag" unter dem Posten „nicht beherrschende Anteile“ gesondert auszuweisen.

Fünfter Titel Bewertungsvorschriften

§ 308 Einheitliche Bewertung

(1) Die in den Konzernabschluß nach § 300 Abs. 2 übernommenen Vermögensgegenstände und Schulden der in den Konzernabschluß einbezogenen Unternehmen sind nach den auf den Jahresabschluß des Mutterunternehmens anwendbaren Bewertungsmethoden einheitlich zu bewerten. Nach dem Recht des Mutterunternehmens zulässige Bewertungswahlrechte können im Konzernabschluß unabhängig von ihrer Ausübung in den Jahresabschlüssen der in den Konzernabschluß einbezogenen Unternehmen ausgeübt werden. Abweichungen von den auf den Jahresabschluß des Mutterunternehmens angewandten Bewertungsmethoden sind im Konzernanhang anzugeben und zu begründen.

(2) Sind in den Konzernabschluß aufzunehmende Vermögensgegenstände oder Schulden des

Mutterunternehmens oder der Tochterunternehmen in den Jahresabschlüssen dieser Unternehmen nach Methoden bewertet worden, die sich von denen unterscheiden, die auf den Konzernabschluß anzuwenden sind oder die von den gesetzlichen Vertretern des Mutterunternehmens in Ausübung von Bewertungswahlrechten auf den Konzernabschluß angewendet werden, so sind die abweichend bewerteten Vermögensgegenstände oder Schulden nach den auf den Konzernabschluß angewandten Bewertungsmethoden neu zu bewerten und mit den neuen Wertansätzen in den Konzernabschluß zu übernehmen. Wertansätze, die auf der Anwendung von für Kreditinstitute oder Versicherungsunternehmen wegen der Besonderheiten des Geschäftszweigs geltenden Vorschriften beruhen, dürfen beibehalten werden; auf die Anwendung dieser Ausnahme ist im Konzernanhang hinzuweisen. Eine einheitliche Bewertung nach Satz 1 braucht nicht vorgenommen zu werden, wenn ihre Auswirkungen für die Vermittlung eines den tatsächlichen Verhältnissen entsprechenden Bildes der Vermögens-, Finanz- und Ertragslage des Konzerns nur von untergeordneter Bedeutung sind. Darüber hinaus sind Abweichungen in Ausnahmefällen zulässig; sie sind im Konzernanhang anzugeben und zu begründen.
(3) (weggefallen)

§ 308a Umrechnung von auf fremde Währung lautenden Abschlüssen

Die Aktiv- und Passivposten einer auf fremde Währung lautenden Bilanz sind, mit Ausnahme des Eigenkapitals, das zum historischen Kurs in Euro umzurechnen ist, zum Devisenkassamittelkurs am Abschlussstichtag in Euro umzurechnen. Die Posten der Gewinn- und Verlustrechnung sind zum Durchschnittskurs in Euro umzurechnen. Eine sich ergebende Umrechnungsdifferenz ist innerhalb des Konzerneigenkapitals nach den Rücklagen unter dem Posten „Eigenkapitaldifferenz aus Währungsumrechnung“ auszuweisen. Bei teilweisem oder vollständigem Ausscheiden des Tochterunternehmens ist der Posten in entsprechender Höhe erfolgswirksam aufzulösen.

§ 309 Behandlung des Unterschiedsbetrags

(1) Die Abschreibung eines nach § 301 Abs. 3 auszuweisenden Geschäfts- oder Firmenwertes bestimmt sich nach den Vorschriften des Ersten Abschnitts.
(2) Ein nach § 301 Absatz 3 auf der Passivseite auszuweisender Unterschiedsbetrag kann ergebniswirksam aufgelöst werden, soweit ein solches Vorgehen den Grundsätzen der §§ 297 und 298 in Verbindung mit den Vorschriften des Ersten Abschnitts entspricht.

§ 312 Wertansatz der Beteiligung und Behandlung des Unterschiedsbetrags

(1) Eine Beteiligung an einem assoziierten Unternehmen ist in der Konzernbilanz mit dem Buchwert anzusetzen. Der Unterschiedsbetrag zwischen dem Buchwert und dem anteiligen Eigenkapital des assoziierten Unternehmens sowie ein darin enthaltener Geschäfts- oder Firmenwert oder passiver Unterschiedsbetrag sind im Konzernanhang anzugeben.
(2) Der Unterschiedsbetrag nach Absatz 1 Satz 2 ist den Wertansätzen der Vermögensgegenstände, Schulden, Rechnungsabgrenzungsposten und Sonderposten des assoziierten Unternehmens insoweit zuzuordnen, als deren beizulegender Zeitwert höher oder niedriger ist als ihr Buchwert. Der nach Satz 1 zugeordnete Unterschiedsbetrag ist entsprechend der Behandlung der Wertansätze dieser Vermögensgegenstände, Schulden, Rechnungsabgrenzungsposten und Sonderposten im Jahresabschluss des assoziierten Unternehmens im Konzernabschluss fortzuführen, abzuschreiben oder aufzulösen. Auf einen nach Zuordnung nach Satz 1 verbleibenden Geschäfts- oder Firmenwert oder passiven Unterschiedsbetrag ist § 309 entsprechend anzuwenden. § 301 Abs. 1 Satz 3 ist entsprechend anzuwenden.
(3) Der Wertansatz der Beteiligung und der Unterschiedsbetrag sind auf der Grundlage der Wertansätze zu dem Zeitpunkt zu ermitteln, zu dem das Unternehmen assoziiertes Unternehmen geworden ist. Können die Wertansätze zu diesem Zeitpunkt nicht endgültig ermittelt werden, sind sie innerhalb der darauf folgenden zwölf Monate anzupassen. § 301 Absatz 2 Satz 3 bis 5 gilt entsprechend.
(4) Der nach Absatz 1 ermittelte Wertansatz einer Beteiligung ist in den Folgejahren um den Betrag

der Eigenkapitalveränderungen, die den dem Mutterunternehmen gehörenden Anteilen am Kapital des assoziierten Unternehmens entsprechen, zu erhöhen oder zu vermindern; auf die Beteiligung entfallende Gewinnausschüttungen sind abzusetzen. In der Konzern-Gewinn- und Verlustrechnung ist das auf assoziierte Beteiligungen entfallende Ergebnis unter einem gesonderten Posten auszuweisen.

(5) Wendet das assoziierte Unternehmen in seinem Jahresabschluß vom Konzernabschluß abweichende Bewertungsmethoden an, so können abweichend bewertete Vermögensgegenstände oder Schulden für die Zwecke der Absätze 1 bis 4 nach den auf den Konzernabschluß angewandten Bewertungsmethoden bewertet werden. Wird die Bewertung nicht angepaßt, so ist dies im Konzernanhang anzugeben. Die §§ 304 und 306 sind entsprechend anzuwenden, soweit die für die Beurteilung maßgeblichen Sachverhalte bekannt oder zugänglich sind.

(6) Es ist jeweils der letzte Jahresabschluß des assoziierten Unternehmens zugrunde zu legen. Stellt das assoziierte Unternehmen einen Konzernabschluß auf, so ist von diesem und nicht vom Jahresabschluß desassoziierten Unternehmens auszugehen.

Anlage 4: Ergebnisrechnung (VV Muster zur GO NRW und KomHVO NRW, Anlage 19)

Ertrags- und Aufwandsarten			Ergebnis des Vorjahres EUR	Fortgesch. Ansatz des Haushaltsjahres EUR	davon Ermächtigungsübertragungen aus dem Vorjahr EUR	Ist-Ergebnis des Haushaltsjahres EUR	Vergleich Ansatz / Ist (Sp. 3 ./. Sp. 2) EUR	Ermächtigungsübertragungen in das Folgejahr EUR
			1	2	3	4	5	6
1		Steuern und ähnliche Abgaben						
2	+	Zuwendungen und allgemeine Umlagen						
3	+	Sonstige Transfererträge						
4	+	Öffentlich-rechtliche Leistungsentgelte						
5	+	Privatrechtliche Leistungsentgelte						
6	+	Kostenerstattungen und Kostenumlagen						
7	+	Sonstige ordentliche Erträge						
8	+	Aktivierte Eigenleistungen						
9	+ / -	Bestandsveränderungen						
10	**=**	**Ordentliche Erträge**						
11	-	Personalaufwendungen						
12	-	Versorgungsaufwendun gen						
13	-	Aufwendungen für Sach- und Dienstleistungen						
14	-	Bilanzielle Abschreibungen						
15	-	Transferaufwendungen						
16	-	Sonstige ordentliche Aufwendungen						
17	**=**	**Ordentliche Aufwendungen**						
18	**=**	**Ordentliches Ergebnis** (= Zeilen 10 und 17)						
19	+	Finanzerträge						
20	-	Zinsen u. sonstige Finanzaufwendungen						
21	**=**	**Finanzergebnis** (=Zeilen 19 und 20)						
22	**=**	**Ergebnis der laufenden Verwaltungstätigkeit** (= Zeilen 18 und 21)						
23	+	Außerordentliche Erträge						

24	-	Außerordentliche Aufwendungen					
25	**=**	**Außerordentliches Ergebnis** (= Zeilen 23 und 24)					

Ertrags- und Aufwandsarten			Ergebnis des Vorjahres EUR	Fortgesch. Ansatz des Haushaltsjahres EUR	davon Ermächtigungsübertragungen aus dem Vorjahr EUR	Ist-Ergebnis des Haushaltsjahres EUR	Vergleich Ansatz / Ist (Sp. 3 ./. Sp. 2) EUR	Ermächtigungsübertragungen in das Folgejahr EUR
			1	2	3	4	5	6
26	**=**	**Jahresergebnis** (= Zeilen 22 und 25)						
27	-	Globaler Minderaufwand*						
28	=	**Jahresergebnis nach Abzug globaler Minderaufwand** (= Zeilen 26 und 27)						
Nachrichtlich: Verrechnung von Erträgen und Aufwendungen mit der allgemeinen Rücklage								
29		Verrechnete Erträge bei Vermögensgegenständen						
30		Verrechnete Erträge bei Finanzanlagen						
31		Verrechnete Aufwendungen bei Vermögensgegenständen						
32		Verrechnete Aufwendungen bei Finanzanlagen						
33		**Verrechnungssaldo (= Zeilen 29 bis 32)**						

* Beim globalen Minderaufwand ist in der Spalte des fortgeschriebenen Ansatzes lediglich der im Ergebnisplan festgesetzte Betrag zu übernehmen.

Anlage 5: Teilergebnisrechnung (VV Muster zur GO NRW und KomHVO NRW, Anlage 20)

Ertrags- und Aufwandsarten			Ergebnis des Vorjahres EUR	Fortgesch. Ansatz des Haushaltsjahres EUR	davon Ermächtigungsübertragungen aus dem Vorjahr EUR	Ist-Ergebnis des Haushaltsjahres EUR	Vergleich Ansatz / Ist (Sp. 3 ./. Sp. 2) EUR	Ermächtigungsübertragungen in das Folgejahr EUR
			1	2	3	4	5	6
1		Steuern und ähnliche Abgaben						
2	+	Zuwendungen und allgemeine Umlagen						
3	+	Sonstige Transfererträge						
4	+	Öffentlich-rechtliche Leistungsentgelte						
5	+	Privatrechtliche Leistungsentgelte						
6	+	Kostenerstattungen und Kostenumlagen						
7	+	Sonstige ordentliche Erträge						
8	+	Aktivierte Eigenleistungen						
9	+ / -	Bestandsveränderungen						
10	**=**	**Ordentliche Erträge**						
11	-	Personalaufwendungen						
12	-	Versorgungsaufwendungen						
13	-	Aufwendungen für Sach- und Dienstleistungen						
14	-	Bilanzielle Abschreibungen						
15	-	Transferaufwendungen						
16	-	Sonstige ordentliche Aufwendungen						
17	**=**	**Ordentliche Aufwendungen**						
18	**=**	**Ordentliches Ergebnis** (= Zeilen 10 und 17)						
19	+	Finanzerträge						
20	-	Zinsen u. sonstige Finanzaufwendungen						
21	**=**	**Finanzergebnis** (=Zeilen 19 und 20)						
22	**=**	**Ergebnis der laufenden Verwaltungstätigkeit** (= Zeilen 18 und 21)						
23	+	Außerordentliche Erträge						
24	-	Außerordentliche Aufwendungen						
25	**=**	**Außerordentliches Ergebnis** (= Zeilen 23 und 24)						

		Ertrags- und Aufwandsarten	Ergebnis des Vorjahres EUR	Fortgesch. Ansatz des Haushalts-jahres EUR	davon Ermäch-tigungs-übertra-gungen aus dem Vorjahr EUR	Ist-Ergebnis des Haushalts-jahres EUR	Ver-gleich Ansatz / Ist (Sp. 3 ./. Sp. 2) EUR	Ermäch-tigungs-übertra-gungen in das Folge-jahr EUR
			1	2	3	4	5	6
26	**=**	**Ergebnis - vor Berücksichtigung der internen Leistungsbeziehungen** (= Zeilen 22 und 25)						
27	+	Erträge aus internen Leistungsbeziehungen						
28	-	Aufwendungen aus internen Leistungsbeziehungen						
29	**=**	**Teilergebnis** (= Zeilen 26, 27 und 28)						
30	**-**	Globaler Minderaufwand*						
31	**=**	**Teilergebnis nach Abzug globaler Minderaufwand (Zeilen 30 und 31)**						

* Beim globalen Minderaufwand ist in der Spalte des fortgeschriebenen Ansatzes lediglich der im Teilergebnisplan festgesetzte Betrag zu übernehmen.

Anlage 6: Finanzrechnung (VV Muster zur GO NRW und KomHVO NRW, Anlage 21)

Ein- und Auszahlungsarten			Ergebnis des Vorjahres EUR	Fortgeschr. Ansatz des Haushaltsjahres EUR	davon Ermächtigungsübertrag. aus dem Vorjahr EUR	Ist-Ergebnis des Haushaltsjahres EUR	Vergleich Ansatz / Ist (Sp. 3 ./. Sp. 2) EUR	Ermächtigungsübertrag. in das Folgejahr EUR
			1	2	3	4	5	6
1		Steuern und ähnliche Abgaben						
2	+	Zuwendungen und allgemeine Umlagen						
3	+	Sonstige Transfereinzahlungen						
4	+	Öffentlich-rechtliche Leistungsentgelte						
5	+	Privatrechtliche Leistungsentgelte						
6	+	Kostenerstattungen und Kostenumlagen						
7	+	Sonstige Einzahlungen						
8	+	Zinsen und sonstige Finanzeinzahlungen						
9	**=**	**Einzahlungen aus laufender Verwaltungstätigkeit**						
10	-	Personalauszahlungen						
11	-	Versorgungsauszahlungen						
12	-	Auszahlungen für Sach- und Dienstleistungen						
13	-	Zinsen und sonstige Finanzauszahlungen						
14	-	Transferauszahlungen						
15	-	Sonstige Auszahlungen						
16	**=**	**Auszahlungen aus laufender Verwaltungstätigkeit**						
17	**=**	**Saldo aus laufender Verwaltungstätigkeit** (= Zeilen 9 und 16)						
18	+	Zuwendungen für Investitionsmaßnahmen						
19	+	Einzahlungen aus der Veräußerung von Sachanlagen						
20	+	Einzahlungen aus der Veräußerung von Finanzanlagen						
21	+	Einzahlungen aus Beiträgen u. ä. Entgelten						
22	+	Sonstige Investitionseinzahlungen						
23	**=**	**Einzahlungen aus Investitionstätigkeit**						
24	-	Auszahlungen für den Erwerb von Grundstücken und Gebäuden						
25	-	Auszahlungen für Baumaßnahmen						
26	-	Auszahlungen für den Erwerb von beweglichem Anlagevermögen						
27	-	Auszahlungen für den Erwerb von Finanzanlagen						

28	-	Auszahlungen von aktivierbaren Zuwendungen						
29	-	Sonstige Investitionsauszahlungen						
30	**=**	**Auszahlungen aus Investitionstätigkeit**						
31	**=**	**Saldo aus Investitionstätigkeit** (= Zeilen 23 und 30)						

Ein- und Auszahlungsarten			Ergebnis des Vorjahres EUR	Fortgeschr. Ansatz des Haushaltsjahres EUR	davon Ermächtigungsübertrag. aus dem Vorjahr EUR	Ist-Ergebnis des Haushalts-jahres EUR	Vergleich Ansatz / Ist (Sp. 3 ./. Sp. 2) EUR	Ermächtigungsübertrag. in das Folgejahr EUR
			1	2	3	4	5	6
32	**=**	**Finanzmittelüberschuss / -fehlbetrag (= Zeilen 17 und 31)**						
33	+	Einzahlungen aus der Aufnahme und durch Rückflüsse von Krediten für Investitionen und diesen wirtschaftlich gleichkommenden Rechtsverhältnissen						
34	+	Einzahlungen aus der Aufnahme und durch Rückflüsse von Krediten zur Liquiditätssicherung						
35	-	Auszahlungen für die Tilgung und Gewährung von Krediten für Investitionen und diesen wirtschaftlich gleichkommenden Rechtsverhältnissen						
36	-	Auszahlungen für die Tilgung und Gewährung von Krediten zur Liquiditätssicherung						
37	=	**Saldo aus Finanzierungstätigkeit**						
38	=	**Änderung des Bestandes an eigenen Finanzmitteln**						
39	+	Anfangsbestand an Finanzmittelen						
40	+	Änderung des Bestandes an fremden Finanzmitteln						
41	**=**	**Liquide Mittel (= Zeilen 38, 39 und 40)t**						

Anlage 7: Teilfinanzrechnung (VV Muster zur GO NRW und KomHVO NRW, Anlage 22)

A. Zahlungsübersicht

	Einzahlungs- und Auszahlungsarten	Ergebnis des Vorjahres EUR	Fortgeschr. Ansatz des Haushaltsjahres EUR	davon Ermächtigungsübertrag aus dem Vorjahr EUR	Ist-Ergebnis des Haushaltsjahres EUR	Vergleich Ansatz / Ist (Sp. 3 ./. Sp. 2) EUR	Ermächtigungsübertrag. in das Folgejahr EUR
		1	2	3	4	5	6
	Laufende Verwaltungstätigkeit						
	Investitionstätigkeit						
	Einzahlungen						
1	aus Zuwendungen für Investitionsmaßnahmen						
2	aus der Veräußerung von Sachanlagen						
3	aus der Veräußerung von Finanzanlagen						
4	aus Beiträgen u. Ä. Entgelten						
5	Sonstige Investitionseinzahlungen						
6	**Summe (investive Einzahlungen)**						
	Auszahlungen						
7	für den Erwerb von Grundstücken und Gebäuden						
8	für Baumaßnahmen						
9	für den Erwerb von beweglichem Anlagevermögen						
10	für den Erwerb von Finanzanlagen						
11	von aktivierbaren Zuwendungen						
12	Sonstige Investitionsauszahlungen						
13	**Summe (investiven Auszahlungen)**						
14	**Saldo der Investitionstätigkeit (Einzahlungen ./. Auszahlungen)**						

B. Planung einzelner Investitionsmaßnahmen

	Investitionsmaßnahmne	Ergebnis des Vorjahres EUR	Fortgeschr. Ansatz des Haushaltsjahres EUR	davon Ermächtigungsübertrag. aus dem Vorjahr EUR	Ist-Ergebnis des Haushaltsjahres EUR	Vergleich Ansatz / Ist (Sp. 3 ./. Sp. 2) EUR	Ermächtigungsübertrag. in das Folgejahr EUR
		1	2	3	4	5	6
	Investitionsmaßnahmen oberhalb der festgesetzten Wertgrenzen						
	Maßnahme: ...						
+	Einzahlungen aus Investitionszuwendungen						
-	Auszahlungen für den Erwerb von Grundstücken und Gebäuden						
-	Auszahlungen für Baumaßnahmen						
	Saldo (Einzahlungen ./. Auszahlungen)						
	Weitere Maßnahmen: (Gliederung wie oben)						
	Investitionsmaßnahmen unterhalb der festgesetzten Wertgrenzen						
	Summe der investiven Einzahlungen						
	Summe der investiven Auszahlungen						
	Saldo (Einzahlungen ./. Auszahlungen)						

Anlage 8: Bilanzstruktur (VV Muster zur GO NRW und KomHVO NRW, Anlage 23)

AKTIVA	PASSIVA
1. Anlagevermögen	1. Eigenkapital
2.	
1.1 Immaterielle Vermögensgegenstände	1.1 Allgemeine Rücklage
1.2 Sachanlagen	1.2 Sonderrücklagen
1.2.1 Unbebaute Grundstücke und grundstücksgleiche Rechte	1.3 Ausgleichsrücklage
1.2.1.1 Grünflächen	1.4 Jahresüberschuss/Jahresfehlbetrag
1.2.2.2 Ackerland	
1.2.2.3 Wald, Forsten	2 Sondervermögen
1.2.2.4 Sonstige unbebaute Grundstücke	2.1 für Zuwendungen
1.2.2 Bebaute Grundstücke und grundstücksgleiche Rechte	2.2 für Beiträge
1.2.2.1 Kinder- und Jugendeinrichtungen	2.3 für den Gebührenausgleich
1.2.2.2 Schulen	2.4 Sonstige Sonderposten
1.2.2.3 Wohnbauten	
1.2.2.4 Sonstige Dienst-, Geschäfts- und Betriebsgebäude	3 Rückstellungen
1.2.3 Infrastrukturvermögen	3.1 Pensionsrückstellungen
1.2.3.1 Grund und Boden des Infrastrukturvermögens	3.2 Rückstellungen für Deponien und Altlasten
1.2.3.2 Brücken und Tunnel	3.3 Instandhaltungsrückstellungen
1.2.3.3 Gleisanlagen mit Streckenaus rüstung und Sicherheitsanla gen	3.4 Sonstige Rückstellungen
1.2.3.4 Entwässerungs- und Abwasserbeseitigungsanlagen	4 Verbindlichkeiten
1.2.3.5 Straßennetz mit Wegen, Plätzen und Verkehrslenkungsan lagen	4.1 Anleihen
1.2.3.6 Sonstige Bauten des Infrastrukturvermögens	4.1.1 für Investitionen
1.2.4 Bauten auf fremdem Grund und Boden	4.1.2 zur Liquiditätssicherung
1.2.5 Kunstgegenstände, Kulturdenkmäler	4.2 Verbindlichkeiten aus Krediten für Investitionen
1.2.6 Maschinen und technische Anlagen, Fahrzeuge	4.2.1 von verbundenen Unternehmen
1.2.7 Betriebs- und Geschäftsausstattung	4.2.2 von Beteiligungen
1.2.8 Geleistete Anzahlungen, Anlagen im Bau	4.2.3 von Sondervermögen
1.3 Finanzanlagen	4.2.4 vom öffentlichen Bereich
1.3.1 Anteile an verbundenen Unternehmen	4.2.5 von Kreditinstituten
1.3.2 Beteiligungen	4.3 Verbindlichkeiten aus Krediten zur Liquiditätssicherung
1.3.3 Sondervermögen	4.4 Verbindlichkeiten aus Vorgängen, die Kreditaufnahmen wirtschaftlich gleichkommen
1.3.4 Wertpapiere des Anlagevermögens	4.5 Verbindlichkeiten aus Lieferungen und Leistungen
1.3.5 Ausleihungen	4.6 Verbindlichkeiten aus Transferleistungen
1.3.5.1 an verbundene Unternehmen	4.7 Sonstige Verbindlichkeiten
1.3.5.2 an Beteiligungen	4.8 Erhaltene Anzahlungen
1.3.5.3 an Sondervermögen	
1.3.5.4 Sonstige Ausleihungen	5 Passive Rechnungsabgrenzung

AKTIVA	PASSIVA
2 Umlaufvermögen	
2.1 Vorräte	
2.2.1 Roh-, Hilfs- und Betriebsstoffe, Waren	
2.2.2 Geleistete Anzahlungen	
2.2 Forderungen und sonstige Vermögensgegen-stände	
2.2.1 Öffentlich-rechtliche Forderungen und Forderungen aus Transferlei stungen	
2.2.2 Privatrechtliche Forderungen	
2.2.3 Sonstige Vermögensgegenstände	
2.3 Wertpapiere des Umlaufvermögens	
2.4 Liquide Mittel	
3 Aktive Rechnungsabgrenzung	
4 Nicht durch Eigenkapital gedeckter Fehlbetrag	

Anlage 9: Anlagenspiegel (VV Muster zur GO NRW und KomHVO NRW, Anlage 24)

Anlagenvermögen	Anschaffungs- und Herstellungskosten				
	Stand am 01.01. des Haus-halts-jahres	Zu-gänge	Ab-gänge	Umbuchun-gen im Haushalts-jahr	Stand am 31.12. des Haushaltsjahres
	EUR	EUR	EUR	EUR	EUR
Für jeden Posten des Anlagevermögens sind zeilenweise folgende Informationen aufzu-nehmen:					

Abschreibungen und Zuschreibungen					Buchwert	
Kumulierte Abschreibun-gen zum 31.12. des Vorjahres	Abschreibun-gen im Haus-haltsjahr	Zuschreibun-gen im Haus-haltsjahr	Änderungen durch Zu- und Ab-gänge sowie Umbuchun-gen im Haushalts-jahr	Kumulierte Abschreibun-gen zum 31.12. des Haushaltsjah-res	am 31.12. des Haus-haltsjah-res	am 31.12. des Vorjah-res
EUR	EUR	EUR	EUR	EUR	EUR	EUR

Anlage 10: Forderungenspiegel (VV Muster zur GO NRW und KomHVO NRW, Anlage 25)

	Art der Forderungen	Gesamt -betrag am 31.12. des Haus- halts- jahres EUR	mit einer Restlaufzeit von			Gesamt- betrag am 31.12. des Vor- jahres EUR
			bis zu 1 Jahr EUR	1 bis 5 Jahre EUR	mehr als 5 Jahre EUR	
		1	2	3	4	5
1.	**Öffentlich-rechtliche Forderungen und Forderungen aus Transferleistungen**					
1.1	Gebühren					
1.2	Beiträge					
1.3	Steuern					
1.4	Forderungen aus Transferleistungen					
1.5	Sonstige öffentlich-rechtliche Forderungen					
2.	**Privatrechtliche Forderungen**					
2.1	gegenüber dem privaten Bereich					
2.2	gegenüber dem öffentlichen Bereich					
2.3	gegen verbundene Unternehmen					
2.4	gegen Beteiligungen					
3.	**Summe aller Forderungen**					

Anlage 11: Eigenkapitalsspiegel (VV Muster zur GO NRW und KomHVO NRW, Anlage 26)

Bezeichnung	Bestand zum 31.12. des Vorjahres[1] EUR	Verrechnung des Vorjahresergebnisses EUR	Verrechnungen mit der allgemeinen Rücklage nach § 44 Abs. 3 KomHVO im Haushaltsjahr EUR	Veränderungen der Sonderrücklage EUR	Jahresergebnis des Haushaltsjahres (vor Beschluss über Ergebnisverwend.) EUR	Bestand zum 31.12. des Haushaltsjahres[2] EUR
1.1 Allgemeine Rücklage						
1.2 Sonderrücklagen						
1.3 Ausgleichsrücklage						
1.4 Jahresüberschuss/-fehlbetrag						
1.5 Nicht durch Eigenkapital gedeckter Fehlbetrag (Gegenposten zu Aktiva)1						
Summe Eigenkapital						
4. Nicht durch Eigenkapital gedeckter Fehlbetrag						

1) Besteht ein negatives Eigenkapital, so sind die Positionen 1.1 bis 1.4 auszuweisen (auch negativ) und kumuliert über die Position 1.5 auszubuchen.

2) Bestand vor Verrechnung des Jahresergebnisses

Nachrichtlich: Ergebnisverrechnungen Vorjahre (§ 96 Abs. 1 Satz 3 GO NRW)

	3. Vorjahr	Vorvorjahr	Vorjahr	Saldo
Allgemeiner Rücklage (+/-)				
Ausgleichsrücklage (+/-)				
Summe				

Anlage 12: Verbindlichkeitenspiegel (VV Muster zur GO NRW und KomHVO NRW, Anlage 27)

	Art der Verbindlichkeiten	Gesamtbetrag am 31.12. des Haushaltsjahres EUR	Mit einer Restlaufzeit von			Gesamtbetrag Am 31.12. des Vorjahres EUR
			Bis zu 1 Jahr EUR	1 bis 5 Jahre EUR	Mehr als 5 Jahre EUR	
		1	2	3	4	5
1.	**Anleihen**					
1.1	für Investitionen					
1.2	zur Liquiditätssicherung					
2.	**Verbindlichkeiten aus Krediten für Investitionen**					
2.1	von verbundenen Unternehmen					
2.2	von Beteiligungen					
2.3	von Sondervermögen					
2.4	vom öffentlichen Bereich					
2.5	von Kreditinstituten					
3.	**Verbindlichkeiten aus Krediten zur Liquiditätssicherung**					
4.	**Verbindlichkeiten aus Vorgängen, die Kreditaufnahmen wirtschaftlich gleichkommen**					
5.	**Verbindlichkeiten aus Lieferungen und Leistungen**					
6.	**Verbindlichkeiten aus Transferleistungen**					
7.	**Sonstige Verbindlichkeiten**					
8.	**Erhaltene Anzahlungen**					
9.	**Summe aller Verbindlichkeiten**					
Nachrichtlich anzugeben: Haftungsverhältnisse aus der Bestellung von Sicherheiten: z. B. Bürgschaften u. a.						

Literaturverzeichnis

Adler, Hans / Düring, Walther und Schmaltz, Kurt: Rechnungslegung und Prüfung der Unternehmen, Kommentar zum HGB, AktG, GmbHG, PublG nach den Vorschriften des Bilanzrichtlinien-Gesetzes, 6. Aufl., Stuttgart: Schäffer-Poeschel Verlag, 1998.

Baetge, Jörg / Kirsch, Hans-Jürgen und Thiele, Stefan: Bilanzen, 16. Aufl., Düsseldorf: IDW-Verlag, 2021.

Baetge, Jörg / Kirsch, Hans-Jürgen und Thiele, Stefan: Bilanzanalyse, 2. Aufl., Düsseldorf: IDW Verlag, 2004.

Baetge, Jörg / Kirsch, Hans-Jürgen und Thiele, Stefan: Konzernbilanzen, 14. Aufl., Düsseldorf: IDW Verlag, 2021.

Baumeister, Thomas / Erdtmann, Markus / mühlenweg, Thomas / Thienel, Simon: Kommunales Finanzmanagement, 3. Aufl., Hamburg: Maximilian Verlag, 2022.

Beck'scher Bilanz-Kommentar: Handelsbilanz, Steuerbilanz, 13. Aufl., München: Verlag C. H. Beck, 2022.

Bittig, Gordon / Fudalla, Mark und zur Mühlen, Manfred: Doppisches kommunales Rechnungswesen: Finanzrechnung und Finanzplan, in: Der Gemeindehaushalt, Heft 2/2002, S. 29-36.

Bolsenkötter, Heinz / Detemple, Peter und Marettek, Christian : Bewertung des Vermögens in der kommunalen Eröffnungsbilanz, in: Der Gemeindehaushalt, Heft 7/2002, S. 154-164.

Brinkmeier, Hermann Josef: Kommunale Finanzwirtschaft. Band 2 Haushaltsrecht, 6. Aufl., Köln u. a.: Heymanns, 1997.

Coenenberg, Adolf G. / Haller, Axel und Schultze, Wolfgang: Jahresabschluss und Jahresabschlussanalyse, 26. Aufl., Stuttgart: Schäffer-Poeschel Verlag, 2021.

Eisele, Wolfgang und Knobloch, Alois Paul: Technik des betriebswirtschaftlichen Rechnungswesens. Buchführung und Bilanzierung / Kosten- und Leistungsrechnung / Sonderbilanzen, 9. Aufl., München: Vahlen, 2018.

Ellerich, Marian: Abbildung derivativer Finanzinstrumente im kommunalen Jahresabschluss, in: Städte- und Gemeindebund Nordrhein-Westfalen und NRW.Bank (Hrsg.): Finanz- und Zinsmanagement für Kommunen, 2007, S. 36-40.

Ellerich, Marian und Mittag, Jürgen: Die Abbildung einer Zweckverbandsmitgliedschaft im kommunalen Jahresabschluss, in: der gemeindehaushalt, Heft 2 / 2006, S. 31-39.

Freytag, Dieter / Hamacher, Claus / Wohland, Andreas und Dott, Beatrice: Neues Kommunales Finanzmanagement Nordrhein-Westfalen, 2. Aufl., Stuttgart: Deutscher Gemeindeverlag GmbH, 2009.

Fudalla, Mark und Wöste, Christian: Doppik schlägt Kameralistik. Fragen und Antworten zur Einführung eines doppischen Haushalts- und Rechnungswesens, 5. Aufl., hrsg. von KPMG Deutsche Treuhand Gesellschaft AG WPG, Köln: KPMG-Veröffentlichung, 2008.

Fudalla, Mark und Schwarting, Gunnar: Der Rechenschaftsbericht in der kommunalen Doppik: Grundlagen, Funktion, Aufbau, Berlin: Erich Schmidt Verlag, 2009.

Fudalla, Mark / Wöste, Christian: Doppelte Buchführung in der Kommunalverwaltung. Basiswissen für das Neue Kommunale Finanzmanagement, 5. Aufl., Berlin: Erich Schmidt Verlag, 2021.

Fischer, Edmund und Lehmann, Patrick: Haushaltsmanagement in Kommunen: Erfolgreich steuern und budgetieren, Freiburg/Breisgau: Haufe, 2022.

Gemeindeprüfungsanstalt Nordrhein-Westfalen (Hrsg.) (2015a): Abgrenzung von Herstellungskosten und Erhaltungsaufwand bei Gebäuden, Stand: April 2015, unter:

http://gpanrw.de/media/1433144391_abgrenzung_von_herstellungskosten_und_erhaltungsaufwand_bei_gebaeuden.pdf (abgerufen am 14.2.2017)

Gemeindeprüfungsanstalt Nordrhein-Westfalen (Hrsg.) (2015b): Außerplanmäßige Abschreibungen auf Finanzanlagen, Stand: November 2015, unter: http://gpanrw.de/media/1447401925_auerplanmaeige_abschreibungen_auf_finanzanlagen_des_anlagevermoegens_12112015.pdf (abgerufen am 14.2.2017)

Gemeindeprüfungsanstalt Nordrhein-Westfalen (Hrsg.) (2015c): Bilanzierung von Derivaten, Stand: November 2015, unter: http://gpanrw.de/media/1447679573_bilanzierung_von_derivaten_november_2015_end.pdf (abgerufen am 14.2.2017)

Henkes, Jörg: Der Jahresabschluss kommunaler Gebietskörperschaften: Von der Verwaltungskameralistik zur kommunalen Doppik, Berlin: Erich Schmidt Verlag, 2008.

Innenministerium des Landes Nordrhein-Westfalen (Hrsg.): Neues Kommunales Finanzmanagement in Nordrhein-Westfalen. Handreichung für Kommunen, 7. Aufl., Düsseldorf, 2016.

Innenministerium des Landes Nordrhein-Westfalen (Hrsg.): Modelprojekt NKF-Gesamtabschluss: Praxisleitfaden zur Aufstellung eines NKF-Gesamtabschlusses, 4. Aufl., September 2009.

Institut der Wirtschaftsprüfer in Deutschland e.V. (Hrsg.): WP Handbuch: Wirtschaftsprüfung und Rechnungslegung, 17. Aufl., Düsseldorf: IDW Verlag, 2020.

KGSt (Hrsg.): Vom Geldverbrauchs- zum Ressourcenverbrauchskonzept. Leitlinien für ein neues kommunales Haushalts- und Rechnungsmodell auf doppischer Grundlage, KGSt-Bericht 1/1995.

Kußmaul, Heinz und Henkes, Jörg: Kommunale Doppik – Einführung in das Dreikomponentensystem, Berlin: Erich Schmidt Verlag, 2009.

Leffson, Ulrich: Die Grundsätze ordnungsmäßiger Buchführung, 7. Aufl., Düsseldorf: IDW-Verlag, 1987.

Nieland, Marius / Meier, Norbert und Dörschell, Andreas: Sparkassen als ansatzpflichtige Vermögensgegenstände in der kommunalen Eröffnungsbilanz?, in: Der Gemeindehaushalt, Heft 1/2006, S. 6-8.

Raupach, Björn und Stangenberg, Katrin: Doppik in der öffentlichen Verwaltung. Grundlagen, Verfahrensweisen, Einsatzgebiete, 2. Aufl., Wiesbaden: Gabler, 2009.

Schuster, Falko: Doppelte Buchführung für Städte, Kreise und Gemeinden. Einführung zur Vorbereitung auf das neue kommunale Rechnungswesen und das neue kommunale Finanzmanagement, 2. Aufl., München / Wien: Oldenbourg, 2007.

Schuster, Ferdinand: Der interkommunale Leistungsvergleich als Wettbewerbssurrogat. Berlin: Verlag für Wirtschaftskommunikation, 2003.

Schwarting, Gunnar: Den kommunalen Haushaltplan richtig lesen und verstehen, 6. Aufl., Berlin: Erich Schmidt Verlag, 2022.

Srocke, Isabell: Konzernrechnungslegung in Gebietskörperschaften unter Berücksichtigung von HGB, IAS/IFRS und IPSAS, Düsseldorf: IDW Verlag, 2004.

Wöhe, Günter und Kußmaul, Heinz: Grundzüge der Buchführung und Bilanztechnik, 11 Aufl., München: Verlag Franz Vahlen, 2022.

zur Mühlen, Manfred: Die Finanzrechnung in der Rechnungslegung der öffentlichen Hand, WPg Sonderheft 2004, S. 56 - 61.

Stichwortverzeichnis

G

H

I

J

K

L

M

N

P

R

S

T

U

V

W

Z